"十四五"职业教育国家规划教材

高等职业教育新型活页式新形态一体化系列规划教材

高电压设备测试

（第 2 版）

何发武◎主　编

方　彦◎副主编

罗建群◎主　审

U0261064

中国铁道出版社有限公司

2025 年·北 京

内 容 简 介

本书是"高等职业教育新型活页式新形态一体化系列规划教材"之一。全书以典型高电压(以下涉及高电压设备/技术/试验的简称高压设备/技术/试验)设备为载体,共分8个项目,按设备分类顺序分别介绍了高压设备绝缘综述,电力变压器试验,互感器试验,高压开关电器试验,避雷器、接地装置试验,电力电容器、电力电缆、绝缘子的绝缘试验,封闭式组合电器试验及高压绝缘技术应用等内容。

由于高压属于特种危险行业,本书围绕电力系统的高压技术,以高压设备测试与绝缘为核心内容,立足于电厂高压试验工的核心岗位。

本书为高等职业院校铁道供电技术专业教材,也可作为职业技能培训与技能鉴定教材,或抽取部分章节供从事高压测试类的维护与管理人员、现场一线员工学习和培训参考。

图书在版编目(CIP)数据

高电压设备测试 / 何发武主编. —2 版. —北京:中国铁道出版社有限公司,2024.8(2025.1 重印)

高等职业教育新型活页式新形态一体化系列规划教材

"十四五"职业教育国家规划教材

ISBN 978-7-113-31189-6

Ⅰ. ①高… Ⅱ. ①何… Ⅲ. ①高压电器-测试-高等职业教育-教材 Ⅳ. ①TM510.6

中国国家版本馆 CIP 数据核字(2024)第 081071 号

书　　名：**高电压设备测试**
作　　者：**何发武**

责任编辑：尹　娜　　　　编辑部电话：(010)51873206　　　　电子邮箱：624154369@qq.com
封面设计：高博越
责任校对：刘　畅
责任印制：樊启鹏

出版发行：中国铁道出版社有限公司(100054,北京市西城区右安门西街 8 号)
网　　址：https://www.tdpress.com
印　　刷：三河市国英印务有限公司
版　　次：2020 年 11 月第 1 版　2024 年 8 月第 2 版　2025 年 1 月第 2 次印刷
开　　本：787 mm×1 092 mm 1/16　印张：22.25　字数：565 千
书　　号：ISBN 978-7-113-31189-6
定　　价：63.00 元

前言

本书根据全国铁道职业教育教学指导委员会确定的《高等职业学校铁道供电技术专业建设指导标准》中课程设置的要求进行撰写。

由于高压测试涉及绝缘和防护等方面的理论知识和操作技能,理论与实践比较难以融合理解,在授课时也存在"理论涩,实训难"的问题。所以本书以电力变压器、互感器、高压开关、避雷器、电力电容器、电力电缆、套管、绝缘子、GIS等常见高压设备为主线,结合绝缘介质(气体、液体、固体)的基本电气特性,介绍了高压试验过程中的电气试验安全、高空作业、绝缘工具、感应电等内容,阐述了高压设备绝缘基本理论,全面讲解了高压设备测试方法及过程。本书的项目八高压绝缘技术应用为本专业知识拓展项目,旨在拓宽学生视野,可作为选学内容。通过本书的学习,读者能熟悉电气设备绝缘结构的基本知识和测试方法,掌握高压试验和绝缘预防性试验中常用的试验装置及测试仪器的原理与用法、基本测试程序和安全防护技能等。

高压试验属于危险性极高的特种作业,必须严格按照规程操作。在实际教学环节中,既要讲清高压绝缘理论,又要兼顾试验标准化作业流程,初学者往往顾此失彼。本书以高压现场试验关键内容为核心,用新形态教材模式,"庖丁解牛式"分解试验过程,适合线上线下混合式教学。

本书与第一版相比较具有以下几个特点:

1. 标准化。依据国家标准《电气装置安装工程 电气设备交接试验标准》(以下简称《试验标准》)(GB 50150—2016)和电力行业标准《电力设备预防性试验规程》(以下简称《试验规程》)(DL/T 596—2021)进行编写,通过标准化测试训练,强化标准化意识,规范测试行为。

2. 项目化。以高压测试案例进行教学,从大量现场高压案例分析中导入与高压相关的基本理论与基本知识,提供大量数字化资源。在教学设计上,将内容按设备分成多个高压试验项目,形成一个高压实践课程教学系列,以项目任务为载体实施教学,通过项目任务过程提高职业能力,增加现场中新设备检测技术的介绍。通过实训与案例教学,引导学生正确理解高压的基本概念及成因,使其具有一定程度的现场综合操作能力,基本能从事高压相关技术工作。

3. 操作性。实现教学中的教学一体,工学结合。立足于高压试验工的核心岗位,紧扣试验工的核心技能要求,以中、高级技能人才培训为主,同时引入输配电高压试验的工艺和技术标准,把人力资源和社会保障部的职业技能标准融入教材内容,保持学习与实际工作中的一致性,力求在教学过程中培养专业能力的同时培养职业素质。本书采用项目—任务教学形式,反映最新的职业教学理念,实现真正意义上的"教、学、做"一体,培养学生的职业能力和职业素质。

4. 实用性。增加高压设备试验报告,更贴近工程实际应用,突出了以实际操作技能为主线、将相关专业理论与生产实践紧密结合的特色,反映了当前我国高压试验技术发展的水平,体现了实用可操作性的原则,融入 10 kV 不停电作业、带电水冲洗等最新的高压测试与试验技术。

5. 配套资源丰富。符合"三教"改革,融合"四新"创新。以新形态教材形式呈现,以高压设备测试领域知识图谱为主线,依托 24 小时在线的智慧职教慕课平台,配套丰富的图片、视频、课件、习题、案例、试验项目、数字教材、实训项目等数字化教学资源,无须下载,扫码即可以直接学习。通过"一体化教材、云课堂、实训实习、慕课学院"四种场景的教学改革,借助微课、视频、动画等形式,通过计算机、手机和平板,实现线上线下混合教学和"在线、能学、辅教"作用,具有较强的开放性和交互性。

本书由广州铁路职业技术学院何发武任主编,西安铁路职业技术学院方彦任副主编,中国铁路广州局集团有限公司广州供电段骆世忠、西安铁路职业技术学院王锦参编,中国铁路广州局集团有限公司长沙供电段罗建群主审。在第二版修订过程中,何发武负责项目一、二、三、四、六及附录一、二、三,方彦负责项目七,骆世忠负责项目八,王锦负责项目五,全书由何发武完成修订并统稿。

本书修订过程中,多次到广州局集团有限公司供电段、广州地铁、佛山地铁等地进行项目调研,赵灵龙、易江平、罗建群、曾庆洪等现场专家提出了宝贵意见,同时广州铁路职业技术学院铁道供电技术教学团队全体成员给予了很大帮助,得到冼明珍、杨波琳、何安洋、李雅、何发文、何凤华、何月华、何发贤等同志大力支持,在此一并表示衷心感谢。

由于作者水平有限,书中难免有疏漏,希望读者多多指正。

编　者

2024 年 2 月于广州

目录

本书课程资源清单

资源编号	资源名称	二维码信息	页码
视频 1-1	带地线合闸引发事故		5
视频 1-2	带电截断接触线闪络放电		5
视频 1-3	绝缘工具耐压试验		26
视频 1-4	绝缘工具耐压理论		26
视频 1-5	感应电伤亡案例		31
视频 1-6	气体放电试验		35
视频 2-1	绝缘电阻测量		51
视频 2-2	绝缘电阻测量理论		51
视频 2-3	变压器直流电阻试验测量		57

资源编号	资源名称	二维码信息	页码
视频 2-4	变压器直流电阻试验理论		57
视频 2-5	变压器变比及组别测量		62
视频 2-6	变压器变比及组别试验理论		62
视频 2-7	泄漏电流试验理论		66
视频 2-8	泄漏电流试验		66
视频 2-9	介质损耗因数 $\tan\delta$ 试验测量		70
视频 2-10	介质损耗因数 $\tan\delta$ 试验		70
视频 2-11	交流耐压试验理论		75
视频 2-12	交流耐压试验实训		75
视频 3-1	互感器绝缘电阻测量		115

资源编号	资源名称	二维码信息	页码
视频 3-2	交流耐压试验		118
视频 3-3	介质损耗因数 $\tan\delta$ 试验		124
视频 3-4	变压器变比及联结组别测量		128
视频 4-1	断路器绝缘电阻测量		152
视频 4-2	真空断路器耐压试验		159
视频 4-3	500 kV 隔离开关操作		162
视频 5-1	氧化锌避雷器耐压试验		202
视频 5-2	绝缘电阻测量		202
视频 5-3	避雷器泄漏电流与耐压试验		220
视频 6-1	交流耐压试验		239

续上表

资源编号	资源名称	二维码信息	页码
视频 6-2	电力电缆试验		246
视频 6-3	绝缘子试验		261
视频 6-4	套管试验		265
视频 7-1	35 kV 开关柜气室 SF_6 气体充气		274
视频 7-2	SF_6 气体微水测量		299

项目一　高压设备绝缘综述

一、项目描述

　　对变电所电力一次设备实物进行辨识,着重从高压绝缘的防护和介质设置上,结合设备功能及特性,理解一次主要设备在高压安全测量的防护措施

二、项目要求

　　(1)能辨别电力变压器、互感器、高压开关、避雷器、电力电容器、电力电缆、套管、绝缘子、GIS等常见高压设备

　　(2)辨识常用电气设备高压绝缘结构和绝缘特性,了解绝缘水平下降的成因及解决方法

　　(3)掌握常用的气体、液体、固体绝缘介质特性,了解其在高压设备中的应用

　　(4)掌握安全距离的范围及安全接地要求

　　(5)掌握常用绝缘安全用具测试方法、检测周期和使用方法

三、学习目标

　　(1)掌握常用电气设备绝缘性能指标

　　(2)准确把握高压电气设备的结构、功能和绝缘水平

　　(3)掌握电气设备测试电气连接关系

　　(4)掌握验电、接地和拆除地线的正确步骤及方法

　　(5)掌握气体、固体、液体绝缘特性

　　(6)掌握高压试验分类和方法

四、职业素养

　　(1)树立高压安全意识,培养遵章守规的行为习惯

　　(2)培养爱岗敬业精神和吃苦耐劳品质

　　(3)培养团队精神,珍惜集体荣誉,真诚付出

　　(4)掌握接地线和拆除的顺序及方法

　　(5)掌握绝缘工具使用与试验

　　(6)认知感应电伤亡的严重性

　　(7)掌握高空作业安全规程

　　(8)掌握不同电压所对应的最小安全距离

五、学习载体

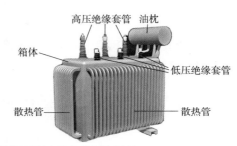

载体选择(实物或者电子素材):

(1)变压器

(2)互感器

(3)高压开关

(4)避雷器

(5)电缆

(6)电容、绝缘子

(7)GIS

(8)绝缘工具

(9)安全辅助工具

(10)高空作业

一次设备概述

　　供电系统的变配电所中承担受电、变压、输送和分配电能任务的电路,称为一次电路,或称为主电路、主接线。一次电路中所有的电气设备,称为一次设备或一次元件。

　　一次设备按其功能来分,可分为以下几类:

　　(1)变换设备,其功能是按电力系统运行的要求改变电压或电流、频率等,例如电力变压器、电压互感器、电流互感器、变频机等。

（2）开关设备，其功能是按电力系统运行的要求来控制一次电路的通断装置，例如断路器、隔离开关等。

（3）保护设备，其功能是用来对电力系统进行过电流和过电压故障等的保护，例如熔断器和避雷器等。

（4）补偿设备，其功能是用来补偿电力系统中的无功功率，提高系统的功率因数，例如电容补偿装置等。

（5）成套设备，按一次电路接线方案的要求，将有关一次设备及控制、指示、监测和保护一次设备的二次设备组合为一体的电气装置，例如高压开关柜、GIS柜等。

高压设备的安全运行是整个电力系统安全运行的基础。高压电气设备在电网中运行时，如果其内部存在因制造不良、老化，以及外力破坏造成绝缘缺陷，会发生影响设备和电网安全运行的绝缘事故。在设备投运后应进行预防性试验和检修，以便及时检测出设备内部的绝缘缺陷，防止发生绝缘事故。绝缘是高压设备测试中非常重要的环节，只有提高设备的绝缘水平，才能在高压输变电设备运行中，提高绝缘耐压水平使电力系统稳定安全运行。下面针对主要的一次设备，着重介绍设备的绝缘材料及结构等内容。

【任务一】 高压试验安全常识

任 务 单

（一）任务描述	（五）学习载体
高压试验是危险性极高的特种作业，掌握试验安全常识是确保人身和设备安全的基本保障	
（二）任务要求	
（1）掌握不同电压下的人身安全距离 （2）掌握绝缘工具的绝缘等级和有效长度	
（三）学习目标	
（1）牢记人身和设备的最小安全距离 （2）会高压接地 （3）会正确使用高压绝缘工具 （4）会事故预想、制订安全措施	安全设备 （1）接地线 （2）放电棒 （3）验电器 （4）绝缘鞋 （5）安全帽
（四）职业素养	
（1）会正确选择合适绝缘工具 （2）会正确验电并接、拆接地线 （3）会"两穿三戴"（穿工作服、穿绝缘靴、戴安全帽、戴绝缘手套、带验电笔）	

电气设备绝缘预防性试验是对运行的电气设备进行检验鉴定，防止设备在运行中发生故障的重要措施。由于试验过程中采用了高电压、大电流，并且许多设备属于容性储能设备（如电容器、电缆等），在试验后依然残存电荷，常常会危及人身安全。在每年各地的试验中，因安全防护不到位或操作不当而引发的事故时有发生。因此，在试验过程中必须做好安全工作。

一、安全距离

在规定的安全距离下带电作业，才能确保人身和设备安全。

安全距离是指为了保证人身安全,作业人员与带电体之间所保持的各种最小空气间隙距离的总称。具体地说,安全距离包括下列五种间隙距离:最小安全距离、最小对地安全距离、最小相间安全距离、最小安全作业距离和最小组合间隙。最小安全距离是指地电位作业人员与带电体之间应保持的最小距离。最小对地安全距离是指带电体上等电位作业人员与周围接地体之间应保持的最小距离。最小相间安全距离是指带电体上作业人员与邻相带电体之间应保持的最小距离。最小安全作业距离是指为了保证人身安全考虑工作中必要的活动地电位,作业人员在作业过程中与带电体之间应保持的最小距离。最小组合间隙是指在组合间隙中的作业人员处于最低的50%操作冲击放电电压位置时,人体对接地体与带电体两者应保持的距离之和。

各种安全距离参考表 1-1、表 1-2。

表 1-1　各种不同电压等级的安全距离

设备额定电压(kV)		1～3	6	10	35	60	110	220	330	500
带电部分到接地部分(mm)	屋内	75	100	125	300	550	850	1 800	2 600	3 800
	屋外	200	200	200	400	650	900	1 800	2 600	3 800
不相同带电部分之间(mm)	屋内	75	100	120	300	550	900	—	—	—
	屋外	200	200	200	400	650	1 000	2 000	2 800	4 200

表 1-2　人身与带电体的安全距离

电压等级(kV)	10	35(27.5)	63(66)	110	220	330	500
安全距离(m)	0.4	0.6	0.7	1.8(1.6)	2.6	2.6	3.6

在试验中,为保证人员及设备安全,试验人员与带电体之间、带电体与地面之间、带电体与带电体之间、带电体与其他设备之间,都要保持一定的安全距离。安全距离的大小因电压高低、设备类型、安装方式及天气状况的差异而变化。对于各项安全距离,国家都有明确的规定,不再赘述。有一点值得注意,带电体往往被习惯性地认为是试验中的试验仪器和电气设备,忽视了与设备相连的导线、母排也同时带电,若工作时距离过近易发生危险。故应将所有带电部位整体看作是带电体,对其所占空间范围均须保持安全距离。特别是做母排耐压试验时,所有人员都要远离柜体,不可进行柜内工作,以免发生危险。

另外,试验工作禁止与其他工作交叉进行。对于非试验人员,由于不熟悉试验工作和带电范围,不得进入试验区域观看或提供帮助。试验区域围绳或警示牌就是为其划定的安全距离线。若试验中带电体与人体、其他设备、带电线路之间的距离达不到规定要求,此时要进行试验,必须装设临时遮拦、绝缘挡板、绝缘皮垫等进行隔离。试验时若产生火花或放电声,说明距离不够或绝缘介质表面不干净,立即停止试验,调整好距离,擦净绝缘表面,然后再行试验。

二、高压接地

接地是试验中一项重要的工作,也是一项重要的安全措施。试验中的接地包括两部分:即工作接地和保护接地。

高压接地线是用于线路和变电施工,为防止临近带电体产生静电感应触电或误合闸时保证安全之用。高压接地线由绝缘操作杆、导线夹、短路线、接地线、接地端子、汇流夹、接地夹组成。

工作接地是利用大地作为导线或根据正常运行方式的需要将网络的某一点接地,借以形成电气回路,这也是进行试验(特别是耐压试验)的必备条件。以测量避雷器的工频放电电压为例,在升压变压器的高压输出侧,其高压首端与避雷器首端相连,而两者尾端接地,这样工频电源、调压器、升压变压器、避雷器和大地经导线连接就构成一条电压回路,工频电压经升压变压器升压,将高压加到避雷器上。对高压柜手车上的真空断路器进行耐压试验,测试其对地电气绝缘水平,但此时手车已从柜内拉出,金属外壳脱离接地网,失去了大地导线,若不将其金属外壳接地,则无电压回路,耐压试验无法进行。对耐压试验而言,需要将电气设备金属外壳接地,此时的接地属工作接地。

保护接地是将电气设备正常工作时不带电的金属外壳接地,以防止设备内部故障时碰壳带电危及人身安全。保护接地在供电系统运行中比较完备,而在试验过程中却常常被忽略。试验中因保护接地出现的问题多集中在试验仪器上,因为电气设备(少数需脱离原位置的除外)都有保护接地。由于试验仪器的接线多、拆接频繁、移动性大,加之一些试验人员省事图快,并抱有一定的侥幸心理,对于试验仪器的保护接地往往不做或疏于检查,留下了事故隐患。

接地关系到试验能否正常进行,能否保证人身安全。接地线前应先验电确认已停电,在设备上确认无电压后进行。先将接地线夹连接在接地网或扁铁件上,然后用接地操作棒分别将导线端线类拧紧在设备导线上。拆除短路接地线时,顺序正好与上述相反。装设接地线时须两人进行,装、拆时均应使用绝缘棒和绝缘手套。

安装接地线首先检查接地线是否完好,有无断裂和破损。接地线两端尽量采用压接方式,不能缠绕,避免接触不良,因此应焊接上金属叉或导线夹。试验仪器或者电气设备上接地点的螺钉和螺母要保证良好的电气接触,若有氧化锈蚀或者绝缘漆覆盖,应将其彻底清除、打磨干净。接地体的选择首选地排,若与地排距离较远时,选择临近电气设备的金属外壳接地点,不要挂在(如柜门把手、绝缘挡板紧固螺钉等)接地状况不可靠的部位。接线地与工作设备之间不能连接刀闸或者熔断器,以防断开失去接地时,检修人员发生触电事故。高压接地线按照电压等级可分为:10 kV 接地线,35 kV 高压接地线,110 kV 接地线,220 kV 高压接地线,500 kV 高压接地线。如图 1-1 所示是 220 kV 高压接地线。

(a)   (b)

图 1-1　220 kV 高压接地线

短路接地线应妥善保管。每次使用前均应仔细检查其是否完好,软铜线无裸露,螺母不松脱,否则不得使用。短路接地线检验周期为每五年一次,检验项目同出厂检验。经试验合格的携带型短路接地线在经受短路后,应根据经受短路电流大小和外观检验判断,一般应予报废。

三、事故案例

忘记拆除短接线引起的事故。事故经过:在 6 kV 进线开关进行耐压试验后,试验人员忘记拆除用做短接线的熔丝,运行人员复查时又未能发现(光线较暗),导致开关投入后短路,引发上级电站跳闸,开关触头有一定的烧损,事故视频资源见视频 1-1。

事故教训:根据规程,做短接线时,试验专用软线和熔丝必要时可配合使用。为保证安全,必须做到"谁短接、谁拆除,专人检查、组长检查和联合检查相结合"。带电截断接触线闪络放电见视频 1-2。

视频 1-1　带地线合闸引发事故　　　频 1-2　带电截断接触线闪络放电

课外作业

1. 110 kV 带电设备的安全距离是多少?

2. 最小电气安全距离在什么标准上有要求? 20 kV 发电机出线端子对地的最小电气安全距离是多少?

【任务二】　电力变压器绝缘

任 务 单

(一)任务描述	(五)学习载体
变压器是电力系统"心脏"部件,其绝缘等级、容量大小和维护规程直接影响电力系统运行安全	
(二)任务要求	
(1)掌握变压器功能特点、绝缘特性和分类 (2)掌握变压器运行维护注意事项 (3)掌握绝缘油在变压器的作用及要求	
(三)学习目标	
(1)能分析变压器分类及绝缘结构 (2)能阐述变压器绝缘等级与耐雷水平 (3)能说明变压器各保护装置用途	
(四)职业素养	
(1)会根据变压器绝缘结构进行设备巡检 (2)会初步根据变压器运行异常特征进行故障分析 (3)会分析油在变压器中绝缘作用 (4)会识别不同种类的变压器	变压器绝缘 (1)油浸式牵引变压器 (2)干式变压器 (3)试验变压器

一、电力变压器绝缘结构

变压器是一种通过改变电压而传输交流电能的静止感应电器。在电力系统中,变压器的地位十分重要,要求安全可靠,所以绝缘要求高。

变压器除了应用在电力系统中,还用在特种电源的工矿企业中。例如:冶炼用的电炉变压器,电解或化工用的整流变压器,焊接用的电焊变压器,试验用的试验变压器,交通用的牵引变压器,以及补偿用的电抗器,保护用的消弧线圈,测量用的互感器等。所以不同场合中的变压器,对绝缘的要求是不同的。

变压器主要包括以下部分:

(1)器身,包括铁芯、绕组、绝缘部件及引线。

(2)调压装置,即分接开关,分为无励磁调压和有载调压。

(3)冷却装置,包括油箱及散热管等。

(4)保护装置,包括油枕、安全气道、吸湿器、气体继电器、净油器和测温装置等。

(5)绝缘套管,包括高压绝缘套管、低压绝缘套管等。

变压器的铁芯与绕组,铁芯由硅钢片叠成,硅钢片导磁性能好、磁滞损耗小。在铁芯上有 A、B、C 三相绕组,每相绕组又分为高压绕组与低压绕组,一般在内层绕低压绕组,外层绕高压绕组。图 1-2 所示为三相电力变压器外观结构,图 1-3 所示为三相电力变压器内部铁芯与绕组实物,图 1-4 所示为三相电力变压器内部结构,图 1-5 所示为电力变压器铁芯实物。

把铁芯与绕组放入箱体,绕组引出线通过绝缘套

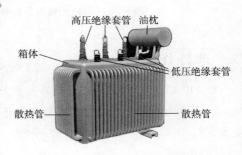

图 1-2　三相电力变压器外观结构

管内的导电杆连到箱体外,导电杆外面是瓷套管,通过它固定在箱体上,保证导电杆与箱体绝缘。为了增大爬电比距,减小因灰尘与雨水引起的放电可能性,瓷套管外形为多级伞裙式。左边是高压绝缘套管,右边是低压绝缘套管,由于高压端电压很高,高压绝缘套管比较长,如图 1-6 所示。

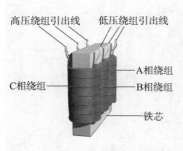

图 1-3　内部铁芯与绕组实物

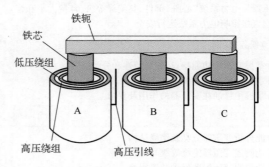

图 1-4　三相电力变压器内部结构

变压器主要结构的箱体(即油箱)里灌满变压器油,铁芯与绕组浸在油里(图 1-7)。变压器油比空气绝缘强度大,可加强各绕组间、绕组与铁芯间的绝缘,同时流动的变压器油也帮助绕组与铁芯散热。在油箱上部有油枕,有油管与油箱连通,变压器油一直灌到油枕内,可充分保证油箱内灌满变压器油,防止空气中的潮气侵入。

图 1-5　铁芯实物

图 1-6　变压器高低压绝缘套管

图 1-7　变压器油枕与散热管

变压器运行时会发热，绕组和铁芯温度升高，根据 A 级绝缘，绕组间、绕组与铁芯间的绝缘材料耐受温度一般不能超过95 ℃，所以油箱外排列着许多散热管，运行中的铁芯与绕组产生的热能使油温升高，温度高的油密度较小上升进入散热管，油在散热管内温度降低密度增加，在管内下降重新进入油箱，铁芯与绕组的热量通过油的自然循环散发出去，如图 1-8 所示。

一些大型变压器为保证散热，装有专门的变压器油冷却器。冷却器通过上下油管与油箱连接，油通过冷却器内密集的铜管簇，由风扇的冷风使其迅速降温。油泵将冷却的油再打入油箱内，图 1-9 所示是一台容量为 40 000 kV·A 的大型电力变压器模型外观结构，其低压端电压为20 kV，高压端电压为 220 kV。

图 1-8　变压器油对流散热

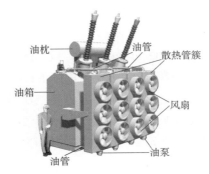

图 1-9　大型电力变压器模型外观结构

变压器冷却方式与变压器的容量等级有关，容量为 630 kV·A 及以下的变压器称为小型变压器；800 ~ 6 300 kV·A 的变压器称为中型变压器；8 000 ~ 63 000 kV·A 的变压器称为大型变压器；90 000 kV·A 以上的变压器称为特大型变压器。根据《电力工程设计手册》，变压器容量计算公式为：$\beta = S/S_e$，其中 S 表示计算负荷容量（kV·A），S_e 表示变压器容量 kV·A。β 表示负荷率（取值80% ~ 90%，通常取 85%）。典型的变压器容量有 6 300、8 000、10 000、12 500、16 000、20 000、25 000、31 500、40 000、50 000、63 000、90 000、120 000、150 000、180 000、260 000、360 000、400 000 kV·A。

采用油冷却的变压器结构相对较复杂，存在安全性问题。目前，在城市内、大型建筑内使用的变压器已逐渐采用干式电力变压器，变压器没有油箱，铁芯与绕组安装在普通箱体内。干式变压器绕组用环氧树脂浇注等方法保证密封与绝缘，容量较大的绕组内还有散热通道，大容量变压器并配有风机强制通风散热。由于材料与工艺的限制，目前多数干式电力变压器的电压不超过 35 kV，容量不大于 20 000 kV·A,大型高压的电力变压器仍采用油冷方式。

电力系统所使用的变压器,其中性点的绝缘结构有两种:一种是全绝缘结构,其特点是中性点的绝缘水平与三相端部出线电压等级的绝缘水平相同,此种绝缘结构主要用于绝缘要求较高的小接地电流接地系统,目前我国 40 kV 及以下电压等级电网均属小电流接地系统,所用的变压器基本是全绝缘结构。另一种是分级绝缘结构,其特点是中性点的绝缘水平低于三相端部出线电压等级的绝缘水平。分级绝缘的变压器主要用于 110 kV 及以上电压等级电网的大电流接地系统。采用分级绝缘的变压器可以使内绝缘尺寸减小,从而使整个变压器的尺寸缩小,这样可降低造价。电气设备中,绝缘投资比较大,为了节省变压器的投资,分级绝缘使靠近中性点的部分绕组的绝缘投资减少,绝缘水平下降,但是中性点电位正常很低,不会造成绝缘击穿,能够满足正常运行要求。而全绝缘则是比分段绝缘的绝缘水平高,投资较大。

变压器的绝缘水平也称绝缘强度,是与保护水平及其他绝缘部分相配合的水平,即耐受电压值,由设备的最高电压 U_m 决定。设备最高电压 U_m 对于变压器来说是绕组最高相间电压有效值,从绝缘方面考虑,U_m 是绕组可以连接的系统的最高电压有效值,因此,U_m 是可以大于或者等于绕组额定电压的标准值。绕组的所有出线端都具有相同的对地工频耐受电压的绕组绝缘称全绝缘;绕组的接地端或者中性点的绝缘水平较线端低的绕组绝缘称分级绝缘。

绕组额定耐受电压用下列字母代号标志:

LI(lightning impulse)——雷电冲击耐受电压;SI(switching impulse)——操作冲击耐受电压;AC(alternating current)——工频耐受电压。

变压器的绝缘水平是按高压、中压、低压绕组的顺序列出耐受电压值来表示(冲击水平在前)的,其间用斜线分隔开,分级绝缘的中性点绝缘水平加横线列于其线端绝缘水平之后。如:LI850AC360—LI400AC200/LI480AC200—LI250AC95/LI75AC35,其含义为:220 kV 三侧分级绝缘的主变压器,高压侧引线端雷电冲击耐受电压是 850 kV,工频耐受电压是 360 kV,高压侧中性点引线端雷电冲击耐受电压是 400 kV,工频耐受电压是 200 kV;中压侧引线端雷电冲击耐受电压是 480 kV,工频耐受电压是 200 kV,中压侧中性点引线端雷电冲击耐受电压是 250 kV,工频耐受电压是 95 kV;低压侧引线端雷电冲击耐受电压是 75 kV,工频耐受电压是 35 kV。

二、变压器分类

变压器的分类有很多种,常用的变压器分类有以下几种:

(1)按冷却方式分类,有自然冷式、风冷式、水冷式、强迫油循环风(水)冷方式及水内冷式等。由于变压器绕组内容的绝缘材料主要是由绝缘漆和绝缘纸组成的 A 级绝缘材料,耐受温度不能超过 95 ℃,所以需要对运行中的变压器内部发热绕组进行冷却,其中常见的是油浸式变压器,迫使油循环的油泵安装在变压器底部。

(2)按冷却介质分类,有干式变压器(绝缘介质是空气)、油浸变压器(绝缘介质是变压器油)及 SF_6 气体变压器(绝缘介质是 SF_6)等。如图 1-10 所示为干式变压器,在地铁供电、居民用电中得到广泛应用。

(3)按中性点绝缘水平分类,有全绝缘变压器、半绝缘

图 1-10　干式变压器

（分级绝缘）变压器。

变压器型号包括变压器绕组数、相数、冷却方式、是否强迫油循环、有载或无载调压、设计序号、容量、高压侧额定电压，如：SFPZ9-120000/110 指的是三相（双绕组变压器省略绕组数，如果是三绕组则前面有个 S）双绕组强迫油循环（P）风冷（F）有载（Z）调压，设计序号为 9，容量为 120 000 kV·A，高压侧额定电压为 110 kV 的变压器。

电网中各种电气设备绝缘（包括变压器绝缘），在运行中承受长时间的正常工作电压、操作过电压，并在避雷器的保护下承受大气过电压的作用。也就是说，电气设备既要能承受正常工作电压和操作过电压的作用，还应承受避雷器残压的作用，且应有一定的绝缘裕度。

变压器的电气绝缘强度是变压器能否投入电网可靠运行的基本条件之一，变压器中的任何部位如绕组、引线、开关等零部件的绝缘若有损伤，就可能引起整台变压器的损坏，甚至会由此危及整个电网的安全运行。变压器生产出厂时，应具备耐受试验电压的水平，而且有一定的绝缘裕度。变压器出场试验合格，表明变压器绝缘具备上述水平。

变压器的绝缘可分为内绝缘和外绝缘，是以变压器器身为边界分类，外面是外绝缘，里面是内绝缘。外绝缘是指变压器外部绝缘部分。内绝缘包括绕组绝缘、引线绝缘、分接开关绝缘和套管下部绝缘。内绝缘还可分为主绝缘和纵绝缘见表 1-3。

变压器内绝缘是油箱内的各部分绝缘，外绝缘是套管上部对地和彼此之间的绝缘。主绝缘是绕组与接地部分之间，以及绕组之间的绝缘。在油浸式变压器中，主绝缘以油纸屏障绝缘结构最为常用。纵绝缘是同一绕组各部分之间的绝缘，如不同绕组间、层间和匝间的绝缘等。通常以冲击电压在绕组上的分布作为绕组纵绝缘设计的依据，但匝间绝缘还应考虑长时期工频工作电压的影响。变压器绝缘为油纸组合绝缘，是用变压器油和绝缘纸组成的绝缘。

表 1-3　变压器绝缘分类

绝缘类型	部　件	绝缘性质	描　　述
内绝缘	线圈	主绝缘	同相绕组之间
			异相绕组之间
			绕组对油箱
			绕组对铁芯柱、绕组对旁柱之间
			绕组端部对铁轭
		纵绝缘	绕组线匝之间
			绕组饼间
			绕组层间
	引线	主绝缘	引线对地
			引线对异相线圈
		纵绝缘	一个绕组的不同引线之间
	开关	主绝缘	开关对地
			开关上不同绕组引线触头之间
		纵绝缘	同相绕组不同引线触头之间
外绝缘	套管		套管对各部分接地之间
			异相套管之间

主绝缘是指绕组对它本身以外的其他结构部分的绝缘，包括对油箱、对铁芯、夹件和压板、对同一相内其他绕组的绝缘，以及对不同相绕组的绝缘。变压器高压绕组线圈主要分为饼式和圆桶式，图 1-11 所示为饼式结构。绕组端部至铁轭或者相邻组端部间的绝缘又称为端绝缘，属主绝缘。纵绝缘是指绕组本身内部的绝缘，包括匝间、层间、线段间绝缘及线段与静电板间的绝缘。主绝缘和纵绝缘分别按工频耐压试验和冲击电压试验来检验。

变压器绕组
饼式结构

图 1-11　变压器绕组绝缘结构
（饼式）

变压器的纵绝缘主要依赖于绕组内的绝缘介质——漆包线本身的绝缘漆、变压器油、绝缘纸、浸渍漆和绝缘胶等（不同种类的变压器可能包含其中一种或多种绝缘介质）；纵绝缘电介质很难保证 100% 的纯净度，难免混含固体杂质、气泡或水分等，生产过程中也会受到不同程度的损伤；变压器工作时的最高场强集中在这些缺陷处，长期负载运作的温升又降低绝缘介质的击穿电压，造成局部放电，电介质通过外施交变电场吸收的功率即介质损耗会显著增加，导致电介质发热严重，介质电导增大，该部位的大电流也会产生热量，就会使电介质的温度继续升高，而温度的升高反过来又使电介质的电导增加。如此长期恶性循环，最后导致电介质热击穿和整个变压器毁坏。该故障表现在变压器的特性上就是空载电流和空载功耗显著增加，并且绕组有灼热、飞弧、振动和啸叫等不良现象。可以利用感应耐压试验检测出变压器是否含有纵绝缘缺陷。

三、变压器绝缘套管

变压器绝缘套管分为高低压套管，分别用于进线和出线连接。

绝缘套管按用途分为电站类和电器类。前者主要是穿墙套管；后者有变压器套管、电容器套管和断路器套管。按绝缘结构又分为单一绝缘套管、复合绝缘套管和电容式套管。

单一绝缘套管是用纯瓷或树脂绝缘，常制成穿墙套管如图 1-12 所示。用于 35 kV 及以下电压等级。其绝缘件为管状，中部卡装或胶装法兰以便固定在穿孔墙上。法兰一般为灰铸铁，当工作电流大于 1 500 A 时常用非磁性材料以减少发热。单一绝缘套管的绝缘结构分为有空气腔和空气腔短路两类。空气腔套管用于 10 kV 及以下电压等级，导体与瓷套之间有空气腔作为辅助绝缘，可以减少套管电容，提高套管的电晕电压和滑闪电压。当电压等级较高时（20 ~ 30 kV），空气腔内部将发生电晕而使上述作用失效，这时采用空气腔短路结构。这种瓷套管的瓷套内壁涂半导体釉，并用弹簧片与导体接通使空气腔短路，用以消除内部电晕。但法兰附近仍可能发生电晕和滑闪。通常在法兰附近两侧瓷套表面各设一个很大的伞裙，并在法兰附近涂以半导电层使电场均匀分布，以提高套管的放电特性。

复合绝缘套管以油或气体作绝缘介质，一般制成变压器套管或断路器套管，如图 1-13 所示，常用于 35 kV 以下的电压等级。复合绝缘套管的导体与瓷套间的内腔充满变压器油，起径向绝缘作用。当电压超过 35 kV 时，在导体上套以绝缘管或包电缆线，以加强绝缘。复合绝缘套管的导体结构有穿缆式和导杆式两种。穿缆式是利用变压器的引出电缆直接穿过套管，安装方便。当工作电流大于 600 A 时，穿缆式结构安装比较困难，一般采用导杆式结构。

电容式套管由电容芯子、瓷套、金属附件和导体构成，如图 1-14 所示，主要用于超高压变压器和断路器。其上部在大气中，下部在油箱中工作。电容式套管的电容芯子作为内绝缘，瓷套作为外绝缘,也起到保护电容芯子的作用。瓷套表面的电场受内部电容芯子的均压作用而分布均匀,从而提高了套管的电气绝缘性能。金属附件有中间连接套筒(法兰)、端盖、均压球等。导体为电缆或硬质钢管。

图 1-12　穿墙套管

图 1-13　复合绝缘套管

图 1-14　变压器电容式套管

电容式套管的电容芯子用胶纸制造时,机械强度高,可以任何角度安装,抗潮气性能好,结构和维修简单,可不用下套管,还可将芯子下端车削成短尾式,缩小其尺寸。缺点是在高压等级时,绝缘级材料和制造工艺要求较高,电容芯子中不易消除气隙,以致造成局部放电电压低。胶纸电容式套管由于介质损耗偏高和局部放电电压低等问题,已逐渐为油纸电容式套管所取代。采用油纸作电容芯子,一般要有下瓷套,下部尺寸较大,对潮气比较敏感,密封要求高;优点是绝缘材料和工艺易于解决,介质损耗小,局部放电性能好。20 世纪 70 年代开始,中国已广泛使用 110 ~ 500 kV 超高压油纸电容式套管。

四、变压器油绝缘介质

由于变压器的绝缘材料不同,作用也不同,但是都是为了确保高压绝缘。变压器油箱中都是充满变压器油。

绝缘介质中变压器油是一种极其重要的液体电介质,起绝缘、冷却和灭弧作用,在变压器中起绝缘、冷却作用,在少油断路器中起灭弧作用。变压器油是天然石油中经过蒸馏、精炼而获得的一种矿物油,是石油中的润滑油馏分经酸碱精制处理得到纯净稳定、黏度小、绝缘性好、冷却性好的液体天然碳氢化合物的混合物,俗称方棚油,浅黄色透明液体,主要成分为环烷烃(约占 80%),其他的为芳香烃和烷烃。

良好的变压器油应该是清洁而透明的液体,不得有沉淀物、机械杂质悬浮物及棉絮状物质。如果其受污染和氧化,并产生树脂和沉淀物,变压器油油质就会劣化,颜色会逐渐变为浅红色,直至变为深褐色的液体。当变压器有故障时,也会使油的颜色发生改变。一般情况下,变压器油呈浅褐色时就不宜再用。另外,变压器油可表现为浑浊乳状、油色发黑、发暗。变压器油浑浊乳状,表明油中含有水分。油色发暗,表明变压器油绝缘老化。油色发黑,甚至有焦臭味,表明变压器内部有故障。

《电力变压器运行规程》(DL/T 572)规定油浸式变压器运行最高顶层油温限值为 95 ℃。一般油浸式变压器的绝缘多采用 A 级绝缘材料,其耐油温度为 105 ℃。在国标中规定变压器自然循环自冷、风冷的冷却介质最高温度为 40 ℃,因此绕组的温升限值为 105 − 40 = 65(℃)。非强油循环冷却,顶层油温与绕组油温约差 10 ℃,故顶层油温升为 65 − 10 = 55(℃),顶层油温为 55 + 40 = 95(℃)。强油循环顶层油温升一般不超过 40 ℃。

变压器中的吸湿器内装有硅胶干燥剂,储油柜(油枕)内的绝缘油通过吸湿器与大气连通,干燥剂吸收空气中的水分和杂质,以保持变压器内部绕组的良好绝缘性能。一般干燥的干燥剂是蓝色的,当变成粉红色或者白色时,表示已经受潮需要更换。油枕的作用是调节油箱油量,防止变压器油过速氧化,其上部有加油孔。

五、变压器保护装置

大型电力变压器的基本构成分功能部分和保护部分。其中,保护部分又包括预防性保护和抢救性保护。预防性保护是对电场应力、热应力和机械应力的破坏作用进行防御,以达到预防事故的目的。抢救性保护只是在变压器发生事故之后,限制事故扩大,减少事故损失。保护部分是为电力变压器功能部分服务的,如果抢救性保护部分本身不合理或不可靠,就会影响变压器功能的发挥,导致"功能反被保护误"。然而,由于抢救性保护部分出问题而引起的变压器停电事故,应该引以为戒。变压器保护装置主要组成部分如下:

(1)气体继电器:当变压器内部故障,绝缘击穿,产生瓦斯气体,重瓦斯动作跳闸;

(2)油位计:当变压器油位下降到警戒值时能及时发出报警信号或跳闸;

(3)压力释放阀:保护本体油箱,当发生内部故障,内部压力过大时可以及时卸压,使油箱不至于爆炸;

(4)温度指示控制器:当油温过高超出警戒值时及时报警或跳闸。

变压器内部出现故障后,如油箱没有变形损坏,在现场可以抢修,否则,就必须返厂修理。这不仅增加运输费用和修理费用,也延长停电时间,给电力用户带来更大损失。更严重的是油箱开裂后,油箱内便会进入空气,从而引起火灾。变压器一旦着火,往往是烧完为止,只能彻底报废。

气体继电器的重瓦斯保护原理:气体继电器拒动或延长时,油箱内压力很快增加,当油箱内压力与储油柜油室内的压力发生逆差后,油箱内的油便涌入储油柜,冲击气体继电器的挡板,接通跳闸电路,切断电源,同样起到限止油箱内压力增加的作用。正确动作后,也能保住油箱。

在内部故障严重未能很快控制住油箱内部压力的条件下,启动压力释放装置。压力释放装置以前是采用安全气道,现在采用压力释放阀。安全气道是破防爆膜(一般用玻璃片)排油,而压力释放阀是顶开由弹簧压紧的阀门排油。它们都要在油箱压力上升至超过其启动压力后才会动作。压力释放装置的作用是以排油来限制油箱压力。排油越多,油箱内压力下降越快,保住油箱的可能性就越大。

六、安全须知

变压器运行发出"嗡嗡"的声音时,请勿靠近,要保持在安全距离之外。

七、特别提示

(1)变压器是变电所的"心脏",故障时对供电影响极大,必须由专业技术人员来使用和维护变压器。在任何情况下,必须采取必要的安全防护措施确保变压器正常运行。

(2)对于变电所和供电段,由于是属于一级负荷,一般都是采用两台完全相同的变压器互为备用。

(3)作业时人员与带电部分之间须保持足够的安全距离,并注意相应的"止步,高压危险"标示牌。最小安全距离见表1-4。

表 1-4　最小安全距离

电压等级	无防护栅(mm)	有防护栅(mm)
55~110 kV	1 500	1 000
27.5 kV 和 35 kV	1 000	600
10 kV 及以下	700	350

课外作业

1. 请说明变压器 SF3-QY-25000/110GY 的含义。

2. 变压器绝缘分类有几种？所依据的标准是什么？

3. 变压器油的成分是什么？请说明变压器油在绝缘中主要起到什么作用？还应用在哪些高压设备上？

4. 请简要说明变压器的组成部分,阐述结构与绝缘部分是如何考虑的。

5. 请说明油浸式变压器的基本结构和原理。

【任务三】　互感器绝缘

任务单

(一)任务描述	(五)学习载体
互感器是一种特殊的变压器,用于隔开高压系统,保证人身和设备安全,绝缘和接线需满足要求,否则误差增大,造成电力系统不稳定运行	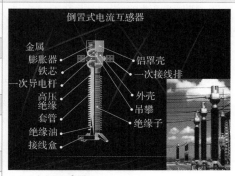
(二)任务要求	
(1)掌握互感器功能特点、绝缘特性 (2)掌握互感器运行注意事项	
(三)学习目标	
(1)能熟悉互感器分类及绝缘结构 (2)能分析电压、电流互感器现场接线	
(四)职业素养	
(1)会根据互感器绝缘结构进行设备巡检 (2)会分析互感器测量精度	(1)电压互感器 (2)电流互感器

互感器是一种特殊的变压器,按用途分为电流互感器和电压互感器两种。

电流互感器能将一次系统中的大电流,按比例变换成额定电流为 1 A 或 5 A 的小电流;电压互感器则是将一次系统中的高电压,按比例变换成额定电压为 100 V 或其他的低电压,向测量仪表、继电保护和自动装置提供电流或电压信号。互感器使测量仪表、保护及自动装置与高压电路隔离,从而保证了低压仪表、装置以及工作人员的安全。电压互感器的工作原理与一般的变压器相同,仅在结构形式、所用材料、容量、误差范围等方面有所差别。

一、电流互感器

电流互感器是升压降流变压器,它是电力系统中测量仪表、继电保护等二次设备获取电气一次回路电流信息的传感器,电流互感器将大电流按比例转换成小电流,电流互感器一次侧接在一次系统,二次侧接测量仪表、继电保护等。

电流互感器工作原理和变压器相似,是利用变压器在短路状态下电流与匝数成反比的原理制成的。其一次绕组通常只有一匝或几匝,串接于大电流电路中;二次绕组匝数较多,并且通常有互相独立的几个绕组,分别与测量仪表和继电保护装置的电流线圈连接,负载阻抗很小;为了满足不同的测量要求,互感器也可以有多个铁芯。因此,电流互感器实质上相当于一台容量很小,励磁电流可以忽略不计的短路变压器。

电流互感器按绝缘介质分为干式、浇注式、油浸式、气体绝缘式等。干式电流互感器由普通绝缘材料经浸漆处理作为绝缘,浇注式电流互感器是用环氧树脂或其他树脂混合材料浇注成型的电流互感器,油浸式电流互感器是由绝缘纸和绝缘油作为绝缘,一般为户外型,目前我国在各种电压等级下均为常用。气体绝缘电流互感器,主绝缘由气体构成。

电流互感器按安装方式分贯穿式、支柱式、套管式、母线式等。贯穿式电流互感器是用来穿过屏板或墙壁的电流互感器。支柱式电流互感器是安装在平面或支柱上,兼做一次电路导体支柱用的电流互感器。套管式电流互感器是没有一次导体和一次绝缘,直接套装在绝缘的套管上的一种电流互感器。母线式电流互感器是没有一次导体但有一次绝缘,直接套装在母线上使用的一种电流互感器。

电流互感器安装在开关柜内,与电流表等连接,实现测量仪表和继电保护之用。因为每个仪表不可能接在电流实际值很大的导线或母线上,所以要通过互感器将其转换为数值较小的二次值,再通过变比来反映一次的实际值。这不仅可靠地隔离开高压,保证了人身和装置的安全,此外,电流互感器的二次额定电流一律为 5 A,使仪表和继电器制造标准化。由于电流互感器一次绕组串联在被测电路中,匝数很少;二次绕组接电流表、继电器电流线圈等低阻抗负载,近似短路,所以一次电流(即被测电流)和二次电流取决于被测线路的负载,与电流互感器二次负载无关。

二、电压互感器

电压互感器的结构、原理和接线都与变压器相同,区别在于电压互感器的容量很小,通常只有几十到几百伏安。电压互感器实质上就是一台小容量的空载降压变压器。

电压互感器的绝缘方式较多,有干式(普通绝缘材料经浸漆绝缘)、浇注式(环氧树脂等混合材料浇注成型)、油浸式(由绝缘纸和绝缘油绝缘)和充气式(气体绝缘,以 SF_6 为主)等。干式(浸绝缘胶)的绝缘结构、绝缘强度较低,只适用于 6 kV 以下的户内配电装置;浇注式结构紧凑,适用于 3 ~ 35 kV 户内配电装置;油浸式绝缘性能好,可用于 10 kV 户内外配电装置;充气式用于 SF_6 全封闭组合电器中,此外还有电容式互感器。目前使用较多的是油浸式和电容式电压互感器。

电压互感器按其运行承受的电压不同,可分为半绝缘和全绝缘电压互感器。半绝缘电压互感器在正常运行中只承受相电压,全绝缘电压互感器运行中可以承受线电压。

三、特别提示

(1)电压互感器二次侧不允许短路。由于电压互感器内阻抗很小,若二次回路短路时,会出现很大的电流,将损坏二次设备甚至危及人身安全。电压互感器可以在二次侧装设熔断器以保护其自身不因二次侧短路而损坏。在可能的情况下,一次侧也应装设熔断器以保护高压电网不因互感器高压绕组或引线故障危及一次系统的安全。

(2)为了确保人在接触测量仪表和继电器时的安全,电压互感器二次绕组必须有一点接地。因为接地后,当一次和二次绕组间的绝缘损坏时,可以防止仪表和继电器出现高压危及人身安全。

（3）电压、电流互感器二次侧是否允许开路或者短路,容易混淆,可以这样理解:电压互感器是将大电压变成小电压,自然将小电流变成大电流,所以不能短路,否则易烧坏;电流互感器是将大电流变成小电流,自然将小电压变成大电压,所以不能开路,否则由于高电位差会使人有触电危险。

课外作业

1. 在高压设备中,互感器主要起着什么作用? 其绝缘部分是如何考虑的?
2. 电压互感器和电流互感器二次侧接线时要注意什么? 为什么?

【任务四】 断路器与隔离开关绝缘

任 务 单

（一）任务描述	（五）学习载体
断路器能通断正常负荷,切除短路故障,是电力系统正常运行的有力保障,隔离开关能在电力系统形成明显的断开点,为检修人员提供安全可靠保障	
（二）任务要求	
（1）掌握不同断路器绝缘特性 （2）掌握断路器和隔离开关的不同 （3）理解SF_6的特性和应用	
（三）学习目标	
（1）掌握断路器的绝缘分类 （2）掌握隔离开关的作用及特性 （3）掌握断路器与隔离开关的工作配合	（1）真空断路器 （2）少油断路器 （3）SF_6断路器 （4）GIS （5）隔离开关
（四）职业素养	
（1）会识别不同类型的断路器和隔离开关 （2）会分辨断路器绝缘结构及特性 （3）会分辨隔离开关绝缘结构及特性	

断路器的作用在于不仅能通断正常负荷电流,而且能够接通和承受一定时间的短路电流,并能在保护装置作用下自动跳闸,切除短路故障。

一、高压断路器的绝缘分类

按断路器灭弧介质的不同,可分为真空断路器、压缩空气断路器、油断路器、SF_6(六氟化硫)断路器。SF_6断路器和真空断路器目前应用较广,很多变电所已经实现了油改气的升级改造,从原来的少油断路器升级为用SF_6的气体绝缘全封闭组合开关电器(gas insulated switchgear,GIS),少油断路器因其成本低,结构简单,依然被广泛应用于不需要频繁操作及要求不高的各级高压电网中,如图 1-15 所示,但压缩空气断路器和多油断路器已基本淘汰。真空断路器常用于高压室"手车"上,集成了操作机构,方便出故障时维修。

图 1-15 户外 110 kV 少油断路器

二、高压断路器的主要结构

高压断路器的主要结构为导流部分、灭弧部分、绝缘部分、操作机构。

高压断路器型号的表示和含义如图 1-16 所示。

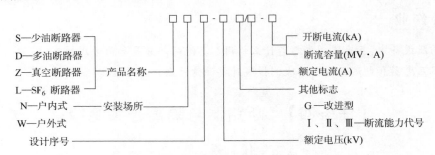

图 1-16　断路器型号示意

三、SF₆绝缘介质

SF₆断路器是使用 SF₆气体作为绝缘介质材料,具有结构简单、体积小、重量轻,断流容量大,灭弧迅速,允许开断次数多,检修周期长等优点,不仅在系统正常运行时能切断和接通高压线路及各种空载和负荷电流,而且当系统发生故障时,通过继电保护装置的作用能自动、迅速、可靠地切除各种过负荷电流和短路电流,防止事故范围的发生和扩大。它比少油断路器串联断口要少,可使制造、安装、调试和运行比较方便和经济。

GIS 全部采用 SF₆气体作为绝缘介质,并将所有的高压电器元件密封在接地金属筒中金属封闭开关设备。它是由断路器、母线、隔离开关、电压互感器、电流互感器、避雷器、接地开关、套管等高压电器组合而成的高压配电装置。如图 1-17 和图 1-18 所示。

图 1-17　某地铁 110 kV 室内 GIS　　图 1-18　某变电站 220 kV 户外 GIS

SF₆气体是无色、无味、无毒、不可燃的惰性气体,它的灭弧能力强、绝缘强度高、开断电流大、断开电容电流或电感电流时无重燃,过电压低等,具有很高的抗电强度和良好的灭弧性能,介电强度远远超过传统的绝缘气体。它的绝缘能力约高于空气 2.5 倍,而灭弧能力则高达百倍。因此将其应用于断路器、变压器和电缆等电气设备,可以缩小设备尺寸,改善电力系统的可靠性和安全性。

SF₆气体密度是空气密度的 5.1 倍,SF₆气体在 0.29 MPa 压力时,绝缘强度与变压器油相当,灭弧能力是空气的 100 倍。在 1.2 MPa 时液化,为此 SF₆断路器中都不采用过高压力,使其保持气态。SF₆气体有很强的电负性($SF_6 + e^- = SF_6^-$),而正负离子容易复合成中性质点或原子,这是一般气体所没有的,故 SF₆气体较其他气体有更强的灭弧性能。

SF$_6$气体不含碳元素,对于灭弧和绝缘介质来说,是极为优越的特性,而且它不含氧元素,因此不存在触头氧化问题。SF$_6$气体具有优良的绝缘性能,在电流过零时,电弧暂时熄灭后,具有迅速恢复绝缘强度的能力,从而使电弧难以复燃而很快熄灭。SF$_6$断路器是利用SF$_6$气体为绝缘介质和灭弧介质的无油化开关设备,其绝缘性能和灭弧特性都大大高于油断路器,属于气吹式断路器,其特点是工作气压比较低,在吹弧的过程中,气体不排向大气,而在封闭系统中循环使用。

在断路器和GIS操作过程中,由于电弧、电晕、火花放电和局部放电、高温等因素影响下,SF$_6$气体会进行分解,它的分解物遇到水分后会变成腐蚀性电解质。尤其是有些高毒性分解物,如SF$_4$、S$_2$F$_2$、S$_2$F$_{10}$、SOF$_2$、HF和SO$_2$,它们会刺激皮肤、眼睛、黏膜,如果吸入量大,还会引起头晕和肺水肿,甚至致人死亡。

GIS室内空间较封闭,一旦发生SF$_6$气体泄漏,流通极其缓慢,毒性分解物在室内沉积,不易排出,从而对进入GIS室的工作人员产生极大的危险,而且SF$_6$气体的比重较氧气大,当发生SF$_6$气体泄漏时SF$_6$气体将在低层空间积聚,造成局部缺氧,使人窒息。另一方面SF$_6$气体本身无色无味,发生泄漏后不易让人察觉,这就增加了对进入泄漏现场工作人员的潜在危险性。如果怀疑发生中毒现象,应组织人员立即撤离现场,开启通风系统,保持空气流通。观察中毒者,如有呕吐应使其侧位,避免呕吐物吸入,造成窒息。其他人员自身应立即用清水冲洗,换衣服,眼部伤害或污染用清水冲洗并摇晃头部。

四、真空断路器

空气是良好的电介质,一般用于设备绝缘上,但是容易受到湿度等因素影响,所以高压设备还可以使用高真空。真空断路器因其灭弧介质和灭弧后触头间隙的绝缘介质都是高真空而得名,其具有体积小、重量轻、适用于频繁操作、灭弧不用检修的优点,在配电网中应用较为普及。其额定电流可达5 000 A,开断电流达到50 kA的较好水平,一般为10 kV居多,现已发展到电压可达35 kV等级,如图1-19所示。

真空断路器利用高真空中电流流过零点时,等离子体迅速扩散而熄灭电弧,完成切断电流的目的。真空不存在导电介质,使电弧快速熄灭,因此该断路器的动静触头之间的间距很小。真空断路器具有真空间隙的绝缘性能好和灭弧能力强的特点。

图1-19　ZN28G-12系列户内高压真空断路器

真空断路器主要包含三大部分:真空灭弧室、电磁或弹簧操动机构、支架及其他部件。真空断路器的燃弧时间短,绝缘强度高,电气寿命也较高,触头的开距与行程小,操作的能量小,因此,机械寿命也较高,维护工作量较少。

五、隔离开关

高压隔离开关是一种没有灭弧装置的开关设备,主要用来断开无负荷的电路,隔离开关在分闸状态时有明显的断开点,以保证其他电气设备的安全检修,在合闸状态时能可靠的通过正常负荷电流及短路故障电流。因为没有专门的灭弧装置,不能断开负荷电流及短路电流,因此,隔离开关只能在电路已被断路器断开的情况下才能进行操作,严禁带负荷操作,以免发生意外,只有电压互感器,避雷器励磁电流不超过2 A的空载线路,才能用隔离开关进行直接操作。

高压隔离开关的绝缘介质通常以空气为绝缘介质,也有油绝缘介质。按照绝缘和灭弧介质的不同,高压隔离开关可以分成油隔离开关、隔离开关、户内高压隔离开关、ZW32 隔离开关等。如图 1-20 所示为户外 110 kV 隔离开关。

图 1-20　户外 110 kV 隔离开关

六、特别提示

断路器与隔离开关从作用上来说,都是属于高压绝缘设备,但是有明显的区别。

(1)隔离开关主刀和接地刀闸互相实现连锁,当主刀 QS 打开后才能合接地刀闸,接地刀闸打开后才能合主刀 QS。

(2)高压断路器与隔离开关在串联回路中互相连锁:打开电路时应先打开断路器 QF,然后打开隔离开关 QS。闭合电路时应先合上隔离开关 QS,最后合上断路器 QF。

(3)断路器俗称开关;而隔离开关俗称闸刀。

(4)断路器有专门的灭弧装置;而隔离开关没有灭弧装置且严禁带负荷操作。

(5)断路器看不到空气断开点;而隔离开关有明显的空气断开点。

(6)断路器符号表示为 QF;而隔离开关符号表示为 QS。

课外作业

1. 断路器按灭弧介质可分为哪几种? 主要应用在什么场合?

2. 请说明断路器 ZW32C-12P/630-20 的含义。

3. SF_6 气体在绝缘中有什么作用? 有什么特性?

4. 隔离开关和断路器有什么区别? 在使用上是如何配合的?

【任务五】　避雷器

任 务 单

(一)任务描述	(五)学习载体
避雷器是电力系统免于遭受雷电流及系统过电压冲击破坏的有力保障,是电力系统安全运行的重要组成部分	
(二)任务要求	
(1)掌握不同避雷器绝缘设置与原理 (2)掌握避雷器绝缘特性及现场中应用	
(三)学习目标	
(1)熟悉避雷器分类 (2)理解避雷器结构	
(四)职业素养	(1)保护间隙 (2)管式避雷器 (3)阀式避雷器 (4)金属氧化物避雷器
(1)会认知各种避雷器 (2)会阐述各种避雷器特性	

避雷器是变电站保护设备免遭雷电冲击波袭击的设备。当沿线路传入变电站的雷电冲击波超过避雷器保护水平时,避雷器首先放电,并将雷电流经过导体安全的引入大地,利用接地装置使雷电压幅值限制在被保护设备雷电冲击水平以下,使电气设备受到保护。

避雷器是连接在导线和地之间的一种防止雷击的设备,通常与被保护设备并联。避雷器可以有效地保护电力设备,一旦出现不正常电压,避雷器产生作用,起到保护作用。当被保护设备在正常工作电压下运行时,避雷器不会产生作用,对地面来说视为断路。一旦出现高电压,且危及被保护设备绝缘时,避雷器立即动作,将高电压冲击电流导向大地,从而限制电压幅值,保护电气设备绝缘。当过电压消失后,避雷器迅速恢复原状,使系统能够正常供电。避雷器的主要作用是通过并联放电间隙或非线性电阻的作用,对雷电侵入波进行削幅,降低被保护设备所受的过电压值,从而达到保护电力设备的作用。

避雷器的最大作用也是最重要的作用就是限制过电压,达到保护电气设备的目的。避雷器是使雷电流流入大地,使电气设备不产生高压的一种装置,主要类型有管型避雷器、阀型避雷器和氧化锌避雷器等。每种类型避雷器的主要工作原理是不同的,但是它们的工作实质是相同的,都是为了保护设备不受损害。

避雷器可分为:保护间隙避雷器(图 1-21)、管式避雷器(图 1-22)、磁吹避雷器、阀式避雷器(图 1-23)、氧化锌避雷器(图 1-24、图 1-25)。

图 1-21　保护间隙避雷器　　图 1-22　管式避雷器　　图 1-23　阀式避雷器　　图 1-24　110 kV 金属氧化锌避雷器　　图 1-25　220 kV氧化锌避雷器

管式避雷器是保护间隙型避雷器中的一种,大多用在供电线路上作避雷保护。这种避雷器可以在供电线路中发挥很好的功能,在供电线路中有效地保护各种设备。

阀式避雷器由火花间隙及阀片电阻组成,阀片电阻的制作材料是特种碳化硅。利用碳化硅制作阀片电阻可以有效地防止雷电和高电压,对设备进行保护。当有雷电高电压时,火花间隙被击穿,阀片电阻的电阻值下降,将雷电流引入大地,这就保护了电气设备免受雷电流的危害。在正常的情况下,火花间隙是不会被击穿的,阀片电阻的电阻值上升,阻止了正常交流电流通过。阀式避雷器是利用特种材料制成的避雷器,可以对电气设备进行保护,把电流直接导入大地。

氧化锌避雷器是一种保护性能优越、重量轻、耐污秽、阀片性能稳定的避雷设备。由于氧化锌阀片非线性极高,即在大电流时呈低电阻特性,限制了避雷器上的电压,在正常工频电压下呈高电阻特性,所以具有理想的伏安特性,具有无间隙、无续流残压低等优点,也能限制内部过电压,被广泛使用。氧化锌避雷器不仅可作雷电过电压保护,也可作内部操作过电压保护。氧化锌避雷器性能稳定,可以有效地防止雷电高电压或操作过电压,是一种具有良好绝缘效果的避雷器,在危险情况下,能够有效地保护电力设备不受损害。

复合绝缘金属氧化物避雷器是将金属氧化物避雷器和复合绝缘材料的优异性集于一体,成为原瓷套型避雷器的更新换代产品,主要用于电压等级为 0.22 ~ 220 kV 的发电、输电、变电、配电系统中,用于限制可能出现的各种过电压,以保证电气设备的安全运行。复合绝缘金属氧化物避雷器由于具有残压低、通流容量大、响应时间快、陡波特性平坦等一系列优异性,不仅能有效地限制雷电过电压和操作过电压(如切高压电机、切空载变压器、投切电容器组等引起的过电压)对电器设备的危害,而且能抑制异常快速过电压对固体器件的损害。复合绝缘氧化物避雷器由氧化锌非线性高性能电阻片叠装成整体,采用特殊工艺将电阻片制成芯体,再采用一次成型工艺用复合绝缘材料封装成一体,来取代传统的瓷套型结构。由于其散热性能好,外绝缘耐电腐蚀、抗老化、耐污能力强,特别适宜场所是严重污秽场所、防爆场所、紧凑型开关柜内、预防性检验困难场所。

高压避雷器是配电变压器防雷保护的主要措施之一。在实际安装配电变压器高压避雷器时,避雷器有两种不同的安装方式:一种是避雷器安装于跌落式熔断器前端;另一种是安装于跌落式熔断器后端。

课外作业

1. 简述一次设备主要有哪些,各有什么作用?
2. 避雷器的工作原理是什么? 主要安装在什么位置?

【任务六】 高空作业

任 务 单

(一)任务描述	(五)学习载体
高空作业是高压试验的重要组成部分,掌握高空作业防护措施是确保作业人员安全的必不可少环节	
(二)任务要求	
(1)能组织高空作业 (2)能正确处置高空坠落伤害	
(三)学习目标	
(1)理解高空作业危险点 (2)掌握高空作业防护措施	
(四)职业素养	(1)安全带 (2)安全帽 (3)梯车
(1)会高空作业 (2)会高空防护 (3)会"两穿三戴"	

国家标准《高处作业分级》（GB/T 3608）规定："在距坠落高度基准面 2 m 或 2 m 以上有可能坠落的高处进行的作业，都称为高处作业。"在"普速/高速铁路接触网安全规则"中一般规定"凡在距离地（桥）面 2 m 及以上的处所进行的作业均称为高空作业。"本书主要针对铁路供电专业，均称为高空作业。

一、高空作业规定

高空作业人员要系好安全带，作业时必须将安全带系在安全牢靠的地方。所有作业人员必须戴好安全帽，高空作业必须设专人监护。高空作业使用的小型工具、材料应放置在工具材料袋内。作业中应使用专门的用具传递工具、零部件和材料，不得抛掷传递。进行高空作业时，人员不宜位于线索受力方向的反侧，并采取防止线索滑脱的措施，在曲线区段进行接触悬挂的调整时，要有防止线索滑跑的后备保护措施。停电作业时，每一监护人的监护范围不得超过两个跨距，在同一组软横跨上作业时不超过四条股道，在相邻线路同时进行作业时，要分别派监护人各自监护。冰、雪、霜、雨等天气条件下，接触网作业用的车梯、梯子，以及检修车应有防滑措施。

攀登工具应在出库前检查，确保状态良好，安全工器具完好合格。攀登支柱前要检查支柱状态，观察支柱上有无其他设备，选好攀登方向和条件。攀登支柱时要手把牢靠，脚踏稳准，尽量避开设备并与带电设备保持规定的安全距离。用脚扣和踏板攀登时，要卡牢和系紧，严防滑落，高空作业如图 1-26 所示。

(a)　　　　　　　　　　　　　　　(b)

(c)　　　　　　　　　　　　　　　(d)

图 1-26　高空作业

二、高空作业事故案例

【案例1】安全带挂钩脱扣导致作业人员高空坠落。

某接触网工区在×车站清扫绝缘子,林××在清扫至24号支柱下部定位绳绝缘子时,安全带挂钩突然脱扣,林××从高空坠落造成重伤。图1-27所示为安全带挂钩脱扣导致重伤事故现场。

1. 原因分析

(1)安全带挂钩锁扣状态不良。

(2)作业前,该工区负责人发现并向林××提出安全带挂钩状态不好,林××没有认真检查确认并及时更换。

2. 事故教训

安全带就是生命带,每次使用前都要对安全带状态进行认真检查。

图1-27 安全带挂钩脱扣导致重伤事故现场

【案例2】安全带所系位置错误导致作业人员高空坠落。

某接触网工区工作领导人甲组织处理××—××区间91号支柱腕臂偏移问题。由于螺栓锈蚀严重,作业人员乙长时间松不开腕臂鞍子上的U螺栓,甲派丙协助乙。丙上去后将安全带系在定位管斜拉线上,用力拆卸螺母仍卸不动。丙转换姿势,借助安全带的力量,双手同时用力,斜拉线突然绷断,丙从空中掉下。地面人员丁反应及时,在丙快要落地时抱住了丙,两人同时摔倒在地。丙左眼被道砟划破失明,丁拇指被丙的扳手砸成粉碎性骨折。

1. 原因分析

(1)斜拉线是用$\phi4.0$ mm的铁线制成,回圈处已磨掉1/4截面,再加上锈蚀,猛然用力后折断,导致丙摔下。丁为救丙遭丙的扳手砸伤。

(2)工作领导人甲没有及时制止和纠正丙的不安全行为。

2. 事故教训

高空作业时安全带一定要系在安全牢靠的地方,系安全带前要对所系的结构进行可靠性检查,地面监护人员要认真履行监护之责。

三、高空坠落处置程序

（1）立即暂停作业，并去除伤员身上的用具和口袋中的硬物。

（2）现场抢救，应立即检查伤员全身情况，特别是呼吸和心跳，发现呼吸、心跳停止时，应立即就地抢救。

（3）送医院治疗，施救人员应同时拨打 120 急救电话联系医院，将伤者送医院治疗。

（4）报告上级，发现人应立即向所在车间负责人报告，由车间负责人向段劳动安全应急处置领导小组及应急处置办公室报告人身伤害情况。

（5）在抢救人员和财产的过程中应尽可能地保护好事故现场（任何人不得破坏事故现场）。为抢救人员或恢复生产必须移动现场物件时，应做好标志，同时采取摄像、摄影、绘图等方法记录事故现场原貌。

四、高空坠落伤害处置方案

（1）创伤局部妥善包扎，但对疑颅底骨折和脑脊液漏患者切忌作填塞，以免导致颅内感染。

（2）颌面部伤员首先应保持呼吸道畅通，摘除假牙，清除移位的组织碎片、血凝块、口腔分泌物等，同时松解伤员的颈、胸部纽扣。若舌已后坠或口腔内异物无法清除时，可用 12 号粗针穿刺环甲膜，维持呼吸，尽可能早做气管切开。

（3）复合伤要求平仰卧位，保持呼吸道畅通，解开衣领扣。

（4）周围血管伤，压迫伤部以上动脉干至骨骼。直接在伤口上放置厚敷料，绷带加压包扎以不出血和不影响肢体血液循环为宜。当上述方法无效时可慎用止血带，原则上尽量缩短使用时间，一般以不超过 1 h 为宜，做好标记，注明上止血带的时间。

（5）快速平稳地送医院救治。

（6）骨折处理。现场急救的目的是防止伤情恶化，为此，千万不要让已经骨折的肢体活动，不能随便移动骨折端，以防锐利的骨折端刺破皮肤、周围组织、神经、大血管等。首先应将受伤的肢体进行包扎和固定，对于开放性骨折的伤口，最重要的是防止伤口污染，为此，现场抢救者不要在伤口上涂任何药物，不要冲洗或触及伤口，更不能将外露骨端推回皮内。抢救者应保持镇静，正确地进行急救操作，应取得伤员的配合，现场严禁将骨折处盲目复位。待全身情况稳定后再考虑固定、搬运。骨折固定材料常采用木制、塑料和金属夹板，如果现场没有现成的夹板，则可就地取材，采用木板、竹竿、手杖、伞柄、木棒、树枝等物代替。固定时，应注意要先止血，后包扎，再固定。选择夹板长度应与肢体长度相对称。夹板不要直接接触皮肤，应采用毛巾、布片垫在夹板上，以免神经受压损伤。

课外作业

1. 高空作业是指高于多少米即为高空作业？需要做哪些安全措施？

2. 高空作业时，应如何注意保护头部？应如何正确佩戴头盔？

3. 高空坠落时，救助伤者时应注意哪些事项？

【任务七】 绝 缘 工 具

任 务 单

(一)任务描述	(五)学习载体
绝缘工具是用来保护人身安全的基本用具,须正确使用以避免触电伤亡事故	
(二)任务要求	
(1)能正确使用绝缘工具 (2)能熟悉绝缘工具的保护范围	
(三)学习目标	
(1)掌握绝缘安全用具分类 (2)掌握绝缘手套、绝缘靴、绝缘垫、绝缘杆和接地棒使用	
(四)职业素养	
(1)会做好个人绝缘安全防护 (2)会"两穿三戴" (3)会设置高压试验安全区域	

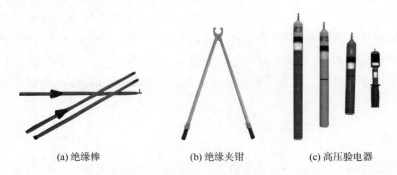

（图示：绝缘棒　绝缘夹钳　高压验电笔　绝缘手套　绝缘垫　绝缘靴）

　　绝缘工具是用来保护人身安全的基本用具,是生命安全的重要保证,如果没有这些装备,很可能造成触电身亡等严重事故。在工作过程中,严格检查安全工器具和个人防护用品,了解防护用品的重要性,杜绝因工具存在的安全隐患带来的风险。

一、绝缘安全用具分类

　　绝缘安全用具主要分为基本安全用具和辅助安全用具,两种用具都有高压和低压之分。高压设备的基本安全用具包括绝缘棒、绝缘夹钳、高压验电器,如图 1-28 所示。高压设备的辅助安全用具包括绝缘手套、绝缘靴、绝缘垫,如图 1-29 所示。

　　　(a) 绝缘棒　　　　　　　　(b) 绝缘夹钳　　　　　　　(c) 高压验电器

图 1-28　高压设备的基本安全用具

　　基本安全用具与辅助安全用具的区别在于:基本安全用具的绝缘强度能较长时间的承受电气设备的工作电压,辅助安全用具的绝缘强度不能承受电气设备的工作电压,只能加强基本安全用具的保护作用,以防止跨步电压、接触电压、电弧灼伤等,所以,不能用辅助安全用具直接接触高压设备。

(a) 绝缘手套

(b) 绝缘垫

(c) 绝缘靴

图 1-29　高压设备的辅助安全用具

二、绝缘工具使用

1. 绝缘棒

绝缘棒也称绝缘拉杆,主要用来操作隔离开关,安装和拆除临时接地线等工作。由工作部分、绝缘和握手三部分组成,绝缘和握手由护环分开,如图 1-28(a)所示。

使用绝缘棒时,应选用符合量程的绝缘棒,用干布把表面擦干净,操作时应戴绝缘手套,穿绝缘靴站在绝缘台上。使用完后,应放在干燥处,不得与墙面接触,以保护绝缘层。

2. 绝缘夹钳

绝缘夹钳主要用在 35 kV 及以下的电气设备装拆熔断器时使用,由工作钳口、绝缘层和握把三部分组成,如图 1-28(b)所示。

绝缘夹钳的工作部分是钳口,它必须保证夹紧熔断器,使用前应保持清洁干燥,操作时应戴上护目镜,防止灼伤眼睛。在潮湿天气须使用防雨夹钳。

3. 绝缘手套和绝缘靴

绝缘手套和绝缘靴均由特种橡胶制成,一般作为辅助安全用具。绝缘手套用于操作高压隔离开关、高压跌落开关、验电和装拆接地线时作为辅助安全用具,在低压带电设备工作时可用作基本安全用具,而绝缘靴在相应电压等级下可以作为防护跨步电压的基本安全用具,如图 1-29(a)、图 1-29(c)所示。

绝缘手套使用前应先进行外观检查,看是否有针孔、裂纹、砂眼等。漏气检测方法为将手套朝手指方向折叠,若手指鼓起,为不漏气,则为良好。戴手套时,衣裳袖口应套入手套筒内。不能抓尖利带刺的物体,以免损伤降低绝缘效果。使用后应清理干净,可放入滑石粉,以免粘连。应放置于阴凉干燥处,避免阳光直射,以免老化。

绝缘靴在操作电气设备时,用于人与地面绝缘,防止跨步电压。使用前应做耐压试验,并观察是否有裂纹等破损情况,检测结果合格,方可使用。绝缘鞋不宜在地面湿度高的情况下使用,穿绝缘靴时应把裤腿扎入靴内,使用时不能与油类、酸碱类物质接触,以防腐蚀。存放时应保持整洁干燥,并自然平放。

4. 验电器

按用途分类,验电器分为高压和低压两类。低压验电器又称为试电笔,主要用来检测设备是否带电,还可以区分零线和火线。高压验电器可用于检测是否存在高频电场,如图 1-28(c)所示。

高压验电器使用前应观察表面是否有裂痕,然后将验电器在确定有电源处测试,如果良好,方可使用。使用时应特别注意手握部位不能超过隔离环,应逐渐靠近被测物,直到氖泡发光为止。室外使用时,应在气候条件好的情况下使用,如果湿度较大不宜使用。

5. 绝缘垫

绝缘垫又称绝缘毯,如图1-29(b)所示,是具有较大体积电阻率和耐击穿的胶垫,可用于操作人员的对地绝缘,防止跨步电压、接触电压对人的危害。

使用时,地面应平整,无锐利物品,无脏污。使用完后,应保持干燥,避免与腐蚀性物品接触导致老化,降低绝缘性能。

绝缘垫进行耐压试验时,可把绝缘垫上下铺金属箔并应比被测绝缘垫周围小200 mm,然后加压到指定电压时,若无击穿则可使用。

绝缘工具耐压试验见视频1-3。绝缘工具耐压理论见视频1-4。

视频1-3　绝缘工具耐压试验　　　视频1-4　绝缘工具耐压理论

课外作业

1. 基本安全用具和辅助安全用具分别有哪些?请举例说明。
2. 绝缘手套使用前应如何检查?
3. 绝缘垫进行耐压试验时,应如何接线?
4. 绝缘工具耐压试验时,听到噼噼啪啪的零星放电声音,应如何处理?

【任务八】 感应电伤亡

任 务 单

（一）任务描述	（五）学习载体
感应电压将导致人身事故的发生,掌握其防范安全措施是保障作业人员人身安全的关键	
（二）任务要求	
（1）能分析感应电来源 （2）能做好个人安全防范措施 （3）能根据规程完成感应电防护作业	
（三）学习目标	
（1）能分析感应电的危险点 （2）能在可能产生感应电的区域安全作业	
（四）职业素养	
（1）会装、拆接地线 （2）会对感应电进行防范	（1）平行、交叉跨越带电线路或同塔并架线路 （2）V形作业

一、感应电成因

感应电主要存在于临近平行、交叉跨越带电线路或同塔并架线路部分线路停电,以及进线间隔离开关、门构架等处,如图1-30、图1-31所示。根据感应电电压测量试验数据,在停电后不挂接地线时,500 kV 母线最高感应电压可达 17.7 kV,220 kV 线路最高感应电压可达 10.8 kV,66 kV 线路最高感应电压可达 2.9 kV。

图 1-32 所示同塔并架的带电赣坪乙线使赣潭Ⅱ线和赣坪甲线产生感应电的示意。220 kV 赣潭Ⅱ线(甲乙双线停电)与 220 kV 赣坪乙线(带电)同塔并架于 43 号基座位,其中赣坪乙线带电,赣潭Ⅱ线和赣坪甲线停电,在未接地情况下,赣潭Ⅱ线和赣坪甲线感应电压非常高,作业人员如果接触到赣潭Ⅱ线和赣坪甲线如此高的感应电压将导致人身事故的发生,所以检修时务必做好安全措施。

(a) 临近平行

(b) 交叉跨越

(c) 同塔并架

图 1-30   平行、交叉跨越和同塔并架线路容易产生感应电

图 1-31   进线间隔隔离开关、门构架容易产生感应电

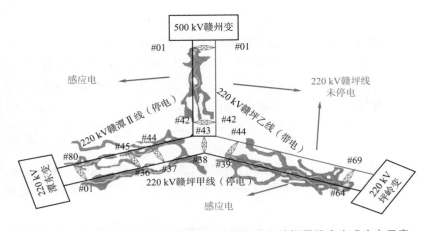

图 1-32   同塔并架的带电赣坪乙线使赣潭Ⅱ线和赣坪甲线产生感应电示意

二、感应电事故案例

1. 事故概况

××××年,某铁路供电段按计划在某开闭所 214 馈线进行年检作业,2:20 检修车间变电检修工梁某(供电段变电设备检修工,具体作业内容为避雷器绝缘、泄漏测试及隔离开关检修)在某开闭所 214 馈线抗雷线圈和避雷器处作业时被感应电击伤,2:50 送医院救治,8:01 经抢救无效死亡,构成铁路交通一般 B1 事故。

2. 事故经过

作业当天工作领导人李某负责向变电值员申请作业及监督和确认值班人员布置和恢复作业相关的安全措施,并负责杆下作业及监护杆上作业;作业组成员梁某负责杆上作业;当日值班员陈某负责向局供电调度核对工作票,申请及消除停电令和作业令,并向工作领导人传达命令要求,同时按工作票要求布置和恢复相应的安全措施。

××月××日 00:30,值班员陈某向局供电调度宣读工作票,局供电调度审核工作票无误。

1:10,陈某、李某、梁某到达开闭所,入所后陈某准备绝缘工具和安全用具。

1:44,局供电调度远动操作将开闭所 214 馈线停电(断开 214 断路器,分 2141、2142 电动隔离开关),下令将 214 断路器手车拉至试验位,1:48 陈某完成。

1:49,局供电调度下达 3198 号作业命令,批准对 214 馈线设备检修试验及维护,要求完成时间 3:00。接令后陈某负责验电并设置接地封线:1 号接地线装设在 214 馈线避雷器引上线 T 形线夹处,2 号接地线装设在 2141 隔离开关靠 214 断路器侧的软母线上。

1:53,陈某会同工作领导人现场确认安全措施和签认开始作业。

2:00,梁某利用梯子登杆(杆高 4.5 m)开始作业,用短接线将设备线夹与避雷器底座连接,拆除避雷器引线,在测试准备工作完成后下杆进行避雷器绝缘、泄漏测试。

测试完成后,梁某重新上杆恢复引线,因引线距离避雷器位置较远,地面人员李某应梁某要求,违反规定拆除 1 号接地封线(认为短接线已起保护作用,但在拆除过程未发现短接线已摆动脱落),在用接地杆将引线拨向梁某时,梁某因身体触碰抗雷线圈被感应电电击并发出"啊"声后,身体下坠吊在安全带上。李某听到叫声后立即爬上梯子托住梁某,与闻声赶来的陈某解开安全带将其放至地面进行施救。

事故示意如图 1-33 所示。

3. 事故原因

此开闭所为两路电源进线、五条馈出线的供电方式,地处枢纽地区涉及多方向供电,所内与 214 馈线平行的 212、213、215 馈线处于正常供电状态,造成 214 馈线设备产生感应电。

工作领导人李某、作业人员梁某在进行开闭所 214 馈线避雷器绝缘和泄漏试验时,严重违反《牵引变电所安全工作规程》第 107 条和第 74 条的规定,作业过程中盲目将 1 号接地封线拆除,因作为辅助防护作用的短接线在作业过程中已脱落,作业地点接地防护全部缺失,导致作业人员被感应电电击死亡。

(1)事故直接原因:作业人员执行安全规程不到位,拆除测试装置端的试验引线前,未将试验线路接地,且未按规定使用绝缘鞋、绝缘手套、绝缘垫等安全工器具和劳动防护用品,是造成本次事故的直接原因。

(2)事故扩大原因:人员触电后,工作负责人在没有采取任何防护措施的情况下,盲目施救造成作业人员死亡。

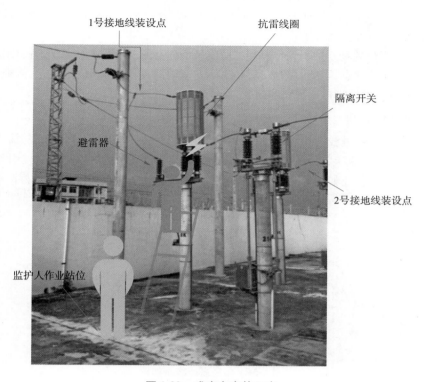

图 1-33 感应电事故示意

4. 事故教训

（1）作业地点接地防护缺失。作业组违反《牵引变电所安全工作规程》第107条和第74条的规定，违章拆除1组接地封线。根据第107条规定"被试设备上装设的接地线，只允许在加压过程中短时拆除，试验结束后要立即恢复原状"，作业组在已完成测试工作、进行恢复引线作业时违章拆除接地封线，且作为辅助防护作用的短接线在作业过程中已脱落，作业地点接地防护全部缺失，导致作业人员被感应电电击死亡。

（2）地线操作不符合规定。作业组由工作领导人拆除地线，且现场未设专人监护。根据《牵引变电所安全工作规程》第74条规定，需临时拆除地线时，"拆除和恢复接地线仍需由牵引变电所值班人员进行。当进行需拆除接地线的作业时，必须设专人监护。其安全等级：作业人员不低于二级，监护人不低于三级"。现场不仅由工作领导人违章操作地线，且操作地线时未设专人监护。

作业人员严重违章，《牵引变电所安全工作规程》《交流输电线路工频电气参数测量导则》（DL/T 1583）均明文规定："高压试验人员在测量接线及变更接线时，必须在被测线路两端均接地，防止感应电压触电。"

（3）未按规定开具工作票。

一是工作票的实际发票人不具备发票人资格，并在未告知工区副工长的情况下，擅自在工作票上将副工长填写为发票人。

二是局供电调度、供电段在审核工作票时，没有发现本应由三人及以上人员才能作业的项目，实际由两人进行，致使作业负责人违章参与作业。

（4）作业准备不充分。

一是作业负责人在作业前才收到工作票，没有足够的时间熟悉工作票内容和做好准备工作。

二是作业方案预想不充分,对于引线拆除后距离避雷器较远、影响现场作业的问题未能提前预想并完善作业方案。

(5)变电所值班员现场互控不到位。变电所值班员陈某违反《牵引变电所安全工作规程》第61条有关"随时巡视作业地点,了解工作情况,发现不安全情况要及时提出"的规定,未能及时发现和纠正作业组作业过程中拆除接地封线的问题,导致现场互控缺失。

三、感应电预防措施

在线路杆塔、变电站进线端作业时,应采取防感应电措施,必要时应穿屏蔽服,加挂接地线,使用个人保安线。高压专业参数测试人员必须使用绝缘手套、绝缘靴、绝缘垫,拆、接引线前,线路必须接地,高空高压线路作业如图1-34所示,作业时容易产生感应电,工作人员须做好防护措施。

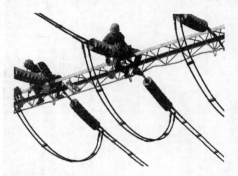

图1-34　高空高压线路作业

在停电检修线路作业区段的两端三相导、地线上装设接地线;同时在检修作业点(工作相线、地线)范围两侧装设个人保安线(注意:如果在检修作业点一侧或两侧已装设接地线,则相应检修作业点一侧或两侧的个人保安线可以不再装设),如图1-35所示。

图1-35　感应电接地防护

装、拆接地线或使用个人保安线时,检修人员应使用绝缘棒或绝缘绳,人体不得碰触接地线,并与接地线保持足够的安全距离。试验前详细了解当地、端口和线路经过所有地区的天气,严禁阴(雷)雨天气和大风天气进行线路参数试验。线路参数试验期间相邻(相关)线路禁止进行任何操作和作业。变更试验接线时,必须确保操作设备可靠接地。试验前必须测量线路感应电压,若大于2 kV时试验工作应暂停,并对引起感应电压的设备申请停电。除加压试验以外的其他时间,试验引线和设备必须接地良好。感应电伤亡案例见视频1-5。

视频 1-5　感应电伤亡案例

课外作业

1. 在哪些线路容易产生感应电?请阐述其产生的原因。

2. 高铁接触网电压为 25 kV,与其距离 10 m 的平行导线会产生多大电压?应如何防护?

3. 针对感应电伤亡事故,应做好哪些预防措施?

【任务九】　绝缘介质及放电机理

任 务 单

(一)任务描述	(五)学习载体
气体是良好的绝缘材料,应用广泛,认识真空、高压气体、SF$_6$ 在高压设备中的应用	
(二)任务要求	
(1)掌握提高气体击穿电压的措施 (2)独立完成气体放电试验全过程	
(三)学习目标	
(1)理解气体放电的机理 (2)掌握提高气体放电种类及提高绝缘措施 (3)掌握气体压力与绝缘的关系	
(四)职业素养	(1)高压气体
(1)会维护不同设备压力表,熟悉其最佳工作气压大小 (2)会根据被保护设备调整设置球间隙	(2)真空 (3)SF$_6$ 气体

　　在电力系统中,气体(主要是空气)是一种应用得相当广泛的绝缘材料,如架空线、母线、变压器的外绝缘,隔离开关的断口处。此外在绝缘材料内部或多或少含有一些气泡,故气体放电研究是高压技术的一项基本任务。除了空气绝缘外,另一种气体 SF$_6$ 的特性在前面已经介绍过。

一、气体放电的机理

　　通常情况下,气体中有少量带电离子是良好的绝缘介质,但当电场较弱时,气体电导极小,可视为绝缘体。在强电场作用下,沿电场方向移动时,在间隙中会有电导电流。当气体间隙上电压提高至一定值后,可在间隙中突然形成一传导性很高的通道,此时称气体间隙击穿,也就是气体放电,气体由绝缘状态变为导通状态,失去绝缘的性能。使气体击穿的最低电压称为击穿电压。均匀电场中,击穿电压与间隙距离之比称为击穿场强,它反映气体耐受电场作用的能力,即气体之电气强度。不均匀电场中,击穿电压与间隙距离之比称为平均击穿场强。击穿电压与击穿场强的关系如图 1-36 所示。

气体放电分非自持放电与自持放电,当电压达到一定程度时,气体需要依靠外界游离因素支持的放电称非自持放电,当外界条件不作用时,放电终止。如果当外界游离因素不存在时,间隙中放电依靠电场作用继续进行下去,这种放电形式为自持放电,自持放电是只依靠电场的作用自行维持的放电。外界游离因素是由带电质点产生,有碰撞游离、光游离、热游离、金属表面游离,而质点的消失有定向运动、扩散、复合等。

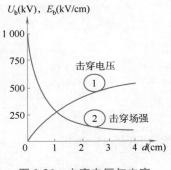

图 1-36　击穿电压与击穿场强的关系

气体发生击穿时,伴有光、声、热等现象,与电源性质、电极形状、气体压力等有关。气体放电现象存在以下几种主要形式:

1. 辉光放电

外加电压增加到一定值时,通过气体的电流明显增加,气体间隙整个空间突然出现发光现象,这种放电形式称为辉光放电。辉光放电的电流密度较小,放电区域通常占据整个电极的空间。辉光放电是低气压下的放电形式,验电笔中的氖管、广告用霓虹灯管发光就是辉光放电的例子。

2. 电晕放电

对于尖电极的极不均匀电场气隙,随外加电压的升高,在电极尖端附近会出现暗蓝色的晕光,并伴有咝咝声,称为电晕放电。发生电晕放电时,气体间隙的大部分尚未丧失绝缘性能,放电电流很小。电气设备带电的尖角和输电线路,在运行中时有发生这种电晕放电,会听到哩哩的声音,嗅到臭氧的气味。电晕放电是一种自持放电形式。电晕放电会增加损耗,对线路有干扰和腐蚀,为了限制电晕,可采用分裂导线法,或者在电极上使用均压罩和均压环。

3. 火花或电弧放电

在气体间隙的两极,电压升高到一定值时,气体中突然产生明亮的树枝状放电火花,当电源功率不大时,这种树枝状火花会瞬时熄灭,接着又突然产生,这种现象称为火花放电;当电源功率足够大时,气体发生火花放电以后,树枝状放电火花立即发展至对面电极,出现非常明亮的连续弧光,形成电弧放电。

二、提高气体绝缘措施

在高压电气设备制造时,就会遇到气体绝缘间隙问题。从绝缘角度上说,间隙当然是越大越好,但是从材料和空间来说,希望减小设备尺寸,间隙的距离尽可能缩短。为此需要采取措施,以提高气体间隙的击穿电压。长空气间隙不同电场下的交流击穿电压,如图 1-37 所示。

提高气体击穿电压可能有两个途径:一是改善电场分布使其尽量均匀;二是利用其他方法来削弱气体中的游离过程。

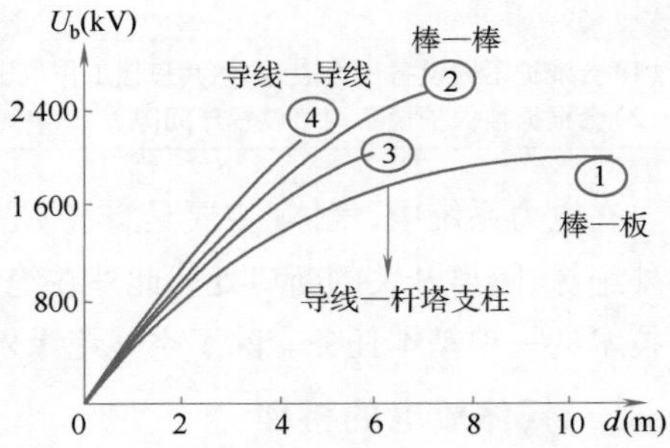

图 1-37　长空气间隙的交流击穿电压

(一)改善电场分布

1. 改进电极形状及表面状态

均匀电场的平均击穿场强比极不均匀电场间隙的要高得多。电场分布越均匀,平均击穿场强也越高。因此,改进电极形状、增大电极曲率半径,电极表面应尽最避免毛刺、棱角等,以消除电场局部增强的现象。

2. 在极不均匀电场中采用屏障

屏障靠近尖电极或板电极时,屏障效应消失,正、负极性下出现很大差别。当正尖—负板时,屏障效果显著,靠尖电极一端效果更好。当负尖—正板时,屏障靠尖电极一侧可提高击穿电压,若靠板一侧,反而降低击穿电压。正尖—负板间隙中屏障的作用如图1-38所示。

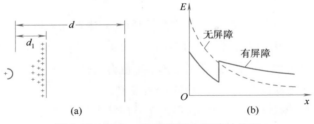

图1-38 正尖—负板间隙中屏障的作用

当屏障靠近尖电极,使比较均匀的电场区扩大。但离尖电极过近时,屏障上空间电荷的分布将变得不均匀而使屏障效应减弱,因此当屏障与棒极之间的距离约等于间隙的距离的15%~20%时,间隙的击穿电压提高得最多,可达到无屏障时的2~3倍,这是屏障的最佳位置。

值得说明的是,对于直流电压和工频电压,屏障的作用与工频电压下屏障的作用类似。直流电压下尖—板空气间隙的击穿电压和屏障位置的关系如图1-39所示,可以看出正尖—负板时屏障效果显著。对于冲击电压下,正尖电极屏障作用显著,负尖电极屏障作用不明显。

(二)削弱游离

1. 采用高气压

由巴申定律可知:当提高气体压力时,可以提高间隙的击穿电压,如图1-40所示。

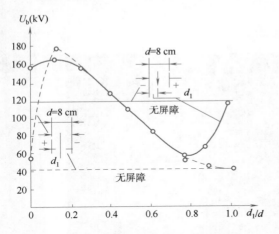

图1-39 直流电压下尖—板空气间隙的
击穿电压和屏障位置的关系

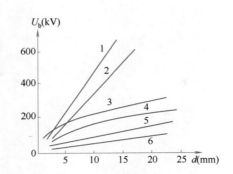

1—2.8 MPa的空气;2—0.7 MPa的SF_6;3—高真空;
4—变压器油;5—0.1 MPa的SF_6;6—大气。

图1-40 均匀电场中几种绝缘介质的
击穿电压与距离的关系

2. 采用高真空

比较典型的应用就是采用真空断路器,真空断路器因其灭弧介质和灭弧后触头间隙的绝缘介质都是高真空而得名。其具有体积小、重量轻、适用于频繁操作、灭弧不用检修的优点,在配电网中应用较为普及。真空断路器主要是在3~10 kV,50 Hz三相交流系统中的户内配电装置,广泛用于工矿企业、发电厂、变电站中作为电器设备的保护和控制之用,特别适用于要求无油化、少检修及频繁操作的使用场所,断路器可配置在中置柜、双层柜、固定柜中作为控制和保护高压电气设备用。

3. 采用高强度气体

现在最常用的就是 SF_6 气体,其绝缘强度比空气高得多,因此用于电气设备时其气压不必太高,设备的制造得以简化。SF_6 用于断路器时,气压在 0.7 MPa 左右,液化温度不能满足高寒地区要求,在工程应用中有时采用 SF_6 混合气体,最常用是 SF_6-N_2 混合气体,通常其混合比50% 左右,其液化温度能满足高寒地区要求,绝缘强度约为纯 SF_6 的 85% 左右。

氟利昂(CCl_2F_2)的绝缘强度与 SF_6 相近,但由于其破坏大气中的臭氧层,国际上已禁用。

4. 改善运行条件

在高压设备运行中,注意防潮、防尘,加强散热冷却,例如变压器排风扇,如图 1-41 所示。

例如××—××上行线的××隧道内,××隧道上方为入海口,线路呈锅底状,空气潮湿,具有海洋环境特征和工业灰尘成分,氯、硫元素含量较高,镁铜合金承力索长期处于此环境中,腐蚀严重。锚段位于隧道底部,湿度更大,腐蚀更加严重,承力索机械强度下降,在张力、振动、腐蚀等综合作用下被拉断垂落,容易与受电弓刮碰接地跳闸,挂坏车顶设备,打坏腕臂,造成接触网塌网,××隧道接触网塌网事故,如图 1-42 所示。

图 1-41 变压器排风扇

(a)　　　　　　　　　　　　　　(b)

图 1-42 接触网承力索断线接触网塌网

经过技术改造,加强××隧道内通风与防潮措施,此区间运行条件大大改善,事故率大幅下降。

三、气体放电试验

利用高压试验变压器产生高压,加在尖电极或者电板上,调节间隙距离,研究交流电压作用下空气间隙的放电特性,观察沿面放电现象、电晕放电现象,同时增加屏障时对击穿电压的影响,气体放电试验见视频1-6。

（1）按照图1-43进行接线。

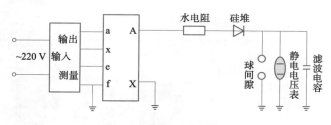

图1-43　空气击穿试验接线图　　　　　视频1-6　气体放电试验

（2）在试验前,先用合格的带软铜接地线的放电棒对球隙进行放电,检查各试验设备的连线是否完好,调整好放电球隙的距离并记录间隙距离。

（3）所有设备及接线检查无误后,将接地棒移开,全部人员需要撤出试验室围栏之外。

（4）在试验台中均匀升高间隙之间的电压,当看到保护球隙有放电火花时,记录下电压表的数值,此数据为间隙的起始放电电压。此时继续升压,当看到间隙有持续的放电电弧出现时,说明间隙已被击穿,迅速记下电压表和电流表的数值,即为击穿电压和击穿电流。

（5）迅速将调压器手柄旋至零,关掉高压,拉下刀闸。

（6）用接地棒对球隙进行放电,然后调整球隙间距,再重复步骤（1）~（5）。

四、安全须知

当需要接触试验设备或更换试品时,要先切断电源,用接地棒放电,并将接地棒地线挂在试验设备的高压端后,才能触及设备。

五、特别提示

（1）必须遵照高压试验安全工作准则。

（2）试验前后将试品接地充分放电。

（3）需根据放电电压设置保护球间隙距离。

（4）耐压试验高压可致命,操作台须可靠接地。

（5）仔细检查接地线有无松脱、断线,加压过程中须保持足够的安全距离。

（6）高压引线须架空,升压过程应相互呼唱。

（7）升压必须从零开始,升压速度在40%试验电压前可快速升到,其后应以每秒3%试验电压的速度均匀升压。

课外作业

1. 气体放电有哪些形式?各有什么特征?

2. 气体中带电质点是怎么产生和消失的?

3. 什么是非自持放电和自持放电? 有什么区别?

4. 什么是极性效应? 在尖—板气隙中,为什么尖为正极时的击穿电压比尖为负极时更低?

5. 提高气体间隙击穿电压的措施有哪些? 这些措施为什么能提高间隙的击穿电压?

【任务十】 常用绝缘材料

任 务 单

(一)任务描述	(五)学习载体
材料的绝缘性能是高压试验的关键要素,绝缘材料的发展水平直接决定高压研究水平,提升材料绝缘性能是提高试验水平的核心	
(二)任务要求	
(1)掌握常用的绝缘材料性能指标 (2)掌握常用绝缘材料等级与温度关系等	
(三)学习目标	
(1)理解油浸式变压器绝缘组成 (2)理解老化与劣化的过程	
(四)职业素养	
(1)会正确认知绝缘材料 (2)会提高设备绝缘水平的措施	(1)典型的无机、有机和混合三类绝缘材料 (2)固体、液体、气体三种典型绝缘材料

常用绝缘材料分为无机、有机和混合三类。无机绝缘材料,如云母、瓷器、大理石、玻璃等,用于电机电器的绕组绝缘、开关底板和绝缘子等。有机绝缘材料,如橡胶、树脂、虫胶、棉纱、纸、麻、人造丝,用于制造绝缘漆、绕组导线的外层绝缘等。混合绝缘材料,由两种绝缘材料进行加工制成的成型绝缘材料,用于电器的底座、外壳等。

常用绝缘材料的性能指标有绝缘强度、抗拉强度、密度和膨胀系数等。绝缘强度是指绝缘材料在电场中的最大耐压,通常以厚度为 1 mm 的绝缘材料所能耐受的电压(kV)值表示。绝缘材料按其耐热等级可分为 Y、A、E、B、F、H、C 七个等级,它们的最高允许温度分别为 90 ℃、105 ℃、120 ℃、130 ℃、155 ℃、180 ℃、>180 ℃,常用绝缘材料等级与温度见表1-5。

表1-5 常用绝缘材料等级与温度

绝缘等级	工作温度	材料用途
Y 级	极限工作温度为 90 ℃	如木材、棉花、纸、纤维极易于热分解和融化点低的塑料绝缘物
A 级	极限工作温度为 105 ℃	如变压器油、漆包线、漆布、沥青、天然丝等
E 级	极限工作温度为 120 ℃	如高强度漆包线等
B 级	极限工作温度为 130 ℃	如环氧布板、玻璃纤维、石棉等
F 级	极限工作温度为 155 ℃	如有机纤维材料、玻璃丝聚酯漆等绝缘物
H 级	极限工作温度为 180 ℃	如聚酰亚胺薄膜
C 级	极限工作温度超过 180 ℃	指不采用任何有机黏合剂,如石英玻璃和电瓷材料

绝缘老化则是绝缘在长期的高温、电场、环境等各种因素长期作用下发生一系列的化学物理变化，导致绝缘电气性能和机械性能等不断下降。一般电气设备绝缘中常见的老化是电老化和热老化。

以油浸式变压器绝缘为例，变压器的材料有金属材料和绝缘材料两大类，油浸变压器是属于 A 级绝缘材料等级，极限温度 105 ℃。虽然金属材料能耐住较高的温度不致损坏，但是高温下，线圈的绝缘在几秒内就会烧毁。所以时间和温度是影响变压器寿命的主要因素。

课外作业

1. H 级绝缘材料的极限工作温度是多少？如果温度在 200 ℃，对绝缘有什么影响？

2. 油浸变压器的绝缘材料是属于哪一级？其最高工作温度为多少？所以油面顶层温度控制在多少摄氏度？

科技强国

中国特高压电网的发展

中国特高压电网的发展历程可以被视为电力领域的一个重要里程碑，以下是一些关键事件和发展：

1. 中国三峡工程：中国三峡工程是世界上最大的水电工程之一，位于长江中游三峡地区，是我国为解决电力需求和水资源利用问题而规划建设的重大水利工程，1994—1997 年初期建设、1998—2003 年主体工程建设，于 2003 年发电，至 2008 年三峡工程正式发电完成。总投资约为 1 800 亿人民币，合计 32 台水轮发电机组，装机总容量为 22 500 MW，年均发电量约为 1 014 亿 kW·h。这使得三峡工程成为世界上最大的单体水电站，对中国电力系统的稳定运行具有重要意义。

2. 2009 年首个特高压工程投运：2009 年，中国首个特高压直流输电（UHVDC，ultra high voltage direct current）工程——青海至河北 ±800 kV 工程正式投运。这标志着中国特高压输电技术正式进入实用化阶段，极大地提升了远距离电力输送的效率和可靠性。

3. 2010 年首次实现跨省特高压直流电网联络：2010 年，中国西北电网和华东电网通过特高压直流输电线路实现了跨省区的电网联络，这标志着中国特高压技术在跨区域电力输送中的应用迈出了重要的一步。

4. 2012 年开始建设 1 100 kV 特高压输电线路：2012 年，中国开始建设 ±1 100 kV 长江三峡至上海工程特高压输电线路，这一技术突破使得输电效率更高，损耗更低，被视为电力输送技术的一个重要进步，不仅在技术上创新了电力输送的方式，还有效提高了电网的可靠性和经济性，成为全球特高压电力输送技术的典范。

5. 2016 年中国首次实现超过 1 000 kV 特高压交流输电：2016 年，中国成功实现了首个超过 1 000 kV 的特高压交流输电工程，这标志着中国在特高压交流技术领域的进一步突破。

6. 西电东送：西电东送是我国电力系统中的一个重要战略，利用特高压输电技术，通过建设大规模的输电通道，将西部地区丰富的清洁能源（如风能、太阳能等）送往东部发达地区，以满足东部地区工业化城市日益增长的能源需求。项目核心目标是优化全国能源资源配置，能够显著减少电能输送过程中的能量损耗，也有利于平衡全国范围内的能源供需矛盾。西电东送项目的实施不仅提升了中国电力系统的稳定性和安全性，还推动了清洁能源的开发利用，对于减少化石能源消耗、降低碳排放具有重要意义。

这些事件展示了中国特高压电网从概念到实际应用的发展过程,其间技术突破和工程实施不仅推动了中国电力系统的现代化,也为全球特高压电力输送技术发展提供了宝贵经验和示范。

📚 项目小结

本项目是对变电所电力一次设备电力变压器、电压互感器、电流互感器、断路器、隔离开关、避雷器、套管进行实物辨识和结构功能介绍,着重在绝缘结构方面作了介绍,同时针对气体、液体、固体等电介质也作了详细介绍,最后还介绍了高压安全测量和防护措施。

📝 项目资讯单

项目内容	辨识变压器、互感器、断路器、隔离开关、避雷器等一次设备高压绝缘		
学习方式	通过教科书、图书馆、专业期刊、上网查询问题,分组讨论或咨询老师	学时	8
资讯要求	书面作业形式完成,在网络课程中提交		

	序号	资 讯 点
资讯问题	1	常用一次设备有哪些? 各有什么用途
	2	什么是一次设备? 什么是二次设备? 为何这样分类
	3	变压器结构是由哪几部分组成? 其绝缘方面是如何考虑的? 有什么分类方式
	4	变压器油是如何循环的? 油温控制在多少摄氏度? 其耐受电压等级与什么相关
	5	变压器的绝缘可分为哪几类? 变压器的冷却方式有哪几种
	6	突然短路对变压器有何危害
	7	变压器运行中补油应注意哪些问题? 变压器油位显著升高或下降应如何处理
	8	什么是分级绝缘? 分级绝缘的变压器运行中要注意什么
	9	互感器二次侧接线上要有什么要求? 原因是什么
	10	什么是隔离开关? 它的作用是什么
	11	操作隔离开关时应注意什么? 错误操作隔离开关后应如何处理
	12	什么是断路器? 它的作用是什么? 与隔离开关有什么区别
	13	断路器的灭弧方法有哪几种
	14	断路器的拒动原因有哪些? 应如何处理
	15	为什么拉开交流电弧比拉开直流电弧容易熄灭
	16	避雷器有几种分类? 灭弧方式有何不同
	17	在电场中增加屏障有什么作用? 与屏障位置和电场有什么关系
	18	常用绝缘工具有哪些? 如何操作
	19	绝缘杆、绝缘靴、绝缘手套使用前应作那些检查? 如何正确保管
	20	对临时接地线有哪些要求? 使用前应做哪些检查? 挂临时接地线应由谁操作? 对挂临时接地线有哪些要求
	21	什么是最小安全距离? 跨步电压? 跨步电压达到多少伏时,作业人员将会有生命危险
	22	什么是高空作业? 高空坠落伤害应如何处置
	23	绝缘安全用具主要分为那几类? 基本安全用具与辅助安全用的区别是什么
	24	感应电成因是什么? 容易在哪些线路中产生? 感应电预防措施主要有哪些
	25	请拟定铁路复线 V 形天窗作业时感应电防护方案
资讯引导	以上问题可以在本教程的学习信息、精品网站、教学资源网站、互联网、专业资料库等处查询学习		

项目考核单

一、单项选择题

1. 干式变压器是指变压器的(　　)和铁芯均不浸在绝缘液体中的变压器。
　　A. 冷却装置　　　　　　　B. 绕组　　　　　　　　　C. 分接开关

2. 干式变压器主要有环氧树脂干式变压器、气体绝缘干式变压器和(　　)。
　　A. 低损耗油浸干式变压器　B. 卷铁芯干式变压器　　　C. H级绝缘干式变压器

3. H级绝缘干式变压器所用的绝缘材料可连续耐高温(　　)。
　　A. 120 ℃　　　　　　　　B. 200 ℃　　　　　　　　C. 220 ℃

4. 在单相变压器闭合的铁芯上绕有两个(　　)的绕组。
　　A. 互相串联　　　　　　　B. 互相并联　　　　　　　C. 互相绝缘

5. 变压器铁芯采用的硅钢片主要有(　　)和冷轧两种。
　　A. 交叠式　　　　　　　　B. 同心式　　　　　　　　C. 热轧

6. 如果变压器铁芯采用的硅钢片的单片厚度越薄,则(　　)。
　　A. 铁芯中的铜损耗越大　　B. 铁芯中的涡流损耗越大　C. 铁芯中的涡流损耗越小

7. 变压器空载合闸时(　　)产生较大的冲击电流。
　　A. 会　　　　　　　　　　B. 不会　　　　　　　　　C. 很难

8. 电压互感器工作时,其二次侧不允许(　　)。
　　A. 短路　　　　　　　　　B. 开路　　　　　　　　　C. 接地

9. 220 kV电气设备不停电的安全距离是(　　)m。
　　A. 0.7　　　　　　　　　 B. 2　　　　　　　　　　 C. 3

10. 设备运行后每(　　)个月检查一次SF_6气体含水量直至稳定后方可每年检测一次含水量。
　　A. 三　　　　　　　　　　B. 四　　　　　　　　　　C. 五

11. SF_6设备运行稳定后方可(　　)检查一次SF_6气体含水量。
　　A. 三个月　　　　　　　　B. 半年　　　　　　　　　C. 一年

12. 工作人员进入SF_6配电装置室必须先通风(　　)min并用检漏仪测量SF_6气体含量。
　　A. 5　　　　　　　　　　 B. 10　　　　　　　　　　C. 15

13. 高压试验工作应(　　)。
　　A. 填写第一种工作票　　　B. 填写第二种工作票　　　C. 可以电话联系

14. 变压器稳定温升的大小与(　　)和散热能力等相关。
　　A. 变压器周围环境的温度　　　　　　　　　　　　　B. 变压器绕组排列方式
　　C. 变压器的损耗

15. 变压器的高、低压绝缘套管由(　　)和绝缘部分组成。
　　A. 电缆　　　　　　　　　B. 变压器油　　　　　　　C. 带电部分

16. SF_6断路器的每日巡视检查中应定时记录(　　)。
　　A. 气体压力和含水级　　　B. 气体温度和含水量　　　C. 气体压力和温度

17. SF_6气体的灭弧能力是空气的(　　)倍。
　　A. 10　　　　　　　　　　B. 50　　　　　　　　　　C. 100

18. SF$_6$气体具有( )的优点。

    A. 耐腐蚀   B. 不可燃   C. 有毒有味

19. 断路器对电路故障跳闸发生拒动,造成越级跳闸时,应立即( )。

    A. 对电路进行试送电   B. 查找断路器拒动原因   C. 将拒动断路器脱离系统

20. 隔离开关与断路器串联使用时,停电的操作顺序是( )。

    A. 先拉开隔离开关,后断开断路器   B. 先断开断路器,再拉开隔离开关

    C. 同时断(拉)开断路器和隔离开关   D. 任意顺序

二、判断题

1. 变压器的铁芯采用导电性能好的硅钢片叠压而成。( )

2. 变压器内部的主要绝缘材料有变压器油、绝缘纸板、电缆纸、皱纹纸等。( )

3. 变压器调整电压的分接引线一般从低压绕组引出,是因为低压侧电流小。( )

4. 当气体继电器失灵时,油箱内部的气体便冲破防爆膜从绝缘套管喷出,保护变压器不受严重损害。( )

5. 一般电压互感器的一、二次绕组都应装设熔断器,二次绕组、铁芯和外壳都必须可靠接地。( )

6. 真空断路器具有体积小、重量轻、维护工作量小、适用于超高压系统等优点。( )

7. 真空断路器的灭弧室绝缘外壳采用玻璃时,具有容易加工、机械强度高、易与金属封接、透明性好等优点。( )

8. SF$_6$气体的灭弧能力是空气的 100 倍。( )

9. 线路检修时,接地线一经拆除即认为线路已带电,任何人不得再登杆作业。( )

10. 停电检修的设备,各侧电源只要拉开断路器即可。( )

11. 停电作业的电气设备和线路,除本身应停电外,影响停电作业的其他电气设备和带电线路也应停电。( )

12. 验电的目的是验证停电设备和线路是否确无电压,防止带电装设接地线或带电合接地刀闸等恶性事故的发生。( )

13. 在某条线路上进行验电,如某一相验电无电时,可认为该线路已停电。( )

14. 在某条电缆线路上进行验电,如验电时发现验电器指示灯发亮,即可认为该线路未停电。( )

15. 装设、拆除接地线时,应使用绝缘杆和戴绝缘手套。( )

16. 10～35 kV 级变压器绝缘为分级绝缘结构。( )

三、应用分析题

1. 高压一次设备主要有哪些?各有什么功能?请简述典型设备的绝缘构成部分。

2. 在电气设备上工作,保证安全的技术措施是什么?

3. 油浸式变压器,油温需要控制在多少摄氏度?为什么?是变压器油耐热性能不行的原因吗?

4. 电介质的耐热等级主要可以分为哪几级?请举实例说明。

5. 请拟定一份班组在铁路 V 形天窗作业感应电防护方案。

📦 项目操作单

项目编号		考核时限	30 min	得分	
开始时间		结束时间		用时	
作业项目	油浸变压器、手车式断路器的绝缘结构剖析				
项目要求	(1)剖析说明油浸变压器、手车式断路器的绝缘结构 (2)现场就地操作演示并说明绝缘结构及材料 (3)注意安全,操作过程符合安全规程 (4)编写试验报告				
材料准备	(1)正确摆放被试品 (2)正确摆放试验设备 (3)准备绝缘工具、接地线、电工工具和试验用接线及接线钩叉、鳄鱼夹等 (4)其他工具,如绝缘胶带、万用表、温度计、湿度仪				

	序　号	得　分　点	措施要求	得分
评分标准	1	安全措施 (10分)		
	2	仪器准备 (10分)		
	3	铭牌参数 抄录(5分)		
	4	温、湿度计 (5分)		
	5	绝缘检测 (30分)		

续上表

	序　号	得　分　点	措施要求	得分
评分标准	6	试验报告 （20分）		
	7	考评员提问 （20分）		
考评员项目验收签字				

项目二　电力变压器试验

一、项目描述	五、学习载体

一、项目描述

变压器试验的主要目的是判定变压器在安装和运行中是否受到损伤或发生变化,以及验证变压器性能是否符合有关标准和技术条件的规定。本项目以油浸式变压器为例,介绍了变压器交接验收、预防性试验、检修过程中的常规电气试验标准、作业程序、试验结果判断方法和试验注意事项等

二、项目要求

(1)掌握变压器故障原因及类型
(2)掌握变压器预防性试验
(3)掌握变压器特性试验

三、学习目标

(1)掌握电力变压器的主要试验项目要求,熟悉安全措施
(2)能独立完成变压器主要绝缘试验操作
(3)能分析试验数据,撰写试验报告

四、职业素养

(1)树立高压安全意识,培养遵章守规行为习惯
(2)培养爱岗敬业精神和吃苦耐劳品质
(3)培养团队精神,珍惜集体荣誉,真诚付出
(4)会制订变压器检修完整方案
(5)会制订变压器交接方案
(6)会组织变压器预防性试验

五、学习载体

变压器的主要绝缘试验项目:
(1)测量绕组连同套管绝缘电阻、吸收比和极化指数
(2)测量绕组连同套管直流电阻
(3)测量绕组连同套管直流泄漏电流
(4)测量介质损耗因数 $\tan\delta$
(5)油中溶解气体色谱分析试验
(6)绕组的电压比、极性与接线组别
(7)工频交流耐压试验
(8)感应耐压试验

【任务一】　变压器试验认知

电力变压器是电力系统中重要的电气设备之一,它一旦发生事故,则所需的修复时间较长,造成的影响也比较严重。随着我国电力工业的迅速发展,电网规模不断扩大,电力变压器的单机容量和安装容量随之不断增加,电压等级也在不断地提高。一般而言,容量越大,电压等级越高,变压器故障造成的损失也就越大。

变压器按绝缘材料可以分为干式变压器、油浸式变压器、SF_6 变压器。其中油浸式变压器应用比较广泛,绝缘油起着绝缘和散热的双重作用,每台油浸式变压器都要用大量的油、纸等绝缘材料。变压器绝缘对变压器的体积、重量、造价有很大的影响,变压器绝缘的质量,以及运行中对绝缘的维护,对变压器可靠运行的影响就更为突出。变压器所发生的事故中,相当大的部分是由于绝缘问题造成的,根据 110 kV 及以上的变压器所发生的事故统计,其中由绝缘引起的故事占 80% 以上。因此,认真研究和正确处理变压器的绝缘问题,是保证变压器安全可靠运行的重要环节。

一、变压器故障原因

变压器故障的原因主要有如下几种:

1. 选用材料或安装不当

选用材料或安装不当包括绝缘等级选择错误,电压分接头选择不当,以及保护继电器、断路器不完善等。

2. 制造工艺质量不好

由于选取的制造材料(导电材料、磁性材料、绝缘材料等)不好,或是设计的结构不合理,装配工艺水平不高,造成变压器发生故障。

3. 运行、维护不当

由于操作不当或其他故障造成变压器过负荷,或者检修维护时造成连接松动,甚至使异物进入变压器,都会使变压器发生故障。

4. 异常电压

异常电压主要是雷电过电压和内部过电压。过电压的作用时间虽然很短,但是过电压的数值却大大超过了变压器的正常工作电压,因而容易造成变压器绝缘损坏,导致变压器不能正常工作。

5. 绝缘材料老化

一方面是由于绝缘材料的自然老化而造成的;另一方面,当变压器过负荷运行或内部出现某些异常(如局部放电、局部过热等)时,将会加速变压器绝缘材料的老化,从而引发故障。

变压器故障的种类可以分为内部故障和外部故障。

电力变压器的内部故障主要有过热性、放电性及绝缘受潮等类型,主要发生在油箱、附件和其他外部装置的故障等。变压器的内部故障包括绕组故障(绝缘击穿、断线、变形)、铁芯故障(铁芯叠片绝缘损坏、接地、铁芯的穿芯螺栓绝缘击穿等)、装配金具故障(焊接不良、部件脱落等)、电压分接开关故障(接触不良或电弧)、引线接地故障(对地闪络、断裂)、绝缘油老化等。

变压器外部故障主要是变压器油箱外部绝缘套管及其引出线上发生的各种故障,其主要类型包括绝缘套管闪络或破碎而发生的单相接地短路(通过外壳),引出线之间发生的相间故障等。

运行的变压器发生不同程度的故障时,会产生异常现象或信息。若根据这些现象或信息进行分析,判断故障的性质、严重程度和部位,能及时发现局部故障和轻微故障,以便采取措施消除故障,从而防止变压器损坏而停运,提高电力系统运行可靠性,减少损失。

变压器故障诊断中应综合各种有效的检测手段和方法,对得到的各种检测结果要进行综合分析和评判,变压器常规故障综合诊断如图 2-1 所示。

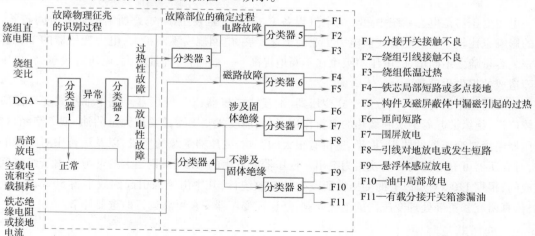

图 2-1　变压器常规故障综合诊断

在电气性能方面,为了使变压器绝缘能在额定工作电压下长期运行,并能耐受可能出现的各种过电压的作用,国家标准中规定了各种变压器的耐压试验项目和和相应的试验电压值。变压器绝缘应能承受规定电压下的各种耐压试验的考验,例如交流耐压,冲击耐压等。

二、变压器试验项目

按《试验标准》《试验规程》和电力变压器的试验项目,应包括下列内容:

(1)绝缘油试验或 SF_6 气体试验;

(2)测量绕组连同套管的直流电阻;

(3)检查所有分接头的电压比;

(4)检查变压器的三相接线组别和单相变压器引出线的极性;

(5)测量与铁芯绝缘的各紧固件(连接片可拆开者)及铁芯(有外引接地线的)绝缘电阻;

(6)非纯瓷套管的试验;

(7)有载调压切换装置的检查和试验;

(8)测量绕组连同套管的绝缘电阻、吸收比或极化指数;

(9)测量绕组连同套管的介质损耗因数 $\tan\delta$;

(10)测量绕组连同套管的直流泄漏电流;

(11)变压器绕组变形试验;

(12)绕组连同套管的交流耐压试验;

(13)绕组连同套管的长时感应电压试验带局部放电试验;

(14)额定电压下的冲击合闸试验;

(15)检查相位;

(16)油中溶解气体色谱分析;

(17)测量噪声。

实际上,由于现场条件限制,变压器的绝缘试验项目主要有:

(1)测量绕组连同套管绝缘电阻、吸收比和极化指数;

(2)测量绕组连同套管直流电阻;

(3)测量绕组连同套管直流泄漏电流;

(4)测量介质损耗因数 $\tan\delta$;

(5)油中溶解气体色谱分析试验;

(6)绕组的电压比、极性与接线组别;

(7)工频交流耐压试验;

(8)感应耐压试验。

综合上述试验项目,试验流程如图 2-2 所示。表 2-1 是 110 kV 油浸式变压器试验规程项目。

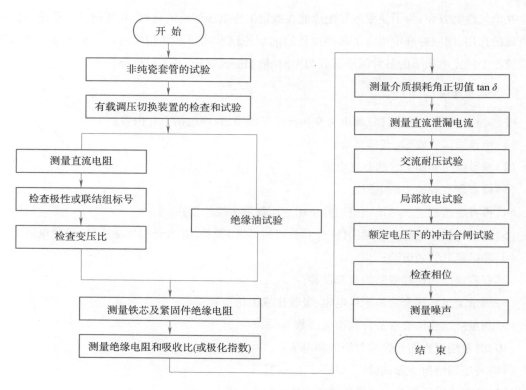

图 2-2　电力变压器试验流程图

表 2-1　110 kV 油浸式变压器试验项目

测量项目	规　程	接　线
1. 变压器低压对高压及地绝缘电阻测量（用兆欧表）	换算到同一温度与上次无明显变化；无原始值时为 800 MΩ	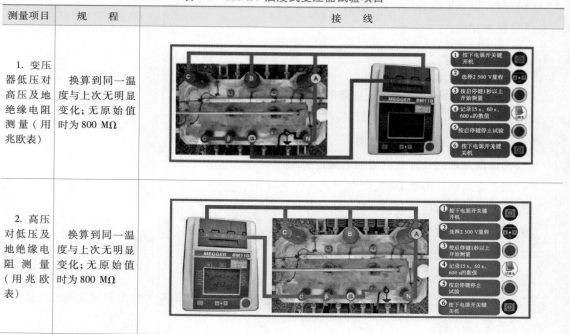
2. 高压对低压及地绝缘电阻测量（用兆欧表）	换算到同一温度与上次无明显变化；无原始值时为 800 MΩ	

续上表

测量项目	规　程	接　　线
3. 高压和低压对地绝缘电阻测量（用兆欧表）	换算到同一温度与上次无明显变化；无原始值时为800 MΩ	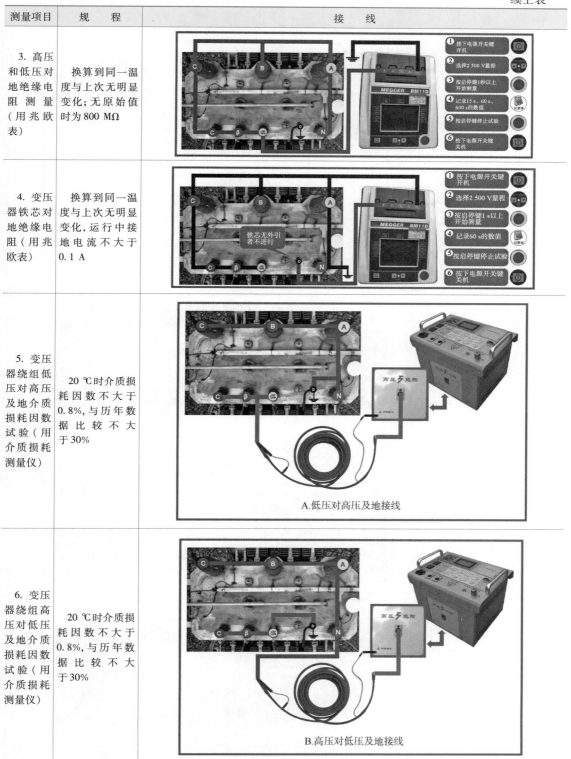
4. 变压器铁芯对地绝缘电阻（用兆欧表）	换算到同一温度与上次无明显变化，运行中接地电流不大于0.1 A	
5. 变压器绕组低压对高压及地介质损耗因数试验（用介质损耗测量仪）	20 ℃时介质损耗因数不大于0.8%，与历年数据比较不大于30%	A.低压对高压及地接线
6. 变压器绕组高压对低压及地介质损耗因数试验（用介质损耗测量仪）	20 ℃时介质损耗因数不大于0.8%，与历年数据比较不大于30%	B.高压对低压及地接线

高电压设备测试

测量项目	规　　程	接　　线
7. 变压器绕组高压和低压对地介质损耗因数试验（用介质损耗测量仪）	20 ℃时介质损耗因数不大于 0.8%，与历年数据比较不大于30%	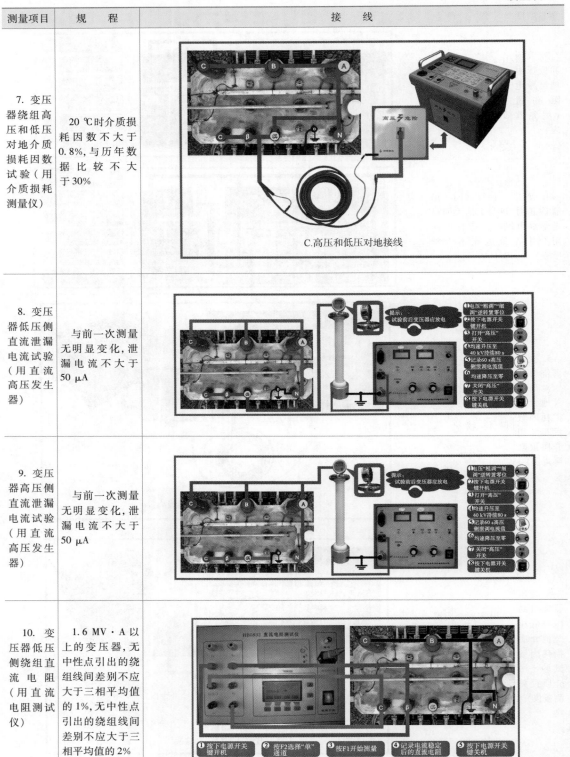 C.高压和低压对地接线
8. 变压器低压侧直流泄漏电流试验（用直流高压发生器）	与前一次测量无明显变化，泄漏电流不大于 50 μA	提示：试验前后变压器应放电　❶电压"粗调""细调"逆转置零位　❷按下电源开关键开机　❸打开"高压"开关　❹均速升压至40 kV持续80 s　❺记录60 s高压侧瞬间电流值　❻均速降压至零　❼关闭"高压"开关　❽按下电源开关键关机
9. 变压器高压侧直流泄漏电流试验（用直流高压发生器）	与前一次测量无明显变化，泄漏电流不大于 50 μA	提示：试验前后变压器应放电　❶电压"粗调""细调"逆转置零位　❷按下电源开关键开机　❸打开"高压"开关　❹均速升压至40 kV持续80 s　❺记录60 s高压侧瞬间电流值　❻均速降压至零　❼关闭"高压"开关　❽按下电源开关键关机
10. 变压器低压侧绕组直流电阻（用直流电阻测试仪）	1.6 MV·A以上的变压器，无中性点引出的绕组线间差别不应大于三相平均值的1%，无中性点引出的绕组线间差别不应大于三相平均值的2%	HB5832 直流电阻测试仪　❶按下电源开关键开机　❷按F2选择"单"通道　❸按F1开始测量　❹记录电流稳定后的直流电阻　❺按下电源开关键关机

续上表

测量项目	规 程	接 线
11. 变压器高压侧绕组直流电阻（用直流电阻测试仪）	1.6 MV·A 及以下的变压器，无中性点引出的绕组线间差别不应大于三相平均值的 2%，无中性点引出的绕组线间差别不应大于三相平均值的 4%	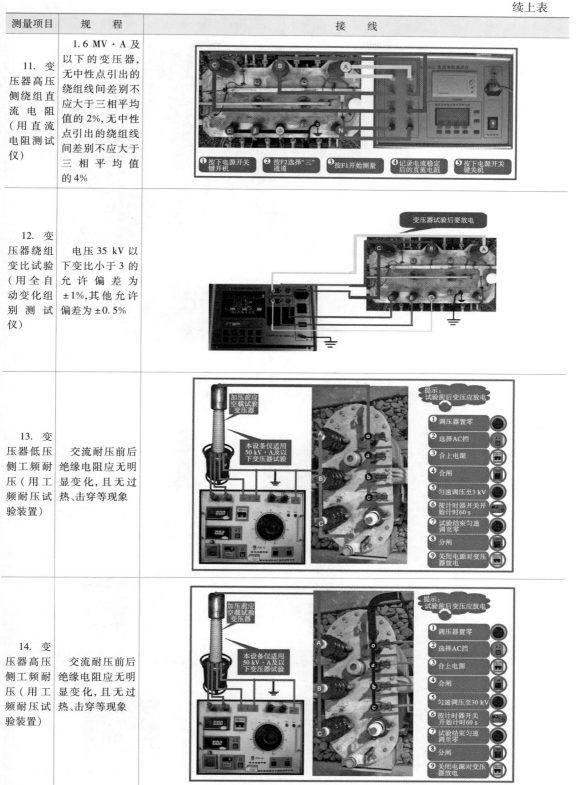
12. 变压器绕组变比试验（用全自动变化组别测试仪）	电压 35 kV 以下变比小于 3 的允许偏差为 ±1%，其他允许偏差为 ±0.5%	
13. 变压器低压侧工频耐压（用工频耐压试验装置）	交流耐压前后绝缘电阻应无明显变化，且无过热、击穿等现象	
14. 变压器高压侧工频耐压（用工频耐压试验装置）	交流耐压前后绝缘电阻应无明显变化，且无过热、击穿等现象	

测量项目	规　程	接　线
15. 设备检修（GW7-110型三极隔离开关）	（1）检修流程按1、2、3、4、5、6、7、8顺序进行	
	（2）设备线夹、保护罩、触头、支持绝缘子	**设备线夹　1**  技术标准： ◆ 不得有破损、裂纹、变形 ◆ 线夹材质与引线一致 ◆ 涂导电膏 **保护罩　2**  技术标准： ◆ 螺母紧固到位 ◆ 软铜片不得有裂纹、烧伤铜锈 ◆ 软铜片连接牢固 **触头　3**  技术标准： ◆ 接触面光滑，无烧伤、锈蚀 ◆ 触头接触面不得小于应有面积三分之二 ◆ 触头涂抹凡士林 **支持绝缘子　4**  技术标准： ◆ 表面清洁，无灰尘，无污垢无破损放电痕迹 ◆ 瓷釉剥落面积不得超过300 mm²
	（3）传动机构、底座、端子排、开关	**本体传动机构　5**  技术标准： ◆ 各零部件完好，连接牢固 ◆ 转动灵活，连锁、限位器作用良好可靠 **底座　6**  技术标准： ◆ 各部件连接牢固，底座角钢与支柱顶部密贴 ◆ 锈蚀不得超过本体三分之一 **端子排　7**  技术标准： ◆ 标识清晰，接点无锈蚀，无短路，无打火痕迹 ◆ 接线紧固，无松动 **开关和分合闸　8** 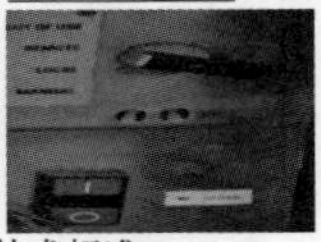 技术标准： ◆ 转动灵活，无卡滞

1. 请画出电力变压器试验流程图。
2. 请说明220 kV油浸式电力变压器的常规试验项目主要有哪些。
3. 变压器故障的种类主要有哪几种？引起故障原因主要有哪些？

【任务二】 绝缘电阻、吸收比及极化指数测量

任 务 单

(一)试验目的	(五)技术标准
(1)能有效地检查出变压器绝缘整体受潮,部件表面受潮或脏污,以及贯穿性的缺陷 (2)当绝缘贯穿性短路、瓷瓶破损、引接线接外壳、器身铜线搭桥等半贯穿性或金属短路性的故障 (3)能有效发现铁芯及夹件是否多点接地	(1)35 kV级及以下的大型电力变压器吸收比不应低于1.3,电压等于或高于60 kV的大型电力变压器吸收比应控制不低于1.5。电力行业在验收交接试验中相应规定吸收比分别不低于1.2和1.3 (2)对吸收比小于1.3,一时又难以下结论的变压器,可以补充测量极化指数作为综合判断的依据
(二)测量步骤	(六)学习载体
(1)记录好环境温度和湿度,按顺序依次测量各绕组对地和对其他绕组间的绝缘电阻和吸收比值 (2)被测绕组所有引线端短接,非被测绕组所有引线端短接并接地	电子式兆欧表 
(三)结果判断	
(1)安装时,绝缘电阻值R_{60s}不应低于出厂试验时绝缘电阻测量值的70% (2)预防性试验时,绝缘电阻值R_{60s}不应低于安装或大修后投入运行前的测量值的50%。对500 kV变压器,在相同温度下,其绝缘电阻不小于出厂值的70%,20 ℃时最低阻值不得小于2 000 MΩ (3)电力设备预防性试验采用吸收比和极化指数来判断大型变压器的绝缘状况。极化指数的测量值不低于1.5 (4)吸收比与温度有关,对于良好的绝缘,温度升高,吸收比增大。对于油或纸绝缘不良时,温度升高,吸收比减小	
(四)注意事项	
(1)测量时非被测绕组(空闲绕组)所有引线端短接并接地,能避免各绕组中剩余电荷造成的测量误差 (2)绝缘电阻需要进行温度换算。吸收比和极化指数不进行温度换算 (3)测试结果的分析判断最重要的方法就是与出厂试验比较,比较绝缘电阻时应注意温度的影响	 视频2-1 绝缘电阻 视频2-2 绝缘电阻 测量 测量理论

一、测量目的

测量电力变压器的绝缘电阻和吸收比或极化指数,对检查变压器整体的绝缘状况具有较高的灵敏度,能有效地检查出变压器绝缘整体受潮,部件表面受潮或脏污,以及贯穿性的缺陷。当绝缘贯穿性短路、瓷瓶破损、引接线接外壳、器身铜线搭桥等半贯穿性或金属短路性的故障,测量

其绝缘电阻时才会有明显的变化。同时干燥前后绝缘电阻的变化倍数,比介质损耗因数值变化倍数大很多。例如7 500 kV·A的变压器,干燥前后介质损耗因数值变化2.5倍,但绝缘电阻变化有40多倍,变化相当明显。

测量绝缘电阻时,采用空闲绕组接地的方法,其优点是可以测出被测部分对接地部分和不同电压部分间的绝缘状态,且能避免各绕组中剩余电荷造成的测量误差。

吸收比 K 为绝缘电阻60 s值与15 s值之比,变压器绕组绝缘电阻值及吸收比对判断变压器绕组绝缘是否受潮起到一定作用。吸收比主要取决于介质的不均匀程度,即当油和纸两层介质均良好或均很差时,其作用均使吸收比下降,给判断绝缘优劣带来复杂性。

当测量温度在10~30 ℃时,未受潮变压器的吸收比应在1.3~2.0范围内,受潮或绝缘内部有局部缺陷的变压器的吸收比接近于1.0。考虑到变压器的固体绝缘主要为纤维质绝缘,而这些固体绝缘仅为变压器绝缘的小部分,其主要部分是由绝缘油组成的,绝缘油是没有吸收特性的,故在注入弱极性的变压器油以后,其吸收特性并不显著。

为更好地发挥绝缘电阻项目的作用,根据目前我国广泛采用晶体管兆欧表测试的情况,在电力变压器绕组的测试中,用"极化指数 PI"作为另一种判断绕组绝缘是否受潮的依据。极化指数是指测试读取 10 min(600 s)时的绝缘电阻值与读取 1 min(60 s)时绝缘电阻值之比。

$$PI = R_{600s}/R_{60s} \tag{2-1}$$

由式(2-1)可知,极化指数 PI 随吸收时间常数有直接变化的关系。即绝缘状况良好时,时间越长,PI 亦大。所以用极化指数对判断绝缘状况有较好的确定性。但对于小容量变压器,因吸收时间常数较小,极化指数 PI 也较小。考虑变压器的不同电压等级和容量,《试验规程》中规定:吸收比(在10~30 ℃范围)不低于1.3 或极化指数不低于1.5,是指吸收比大于1.3(可能极化指数小于1.5),或仅极化指数大于1.5(可能吸收比小于1.3)都作为符合标准表 2-2。所以对吸收比小于1.3,一时又难以下结论的变压器,可以补充测量极化指数作为综合判断的依据。

表 2-2　极化指数判断绝缘状况参考标准

状　态	极化指数 PI	状　态	极化指数 PI
危险	小于1.0	较好	1.25~2.0
不良	1.0~1.1	良好	大于2.0
可疑	1.1~1.25		

测量绕组的绝缘电阻和吸收比,是检验变压器绝缘状况简单而通用的方法,具有较高的灵敏度,对绝缘整体受潮或贯通性缺陷,如各种短路、接地、瓷件开裂等能有效地反映出来。绝缘电阻应统一进行换算到20 ℃见表2-3。

表 2-3　油浸式电力变压器绝缘电阻的温度换算系数

温度差 K_t(℃)	5	10	15	20	25	30	35	40	45	50	55	60
换算系数 A	1.2	1.5	1.8	2.3	2.8	3.4	4.1	5.1	6.2	7.5	9.2	11.2

二、测量方法

测量时,记录好环境温度和湿度,按顺序依次测量各绕组对地和对其他绕组间的绝缘电阻和吸收比值。变压器绕组绝缘电阻测量顺序及部位见表2-4。被测绕组所有引线端短接,非被测绕组所有引线端短接并接地。可以测量出被测绕组对地和对非被测绕组间的绝缘状况,同时能避免非被测组中剩余电荷对测量的影响。

表2-4　变压器绕组绝缘电阻测量顺序及部位

顺　　序	双绕组变压器		三绕组变压器	
	被测绕组	接地部位	被测绕组	接地部位
1	低压绕组	高压绕组及外壳	低压绕组	高压绕组、中压绕组及外壳
2	高压绕组	低压绕组及外壳	中压绕组	高压绕组、低压绕组及外壳
3			高压绕组	中压绕组、低压绕组及外壳
4	高压绕组及低压绕组	外壳	高压绕组、中压绕组及低压绕组	外壳

图2-3所示为绝缘电阻测试仪功能图,图2-4所示为测试变压器高压端绕组绝缘电阻接线图,图2-5所示为测试变压器套管末屏绝缘电阻接线图。

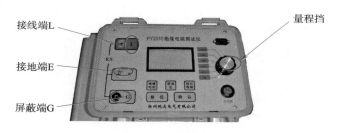

图2-3　绝缘电阻测试仪功能图

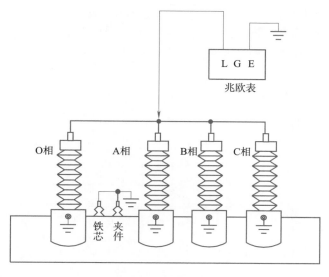

图2-4　测试变压器高压端绕组绝缘电阻接线图

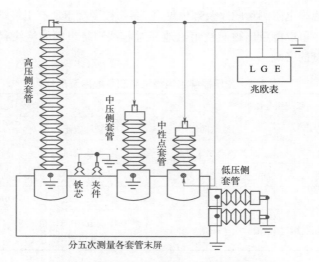

图 2-5　测试变压器套管末屏绝缘电阻接线图

测量绕组绝缘电阻时,对额定电压为 1 kV 及以下的绕组,应使用量程不高于 0.5 kV 的兆欧表,电压为 2.5 kV 及以上的绕组可用 1 kV 或 2.5 kV 的兆欧表。对额定电压为 10 kV 及以上的绕组采用 5 kV 绝缘电阻表测量并记录顶层油温。

对绝缘电阻测量结果的分析采用比较法,主要依靠本变压器的历次试验结果相互进行比较。一般交接试验值不应低于出厂试验值的 70%。绝缘电阻换算到 20 ℃时,220 kV 及其以下的变压器不应小于 800 MΩ,500 kV 的变压器不小于 2 000 MΩ,吸收比不低于 1.3。220 kV 变器绝缘电阻试验报告见表 2-5 和表 2-6。

表 2-5　220 kV 变压器绝缘电阻试验报告

温度:　　℃　湿度:　　%　　　　　　　　试验日期:　　年　月　日

名称	HV、MV、LV—E（高压中压低压端对地）		HV—MV、LV、E（高压端对中压低压及地）		MV—HV、LV、E（中压对高压中压及地）	
	出厂值(MΩ)	实测值(MΩ)	出厂值(MΩ)	实测值(MΩ)	出厂值(MΩ)	实测值(MΩ)
R_{15s}						
R_{60s}						
R_{600s}						
$K(R_{60s}/R_{15s})$						
$T(R_{600s}/R_{60s})$						
油温(℃)						
测量电压(V)						

名称	LV—HV、MV、E（低压对高压中压及地）		铁芯—夹件、地		夹件—铁芯、地	
	出厂值(MΩ)	实测值(MΩ)	出厂值(MΩ)	实测值(MΩ)	出厂值(MΩ)	实测值(MΩ)
R_{15s}			—	—	—	—
R_{60s}						

续上表

名称	LV—HV、MV、E (低压对高压中压及地)		铁芯—夹件、地		夹件—铁芯、地	
	出厂值（MΩ）	实测值（MΩ）	出厂值（MΩ）	实测值（MΩ）	出厂值（MΩ）	实测值（MΩ）
R_{600s}			—	—	—	—
$K(R_{60s}/R_{15s})$			—	—	—	—
$T(R_{600s}/R_{60s})$			—	—	—	—
油温（℃）						
测量电压（V）						

注：HV: High Voltage，一般是 110 kV 以上，比如 110 kV、220 kV、500 kV、750 kV 等。

MV: Medium Voltage，一般指 3 kV～100 kV 之间，如 3 kV、6 kV、10 kV、20 kV 等。

LV: Low Voltage，一般指 3 kV 以下，对于配电，一般 0.4 kV。

表 2-6 变压器绝缘电阻折算到 20 ℃时数据

名称	HV、MV、LV—E（高压中压低压端对地）			HV—MV、LV、E（高压端对中压低压及地）		
	出厂值（MΩ）	实测值（MΩ）	比较（%）	出厂值（MΩ）	实测值（MΩ）	比较（%）
R_{15s}						
R_{60s}						
R_{600s}						

名称	MV—HV、LV、E（中压对高压中压及地）			LV—HV、MV、E（低压对高压中压及地）		
	出厂值（MΩ）	实测值（MΩ）	比较（%）	出厂值（MΩ）	实测值（MΩ）	比较（%）
R_{15s}						
R_{60s}						
R_{600s}						

三、技术标准

规定 35 kV 级及以下的大型电力变压器吸收比不应低于 1.3，电压等于或高于 60 kV 的大型电力变压器吸收比应控制不低于 1.5。电力行业在验收交接试验中相应规定吸收比分别不低于 1.2 和 1.3。

所以对吸收比小于 1.3，一时又难以下结论的变压器，可以补充测量极化指数作为综合判断的依据。

四、判断分析

绝缘电阻在一定程度上能反映绕组的绝缘情况，但是它受绝缘结构、运行方式、环境和设备温度、绝缘油的油质状况及测量误差等因素的影响很大。所以在安装时，绝缘电阻值 R_{60s} 不应低于出厂试验时绝缘电阻测量值的 70%。预防性试验时，绝缘电阻值 R_{60s} 不应低于安装或大修后投入运行前的测量值的 50%。对 500 kV 变压器，在相同温度下，其绝缘电阻不小于出厂值的 70%，20 ℃时最低阻值不得小于 2 000 MΩ。

变压器绕组吸收比对判断绕组绝缘是否受潮起到一定的作用，但它不是一个单纯的绝对特征数据，而是一个易变动的测量值，换言之，吸收比反映绝缘缺陷有不确定性。所以特别是新生产变压器，可能出现绝缘电阻高、吸收比反而不合格的极不合理现象，也有运行中有的变压器，吸收比低于 1.3，但一直安全运行，未曾发生过问题。例如，据西北地区统计，对于正常运行的 72 台变压器的

905 次测量结果,其中吸收比小于 1.3 的占测量总数的 13.9%。对 110 kV 及以上的 275 台变压器历年统计结果,吸收比小于 1.3 者占 7.8%。鉴于上述原因,若仍然按传统的吸收比来判断超高压、大容量变压器的绝缘状况,已不能有效地加以判断。综上所述,用吸收比 K 判断绝缘状态有不确定性。特别是对于大型变压器,因吸收时间常数 T 较大,往往不能取得比较大的吸收比值。由于绝缘结构的不同,使测试的吸收时间常数延长,吸收过程明显变长,稳态时一般可达 10 min 或以上。大量数据表明,10 min 绝缘电阻均大于 1 min 绝缘电阻值,说明这些变压器的吸收电流确实衰减很慢。因而出现绝缘电阻提高、吸收比小于 1.3 而绝缘并非受潮的情况。

吸收比有随着温度升高而增大的趋势;绝缘有局部问题时,吸收比会随着温度升高而下降的趋势。因此,在《试验规程》中规定采用吸收比和极化指数来判断大型变压器的绝缘状况。极化指数的测量值不低于 1.5。应当指出,吸收比与温度是有关的,对于良好的绝缘,温度升高,吸收比增大。对于油或纸绝缘不良时,温度升高,吸收比减小。

五、特别提示

(1)变压器内部铁芯、夹件、穿心螺栓等部分的绝缘介质单一,基本不能承受电压,只是绝缘"隔电"作用,绕组绝缘部分可以承受高压,所以铁芯等部件的绝缘电阻能更有效地检查出变压器绝缘整体受潮,部件表面受潮或污秽,以及贯穿性的集中性缺陷,如变压器本体绕组金属接地、瓷件破裂等。

(2)测量时非被测绕组(空闲绕组)所有引线端短接并接地,目的是测量被测部分对接地部分和不同电压部分间的绝缘状态,且能避免各绕组中剩余电荷造成的测量误差。实测表明,测量绝缘电阻时,非被测绕组接地比接屏蔽时其测量值普遍低一些。

(3)《试验规程》中规定,绝缘电阻需要进行温度换算。吸收比和极化指数不进行温度换算。所以测量前的温度和湿度记录就变得尤为重要了。

(4)对于变压器绝缘电阻、吸收比或极化指数测试结果的分析判断最重要的方法就是与出厂试验比较,比较绝缘电阻时应注意温度的影响。由于干燥工艺的改进变压器绝缘电阻越来越高,一般能达到数万兆欧,这使变压器极化过程越来越长,原来的吸收比标准值越来越显示出其局限性,这时应测量极化指数。而不应以吸收比试验结果判定变压器不合格。变压器绝缘电阻大于 10 000 MΩ 时,可不考核吸收比或极化指数。

课外作业

1. 请说明变压器有哪几个重要的预防性试验,并阐述试验的目的。

2. 测量绝缘电阻的目的是什么?

3. 变压器的吸收现象是指什么?变压器的吸收比和极化指数在判断绝缘主要起到什么作用?

4. 变压器的吸收比只有 1.2,能不能判断绝缘不合格?下一步应采取什么措施?

5. 为什么变压器的绝缘电阻和吸收比反映绝缘缺陷具有不确定性?变压器吸收比随温度变化的特点是什么?是否可用它来判断绝缘优劣?变压器油纸含水量对绝缘电阻有什么影响?

6. 为什么用兆欧表测量电容器、电力电缆等电容性试品的绝缘电阻时,表针会左右摇摆,应如何解决?

7. 测量 10/0.4 kV 变压器低压绕组绝缘电阻时,是否可用 1 kV 兆欧表?

8. 为什么变压器充油循环后需要静置一定时间后再测其绝缘电阻?

9. 测量变压器绝缘电阻和吸收比时,为什么要规定对绕组的测量顺序?

【任务三】　直流电阻测量

任 务 单

（一）试验目的	（五）技术标准
（1）能有效发现变压器线圈的选材、焊接、连接部位松动、缺股、断线等制造缺陷 （2）检查层、匝间有无短路现象 （3）检查分接开关各个位置接触是否良好 （4）检查并联支路的正确性	1.6 MV·A 以上的变压器,相电阻不平衡应不大于2%,无中性点引出的绕组,线电阻不平衡应不大于1%;1.6 MV·A 以下的变压器,相电阻不平衡应不大于4%,无中性点引出的绕组,线电阻不平衡应不大于2%
（二）测量步骤	（六）学习载体
（1）按要求接好试验线,做好安全措施 （2）开机,选择合适量程,按测量键 （3）记录稳定后的直流电阻值 （4）切断电源 （5）放电	直流电阻测试仪 
（三）结果判断	
《输变电设备状态检修试验规程》（DL/T 393）:相间互差不大于2%（警示值）,同相初值差不超过 ±2%（警示值）	
（四）注意事项	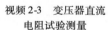
（1）接线可靠,微安表量程合适 （2）减少被试品表面脏污对泄漏电流影响 （3）电压和电流用短引线分开连接 （4）避免因电流突然中断产生高电压 （5）试验完毕后充分放电	视频2-3　变压器直流　　视频2-4　变压器直流 电阻试验测量　　　　电阻试验理论

变压器的直流电阻是变压器制造中半成品、成品出厂试验、安装、交接试验及电力部门预防性试验的必测项目,能有效发现变压器线圈的选材、焊接、连接部位松动、缺股、断线等制造缺陷和运行后存在的隐患。所以是变压器出厂及预防性试验的一个固定试验项目,对变压器的安全运行有着至关重要的作用,是变压器预防性试验中的一个硬性指标。按照 IEC 标准和国标《电力变压器》（GB/T 1094）,变压器的直流电阻是变压器制造、大修、交接试验、温升测试与诊断中进行的必测项目。根据标准规定:1.6 MV·A 以上的变压器,相电阻不平衡应不大于2%,无中性点引出的绕组、线电阻不平衡应不大于1%;1.6 MV·A 以下的变压器,相电阻不平衡应不大于4%,无中性点引出的绕组、线电阻不平衡应不大于2%。

但是值得注意的是,由于变压器的容量比较大,绕组导线截面增加,直流电阻很小,特别是低压绕组直流电阻大约几毫欧,所以测量的细微变动比较难察觉,不能及时发现潜在的问题,导致设备故障进一步发展。所以在比较测量时,要与同温度的出厂值比较,相应变化不应大于2%,同时注意三相电阻值是否平衡。

如图 2-6 所示,直流电阻试验检测出 1 号变压器 B 相高压引线(连接高压套管端)有三根过热发黑。如图 2-7 所示,直流电阻试验检测出 1 号变压器 B 相高压引线(连接高压套管端)有一根已经烧断。如图 2-8 所示,直流电阻试验发现在高压引线连接故障对比图,说明接头掉缝隙与接头良好对比。

图 2-6　直流电阻试验检测出 1 号变压器 B
相高压引线有三根过热发黑

图 2-7　直流电阻试验检测出 1 号变压器 B
相高压引线烧断一根

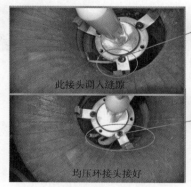

此接头调入缝隙

高压引线的静电屏和引线的连接故障

高压引线的静电屏和引线的连接良好

均压环接头接好

图 2-8　直流电阻试验发现在高压引线连接故障对比图

一、测量目的

测量变压器绕组的直流电阻是一个很重要的试验项目,在《试验规程》中,其次序排在变压器试验项目的第二位。测量变压器绕组直流电阻的目的是:

(1)检查绕组焊接质量;

(2)检查分接开关各个位置接触是否良好;

(3)检查绕组或引出线有无折断处;

(4)检查并联支路的正确性,是否存在由几条并联导线绕结的绕组发生一处或几处断线;

(5)检查层、匝间有无短路的现象。

二、操作规范

测量前先记录顶层油温及环境温度和湿度,测试后使用测量设备或仪表上的"放电"或"复位"键对被测绕组充分放电。

根据《输变电设备状态检修试验规程》(Q/GDW 168)规定,试验结果判断依据要求:相间互差不大于2%(警示值),同相初值差不超过±2%(警示值)。

受各种因素影响(如绕组温度估算的偏差),与上次试验结果比较,测量结果可能普遍偏小或偏大一些。但这种情况通常是要么全偏小,要么全偏大,否则应注意个别偏离这一规律者。此外,同一绕组,在不同分接位置的电阻应符合变化规律。220 kV及以上绕组电阻测量电流宜为5 A,且铁芯的磁化极性应保持一致。测量电流过大,可能产生较大的剩磁,甚至发热使测量结果出现偏差。220 kV变压器绕组直流电阻试验报告见表2-7。

表2-7　220 kV变压器绕组直流电阻试验报告

试验日期:　　年　　月　　日

相别	AN	BN	CN	相间偏差(%)
挡位	实测值(mΩ)	实测值(mΩ)	实测值(mΩ)	
1				
2				
3				
4				
5				
6				
7				
油温(℃)				
相别	AmNm	BmNm	CmNm	相间偏差(%)
电阻	实测值(mΩ)	实测值(mΩ)	实测值(mΩ)	
油温(℃)				—
相别	ab	bc	ca	相间偏差(%)
电阻	实测值(mΩ)	实测值(mΩ)	实测值(mΩ)	
油温(℃)				—

三、安全须知

为了尽可能减少测量误差,应该注意以下几点:

(1)测量仪器的不确定度不应大于0.5%,绕组电阻值应在仪器满量程的70%之上。

(2)在所有绕组电阻测量期间,铁芯磁化的极性应保持不变。

(3)电压引线和电流引线分开,而且越短越好。

(4)测量电流不要超过15%的额定值,以免发热影响测量结果,必须等数据完全稳定再读数。

(5)测量结束后,应采取措施,避免因电流突然中断产生高电压。

四、实战案例

实践表明,直流电阻测试项目对发现焊接不良或者断股缺陷具有重要意义。某台2 000 kV·A变压器,6 kV侧运行中输出电压三相不平衡超过5%,曾怀疑电源质量,但经检查无误,于是对该变压器进行多项试验,结果从直流电阻测量数据中发现,该台变压器三相分接开关由于长期不用,接触不良,立即进行了检修再检测结果正常。某变电所一台 10 000 kV·A,60 kV 的有载调压变压器,进行预防性试验时直流电阻不合格,B 相的直流电阻在 7、8、9 三个分接位置时,较其他两相大 7% 左右,分析认为 B 相接触不良。进行色谱分析确认变压器本体油色谱合格,而 B 相套管色谱数据表明,该套管存在过热性故障。停电检查发现,确是 B 相穿缆引线鼻子与将军帽接触不紧造成的。

所以长期以来,测量绕组的直流电阻一直被认为是考查变压器纵绝缘的主要手段之一,有时甚至是判断电流回路连接状况的唯一办法。

某供电局变电所的一台 50 MV·A 的电力变压器,在测量 110 kV 侧分接头 2 的直流电阻时,三相电阻不平衡系数为 4.4%,超过《试验规程》规定的 2%,实测数据见表 2-8。

表 2-8　分接头直流电阻

温度(℃)	$R_{A0}(\Omega)$	$R_{B0}(\Omega)$	$R_{C0}(\Omega)$	不平衡系数(%)
13	0.514	0.537	0.517	4.4

经过多次转换分接开关再进行测量,直流电阻不平衡系数仍大于《试验规程》规定,绕组接线示意如图 2-9 所示。当进行色谱分析时,却未发现异常。为了查明不平衡系数超标的原因,将变压器油放掉后测量直流电阻,测量结果见表 2-9。

表 2-9　放油后直流电阻测量值

整体测量	$R_{A0}(\Omega)$	$R_{B0}(\Omega)$	$R_{C0}(\Omega)$	不平衡系数(%)	$t(\℃)$
分接头 2	0.504	0.529	0.508	5	11

由表 2-9 可见,分接头 2 仍存在问题。由于对分接头 1、3 曾作过测量均合格,这说明变压器绕组的公用段没有问题。接着又进行分段查找,分别测量选择开关动静触头间,以及静触头到 110 kV 出线套管间的直流电阻,测量结果见表 2-10。

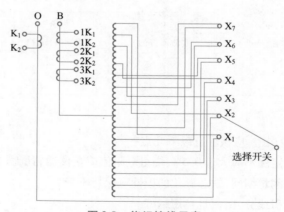

图 2-9　绕组接线示意

表 2-10　动静触头间及静触头至套管间的直流电阻

测量位置	A(Ω)	B(Ω)	C(Ω)	温度(℃)
动静触头间	0.002 66	0.004 6	0.002 65	18
套管至 X_1	0.514	0.515	0.517	18
套管至 X_2	0.502	0.502	0.503	18

由表 2-10 中数据可知,B 相可能有问题,而且发生在动静触头之间。

为进一步查找产生上述现象的原因,将 B 相分接头 2 的静触头紧固螺钉拧紧了半圈后,再进行测量,测量结果见表 2-11。

表 2-11　调整后的分接头直流电阻

状　　态	$R_{A0}(\Omega)$	$R_{B0}(\Omega)$	$R_{C0}(\Omega)$	温度(℃)
分接头 2 紧半圈后	0.506	0.506	0.507	18
由 1 调至 2	0.505	0.506	未测	18
由 7 调至 2	0.506	0.526	未测	18
由 1 调至 2	0.506	0.506	未测	18
由 2 调至 7,再由 7 调至 2	0.506	0.506	未测	18
调动数次后	0.507	0.509	未测	18

由表 2-11 中数据可知,其中 B 相数据从原来 0.506 变动到 0.526,变压器绕组不平衡系数超标是由于 B 相动静触头之间接触不良造成的。

五、实战分析

直流电阻不平衡故障处理方法和措施。

(1)绕组焊接不良或者断股。一相或者多相绕组支路引线头断股或者焊接不良,长期运行后会脱焊,阻值增大。需要用气相色谱分析阻值增大的那相,再吊芯检查,同时注意分接开关弹簧部分,检查绕组虚焊处。完成吊芯检查,还需测量绝缘电阻、介质损耗因数测量、工频耐压试验要满足相关标准。当变压器受到短路电流冲击后,应及时测量其直流电阻,及时发现断股故障,同时结合色谱综合分析,确认故障。

(2)三相匝间短路。可用电桥法进行空载测量,停电充分放电后手摸三相线包,如果三相绕组发热严重说明匝间短路,需要局部维修,重包绝缘或重做绕组。

(3)分接开关指位指针移位。分接开关指位指针移位或者接触不良会导致变压器直流电阻不平衡率超标。用气相色谱分析确认故障后,进行吊芯检查,检查其导电回路电气接触部分,调整开关指示位置。

(4)引线连接不紧。包括引线与套管导管、分接开关等连接不紧,都能导致变压器高压绕组直阻不平衡率大于 2%。这时要重新检测各连接部分,判断电气连接是否正常,同时可用气相色谱分析内容故障,确定不良的部分,重新进行连接部位紧固螺母。

❀ 课外作业

1. 请说明变压器有哪几个重要的预防性试验,各能发现哪些绝缘缺陷?

2. 绝缘电阻和直流电阻有什么本质的区分?在高压试验中有什么作用。

3. 除了变压器外,直流电阻还可以用在哪些设备上进行测试?具体的试验方法有何不同?

4. 变压器的直流电阻试验目的是什么?

5. 导电回路电阻测试仪与直流电阻测试仪有何不同?两者在测量原理、方法和测量对象有没有不同?

6. 测量变压器直流电阻时使用电流是否越大越好? 大容量电气设备直流耐压试验后应如何放电?

7. 测量变压器一次、二次绕组的直流电阻时应该考虑哪些因素?

【任务四】 变压器变比、极性和组别测量

任 务 单

(一)试验目的	(五)技术标准
(1)检查变压器绕组分接电压比是否合格 (2)检查变比是否与铭牌相符 (3)判定绕组各分接的引线和连接是否正确 (4)变压器故障后,检查绕组匝间是否存在匝间短路 (5)判断变压器是否满足并联运行	电压 35 kV 以下,电压比小于 3 的变压器电压比允许偏差为 ±1%;其他所有变压器额定分接电压比允许偏差 ±0.5%,其他分接的电压比应在变压器阻抗电压值(%)的 1/10 以内,但不得超过 ±1%
(二)测量步骤	(六)学习载体
(1)按要求接好试验线,依次接好高低压接线,做好接地安全措施 (2)开机,选择接线方式,输入变比或者高低压值 (3)按"测量"键,记录变比及误差值 (4)保存数据,切断电源 (5)放电	变压器变比测试仪 
(三)结果判断	
变压器各分接头的电压比与铭牌值相比,不应有显著差别,变比大于 3 时,误差需小于 0.5%;变比小于等于 3 时,误差需小于 1%	
(四)注意事项	视频 2-5 变压器变比 视频 2-6 变压器变比及 及组别测量 组别试验理论
(1)接线可靠,区分高压、低压侧接线,不能接反 (2)参数设置时正确输入变比或者高低压值 (3)电压和电流用短引线分开连接 (4)测量时不能触摸试品 (5)试验完毕后充分放电 (6)仪表准确度满足要求	

一、变比测量

1. 测量目的

变比包括变压器变比、电压互感器变比和电流互感器变比,是变压器或电压互感器一次绕组与二次绕组之间的电压比或电流互感器一次绕组与二次绕组之间的电流比。

电压比一般按线电压计算,它是变压器的一个重要的性能指标,测量变压器变比的目的是:

(1)保证绕组各个分接的电压比在技术允许的范围之内。

(2)检查绕组匝数的正确性;检查变比是否与铭牌相符,以保证对电压的正确变换。

(3)判定绕组各分接的引线和分接开关连接是否正确。

(4)在变压器发生故障后,通过测量变比来检查绕组匝间是否存在匝间短路。

(5)判断变压器是否可以并联运行。

2. 技术标准

变比是变压器设计时计算误差的一个概念。一般的变比大于 3 时,误差需小于 0.5%;变比小于等于 3 时,误差需小于 1%。

根据《试验规程》规定,变比的试验周期是在分接开关引线拆装后、更换绕组后或必要时。要求各相应接头的电压比与铭牌值相比不应有显著差别,且符合规律。电压 35 kV 以下,电压比小于 3 的变压器电压比允许偏差为 ±1%;其他所有变压器额定分接电压比允许偏差 ±0.5%,其他分接的电压比应在变压器阻抗电压值(%)的 1/10 以内,但不得超过 ±1%。

检查变压比的方法有电压测量法和专用变比测试仪法。专用变比测试仪能直接测量变比误差,测量准确度和灵敏度较高,应首先选择专用变比测试仪。检查变比的专用仪器分为变压比电桥和变比测试仪两类,变压比电桥又分为变压器式变压比电桥和电阻分压式变压比电桥。

常用的变压比电桥为电阻分压式变压比电桥,变比测量范围为 1.02 ~ 111.12。其加压原理同采用单相电源的电压测量法。变比测试仪的测量范围大、接线和操作简单,能同时测量三相变压比,有些仪器还有检查联结组标号的功能。

3. 安全须知

(1)在测量的时候,不能接触试品。

(2)连线要保持接触良好,仪器应良好接地。

(3)仪器的工作场所应远离强电场、强磁场、高频设备。供电电源干扰越小越好,宜选用照明线,如果电源干扰还是较大,可以由交流净化电源给仪器供电,交流净化电源的容量大于 200 V·A 即可。

(4)仪器工作时,如果出现液晶屏显示紊乱,按所有按键均无响应,或者测量值与实际值相差很远,请按复位键,或者关掉电源,再重新操作。

(5)如果显示器没有字符显示或颜色很淡,请调节亮度电位器至合适位置。

(6)仪器应存放在干燥通风处。

4. 特别提示

(1)变压器的相序为,面对高压侧从左往右依次是 A、B、C 相,低压侧相序为 n、a、b、c,接线时不能将其接反。

(2)注意在变比测试仪上输入变压器组别,防止出现错误。

5. 实战案例

变比测量接线如图 2-10 所示。220 kV 变压器变化 B 联结组别试验报告见表 2-12。

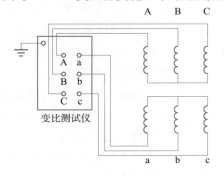

图 2-10　变比测量接线图

表 2-12 220 kV 变压器变比及联结组别试验报告

试验日期： 年 月 日

高压对中压				
分接位置	标准变比	实测偏差（%）		
		AN/AmNm	BN/BmNm	CN/CmNm
1				
2				
3				
4				
5				
6				
7				
8				
9				

中压对低压			
标准变比	实测误差（%）		
	AmBm/ab	BmCm/bc	CmAm/ca

接线组别：

二、电力变压器的极性测量

试验目的：判定变压器各线圈的同名端，以便正确连接各线圈，从而得到所需的各种电压。

试验步骤：

（1）定性确定变压器各线圈的电压级别。用万用电表电阻挡测量各线圈电阻值，一般来说电阻值大的为高压线圈，电阻值低的为低压线圈，电阻值相同的为等压线圈。由此大致判定各线圈的电压级别。

（2）测定各线圈电压值，确定各线圈变压比。用额定电压接被判定的高压线圈，然后测量其他各线圈的输出电压值，并记录下来。从而确定变压比和各线圈输出电压值。

（3）确定部分线圈的同名端。除接调压电源的线圈外，取一端输出电压适当的线圈头端作为同名端基准，然后把该线圈依次与其他线圈逐一串联连接，测量其总电压。若总电压为原两线圈的输出电压之和，则该两线圈端为头尾相连，另一端线圈的头为同名端；若总电压为原两线圈的输出电压之差，则该两线圈端为首首相连或尾尾相连，另一线圈的头为同名端。

（4）确定电源线圈的同名端。在接调压电源的电源线圈上串入一个已知线圈极性且输出电压值与电源电压相接近的线圈 A，再重新接入电源。测量另外线圈的输出电压值与原电压值相比较。若电压值为原来的一半，则说明电源线圈与线圈 A 是首尾相连；若电压值接近零，则说明电源线圈与线圈 A 是首首或尾尾相连。以此确定电源线圈的同名端。

（5）验证同名端的正确性。把电源线圈接入电源，把任意两线圈的头、尾串联。测量其总电压，应为两线圈原电压之和，否则说明同名端定位错误。

三、电力变压器的组别测量

变压器联结组是变压器的重要参数之一,是变压器并联运行的重要条件,在交接时需要检查单相变压器绕组极性和三相变压器的联结组别,检查结果必须与变压器铭牌标志相符。这是一项极为重要的试验,直流法是最为简单适用的测量变压器绕组接线组别的方法,表 2-13 是对一个丫/丫接法的三绕组变压器用直流法确定组别的接线,对于其他形式的变压器接线相同。用一个低压直流电源如干电池加入变压器高压侧 AB、BC、AC,轮流确定接在低压侧 ab、bc、ac 上的电压表指针的偏转方向,从而可得到 9 个测量结果。这 9 个测量结果的表示方法为:用正号" + "表示当高压侧电源合上的瞬间,低压侧表针摆动的某一个方向,而用负号" - "表示与其相反的方向。如果用断开电源的瞬间来作为结果,则正好相反。另外还有一种情况,就是当测量△/丫或丫/△接法的变压器时,会出现表针为零,用"0"来作为结果。

将所测得的结果与表 2-13 所列对照,即可知道该变压器的接线组别。

表 2-13　变压器组别与极性对照表

接线组别	高压通电 + −	低压测量值 ab	bc	ac	接线组别	高压通电 + −	低压测量值 ab	bc	ac
1	AB	+	−	0	7	AB	−	+	0
	BC	0	+	+		BC	0	−	−
	AC	+	0	+		AC	−	0	−
2	AB	+	−	−	8	AB	−	+	+
	BC	+	+	+		BC			
	AC	+		+		AC			
3	AB	0			9	AB	0	+	
	BC	+	0	+		BC		−	
	AC	+		0		AC		+	0
4	AB	−		−	10	AB	+	+	+
	BC	+	−	+		BC	−	+	
	AC	+				AC	−		
5	AB	−	0	−	11	AB	+	0	
	BC	+		0		BC	−	+	
	AC	0				AC	0	+	+
6	AB	−	+		12	AB	+		
	BC	+	−	−		BC	+	+	+
	AC	−				AC	+	+	+

课外作业

1. 请说明变压器变比、极性和组别试验的原理和接线。

2. 绝缘电阻和直流电阻有什么本质的区分?在高压试验中有什么作用?

3. 变压器变比组别测试目的是什么?

4. 互感器的变比误差用什么仪器进行校核?

【任务五】 泄漏电流测量

任 务 单

（一）试验目的	（五）技术标准
（1）检查设备内部是否绝缘受潮、老化等 （2）检查设备表面是否污秽不良、表面碳化、放电等 （3）判定 MOA 内部熔丝是否断掉、阀门是否老化 （4）检查设备连接位置是否松动、散股、放电碳化等	各相泄漏电流差别不应大于最小值的 100%；或者三相泄漏电流在 50 μA 以下；与历次试验结果不应有明显变化

（二）测量步骤	（六）学习载体
（1）按要求接好试验线，做好安全措施 （2）开机，按高压允许键，加高压进行测量 （3）记录稳定后的直流泄漏电流值 （4）降压，切断电源 （5）放电	高压直流发生器

（三）结果判断

（1）一般情况当年测量值不应大于上一年测量值的 150%。当其数据逐年增大时应引起注意，这往往是绝缘逐渐劣化所致；如数值与历年比较突然增大时，则可能有严重的缺陷应查明原因

（2）当泄漏电流过大时，应先对试品、试验接线、屏蔽、加压高低等检查后，并且排除外界影响因素后，才能对试品下结论。当泄漏电流过小。可能是接线有问题，加压不够，微安电流表分流等引起的

（四）注意事项

（1）接线、接地可靠，微安表量程合适
（2）减少被试品表面脏污对泄漏电流影响
（3）电压和电流用短引线分开连接
（4）避免因电流突然中断产生高电压
（5）试验完毕后充分放电

视频 2-7　泄漏电流　　视频 2-8　泄漏电流试验
试验理论

一、测量目的

测量泄漏电流的原理与测量绝缘电阻的原理是相同的，能检出的缺陷也大致相同，但由于试验电压高，所以使绝缘本身的弱点容易暴露出来。例如某变电所一台 7 500 kV·A 的变压器，在预防性试验中发现 $\tan \delta$ 由 0.47% 增加到 1.2%；泄漏电流由 13 μA 增加到 530 μA，$\tan \delta$ 只增加 2.55 倍，但泄漏电流增长 40.76 倍，经查找发现是因套管密封不严而进水所致。因此，在绝缘预防性试验中被列为必须进行的项目之一。

测量泄漏电流和绝缘电阻相比有以下特点：

（1）试验电压高。

（2）泄漏电流由微安表随时监视，灵敏度高，测量重复性也较好。

（3）根据泄漏电流值可以换算出绝缘电阻值。

二、测量方法

双绕组和三绕组变压器测量泄漏电流的顺序与部位见表 2-14，按图 2-11 所示接线。直流发生器各部分功能示意图如图 2-12 所示。

表 2-14 变压器绕组测量泄漏电流的顺序与部位

顺 序	双绕组变压器		三绕组变压器	
	加压绕组	接地部分	加压绕组	接地部分
1	高压	低压、外壳	高压	中压、低压、外壳
2	低压	高压、外壳	中压	高压、低压、外壳
3	低压	高压、中压、外壳		

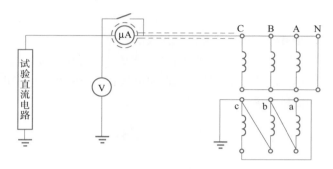

图 2-11 泄漏电流试验原理接线示意

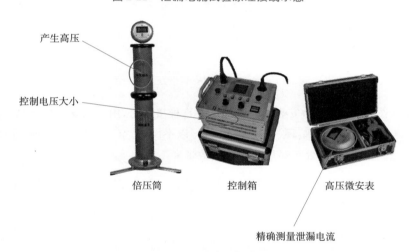

图 2-12 直流发生器各部分功能示意

试验电压的标准参考表 2-15。

表 2-15 泄漏电流试验电压标准

绕组额定电压(kV)	3	6～15	20～35	35 以上
直流试验电压(kV)	5	10	20	40

测量时,将电压升至试验电压后,待 1 min 后读取的电流值即为所测得的泄漏电流值,为了使读数准确,应将微安表接在高电位处。顺便指出,对于未注油的变压器,测量泄漏电流时,变压器所施加的电压应为表 2-15 所列数值的 50%。

220 kV 变压器绕组连同套管直流泄漏试验报告见表 2-16。

表 2-16　220 kV 变压器绕组连同套管直流泄漏试验报告

温度：　℃　湿度：　%　　　　　　　试验日期：　年　月　日

名　称	试验电压(kV)	加压时间(s)	泄漏电流(μA)
HV—MV、LV、地			
MV—HV、LV、地			
LV—HV、MV、地			

三、接线方法

直流泄漏电流接线方法有低压接线法和高压接线法。

低压接线法(图 2-13)是将微安表接在试验变压器高压绕组的尾部接线端。由于微安表处于低压侧，读表比较安全方便，但无法消除绝缘表面的泄漏电流和高压引线的电晕电流所产生的测量误差，因此，现场试验多采用高压法进行。

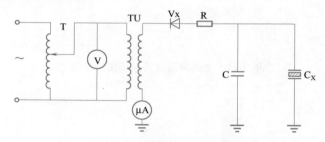

图 2-13　泄漏电流微安表低压接线示意

高压接线法(图 2-14)是将微安表接在试品前。这种接线法，由于微安表位于高压侧，放在屏蔽架上，并通过屏蔽线与试品的屏蔽环(湿度不大时，可以不设，悬空在试品侧)相连，这样就避免了接线的测量误差。但由于微安表处于高压侧会给读数带来不便。

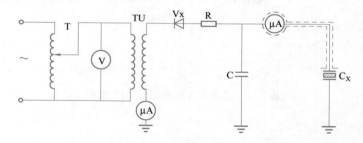

图 2-14　泄漏电流微安表高压接线示意

四、数据分析

对于试验结果，也主要是通过与历次试验数据进行比较来判断，要求与历次数据比较不应有显著变化，一般情况当年测量值不应大于上一年测量值的 150%。当其数据逐年增大时应引起注意，这往往是绝缘逐渐劣化所致；如数值与历年比较突然增大时，则可能有严重的缺陷，应查明原因。当无资料可查时，可以参考表 2-17 所列泄漏电流值。交接时可参考表 2-17 中所列的数据，要根据本单位经验从多方面进行具体分析。另外，比较时还应注意温度的一致性。

表2-17 油浸电力变压器绕组直流泄漏电流参考值

额定电压（kV）	试验电压峰值（kV）	在下列温度时的绕组泄漏电流值（μA）							
		10 ℃	20 ℃	30 ℃	40 ℃	50 ℃	60 ℃	70 ℃	80 ℃
2～3	5	11	17	25	39	55	83	125	178
6～15	10	22	33	50	77	112	166	250	356
20～35	20	33	50	74	111	167	250	400	570
63～330	40	33	50	74	111	167	250	400	570
500	60	20	30	45	67	100	150	235	330

影响泄漏电流的主要因素主要有温度、高压连接导线、表面泄漏电流、电导率，也可以根据泄漏电流判断故障原因。

1. 泄漏电流升高

现象：泄漏电流随时间的增长而升高。

分析结果：高阻性缺陷和绝缘分层、松弛或者潮气浸入绝缘内部。

2. 泄漏电流剧烈摆动

现象：电压升高到某一个状态，泄漏电流出现剧烈摆动。

分析结果：绝缘有断裂性缺陷。大部分出现在槽口或者端部离地近处或出现在套管有裂纹。

3. 各相泄漏电流相差过大

现象：各相泄漏电流超过30%，充电现象正常。

分析结果：缺陷部位远离铁芯端部，或者套管脏污。

4. 泄漏电流不成比例上升

现象：同一相相邻试验电压下，泄漏电流随电压不成比例上升超过20%。

分析判断：绝缘受潮或者脏污。

5. 充电现象不明显

现象：无充电现象或充电现象不明显，泄漏电流增大。

分析判断：这种现象大多是受潮，严重的脏污，或有明显贯穿性缺陷。

6. 试验结果分析

各相泄漏电流差别不应大于最小值的100%；或者三相泄漏电流在 20 μA 以下；与历次试验结果不应有明显变化。

所以当泄漏电流过大时，应先对试品、试验接线、屏蔽、加压高低等检查后，并且排除外界影响因素后，才能对试品下结论。当泄漏电流过小，可能是接线有问题，加压不够，微安电流表分流等引起的。对无法在试品低压端进行测量的试品，当泄漏电流偏大时，可采用差值法。

五、特别提示

（1）绕组的直流泄漏电流测量从原理上讲与绝缘电阻测量是完全一样的，能发现的缺陷也基本一致，只是由于直流泄漏电流测量所加电压高因而能发现在较高电压作用下才暴露的缺陷，故由泄漏电流换算成的绝缘电阻值应与兆欧表所测值相近。

（2）如果泄漏电流异常，可采用干燥或加屏蔽等方法加以消除。高压引线应使用屏蔽线以避免引线泄漏电流对结果的影响，高压引线不应产生电晕，微安表应在高压端测量。负极性直流电压下对绝缘的考核更严格，应采用负极性。500 kV 变压器的泄漏电流一般不大于 30 μA。

(3)分级绝缘变压器试验电压应按被试绕组电压等级的标准,但不能超过中性点绝缘的耐压水平。

(4)试验中如果发现泄漏电流急剧增长,或者有绝缘烧焦的气味,或者冒烟、声响等异常现象应立即降低电压,断开电源,停止试验,将绕组接地放电后再进行检查。

课外作业

1. 绝缘电阻和泄漏电流在测量时有什么本质的区分?能发现高压设备什么绝缘缺陷?

2. 泄漏电流测量时微安表有几种接法?对测量数据有何影响?

3. 对于金属氧化物避雷器,测量直流 1 mA 下的直流参考电压 $U_{1\,mA}$ 的工程应用意义是什么?测量 $0.75U_{1\,mA}$ 直流电压下的泄漏电流的目的是什么?其合格值是如何规定的?

4. 变压器绕组的直流泄漏电流测量时应对高压引线如何处理?

5. 变压器绕组及套管的泄漏电流试验时有哪些注意事项?

【任务六】 介质损耗因数 $\tan\delta$ 试验

任 务 单

(一)试验目的	(五)技术标准
(1)能发现电气设备绝缘整体受潮,劣化变质以及小体积被试设备贯通和未贯通的缺陷 (2)能发现介质穿透性导电通道缺陷 (3)能发现绝缘内气泡及老化等缺陷	20 ℃时介质损耗因数不大于0.8%,与历年数据比较不大于30%
(二)测量步骤	(六)学习载体
(1)按要求接好试验线,依次接好高压引线,做好接地安全措施 (2)开机,选择高压产生方法(内接法和外接法)接线方式(正接、反接等),选择电压量程 (3)按"高压允许"键,再按"测量"键,记录介质损耗因数和电容量 (4)保存数据,切断电源 (5)放电	高压介质损耗因数测量仪 
(三)结果判断	
(1)当变压器电压等级 5 kV 及以上且容量在 8 000 kV·A 及以上时,应测量介质损耗因数 $\tan\delta$ (2)被测绕组的 $\tan\delta$ 值不应大于产品出厂试验值130% (3)当测量时的温度与产品出厂试验温度不符合时须换算到同一温度比较	
(四)注意事项	
(1)试验前后将试品接地放电 (2)需根据设备是否接地选择正反接线方法 (3)介质损耗因数试验高压可致命,仪器面板须可靠接地 (4)高压引线须架空	视频2-9 介质损耗因数 视频2-10 介质损耗 $\tan\delta$ 试验测量 因数 $\tan\delta$ 试验

一、测量目的

测量介质损耗因数是一项灵敏度很高的项目,它可以发现电气设备绝缘整体受潮、劣化变质,以及小体积被试设备贯通和未贯通的缺陷。被测绕组的 $\tan\delta$ 值不应大于产品出厂试验值130%。

二、测量原理

$\tan\delta$ 是反映绝缘介质损耗大小的特性参数，与绝缘的体积大小无关。但如果绝缘内的缺陷不是分布性而是集中性的，则 $\tan\delta$ 有时反映就不够灵敏。被试绝缘的体积越大，或集中性缺陷所占的体积越小，集中性缺陷处的介质损耗占被试绝缘全部介质损耗的比重就越小，总体的 $\tan\delta$ 就增加得也越少，如此一来 $\tan\delta$ 测试就不够灵敏。因此，测量各类电力设备 $\tan\delta$ 时，能够分解试验的就尽量分解试验，以便能够及时、灵敏地发现被试品的集中性缺陷。

绝大多数电力设备的绝缘为组合绝缘，是由不同的电介质组合而成，且具有不均匀结构，例如油浸纸绝缘，含空气和水分的电介质等。在对这类绝缘进行分析时，可把设备绝缘看成多个电介质串、并联等值电路所组成的电路，而所测的 $\tan\delta$ 值，实际上是由多个电介质串、并联后组成电路的总 $\tan\delta$ 值。由此可见，多个电介质绝缘的总 $\tan\delta$ 值总是小于等值电路中的 $\tan\delta_{\max}$，而大于 $\tan\delta_{\min}$。这一结论表明，在测量复合绝缘、多层电介质组合绝缘时，当其中一种或一层介质的 $\tan\delta$ 偏大时，并不能有效地在总 $\tan\delta$ 值中反映出来，或者说 $\tan\delta$ 值具有"趋中"性，对局部缺陷的反映不够灵敏。因此对于通过 $\tan\delta$ 值来判断设备绝缘状态时，必须着重与该设备历年测试值相比较，并和处于相同运行条件下的同类设备相比较，注意 $\tan\delta$ 值的横向与纵向变化。

高压介质损耗因数测量仪功能结构如图 2-15 所示。

三、测试原理

高压西林电桥接线原理如图 2-16 所示，电桥平衡时流过检流计的电流为零。

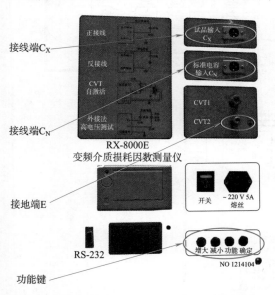

图 2-15　高压介质损耗因数测量仪功能结构

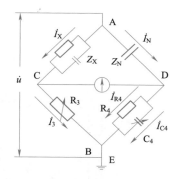

$\dot{u}$—测试回路施加电压；
Z_X—试品阻抗；
R_3—可调电阻；
R_4—固定电阻；
Z_N—标准电容(50 ± 1 pF)阻抗；
C_4—可调电容。

图 2-16　高压西林电桥工作原理

各桥臂复数阻抗应满足 $Z_3Z_N=Z_4Z_X$。

将各阻抗量代入公式可得 $\left(\dfrac{1}{\dfrac{1}{R_X}+j\omega C_X}\right)\left(\dfrac{1}{\dfrac{1}{R_4}+j\omega C_4}\right)=\dfrac{R_3}{j\omega C_N}$

整理后可得 $\left(\dfrac{1}{R_XR_4}-\omega^2 C_X C_4\right)+j\left(\dfrac{\omega C_4}{R_X}+\dfrac{\omega C_X}{R_4}\right)=j\dfrac{\omega C_N}{R_3}$

$$\tan \delta = \frac{1}{\omega R_{X} C_{X}} = \omega C_4 R_4$$

$$C_X = \frac{C_N R_4}{R_3} \times \frac{1}{1 + \tan \delta} = \frac{C_N R_4}{R_3}$$

四、测量接线

介质损耗因数 $\tan \delta$ 的测试方法有正接线和反接线两种。如图 2-17 所示为变压器绕组高低压接线。变压器套管介质损耗因数测量接线如图 2-18 所示。

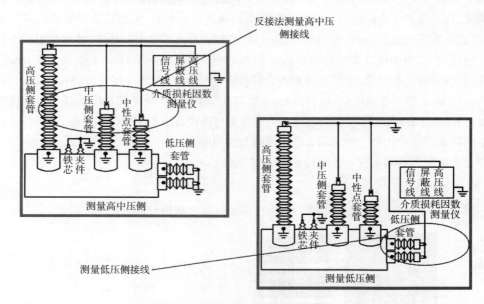

图 2-17   变压器绕组高低压接线图

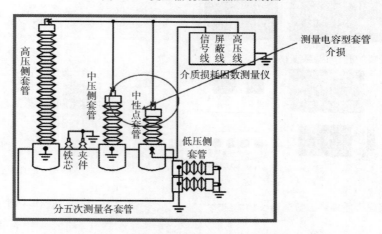

图 2-18   变压器套管介质损耗因数测量接线图

1. 正接法接线

接线特征：试验品 R_X 两端对地绝缘（在现场有时不容易做到），试验品处于高压，电桥一端接地，如图 2-19 所示。正接法测量时，标准电容器高压电极、试品高压端和升压变压器高压电极都带危险电压，所以一定要使电桥测量部分可靠接地，试验人员远离。

2. 反接法接线

接线特征：试验品 R_X 有一端接地，电桥处于高压电位，如图 2-20 所示。

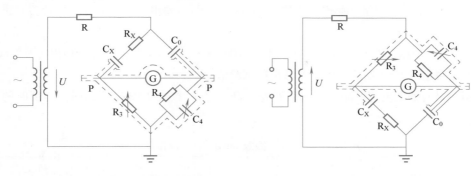

图 2-19 高压西林电桥正接法接线　　　图 2-20 高压西林电桥反接法接线

标准电容器外壳带高压电，因此检查电桥工作接地良好，试验过程中也不要将手伸到电桥背后。要注意使其外壳对地绝缘，并且与接地线保持一定的距离，操作和读数时要小心。高压西林电桥反接法接线及测量过程，如图 2-21 所示。

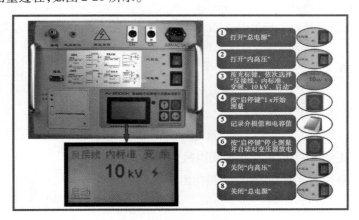

图 2-21 高压西林电桥反接法接线及测量过程

220 kV 变压器绕组连同套管介质损耗因数试验试验报告见表 2-18。

表 2-18　220 kV 变压器绕组连同套管介质损耗因数试验试验报告

温度：　　℃　湿度：　　%　　　　　　　　　试验日期：　　年　月　日

名称	HV、MV、LV—E （高压、中压、低压对地）		HV—MV、LV、E （高压对中压、低压及地）		MV—HV、LV、E （中压对高压、低压及地）		LV—HV、MV、E （低压对高压、中压及地）	
	出厂值	实测值	出厂值	实测值	出厂值	实测值	出厂值	实测值
$\tan\delta(\%)$								
20 ℃ $\tan\delta(\%)$								
比较								
电容值(pF)								
偏差(%)								
油温(℃)								

五、技术标准

《试验规程》中关于测量介质损耗因数 $\tan\delta$ 的相关规定,要求测量绕组连同套管的介质损耗因数 $\tan\delta$,应符合下列规定:

(1)当变压器电压等级 5 kV 及以上且容量在 8 000 kV·A 及以上时,应测量介质损耗因数 $\tan\delta$。

(2)被测绕组的 $\tan\delta$ 值不应大于产品出厂试验值130%。

(3)当测量时的温度与产品出厂试验温度不符合时,可按表 2-19 换算到同一温度时的数值进行比较。

表 2-19　介质损耗因数 $\tan\delta(\%)$ 温度换算系数

温度差 $K(℃)$	5	10	15	20	25	30	35	40	45	50
换算系数 A	1.15	1.3	1.5	1.7	1.9	2.2	2.5	2.9	3.3	3.7

①表中 K 为实测温度减去 20 ℃的绝对值。

②测量温度以上层油温为准。

③进行较大的温度换算且试验结果超过第二款规定时,应进行综合分析判断。

当测量时的温度差不是表 2-13 中所列数值时,其换算系数 A 可用线性插入法确定。

$$A = 1.3K/10 \tag{2-2}$$

当测量温度在 20 ℃时:

$$\tan\delta_{20} = \tan\delta_t/A \tag{2-3}$$

当测量温度在 20 ℃以下时:

$$\tan\delta_{20} = A\tan\delta_t \tag{2-4}$$

式中　$\tan\delta_{20}$——校正到 20 ℃时的介质损耗因数;

　　　$\tan\delta_t$——在测量到温度 t 下的介质损耗因数。

六、安全须知

(1)使用前必须将仪器的电桥测量部分、接地端子可靠接地。正接法测量时,标准电容器高压电极、试品高压端和升压变压器高压电极都带危险电压。各端之间连线都要架空,试验人员远离。在接近测量系统、接线、拆线和对测量单元电源充电前,应确保所有测量电源已被切断。还需注意低压电源的安全。

(2)只有当仪器的"高压允许"键未按下时,接触仪器的后面板和测量线缆与被试品才是安全的。当仪器的"高压允许"键按下时,蜂鸣器将鸣叫示警。

(3)仪器正在测量时,严禁操作除"启动"键外的所有按键。但可用"启动"键切换退出测量状态。

(4)测量非接地试品(正接法)时,"Hv"端对地为高电压,测量接地试品(反接法)时,"C_x"端对地为高电压,随仪器配备的红色、蓝色电缆为高压带屏蔽电缆,使用时可沿地面敷设,但必须将电缆的外屏蔽接至专用接地端。

(5)不得自行更换不符合面板指示值的熔丝管,以防内部变压器烧坏。

(6)应保持仪器后面板的清洁,不要用手触摸。如后面板有污痕,请用干布擦拭干净以保证良好的绝缘。

课外作业

1. 介质损耗因数 $\tan\delta$ 有几种接线？分别适用于什么场合？各有什么优缺点？

2. 实际应用上,哪些高压设备需要测量介质损耗因数 $\tan\delta$？哪些设备不需要测量 $\tan\delta$,为什么？

3. 大型变压器油介质损耗因数增大的原因有哪些？为什么变压器绝缘受潮后电容值随温度升高而增大？

4. 测量变压器绕组绝缘的 $\tan\delta$ 时,非被试绕组应如何处理？

5. 当存在外界电场干扰时,应怎样测量变压器 $\tan\delta$ 和 C_x？

【任务七】 交流耐压试验

任 务 单

(一)试验目的	(五)技术标准
(1)测试电力设备绝缘强度最直接有效的方法 (2)测量设备绝缘裕度 (3)检测设备是否满足安全运行条件	(1)容量为 8 000 kV·A 以下、绕组额定电压在 110 kV 以下的变压器,线端试验应进行交流耐压试验 (2)容量为 8 000 kV·A 及以上、绕组额定电压在 110 kV 以下的变压器,可进行线端交流耐压试验 (3)绕组额定电压为 110 kV 及以上的变压器,其中性点应进行交流耐压试验,试验耐受电压标准为出厂试验电压值的 80%
(二)测量步骤	(4)耐压试验属于破坏性试验,试验前后均应进行绝缘电阻测试,且耐压前后绝缘电阻相差不应超过 30%
(1)按要求接好试验线,依次接好高压引线,做好接地安全措施 (2)第一次接线先不接被试品,根据保护电压值预设定保护球间隙距离,保护电压应为试验电压的 1.1~1.2 倍 (3)开机,操作旋钮回零,按"高压允许"键,施加高压至保护球间隙击穿 (4)迅速降低电压至零位,切断电源,放电 (5)并连接被试品,高压引线悬空连接 (6)开机,按"高压允许"键,施加高压至耐压值,60 s 无击穿,放电,记录电压值,降压至零位 (7)放电	(六)学习载体
	交流耐压发生装置
(三)结果判断	
(1)交流耐压前后绝缘电阻应无明显变化,且无过热、击穿等现象 (2)交流耐压试验属于破坏性试验,需要在非破坏试验指标合格后进行 (3)试验过程中若发现表针摆动或被试品有异响、冒烟、冒火等,应立即降压断电,高压侧接地放电后,查明原因	
(四)注意事项	
(1)试验前后将试品接地充分放电 (2)需根据放电电压设置保护球间隙距离 (3)耐压试验高压可致命,操作台须可靠接地 (4)先调整保护间隙大小,再接试品加压试验 (5)加压前应仔细检查接线是否正确,并保持足够的安全距离 (6)高压引线须架空,升压过程应相互呼应 (7)升压必须从零开始,试验电压前可快速升到 40%,其后应以每秒 3% 试验电压的速度均匀升压	视频 2-11 交流耐压　　视频 2-12 交流耐压 　　试验理论　　　　　　　　试验实训

一、测量目的

交流耐压试验是鉴定电力设备绝缘强度最有效和最直接的方法,电力设备在运行中,绝缘长期受着电场、温度和机械振动的作用会逐渐发生劣化,其中包括整体劣化和部分劣化形成缺陷。

各种预防性试验方法,各有所长,均能分别发现一些缺陷,反映出绝缘的状况,其他试验方法的试验电压往往都低于电力设备的工作电压,但交流耐压试验一般比运行电压高,因此通过试验已成为保证变压器安全运行的一个重要手段。工频交流耐压试验装置如图 2-22 所示。变频串联谐振耐压试验装置如图 2-23 所示。

图 2-22　工频交流耐压试验装置　　　　图 2-23　变频串联谐振耐压试验装置

长电缆和大容量试品进行耐压试验时,要求用大容量的交流试验设备。在工频条件下,由于被试品电容量较大,试验电压要求较高,对试验装置的电源容量相应的也有较高的要求,传统的工频交流耐压试验变压器往往单件体积大、重量重,不便于现场搬运,不便于任意组合,也可以使用变频串联谐振试验装置,体积更小、重量轻、易搬动、分件式设计,便于根据现场需求灵活配置电抗器,大大降低了劳动强度,提高工作效率。变频串联谐振耐压试验装置主要由变频电源(主机)、励磁变压器、谐振电抗器、电容分压器组成,具备高压过压保护、低压过流保护,以及失谐保护、零位、闪络保护、紧急停机、欠压保护等多重保护功能。串联变频自动串联谐振装置主要由变频控制电源、励磁变压器、电抗器、电容分压器组成,主要用于 10 ~ 220 kV 的电力电缆、组合电器(GIS)和 SF$_6$ 开关,主变压器,母线,发电机,套管,互感器等电气设备的耐压试验。变频串联谐振试验装置组合如图 2-24 所示。

(a) 变频电源　　(b) 励磁变压器　　(c) 电容分压器　　(d) 电抗器

图 2-24　变频串联谐振试验装置组成图

变频串联谐振原理是采用可调节(30～300 Hz)串联谐振设备与被试品电容谐振产生交流试验电压，被试品的电容与电抗器构成串联谐振连接方式，分压器并联在被试品上，用于测量被试品谐振电压，并作过压保护信号；调频功率输出经激励变压器耦合给串联谐振回路，提供串联谐振的激励功率。利用励磁变压器激发串联谐振回路，调节变频控制器的输出频率，使回路电感 L 和试品 C 串联谐振产生谐振电压，加到试品高电压。变频谐振试验装置广泛用于电力冶金和石油化工等行业，适用于大容量、高电压的电容性试品的交接和预防性试验。

二、操作规范

绕组连同套管的交流耐压试验应符合下列规定：

（1）容量为 8 000 kV·A 以下、绕组额定电压在 110 kV 以下的变压器，线端试验应按表 2-20 进行交流耐压试验。

（2）容量为 8 000 kV·A 及以上、绕组额定电压在 110 kV 以下的变压器，在有试验设备时，可按表 2-20 试验电压标准进行线端交流耐压试验。

（3）绕组额定电压为 110 kV 及以上的变压器，其中性点应进行交流耐压试验，试验耐受电压标准为出厂试验电压值的 80%。

工频交流耐压试验的原理接线，如图 2-25 所示。

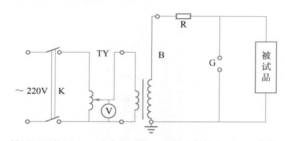

TY—低压调压装置；B—试验变压器；R—限流保护电阻；G—保护球隙。

图 2-25　工频交流耐压试验的原理接线图

试验变压器 B 的特点：单相、输出电压高、容量相对较小、绝缘裕度小、间歇性工作方式。

用于电缆、开关、GIS、变压器的耐压试验时，需要将电抗器串联连接，电抗器串联个数按照实际的试验电压确定，具体施加耐压可查询国标或行业相关标准。35 kV～330 kV 电缆谐振耐压试验接线如图 2-26～图 2-29 所示。

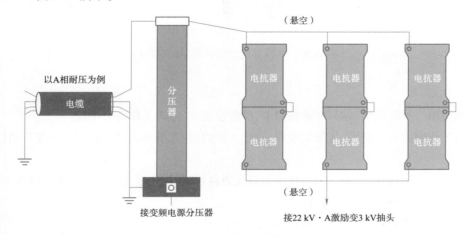

图 2-26　35 kV 电缆谐振耐压试验接线

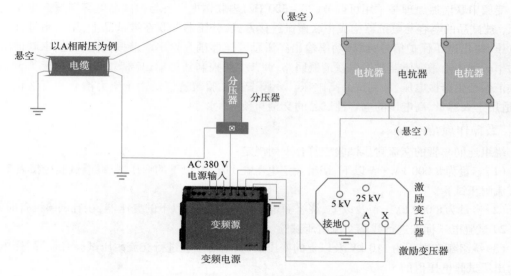

图 2-27　110 kV 电缆谐振耐压试验接线

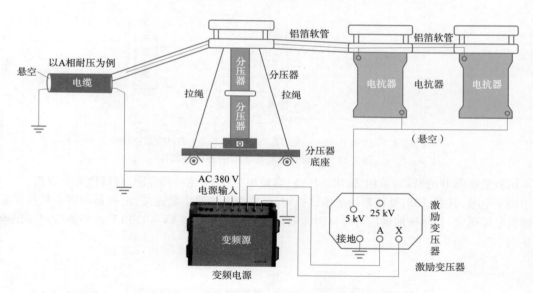

图 2-28　220 kV 电缆谐振耐压试验接线

三、安全须知

（1）填写第一种工作票，编写作业控制卡、质量控制卡，办理工作许可手续。

（2）向工作班组人员交底，告知危险点，交代工作内容、人员分工、带电部位，并履行确认手续后开工。

（3）准备试验用仪器、仪表、工具，所用仪器仪表良好，所用仪器、仪表、工具在合格周期内。

（4）检查变压器外壳，应可靠接地。

（5）利用绝缘操作杆带地线上去将变压器带电部位放电。

（6）放电后，拆除变压器高压、中压低压引线，其他作业人员撤离现场。

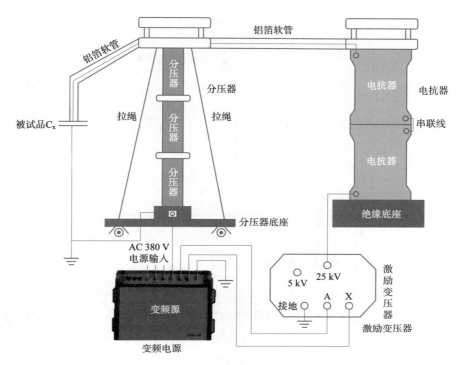

图 2-29　330 kV 电缆谐振耐压试验接线

（7）检查变压器外观，清洁表面污垢。

（8）接取电源，先测量电源电压是否符合实验要求，电源线必须牢固，防止突然断开，检查漏电保护装置是否灵敏动作。

（9）试验现场周围装设试验围栏，并派专人看守。

四、技术标准

根据《输变电设备状态检修试验规程》（DL/T 393），耐压试验要求：仅对中性点和低压绕组进行，耐受电压为出厂试验值的 80%，时间 60 s。

表 2-20 中，变压器试验电压是根据现行国家标准《电力变压器　第 3 部分：绝缘水平、绝缘试验和外绝缘空气间隙》（GB 1094.3）规定的出厂试验电压乘以 0.8 制定的。

表 2-20　电力变压器和电抗器交流耐压试验电压标准（kV）

系统标称电压	设备最高电压	交流耐压	
		油浸式电力变压器和电抗器	干式电力变压器和电抗器
<1	≤1.1	—	2.5
3	3.6	14	8.5
6	7.2	20	17
10	12	28	24
15	17.5	36	32
20	24	44	43

续上表

系统标称电压	设备最高电压	交流耐压	
		油浸式电力变压器和电抗器	干式电力变压器和电抗器
35	40.5	68	60
66	72.5	112	—
110	126	160	—
220	252	316(288)	—
330	363	408(368)	—
500	550	544(504)	—

干式变压器出厂试验电压是根据现行国家标准《电力变压器 第 11 部分：干式变压器》(GB/T 1094.11)规定的出厂试验电压乘以 0.8 制定的见表 2-21。

表 2-21 额定电压 110 kV 及以上的电力变压器中性点交流耐压试验电压标准(kV)

系统标称电压	设备最高电压	中性点接地方式	出厂交流耐受电压	交流耐受电压
110	126	不直接接地	95	76
220	252	直接接地	85	68
		不直接接地	200	160
330	363	直接接地	85	68
		不直接接地	230	184
500	550	直接接地	85	68
		经小阻抗接地	140	112

五、实战案例

变压器耐压试验是一个破坏性试验，需要特别注意设备和人身安全，变压器耐压试验所需的器材见表 2-22，变压器交流耐压试验的接线如图 2-30 所示。

表 2-22 变压器交流耐压试验器材

序 号	设备名称	数量
1	高压试验控制箱	1
2	充气式试验变压器	1
3	保护球隙	1
4	阻容分压器	1
5	保护水阻	1
6	高压引线	3
7	接地线	若干

续上表

序　号	设备名称	数量
8	放电棒	1
9	温湿度计	1
10	围栏	1
11	警示牌	3

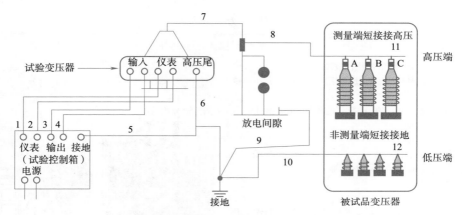

1,2—仪表接线;3,4—高压输出线;5,6—高压尾接地线;

7,8,11—高压输出线;9,10,12—接地线。

图 2-30　变压器交流耐压试验的接线图

（1）测量接线时先将被试品绕组 A、B、C 三相用裸铜线短路连接;其余绕组也用裸铜线短路连接,并与外壳一起接地;将变压器、保护球隙、分压器、接地棒可靠接地,接地线采用 25 mm² 及以上的多股裸铜线或外覆透明绝缘层的铜质软绞线;将高压控制箱的接地线接到变压器高压尾上;连接控制箱与试验变压器的高压侧接线;导线连接变压器高压端、保护球隙高压端和分压器高压端。

（2）先不接被试品,先调节保护球隙间隙以确认保护电压,与试验电压的 1.1～1.2 倍相对应,连续 3 次不击穿。每次从零开始升压,每次耐压调整球隙时要放电。

（3）开始从零升压,升压时应相互呼唱,监视电压表、电流表的变化,升压时,要均匀升压,升至规定试验电压时,开始计时,1 min 时间到后,缓慢均匀降压,降至零点,再依次关闭电源。

（4）试验中若发现表针摆动或被试品有异常声响、冒烟、冒火等,应立即降下电压,拉开电源,在高压侧挂上接地线后,再查明原因。

课外作业

1. 交流耐压试验本质上是属于什么试验？与直流耐压试验有何不同？

2. 交流耐压试验时,当施加至耐压值应停留多长时间？过长时间会有什么问题？

3. 为什么在耐压试验前后均应测量设备的绝缘电阻值大小？

4. 为什么要对变压器进行交流感应耐压试验？如何获得高频率电源？

5. 耐压试验时使用串级试验变压器的目的是什么？它有何优缺点？

6. 如何判断主变压器过热性故障和放电性故障？其试验特征指标是什么？

7. 如何综合判断变压器内部的潜伏性故障？在进行变压器交流耐压试验时，如何根据电流表的指示，判别变压器内部可能击穿？

8. 750 kV 电力变压器的试验项目、试验周期和试验要求是什么？

【任务八】 变压器油色谱分析

任 务 单

(一)试验目的	(五)技术标准
(1)能很好地反映变压器的潜伏性故障 (2)能判断变压器内部故障性质，特别是过热、电弧和绝缘破坏等性质的故障 (3)在变压器制造工艺检查、运行状况检修、吊罩前作为非常重要的故障判断依据	气体成分与故障对应标准参见表2-17
	(六)学习载体
(二)测量步骤	油色谱分析系统
(1)从变压器上部取油样，样品应多瓶 (2)接通油色谱仪 (3)通过油色谱仪器检测 (4)在油色谱在线系统，可直接通过系统进行周期性变化分析	 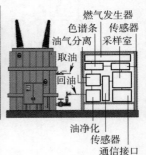 在线油中气体色谱分析
(三)结果判断	
(1)用三比值法进行分析判断 (2)若有乙炔(C_2H_2)，应怀疑电弧或火花放电 (3)若氢气(H_2)含量很大，应怀疑有进水受潮的可能 (4)总烃中烷烃和烯烃过量而炔烃很小或无，则是过热的特征	
(四)注意事项	
(1)用干净干燥油杯取油，用油冲洗油杯 (2)油样须避光保存，无气泡 (3)取油及试验过程中须防止油样受污染	

一、测量目的

根据《试验规程》规定的试验项目及试验顺序，通过变压器油中气体的色谱分析的化学检测方法，在不停电的情况下，对发现变压器内部的某些潜伏性故障及其发展程度的早期诊断非常灵敏而有效。变压器内部故障主要是局部过热和局部放电。这些故障都会使故障点周围的绝缘油和固体绝缘材料氧化分解而产生气体，这些气体大部分溶解于绝缘油中或悬浮在绝缘材料的气隙中。经验证明，油中气体的各种成分含量的多少和故障的性质及程度直接有关，它们之间存在直接对应关系。

变压器油色谱分析是属于化学检测方法，主要是通过变压器油中特征气体的含量、产气速率和三比值法进行分析判断，它对变压器的潜伏性故障及故障发展程度的早期发现非常有效。实际应用过程中，为了更准确地诊断变压器的内部故障，色谱分析应根据设备历史运行状况、特征气体的含量等采用不同的分析模型，确定设备运行是否属于正常或存在潜伏性故障，以及故障类别。

密封的变压器里面产生气体,主要是由于绝缘材料故障时产生的,在 300～800 ℃时,变压器油会分解气体,绝缘材料在 120～150 ℃长期加热时会产生 CO_2、CO,在 200～800 ℃长期加热时会产生 CO_2、CO、CH_4、C_2H_4。

二、变压器故障类型

电力变压器的内部故障主要有过热性、放电性及绝缘受潮等类型。

过热性故障是由于设备的绝缘性能恶化、油等绝缘材料裂化分解。又分为金属过热和固体绝缘过热两类。金属过热与固体绝缘过热的区别是以 CO 和 CO_2 的含量为准,前者含量较低,后者含量较高。

放电性故障是设备内部产生电效应(即放电)导致设备的绝缘性能恶化。又可按产生电效应的强弱分为高能量放电(电弧放电)、低能量放电(火花放电)和局部放电三种。

发生电弧放电时,产生气体主要为 C_2H_2 和 H_2,其次是 CH_4 和 C_2H_4 气体。这种故障在设备中存在时间较短,预兆又不明显,因此一般色谱法较难预测。

火花放电,是一种间歇性的放电故障。常见于套管引线对电位未固定的套管导电管、均压圈等的放电;引线局部接触不良或铁芯接地片接触不良而引起的放电;分接开关拨叉或金属螺钉电位悬浮而引起的放电等。产生气体主要为 C_2H_2 和 H_2,其次是 CH_4 和 C_2H_4 气体,但由于故障能量较低,一般总烃含量不高。

局部放电主要发生在互感器和套管上。由于设备受潮,制造工艺差或维护不当,都会造成局部放电。产生气体主要是 H_2,其次是 CH_4。当放电能量较高时,也会产生少量的 C_2H_2 气体。

变压器绝缘受潮时,其特征气体 H_2 含量较高,而其他气体成分增加不明显。不同故障类型产生的气体成分表 2-23。

表 2-23　不同故障类型产生的气体成分表

序　号	故障类型	主要气体成分	次要气体成分
1	油过热	CH_4、C_2H_4	H_2、C_2H_6
2	油和纸过热	CH_4、C_2H_4、CO、CO_2	H_2、C_2H_6
3	油纸绝缘中局部过热	H_2、CH_4、C_2H_2、CO	C_2H_4、CO_2
4	油中火花放电	C_2H_2、H_2	CH_4、C_2H_4
5	油中电弧	H_2、C_2H_2	CH_4、C_2H_4、C_2H_6
6	油和纸中电弧	H_2、C_2H_2、CO、CO_2	CH_4、C_2H_4、C_2H_6
7	进水受潮或油中气泡	H_2	

注:(1)H_2—氢气;CO——一氧化碳;CO_2—二氧化碳;CH_4—甲烷;C_2H_2—乙炔;C_2H_4—乙烯;C_2H_6—乙烷。

　　(2)总烃是指变压器油色谱分析中甲烷、乙烷、乙烯、乙炔这四种气体的总量。

测量变压器总烃量,借助油中含有的 H_2、O_2、CO 和 CO_2 进行组合鉴别,确定变压器运行状态,从而确定和检测变压器内部是否存在故障进行分析的有效手段。

三、色谱分析流程

从变压器取油阀中取油如图 2-31 所示,然后按图 2-32 所示的色谱分析流程进行。首先看特征气体的含量。若 H_2、C_2H_2、总烃有一项大于规程规定注意值的 20%,应先根据特征气体含量作大致判断,主要的对应关系是:①若检测有 C_2H_2 应怀疑电弧或火花放电;②H_2 含量很大应怀疑有进水受潮的可能;③总烃中烷烃和烯烃含量超标而炔烃很小或无,则是过热的特征。

再计算产生速率,评估故障发展的快慢。通过分析的气体组分含量,进行三比值计算,确定故障类别。核对设备的运行历史,并且通过其他试验进行综合判断。

当油中主要气体含量达到注意值时,判断设备内有无故障应首先将气体分析结果中的几项主要指标,(H_2, $\sum CH$, C_2H_2)与色谱分析导则规定的注意值(表2-24)进行比较。

图2-31 变压器现场取油检测方法　　　图2-32 色谱分析流程图

表2-24 正常变压器油中气,烃类气体含量的注意值

气体组分	H_2	CH_4	C_2H_6	C_2H_4	C_2H_2	总烃
含量($\times 10^{-6}$)	150	60	40	70	5	150

当任一项含量超过注意值时都应引起注意。但是这些注意值不是划分设备有无故障的唯一标准,因此,不能拿"标准"死套。如有的设备因某种原因使气体含量较高,超过注意值,也不能断言判定有故障,因为可能不是本体故障所致,而是外来干扰引起的基数较高,这时应与历史数据比较,如果没有历史数据,则需要确定一个适当的检测周期进行追踪分析。又如有些气体含量虽低于注意值,但含量增长迅速时,也应追踪分析。就是说:不要以为气体含量一超过注意值就判断为故障,甚至采取内部检查修理或限制负荷等措施是不经济的,而最终判断有无故障,是把分析结果绝对值超过规定的注意值,且产气速率又超过10%的注意值时,才判断为存在故障,同时注意排除非故障性原因产生故障气体的影响,以免误判。

注意值不是变压器停运的限制,要根据具体情况进行判断,如果不是电路(包括绝缘)问题,可以暂缓停运检查。若油中含有氢和烃类气体,但不超过注意值,且气体成分含量一直比较稳定,没有发展趋势,则认为变压器运行正常。

注意油中 CO、CO_2 含量及比值。变压器在运行中固体绝缘老化会产生 CO 和 CO_2。同时,油中 CO 和 CO_2 的含量既同变压器运行年限有关,也与设备结构、运行负荷和温度等因素有关,因此目前还不能规定统一的注意值。只是粗略地认为,开放式的变压器中,CO 的含量小于 300 $\mu L/L$,CO_2/CO 比值在 7 左右时,属于正常范围;而密封变压器中的 CO_2/CO 比值一般低于 7 时也属于正常值。

四、实际案例

【案例1】某公司 220 kV 变电站 2 号主变,1980 年投运。从 2018 年开始的油色谱报告分析中就存在多种气体含量超标现象,具体数据见表2-25。

表 2-25　某变电所 2 号主变油色谱分析值

气体成分	甲　烷	乙　烯	乙　烷	乙　炔	氢	CO	CO_2	总　烃	日　期
含量（μL/L）	23.09	68.81	5.61	5.31	23.9	504.98	4 000	103	2018.5.4
	38.94	111.8	8.94	7.21	28.77	907.7	5 910	166.9	2019.6.8
	28.14	90.08	7.22	5.56	23.29	705.5	5 043	131	2020.8.18
	28.11	64.5	6.4	5.01	25.7	680.7	4 980	129	2021.3.20
	25.23	75.80	7.12	6.3	19.5	702.9	5 432	114	2022.11.5
	18.76	81.08	6.24	5.63	14.76	716.7	5 680	111.7	2023.3.10

对上述数据跟踪分析，有不同程度 C_2H_2、C_2H_4、总烃超过注意值，关键是 C_2H_2 没有增长趋势，考虑变压器运行年限、内部绝缘老化，结合外部电气检测数据，认为该变压器可继续运行，加强跟踪，缩短试验周期。目前此变压器仍在线运行。

【案例 2】2003 年 4 月某变电站 1 号主变压器 SL7-5 000 kVA/35 发现氢气含量明显增长。变压器是 2001 年 8 月投运，具体色谱数据见表 2-26。

表 2-26　某变电所 1 号主变油色谱分析值

气体成分	CH_4	C_2H_4	C_2H_6	C_2H_2	H_2	CO	CO_2	总　烃	日　期
含量（μL/L）	1.89	0.75	6.52	1.93	9.28	56	265	9.8	2022.5.5
	2.26	1.65	7.33	3.98	123.56	69	256	15.22	2023.4.15

分析结果：色谱分析显示氢气含量虽未超过注意值，但增长较快，为原数值的 12 倍，其他特征气体无明显变化，说明变压器油中有水分，在电场作用下电解释放出 H_2，同时对油进行电气耐压试验，击穿电压为 28 kV，微水测定为 80 μL/L，进一步验证油中有水分存在。经仔细检查发现防爆筒密封玻璃有裂纹，内有大量水锈，外部水分通过此裂纹进入变压器内部。经处理后变压器油中 H_2 含量恢复正常。

五、IEC 三比值法

三比值法（5 种气体的三对比值）作为判断充油电气设备故障类型的主要方法，改良三比值法是用三对比值以不同的编码表示。IEC 三比值法实际上是罗杰斯比值法的一种改进方法。通过计算 C_2H_2/C_2H_4、CH_4/H_2、C_2H_4/C_2H_6 的值，将选用的 5 种特征气体构成三对比值，对应不同的编码，查表对应得出故障类型和故障大体部位的方法。分别对应经统计得出的不同故障类型。

广谱型气相色谱分析原理如图 2-33 所示，变压器油经由直接安装在变压器上的油气分离器，在内置电磁激振器的作用下，通过平板脱气膜的集气作用将分离出的油中特性气体导入故障气体定量室。定量室中的混合故障气体在载气的推动下经过色谱柱，色谱柱对不同气体具备不同的亲合作用，故障特性气体被依此分离。高灵敏度传感器按出峰顺序对故障特性气体（H_2、CO、CH_4、C_2H_6、

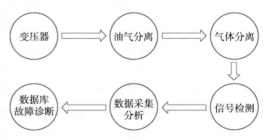

图 2-33　广谱型气相色谱分析原理

C_2H_4、C_2H_2）逐一进行检测，并将故障气体的浓度特性转换成电信号。数据采集器对电信号进行转

换处理、存储。控制计算机经系统通信网络（RS-485）获取日常监测原始数据。系统分析软件对数据进行分析处理，分别计算出故障气体各组分及总烃含量；故障诊断专家系统对变压器油色谱数据进行综合分析诊断，实现变压器故障的在线监测分析。

六、查障经验

在进行变压器油中溶解气体色谱分析中，常会遇到由于某些外部原因引起变压器油中气体含量增长，干扰色谱分析，造成误判断。

下面是变压器常见故障及处理方法。

1. 变压器油箱补焊

变压器油箱带油补焊时，油在高温下分解产生大量的氢、烃类气体。

2. 水分侵入油中

少部分的水分可能由于强电场的作用下电离产生 H_2，这些游离氢可能溶解在变压器油中。如色谱分析出现 H_2 含量单项超标时，可取油样进行耐压试验和微水分析。

3. 补油的含气量高

补油时除做耐压试验外，还应做色谱分析。

4. 真空滤油器故障

真空滤油器故障导致油中含气量增长，建议滤油后应做色谱分析。

5. 切换开关室的油渗透

有载切换开关室中的油受开关切换时的电弧作用，分解产生大量的 C_2H_2（可达总烃 60% 以上）和 H_2（可达氢总量的 50% 以上），通过向变压器本体渗透，引起变压器本体油气体含量增高。可向切换开关室注入特定气体如 N_2，每隔一定时间对本体油进行分析，看本体油中是否出现这种特定气体且随时间增大。

6. 绕组及绝缘中残留吸收的气体

变压器发生故障后，其油虽经过脱气处理，但绕组及绝缘中仍残留有吸收的气体，这些气体缓慢释放于油中，使油中的气体含量增加。将变压器油进行真空脱气处理后，色谱分析结果明显好转，所以对残留气体主要采用脱气法进行消除，脱气后再用色谱分析法进行校验。

7. 变压器油深度精制

深度精制变压器油在电场和热的作用下容易产生 H_2 和烷类气体。这是因为深度精制的结果，去除了原油中大部分重芳烃、中芳烃及一部分轻芳烃，因此该油中的芳烃含量过低（2%～4%），这对油品的抗氧化性能是极为不利的，但芳香烃含量的降低会引起油品抗析气性能恶化及高温介质损耗因数不稳定。该油用于不密封或密封条件不严格的充油电力设备时就容易产生 H_2 和烷类气体偏高的现象。例如，某电厂 2 号主变压器采用深度精制油，投入运行半年后，总烃增长 65.84 倍，CH_4 增长 38.8 倍，C_2H_6 增长 102.5 倍，H_2 增长 28.9 倍。对油质进行化验，其介质损耗因数 $\tan\delta$ 为 0.111%，微水含量为 10.4 μL/L，可排除内部受潮的可能性。又跟踪一个月后，各种气量逐渐降低，基本恢复到投运时的数据，所以认为是变压器油深度精制所致。若不掌握这种油的特点，也容易给色谱分析结果的判断带来干扰，甚至造成误判断。

8. 强制冷却系统附属设备故障

变压器强制冷却系统附属设备，特别是潜油泵故障、磨损、窥视玻璃破裂、滤网堵塞等引起的油中气体含量增高。这是因为当潜油泵本身烧损,使本体油含有过热性特征气体,用三比值法判断均为过热性故障,如果误判断而吊罩进行内部检查,会造成人力、物力的浪费;当窥视玻璃破裂时,由于轴尖处油流迅速而造成负压,可以带入大量空气。即使玻璃未破裂,也由于滤网堵塞形成负压空间而使油脱色,其结果会造成气体继电器动作,并因空气泡进入时,造成气泡放电,导致 H_2 增加。对上述情况,可将本体和附件的油分别进行色谱分析,查明原因,排除附件中油的干扰,作出正确判断。

9. 变压器内部使用活性金属材料

目前有的大型电力变压器使用了相当数量的不锈钢,它起触媒作用,能促进变压器油发生脱氧反应,使油中出现 H_2 单项值增高,会造成故障征兆的现象。因此,当油中 H_2 增高时,除考虑受潮或局部放电外,还应考虑是否存在这种结构材料的影响。一般来说,中小型开放式变压器受潮的可能性大,而密封式的大型变压器由于结构紧凑工作电压高,局部放电的可能性较大(当然也有套管将军帽进水受潮的事例)。大型变压器有的使用了相当数量的不锈钢,在运行的初期可能使 H_2 急增。另一方面,气泡通过高电场强度区域时会发生电离,也可能附加产生 H_2。色谱分析时应当排除上述故障征兆假象带来的干扰。

10. 油流静电放电

大型强迫油循环冷却方式的电力变压器内部,由于变压器油的流动而产生的静电带电现象称为油流带电。油流带电会产生静电放电,放电产生的气体主要是 H_2 和 C_2H_2。如某台主变压器在运行期间由于磁屏蔽接地不良产生了油流放电,导致油中 C_2H_2 和总烃含量不断增加。再如,某水电厂 1~3 号主变压器由于油流静电放电导致总烃含量增高分别为 30 μL/L 和 164 μL/L。根据对油流速度和静电电压的测定结果进行综合分析,确认是由于油流放电引起的。影响变压器油流带电的主要因素是油流速度,变压器油的种类、油温、固体绝缘体的表面状态和运行状态。其中油流速度大小是影响油流带电的关键因素。在上例中,将潜流泵由 4 台减少为 3 台,经过半年的监测结果表明, C_2H_2 含量显著降低并趋于稳定。这样就消除了油流带电发生放电对色谱分析结果判断的干扰。

11. 标准气样不合格

标准气样不纯也是导致变压器油中气体含量增高的原因之一。

12. 压紧装置故障

压紧装置发生故障使压钉压紧力不足,导致压钉与压钉碗之间发生悬浮电位放电,长时间的放电是变压器油色谱分析结果中 C_2H_2 含量逐渐增长的主要原因。

13. 变压器铁芯漏磁

某局有两台主变压器,在运行中均发生了轻瓦斯动作,且 C_2H_2 异常,高于其他的变压器,对其中的一台在现场进行电气试验吊芯等均未发现异常。脱气后继续投运且跟踪几个月发现油中仍有 C_2H_2。而且总烃逐步升高。超过注意值,三比值法判断为大于 700 ℃ 的高温过热,但吊芯检查又无异常,后来被迫退出运行。另一台返厂,在厂里进行一系列试验、检查,并增做冲击试验和吊芯,均无异常,最后分析可能是铁芯和外壳的漏磁、环流引起部分漏磁回路中的局部过热。为进一步判断该主变压器是电气回路故障还是励磁回路问题,对该主变压器又增加了工频和倍频空载试验。工频试验时,为能在较短的时间内充分暴露故障情况,取 $U_s = 1.14U_e$,持续运行并采取色谱分析跟踪,空载运行 32 h 就出现了色谱分析值异常情况, C_2H_2、C_2H_4 含量较高,超过注意值。倍频试验时仍取 $U_s = 1.14U_e$,色谱分析结果无异常,这样可排除主电气回路绕组匝、层间短路、接头发热、接触不良等故障,进而说明变压器故障来源于励磁系统,认为它是主变压器铁芯上、下夹件由变压器漏磁引起环流而造成局部过热。为证实这个观点,把 8 个夹紧螺栓换为不导磁的不锈钢螺栓,使主变压器的夹件在漏磁情况能形成回路,结果找到了气体增高的根源。

14. 超负荷引起

例如,某主压器变色谱分析总烃含量为 538 $\mu L/L$,超标 5 倍多,进行电气试验等,均无异常现象,经负荷试验证明这种现象是由于超负荷引起的,当超负荷 130% 时,总烃剧烈增加。再如,某台主变压器在 2023 年 10 月 14 日的色谱分析中,突然发现 C_2H_2 的含量由 9 月 7 日的 0 增加到 5.9 $\mu L/L$,由于是单一故障气体含量突增,曾怀疑是由于潜油泵的轴承损坏所致,为此对每台潜油泵的出口取样进行色谱分析,无异常。最后分析与负荷有关。测试发现,当该主变压器 220 kV 侧分接开关在负荷电流 140 A 以上时,有明显电弧,而在 120 A 以下时,则完全消失,所以 C_2H_2 的增长是由于开关接触不良在大电流下产生电弧引起的。

15. 假油位

某主变压器,在施工单位安装时,由于油标出现假油位,致使变压器少注油约 30 t。因而运行时出现温升过高,其色谱分析结果会超标,容易误判为高能量放电,干扰对温升过高原因的分析。

16. 套管端部接线松动过热

某主变压器 10 kV 套管端部螺母松动而过热,传导到油箱本体内,使油受热分解产气超标,影响到色谱分析结果。

17. 冷却系统异常

现场常见的冷却系统异常包括风扇停转、反转或散热器堵塞,它使主变压器的油温升高。可能误判为绝缘正常老化,其实是一种假象,干扰了对主变压器温度升高真实原因的分析。对于这种情况,可采用对比的方式分析。

18. 混油引起

某台 SFSZ7-40000/110 三绕组变压器,投运后负荷率一直在 50% 左右,做油样气相色谱分析发现,总烃达 561.4 $\mu L/L$,大大超过《试验规程》规定的 150 $\mu L/L$ 注意值。可燃性气体总和达 1 040.9 $\mu L/L$,大于本标准中的注意值。发现问题后,立即跟踪分析,通过近一个月的分析,发现总烃含量虽有增加的趋势,最高达 717.5 $\mu L/L$,但产气速率却为 0.012 mL/h,低于《试验规程》要求值。经反复测试和分析,最后发现变压器油到货时,有 10 号油与 25 号油搞混的情况。即变压器中注入的是两种牌号的油。换油后,多次色谱分析均正常,其总烃在 15 ~ 20 $\mu L/L$ 之间,乙炔含量基本为 0。

综上可见:

(1)电力变压器油中气体增长的原因是多种多样的,为正确判断故障,应采取多种测试方法进行测试,由测试结果并结合历史数据进行综合分析判断避免盲目的吊罩检查。

(2)若 H_2 单项增高,其主要原因可能是变压器油进水受潮,可以根据局部放电、耐压试验及微水分析等结果进行综合分析判断。

(3)若 C_2H_2 含量单项增高,其主要原因可能是切换开关室渗漏、油流放电、压紧装置故障等。通过分析与论证来确定 C_2H_2 增高的原因并采取相应的对策处理。

(4)对三比值法,只有在确定变压器内部发生故障后才能使用,否则可能导致误判,造成人力、物力的浪费和不必要的经济损失。

(5)综合分析判断是一门科学,只有采用综合分析判断才能确定变压器是否有故障,故障是内因还是外因造成的,故障的性质、故障的严重程度和发展速度、故障的部位等。

课外作业

1. 电力变压器的内部故障有哪些类型？

2. 放电性故障的特征气体是什么？判断其放电时气体含量是多少？如何计算产气率？

3. 什么是 IEC 三比值法？

4. 大型变压器烧损后，如何处理其中的变压器油？

5. 为什么变压器绝缘油的微水含量与温度关系很大？应如何进行微水试验？

6. 诊断变压器内部故障的电气试验项目有哪些？

【任务九】 变压器现场巡视与异常处理

变压器在输配电系统中占有极其重要的地位，是变电所的"心脏"，与其他电气设备相比其故障较低，但是一旦发生故障将会给系统及生产带来极大的危害，因此，能针对变压器在运行中的各种异常及故障现象，迅速判断处理，尽快消除设备隐患及缺陷，从而保证变压器的安全运行，是每一个运行人员应具备的基本技能。

作为一名运行值班员，每天都需要对变压器进行巡视，通过变压器运行中的各种异常及故障现象的分析，掌握对变压器的不正常运行及其处理方法，在正常巡视变压器时及时发现隐患、缺陷，使设备在安全水平下运行。

一、变压器运行中的异常声音及处理

变压器正常运行时是"嗡嗡"声。由于交流电通过变压器绕组，在铁芯里产生周期性的交变磁通，引起硅钢片的磁质伸缩，铁芯的接缝与叠层之间的磁力作用，以及绕组的导线之间的电磁力作用引起振动，发出的"嗡嗡"响声是连续的、均匀的，这都属于正常现象。

如果变压器出现故障或运行不正常，声音就会异常，其表现和主要原因如下：

1. 沉重的"嗡嗡"声

变压器过载运行时，会发出沉重的"嗡嗡"声。

2. "哇哇"声

大动力负荷启动时，如带有电弧、可控硅整流器等负荷时，负荷变化大，又因谐波作用，变压器内瞬间发出"哇哇"声或"咯咯"间歇声，监视测量仪表时指针发生摆动。

3. "唑唑"声

容量较小（100 kV·A 以下）的电力变压器，受个别电器设备的启动电流冲击，例如，超过30 kW 直流弧焊机起弧或空气锤驱动等，经导线传递至电力变压器内而发出的微弱唑叫声。如果保护、监视装置，以及其他电器元件无异常预兆，这应属正常现象。

变压器高压套管脏污，表面釉质脱落或有裂纹存在时，可听到"唑唑"声，若在夜间或阴雨天气时看到变压器高压套管附近有蓝色的电晕或火花，则说明瓷件污秽严重或设备线卡接触不良。

4. "噼啪吱吱"声

变压器内部放电或接触不良或绝缘击穿时，会发出"吱吱"或"噼啪"声，且此声音随故障部位远近而变化。

5. "呜呜"声

变压器发出水沸腾声的同时，温度急剧变化，油位升高，则应判断为变压器绕组发生短路故障或分接开关因接触不良引起严重过热,这时应立即停用变压器进行检查。

6. "噼啪"声

"噼啪"的清脆击铁声故障,这是高压瓷套管引线,通过空气对电力变压器外壳的放电声,是电力变压器油箱上部缺油所致,需要补充干净的同标号变压器油到油枕里。

对未用干燥剂的电力变压器,应检查注油器内的排气孔是否畅通无阻,以确保安全运行。

沉闷的"噼啪"声。这是高压引线通过电力变压器油而对外壳放电,属对地距离不够(<30 mm)或绝缘油中含有水分。需要对油进行驱潮。

变压器铁芯接地断线时会产生劈裂声,变压器绕组短路或它们对外壳放电时有噼啪的爆裂声,严重时会有巨大的轰鸣声,随后可能起火。

7. "叮叮"声

个别零件松动时,声音比正常增大且有明显杂音,但电流、电压无明显异常,则可能是内部夹件或压紧铁芯的螺钉松动,使硅钢片振动增大所致。电网发生过电压时,例如中性点不接地电网有单相接地或电磁共振时,变压器声音比平常尖锐,出现这种情况时,可结合电压表计的指示进行综合判断。变压器的某些部件因铁芯振动而造成机械接触时,会产生连续的有规律的撞击或摩擦声。这时需要安排停电检修,重点检查分接开关、螺钉或铁垫等相关部件。

8. "唧哇唧哇"声

这种声音好像似蛙鸣,当刮风时,时通时断、接触时发生弧光和火花,但声响不均,时强时弱,系经导线传递至电力变压器内发出之声,要立即安排停电检修。当线路在导线连接处或T字形接头处发生断线,刮风时容易造成时接时断的接触而产生弧光或火花,一般发生在高压架空线路上,如导线与隔离开关的连接、耐张段内的接头、跌落式熔断器的接触点,以及T字形接头出现断线、松动,导致氧化、过热,这时需要电力变压器吊芯检修时加以排除,待故障排除后才允许投入运行。

9. "嗡嗡"声响减弱

电力变压器停运后送电或新安装竣工后投产验收送电,往往发现电压不正常,这是因为高压瓷套管引线较细,运行发热断线,或是由于经过长途运输、搬运不当或跌落式熔断器的熔丝熔断及接触不良引起的。从电压表看出,如一相高、两相低和指示为零(指照明电压),造成两相供电,当电力变压器受电后,电流通过铁芯产生的交变磁通大为减弱,故从电力变压器内发出音响较小均匀的"嗡嗡"电磁声。可用高压线圈的直流电阻值测试分接开关,测量直流电阻值及三相不平衡率。

10. "虎啸"声

当低压线路短路时,会导致短路电流突然激增而造成"虎啸"声。加时应着重电力变压器本体的检查与测试,用兆欧表检查高低压线圈绝缘电阻值,测量绕组高对低、高对地、低对地之间绝缘电阻应合格,其值应不低于出厂原始数据的70%。

同时检查配电室的电器元件是否烧黑烧焦、冒烟起火、异常断线、绝缘包层损坏,以及相间和相线对地短路而酿成放电痕迹和爆炸损坏的设备等。

11. "咕嘟咕嘟"声

这声音像烧开水的沸腾,可能由于电力变压器线圈发生层间或匝间短路,短路电流骤增或铁芯产生强热,导致起火燃烧,致使绝缘物被烧坏产生喷油,冒烟起火。需要断开低压负荷开关,使电力变压器处于空载状态下,然后切断高压电源,断开跌落式熔断器。解除运行系统,安排吊芯大修。

可见,电力变压器运行中,发生的故障和异常现象是很多的,若通过声音等异常现象能提前检查出一些问题,可以有针对性处理。

二、变压器油异常

1. 油温油色异常

变压器内部故障及各部件过热将引起一系列的气味、颜色变化。

变压器的很多故障都伴有急剧的温升及油色剧变,若发现在同样正常的条件下(负荷、环温、冷却),温度比平常高出 10 ℃以上或负载不变温度不断上升(表计无异常),则认为变压器内部出现异常现象,其原因有:由于涡流或夹紧铁芯的螺栓绝缘损坏会使变压器油温升高;绕组局部层间或匝间短路,内部接点有故障,二次线路上有大电阻短路等,均会使变压器温度不正常;过负荷时,环境温度过高,冷却风扇和输油泵故障,风扇电机损坏,散热器管道积垢或冷却效果不良,散热器阀门未打开,渗漏油引起油量不足等原因都会造成变压器温度不正常。

当防爆管防爆膜破裂,会引起水和潮气进入变压器内,导致绝缘油乳化及变压器的绝缘强度降低,其可能为内部故障或呼吸器不畅。呼吸器硅胶变色,可能是吸潮过度,垫圈损坏,进入油室的水分太多等原因引起。瓷套管接线紧固部分松动,表面接触过热氧化,会引起变色和异常气味。油的颜色变暗、失去光泽、表面镀层遭破坏。瓷套管污损产生电晕、闪络,会发出奇臭味,冷却风扇、油泵烧毁会发生烧焦气味。变压器漏磁的断磁能力不好及磁场分布不均,会引起涡流,使油箱局部过热,并引起油漆变化或掉漆。

油色显著变化时,应对其进行跟踪化验,发现油内含有碳粒和水分,油的酸价增高,闪电降低,随之油绝缘强度降低,易引起绕组与外壳的击穿,此时应及时停用处理。

2. 油位异常

油位异常主要有假油位和油面过低。假油位主要包括:油标管堵塞、油枕呼吸器堵塞、防暴管气孔堵塞。油面过低原因主要包括:变压器严重渗漏油;检修人员因工作需要多次放油后未补充;气温过低且油量不足;油枕容量不足不能满足运行要求。

3. 渗油

变压器运行中渗漏油的现象比较普遍,主要由于油箱与零部件连接处的密封不良,焊件或铸件存在缺陷,运行中额外荷重或受到振动等。内部故障也会使油温升高,引起油的体积膨胀,发生漏油或喷油。内部的高温和高热会使变压器突然喷油,喷油后使油面降低,有可能引起瓦斯保护动作。

三、变压器异常现象处理

1. 变压器停运

当发生危及变压器安全的故障,而变压器的有关保护装置拒动,值班人员应立即将变压器停运,并报告上级和做好记录。当变压器附近的设备着火、爆炸或发生其他情况,对变压器构成严重威胁时,值班人员应立即将变压器停运。变压器有下列情况之一者应立即停运,若有运用中的备用变压器,应尽可能先将其投入运行:

(1)变压器声响明显增大,很不正常,内部有爆裂声;

(2)严重漏油或喷油,使油面下降到低于油位计的指示限度;

(3)套管有严重的破损和放电现象;

（4）变压器冒烟着火。

变压器油温升高超过规定值时，值班人员应按以下步骤检查处理：

（1）检查变压器的负载和冷却介质的温度，并与在同一负载和冷却介质温度下正常的温度核对；

（2）核对温度装置；

（3）检查变压器冷却装置或变压器室的通风情况。

若温度升高的原因是冷却系统的故障，且在运行中无法检修者，应将变压器停运检修；若不能立即停运检修，则值班人员应按现场规程的规定调整变压器的负载至允许运行温度下的相应容量。在正常负载和冷却条件下，变压器温度不正常并不断上升，且经检查证明温度指示正确，则认为变压器已发生内部故障，应立即将变压器停运。变压器在各种超额定电流方式下运行，若顶层油温超过 105 ℃时应立即降低负载。

变压器中的油因低温凝滞时，应不投冷却器空载运行，同时监视顶层油温，逐步增加负载，直至投入相应数量冷却器，转入正常运行。当发现变压器的油面较当时油温所应有的油位显著降低时，应查明原因。补油时应遵守规程规定，禁止从变压器下部补油。变压器油位因温度上升有可能高出油位指示极限，经查明不是假油位所致时，则应放油，使油位降至与当时油温相对应的高度，以免变压器渗油。

2. 变压器跳闸和灭火

变压器跳闸后，应立即停油泵，立即查明原因。如综合判断证明变压器跳闸不是由于内部故障所引起，可重新投入运行。若变压器有内部故障的征象时应做进一步检查。

变压器着火时，应立即断开电源，停运冷却器，并迅速采取灭火措施，防止火势蔓延。

3. 套管引线放电

高低压套管发生严重损伤时，会有放电现象，主要是由于绝缘的原因引起的，需要停电检查。其主要原因是：

（1）套管密封不严，因进水使绝缘受潮而损坏。

（2）套管的电容芯子制造不良，内部游离放电。

（3）套管积垢严重、表面釉质脱落、或套管上有大的碎片和裂纹，均会造成套管闪络和爆炸事故。

引线部分故障常有引线烧断、接线柱打火等现象发生。主要原因有：引线与接线柱连接松动，导致接触不良、发热。软铜片焊接不良，引线之间焊接不牢，造成过热或开焊，如不及时处理，将造成变压器不能运行或三相电压不平衡而烧坏用电设备。

总之，运行中的变压器由于受到电磁振动机械磨损、化学作用、大气腐蚀、电腐蚀及维护、运行管理不当，均会出现各种异常运行现象及较严重的故障现象，因此，只有加强对变压器各方面的运行管理，才能使变压器达到健康运行水平。

四、变压器维护与保养

1. 预防渗漏油

油浸式变压器在油箱内充满变压器油，装配中依靠紧固件对耐油橡胶元件加压而密封。密封不严是变压器渗漏油的主要原因，故在维护与保养中应特别注意。小螺栓是否经过振动而松动，如有松动应加紧固，加紧程度应适当，并应各处一致。橡胶是否断裂或变形严重，如有断裂或变形严重则更新橡胶件，更换时应注意其型号规格是否一致，并保持密封面的清洁。

2. 预防变压器受潮

变压器是高压设备,要求保持其绝缘性能良好。油浸式变压器极易受潮,预防受潮是维护保养变压器采取的主要措施之一。变压器进场后,应立即做交接试验。监视吸湿器中的硅胶,受潮后应立即更换。

容量在 100 kV·A 及以下的小型变压器,无吸湿器装置。油枕内的油容易受潮,而油枕积水。不送电存放期超过六个月,或投入运行期超过一年者,变压器油枕内的油已严重受潮。如要进行起吊运输、维修加油、油阀放油、吊芯等工作时,均应先通过油枕下面的放油塞把油枕内污油放掉,并用干布擦净、封好,以免使油枕内污油进入油箱内。

变压器运行中,要经常注意油位、油温、电压、电流的变化,如有异常情况应及时分析处理。变压器安装时严禁用铝绞线、铝排等与变压器的铜导杆连接,以免腐蚀导杆。

3. 变压器的换油与干燥处理

变压器闲置过久,运行时间过长或其他自然人为因素的影响,造成变压器绝缘下降、内部进水或油质劣化等现象,此时必须对变压器进行换油和干燥处理。变压器换油时,先吊出器身,放净污油并洗净油箱,如器身上有油污也应冲净。待器身烘干后注入新油,更换全部耐油橡胶密封件。试验合格后方可挂网运行。

变压器干燥处理方法较多。用户自行烘干时可用零相序干燥法、涡流干燥法、短路干燥法、烘箱干燥法等。对较大容量和电压为 35 kV 的变压器,最好能够送交厂家进行真空干燥。这样既可保证变压器绝缘干燥彻底,又不会造成绝缘老化。

4. 日常运行管理

日常维护保养时,及时清扫和擦除配变油污和高低压套管上的尘埃,以防气候潮湿或阴雨时污闪放电,造成套管相间短路,高压熔断器熔断,变压器不能正常运行。

及时观察配变的油位和油色,定期检测油温,特别是负荷变化大、温差大、气候恶劣的天气应增加巡视次数,对油浸式的配电变压器运行中的顶层油温不得高于 95 ℃,温升不得超过 55 ℃,为防止绕组和油的劣化过速,顶层油的温升不宜经常超过 45 ℃。

测量变压器的绝缘电阻,检查各引线是否牢固,特别要注意的是低压出线连接处接触是否良好、温度是否异常。

加强用电负荷的测量,在用电高峰期,加强对每台配变的负荷测量,必要时增加测量次数,对三相电流不平衡的配电变压器及时进行调整,防止中性线电流过大烧断引线,造成用户设备损坏,配变受损。联结组别为 Yyn0 的配变,三相负荷应尽量平衡,不得仅用一相或两相供电,中性线电流不应超过低压侧额定电流的 25%,力求使配变不超载、不偏载运行。

综上所述,要使变压器保持长期安全可靠运行,除加强提高保护配置技术水平之外,在日常的运行管理方面同样也十分重要。作为变压器运行管理人员,一定要做到勤检查、勤维护、勤测量,及时发现问题及时处理,采取各种措施来加强变压器的保护,防止出现故障或事故,以保证配电网安全、稳定、可靠运行。

五、变压器现场交接试验

由于从生产现场经过长途运输和现场安装,变压器的电气绝缘性能指标需要满足现场工程安全可靠运行需要。表 2-27 是依据《试验标准》编制的变压器现场交接试验的试验方案。

表 2-27　电力变压器现场交接试验方案

试验序号	试验项目	标准要求
1	测量绕组连同套管的直流电阻	(1)所有分接开关 (2)三相相电阻不平衡率 <2%,三相线电阻不平衡率 <1%,同温下与出厂参数比较不超2%
2	检查所有分接头的变压比	检查所有分接头的变压比,与制造厂铭牌数据相比应无明显差别,且应符合变压比的规律;电压等级在 220 kV 及以上的电力变压器,其变压比的允许误差在额定分接头位置时为 ±0.5%
3	检查变压器的三相接线组别和单相变压器引出线的极性	检查变压器的三相接线组别和单相变压器引出线的极性,必须与设计要求及铭牌上的标记和外壳上的符号相符
4	测量绕组连同套管的绝缘电阻、吸收比或极化指数	(1)绝缘电阻值不应低于产品出厂试验值的70% (2)当测量温度与产品出厂试验时的温度不符合时,可换算到同一温度时的数值进行比较 (3)变压器电压等级为 35 kV 及以上,且容量在 4 000 kV·A 及以上时,应测量吸收比。吸收比与产品出厂值相比应无明显差别,在常温下不应小于 1.3 (4)变压器电压等级为 220 kV 及以上且容量为 120 MV·A 及以上时,宜测量极化指数。测得值与产品出厂值相比应无明显差别
5	测量与铁芯绝缘的各紧固件及铁芯接地线引出套管对外壳的绝缘电阻	(1)进行器身检查的变压器,应测量可接触到的穿心螺栓、轭铁夹件及绑扎钢带对铁轭、铁芯、油箱及绕组压环的绝缘电阻 (2)采用 2 500 V 兆欧表测量,持续时间为 1 min,应无闪络及击穿现象 (3)当轭铁梁及穿心螺栓一端与铁芯连接时,应将连接片断开后进行试验 (4)铁芯必须为一点接地;对变压器上有专用的铁芯接地线引出套管时,应在注油前测量其对外壳的绝缘电阻
6	测量绕组连同套管的介质损耗因数 $\tan \delta$	(1)当变压器电压等级为 35 kV 及以上,且容量在 8 000 kV·A 及以上时,应测量介质损耗因数 $\tan \delta$ (2)被测绕组的 $\tan \delta$ 值不应大于产品出厂试验值的130% (3)当测量时的温度与产品出厂试验温度不符合时,可换算到同一温度时的数值进行比较
7	非纯瓷套管的试验	(1)测量绝缘电阻 ①测量套管主绝缘的绝缘电阻 ②63 kV 及以上的电容型套管,应测“抽压小套管”对法兰或“测量小套管”对法兰的绝缘电阻。采用 2 500 V 兆欧表测量,绝缘电阻值不应低于 1 000 MΩ (2)测量 20 kV 及以上非纯瓷套管的介质损耗因数 $\tan \delta(\%)$ 参见下表 （见下表） 复合式及其他形式套管的 $\tan \delta(\%)$ 值可按产品技术条件的规定对 35 kV 及以上电容式充胶或胶纸套管的老产品,其 $\tan \delta(\%)$ 值可为 2 或 2.5,电容型套管的实测电容量值与产品铭牌数值或出厂试验值相比,其差值应在 ±10% 范围内 整体组装于 35 kV 油断路器上的套管,可不单独进行 $\tan \delta$ 的试验

套管形式		额定电压(kV)		
		63 kV 及以下	110 kV 及以上	220~500 kV
电容式	油浸纸	—	—	0.8
	胶粘纸	1.5	1.0	—
	浇铸绝缘	—	—	1.0
	气体	—	—	1.0
非电容式	浇铸绝缘	—	—	2.0

试验序号	试验项目	标准要求
7	非纯瓷套管的试验	（3）交流耐压试验 ①试验电压应符合《试验标准》的规定 ②纯瓷穿墙套管、多油断路器套管、变压器套管、电抗器及消弧线圈套管，均可随母线或设备一起进行交流耐压试验 （4）绝缘油的试验 套管中的绝缘油可不进行试验。但当有下列情况之一者，应取油样进行试验： ①套管的介质损耗因数超过规定值 ②套管密封损坏，抽压或测量小套管的绝缘电阻不符合要求 ③套管由于渗漏等原因需要重新补油时 电压等级在 35 kV 及以上的变压器，在交接时，应提交变压器及非纯瓷套管的出厂试验记录
8	测量绕组连同套管的直流泄漏电流	（1）当变压器电压等级为 35 kV 及以上，且容量在 10 000 kV·A 及以上时，应测量直流泄漏电流 （2）试验电压标准应符合规定。当施加试验电压达 1 min 时，在高压端读取泄漏电流。泄漏电流值不宜超过《试验标准》的规定，油浸式电力变压器直流泄漏试验电压标准见下表

绕组额定电压（kV）	6～10	20～35	63～330	500
直流泄漏试验电压（kV）	10	20	40	60

注：①绕组额定电压为 13.8 kV 及 15.75 kV 时，按 10 kV 级标准；18 kV 时，按 20 kV 级标准；
　　②分级绝缘变压器仍按被试绕组电压等级的标准

油浸电力变压器绕组直流泄漏电流值可参考下表

额定电压 （kV）	试验电压峰值 （kV）	在下列温度时的绕组泄漏电流值（μA）							
		10 ℃	20 ℃	30 ℃	40 ℃	50 ℃	60 ℃	70 ℃	80 ℃
2～3	5	11	17	25	39	55	83	125	178
6～15	10	22	33	50	77	112	166	250	256
20～35	20	33	50	74	111	157	250	400	570
63～330	40	33	50	74	111	157	250	400	570
500	60	20	30	45	67	100	150	235	330

试验序号	试验项目	标准要求
9	绕组连同套管的交流耐压试验	（1）容量为 8 000 kV·A 以下、绕组额定电压在 110 kV 以下的变压器，应按《试验标准》试验电压标准进行交流耐压试验 （2）容量为 8 000 kV·A 及以上、绕组额定电压在 110 kV 以下的变压器，在有试验设备时，可按《试验标准》（GB 50150）试验电压标准进行交流耐压试验
10	绕组连同套管的局部放电试验	（1）电压等级为 500 kV 的变压器宜进行局部放电试验，实测放电量应符合下列规定： ①预加电压为 $\sqrt{3}\,U_m/\sqrt{3} = U_m$ ②测量电压在 $1.3\,U_m/\sqrt{3}$ 下，时间为 30 min，视在放电量不宜大于 300 pC ③测量电压在 $1.5\,U_m/\sqrt{3}$ 下，时间为 30 min，视在放电量不宜大于 500 pC ④上述测量电压的选择，按国标规定 U_m 均为设备的最高电压有效值 （2）电压等级为 220 kV 及 330 kV 的变压器，当有试验设备时宜进行局部放电试验 （3）局部放电试验方法及在放电量超出上述规定时的判断方法，均按现行国家标准《电力变压器　第4部分：电力变压器和电抗器的雷电冲击试验导则》（GB/T 1094.4）中的有关规定进行

试验序号	试验项目	标准要求
11	绝缘油试验	(1)绝缘油试验类别、试验项目及标准应符合《试验标准》的规定 (2)油中溶解气体的色谱分析,应符合下述规定: 电压等级在 63 kV 及以上的变压器,应在升压或冲击合闸前及额定电压下运行 24 h 后,各进行一次变压器器身内绝缘油的油中溶解气体的色谱分析。两次测得的氢、乙炔、总烃含量,应无明显差别。试验应按现行国家标准《变压器油中溶解气体分析和判断导则》(DL/T 722)进行 (3)油中微量水的测量,应符合下述规定: 变压器油中的微量水含量,对电压等级为 110 kV 的不应大于 20 μL/L;220～330 kV 的不应大于 15 μL/L;500 kV 的不应大于 10 μL/L 油中含气量的测量应符合下述规定:电压等级为 500 kV 的变压器,应在绝缘试验或第一次升压前取样测量油中的含气量,其值不应大于 1%
12	有载调压切换装置的检查和试验	(1)在切换开关取出检查时,测量限流电阻的电阻值,测得值与产品出厂数值相比,应无明显差别 (2)在切换开关取出检查时,检查切换开关切换触头的全部动作顺序,应符合产品技术条件的规定 (3)检查切换装置在全部切换过程中,应无开路现象;电气和机械限位动作正确且符合产品要求;在操作电源电压为额定电压的 85% 及以上时,其全过程的切换中应可靠动作 (4)在变压器无电压下操作 10 个循环。在空载下按产品技术条件的规定检查切换装置的调压情况,其三相切换同步性及电压变化范围和规律,与产品出厂数据相比应无明显差别 (5)绝缘油注入切换开关油箱前,其电气强度应符合《试验标准》表 19.0.1 的规定
13	额定电压下的冲击合闸试验	在额定电压下对变压器的冲击合闸试验应进行 5 次,每次间隔时间宜为 5 min,无异常现象;冲击合闸宜在变压器高压侧进行;对中性点接地的电力系统,试验时变压器中性点必须接地。 发电机变压器组中间连接无操作断开点的变压器,可不进行冲击合闸试验
14	测量噪声	电压等级为 500 kV 的变压器的噪声,应在额定电压及额定频率下测量,噪声值不应大于 80 dB(A),其测量方法和要求应按现行国家标准《电力变压器 第 10 部分:声级测定》(GB/T 1094.10)的规定进行
15	检查相位	检查变压器的相位必须与电网相位一致

在变压器测试过程中,会碰到一些故障,常见故障及处理方法可参考表 2-28。

表 2-28 常见故障及处理

序号	故障描述	可能原因	处理方法
1	直流电阻不符合要求	测量引线连接错误或接触不良	重新接线,并使接触良好
		读数不正确	待仪器稳定后再读数
		仪器判断电路已达到稳定,而实际电路并未稳定	延长测量时间,直至电路达到稳定
		分接开关的位置指示错误	调整分接开关的位置指示
2	采用单相电源的电压测量法或使用 QJ35 型变压比电桥检查变压比时,试验结果异常或熔丝熔断	三角形联结绕组的短接方法不正确	按单相电源法进行短接
		变压比计算不正确	按单相电源给出的方法计算变压比

续上表

序号	故障描述	可能原因	处理方法
3	绕组的绝缘电阻和吸收比(或极化指数)不符合要求	瓷套表面脏污或受潮	擦净瓷套表面,用热风机吹干
		绕组温度高	待冷却后再测量,或对测量结果进行温度换算
4	绕组的绝缘电阻较高,而吸收比不符合要求	变压器制造工艺提高,油纸绝缘材质改善	测量极化指数代替吸收比
5	绕组的 $\tan\delta$ 值不符合要求或读数不稳定	瓷套表面脏污或受潮	擦净瓷套表面,用热风机吹干
		绕组温度高	待冷却后再测量
		试验现场存在电磁干扰(带电高压电气设备、正在工作的电焊机等引起)	仪器采用抗干扰模式测量,或消除干扰源
6	绕组的 $\tan\delta$ 值为负值	变压器的外壳和铁芯、试验仪器的外壳接地不良	将变压器的外壳和铁芯、试验仪器外壳可靠接地,且同点接地
7	绕组的泄漏电流不符合要求	瓷套表面脏污或受潮	擦净瓷套表面,用热风机吹干
		绕组温度高	待冷却后再测量

注:测量绕组的直流电阻时,仪器达到稳定的时间取决于测量回路的时间常数 $T=L/R$。一般来说,容量越大的变压器,测量时间越长。采用高压助磁法测量主变压器低压绕组的直流电阻时,对于 360 MV·A 的变压器,每相测量时间大约为 15 min;对于 720 MV·A 的变压器,每相测量时间大约为 30 min

课外作业

1. 变压器正常运行时声音是什么样的? 当变压器故障时,会对应什么样的异常声音?

2. 变压器巡视时要注意什么问题? 在什么情况时需要停电检查?

科技强国

世界上首台 220 kV 超低损耗卷铁芯节能型牵引变压器研制成功

由于制造工艺的限制,目前世界上只能生产 35 kV、10 MV·A 的超低损耗卷铁芯变压器。2014 年 11 月 25 日,由西南交通大学高仕斌教授主持研制的"220 kV/56.5 MV·A 超低损耗卷铁芯节能型牵引变压器"在国家变压器质量监督检验中心完成了最严酷的短路试验,标志我国已成功研制世界上第一台"220 kV/56.5 MV·A 超低损耗卷铁芯节能型牵引变压器"。此牵引变压器在低损耗、低噪声和超强抗短路能力等方面的优异性能,尤其是其空载损耗比普通变压器降低超 45%。据估算,与相同容量的传统叠铁芯牵引变压器相比,该牵引变压器每年可减少 35 万 kW·h 的电能损耗,如图 2-34 所示。

由于高铁运行时,随着机车运行条件不同,负荷波动大,高铁系统对电力的需求非常大,新型节能型变压器通常采用高效铁芯材料、低损耗绕组设计,以及优化的冷却系统,其磁损耗和铜损耗都明显低于传统变压器。新型节能型变压器能够显著降低传统变压器的铁芯和绕组中的电阻损耗和磁耗这些损耗,其额定效率和部分负载效率都比传统变压器高,这对于高铁列车长时间高速运行、大负载情况下的稳定供电至关重要,能够有效减少能耗并提高运行效率。新型节能型变压器通过提高能效、优化空间利用、增强设备耐用性和智能化管理,能够有效支持高铁系统的稳定运行和持续发展,如图 2-35 所示。

图 2-34　220 kV/56.5 MV·A 超低损耗卷铁芯节能型牵引变压器

图 2-35　高铁变电所中的新型节能型变压器

项目小结

　　本项目结合电力试验工的岗位要求,介绍了变电所关键设备电力变压器进行预防性试验和特性试验的过程和方法,着重阐述了变压器的绝缘电阻、直流电阻、变比、极性和组别测量、吸收比和极化指数、泄漏电流测量、介质损耗因数 tan δ 试验、交流耐压试验、油色谱分析等试验,针对变压器巡视与异常处理措施、高压安全测量及防护也作了详细描述。变压器预防试验目对应能检测出的故障参见表2-29。

表 2-29　变压器预防试验项目对应能检测出的故障一览表

序 号	测试项目	绝缘故障					部 件			
		主绝缘	纵绝缘	整体受潮	放 电	过 热	套 管	铁 芯	分接开关	绕 组
1	绝缘电阻和吸收比	●		●			●	●	●	●
2	泄漏电流	●	●	●					●	●
3	介质损耗因数	●		●			●			●
4	变比试验			●					●	●
5	绝缘油			●	●	●				
6	气相色谱	●			●			●	●	●
7	绕组直流电阻			●					●	●
8	空载试验		●					●	●	
9	局部放电		●		●					●

续上表

序 号	测试项目	绝缘故障					部 件			
		主绝缘	纵绝缘	整体受潮	放 电	过 热	套 管	铁 芯	分接开关	绕 组
10	内部温度					●				●
11	微水试验			●						
12	耐压试验	●	●				●	●		●

项目资讯单

项目内容	电力试验变压器绝缘试验		
学习方式	通过教科书、图书馆、专业期刊、上网查询问题;分组讨论或咨询老师	学时	12
资讯要求	书面作业形式完成,在网络课程中提交		

	序号	资 讯 点
资讯问题	1	变压器故障的原因主要有哪些？有哪些试验项目
	2	电力变压器试验流程是如何的？请结合具体试验项目说明
	3	对变压器绝缘电阻值有哪些规定？测量时应注意什么？试述对一台运行中的变压器进行绝缘电阻测量的全过程
	4	变压器吸收比小于1.3时,是不是变压器的绝缘已经受到破坏了？如何判断
	5	新安装或大修后的变压器投入运行前应做哪些试验
	6	变压器的直流电阻有什么作用？应如何进行
	7	绝缘电阻和直流电阻有什么本质的区分？在高压试验中有什么作用
	8	变压器的空载试验和短路试验的目的
	9	变压器变比、极性和组别测量各有什么作用？在什么状况下进行？测量原理是什么
	10	泄漏电流与绝缘电阻的测量原理、测量方法在本质上有何异同
	11	泄漏电流测量时微安表有几种接法？对测量数据有何影响
	12	介质损耗因数为何能反映绝缘状况？与哪些因素有关
	13	交流耐压试验本质是属于什么试验？在此试验前应做哪些试验？其如何接线
	14	什么是变压器油色谱分析？其原理是什么？如何反映变压器内部故障类型
	15	什么是三比值法？主要是采用哪几种气体进行测试？分析应注意什么
	16	变压器现场巡视主要有哪些内容？故障时有哪些典型的异常声音
	17	变压器日常运行管理内容主要有哪几方面
	18	新装或大修的主变压器投入前,为什么要求做全电压冲击试验？冲击几次
	19	变压器温升过高原因有哪些？应如何处理
	20	运行中的巡视检查内容和周期如何？什么情况下采取特殊巡视
	21	电力变压为何要装分接开关？何时需要切换？切换分接开关的操作方法
	22	变压器正常情况下的检查项目有哪些
	23	新安装或者大修后的变压器投入运行后的检查项目有哪些
	24	油浸式和干式变压器检查项目各有哪些异同
	25	变压器现场交接试验主要有哪些方面是必须要做的
资讯引导		以上问题可以在本教程的学习信息、精品网站、教学资源网站、互联网、专业资料库等处查询学习

项目考核单

一、单项选择题

1. 下列各参数中（　　）是表示变压器油电气性能好坏的主要参数之一。

  A. 酸值（酸价）   B. 绝缘强度   C. 可溶性酸碱

2. 绕组的端部绝缘不够，试验时（　　）影响。

  A. 没有   B. 有击穿   C. 有烧坏   D. 有

3. 线圈浸漆主要考虑（　　）。

  A. 增加电气强度   B. 增加机械强度

  C. 增加电气强度、机械强度 D. 美观

4. 变压器温度升高时，绝缘电阻测量值（　　）。

  A. 增长   B. 降低   C. 不变   D. 成比例增长

5. 变压器温度升高时，绕组直流电阻测量值（　　）。

  A. 增大   B. 降低   C. 不变   D. 成比例增长

6. 考验变压器绝缘水平的一个决定性试验项目是（　　）。

  A. 绝缘电阻试验 B. 工频耐压试验 C. 变压比试验

7. 变压器油中水分增加可使油的介质损耗因数（　　）。

  A. 降低   B. 增加   C. 不变

8. 可以通过变压器的（　　）数据求变压器的阻抗电压。

  A. 空载试验   B. 短路试验   C. 电压比试验

9. 油浸式变压器绕组温升限度为（　　）。

  A. 75 ℃   B. 80 ℃   C. 65 ℃   D. 55 ℃

10. 常用的冷却介质是变压器油和（　　）。

  A. 水   B. 空气   C. 风   D. SF_6

11. 引线和分接开关的绝缘属（　　）。

  A. 内绝缘   B. 外绝缘   C. 半绝缘

12. 高压绕组采用（　　）的匝绝缘，当两根线以上并绕时，并联导线之间的绝缘也和匝绝缘厚度相同，这里可采用（　　）绝缘导线。

  A. 较好   B. 较厚   C. 复合

13. 用工频耐压试验可考核变压器的（　　）。

  A. 层间绝缘   B. 主绝缘   C. 纵绝缘

14. 变压器的纵绝缘是以冲击电压作用下绕组（　　）发生的过电压为设计依据的。

  A. 对铁芯及地间 B. 之间   C. 匝间、层间以及线段之间

二、判断题

1. 变压器的铁芯采用导电性能好的硅钢片叠压而成。（　　）

2. 变压器内部的主要绝缘材料有变压器油、绝缘纸板、电缆纸、皱纹纸等。（　　）

3. 变压器调整电压的分接引线一般从低压绕组引出，是因为低压侧电流小。（　　）

4. 气体断路器能反映变压器的一切故障而作出相应的动作。（　　）

5. 油老化是一般变压器中最主要的老化形式。（　　）

6. 铁芯不能多点接地是为了减少涡流损耗。（　　）

7. 变压器绕组至分接开关或套管等的引线绝缘,属变压器的纵绝缘范畴。(   )

8. 变压器绕组大修进行重绕后,如果匝数不对,进行变比试验时即可发现。(   )

9. 变压器绕组间的绝缘采用油—屏障绝缘结构,可以显著提高油隙的绝缘强度。(   )

10. 绕组导线绝缘不仅与每匝电压有关,而且还取决于绕组结构形式。(   )

11. 绕组匝间绝缘厚度、饼式绕组段间油道宽度、圆筒式绕组层间绝缘厚度及层间油道宽度的选择,主要是在全波或截波试验电压下,绕组各点间梯度电压为依据。(   )

三、简答题

1. 对一台大修后的变压器进行绝缘测量,请简述试验项目及标准。

2. 简述 Yd11 联结的变压器在高压侧加压进行交流耐压试验的目的,试验接线、试验步骤及注意事项。

3. 抑制高压电气设备高压端部和引线的电晕放电方法有哪些?

四、应用分析题

1. 变压器油的运行管理主要包括的内容是什么?在什么情况下变压器应立即停运?

2. 变压器运行中的异常一般有几种情况?请从声音、油温、油位等说明。

项目操作单

分组实操项目。全班分 7 组,每小组 5~7 人,通过抽签确认表 2-30 变压器试验项目内容,自行安排负责人、操作员、记录员、接地及放电人员分工。考评员参考评分标准进行考核,时间 50 min,其中实操时间 30 min,理论问答 20 min。

表 2-30 变压器试验项目

序　号	变压器绝缘项目内容		
项目 1	绕组连同套管、铁芯及固件绝缘电阻、吸收比和极化指数测试		
项目 2	变压器变比、极性和组别测量		
项目 3	变压器绕组连同套管直流电阻测量		
项目 4	绕组连同套管泄漏电流测量		
项目 5	介质损耗因数 $\tan\delta$ 试验		
项目 6	交流耐压试验		
项目 7	变压器油色谱分析		
项目编号	01	考核时限	50 min	得分	
开始时间		结束时间		用时	
作业项目	变压器试验项目 1~7				
项目要求	(1)说明油浸变压器绝缘试验原理 (2)现场就地操作演示并说明需要试验的绝缘结构及材料 (3)注意安全,操作过程符合安全规程 (4)编写试验报告 (5)实操时间不能超过 30 min,试验报告时间 20 min,实操试验提前完成的,其节省的时间可加到试验报告的编写时间里				
材料准备	(1)正确摆放被试品 (2)正确摆放试验设备 (3)准备绝缘工具、接地线、电工工具和试验用接线及接线钩叉、鳄鱼夹等 (4)其他工具,如绝缘胶带、万用表、温度计、湿度仪				

续上表

序号	项目名称	质量要求	满分100分
		(1)试验人员穿绝缘鞋、戴安全帽,工作服穿戴齐整	3
		(2)检查被试品是否带电(可口述)	2
1	安全措施 (14分)	(3)接好接地线对变压器进行充分放电(使用放电棒)	3
		(4)设置合适的围栏并悬挂示牌	3
		(5)试验前,对变压器外观进行检查(包括瓷瓶、油位、接地线、分接开关、本体清洁度等),并向考评员汇报	3
	变压器及仪器仪表 铭牌参数抄录 (7分)	(1)对与试验有关的变压器铭牌参数进行抄录	2
2		(2)选择合适的仪器仪表,并抄录仪器仪表参数、编号、厂家等	2
		(3)检查仪器仪表合格证是否在有效期内并向考评员汇报	2
		(4)向考评员索取历年试验数据	1
3	变压器外绝缘清擦 (2分)	至少要有清擦意识或向考评员口述示意	2
4	温、湿度计的放置 (4分)	(1)试品附近放置温湿度表,口述放置要求	2
		(2)在变压器本体测温孔放置棒式温度计	2
5	试验接线情况 (9分)	(1)仪器摆放整齐规范	3
		(2)接线布局合理	3
		(3)仪器、变压器地线连接牢固良好	3
6	电源检查(2分)	用万用表检查试验电源	2
7	试品带电试验 (23分)	(1)试验前撤掉地线,并向考评员示意是否可以进行试验。简单预说一下操作步骤	2
		(2)接好试品,操作仪器,如果需要则缓慢升压	6
		(3)升压时进行呼唱	1
		(4)升压过程中注意表计指示	5
		(5)电压升到试验要求值,正确记录表计指数	3
		(6)读取数据后,仪器复位,断掉仪器开关,拉开电源刀闸,拔出仪器电源插头	3
		(7)用放电棒对被试品放电、挂接地线	3
8	记录试验数据(3分)	准确记录试验时间、试验地点、温度、湿度、油温及试验数据	3
9	整理试验现场(6分)	(1)将试验设备及部件整理恢复原状	4
		(2)恢复完毕,向考评员报告试验工作结束	2
10	试验报告 (20分)	(1)试验日期、试验人员、地点、环境温度、湿度、油温	3
		(2)试品铭牌数据:与试验有关的变压器铭牌参数	3
		(3)使用仪器型号、编号	3
		(4)根据试验数据作出相应的判断	9
		(5)给出试验结论	2
11	考评员提问(10分)	提问与试验相关的问题,考评员酌情给分	10

评分标准

考评员项目验收签字

项目三　互感器试验

　　互感器是一种特殊的变压器,它是按比例变换电压或电流的设备,一般分为电流互感器和电压互感器两种。其功能主要是将高电压或大电流按比例变换成标准低电压(100 V)或标准小电流(5 A 或 10 A,均指额定值),以便实现测量仪表、保护设备及自动控制设备的标准化、小型化,同时互感器还可用来隔开高压系统,以保证人身和设备的安全。

一、项目描述

　　本项目介绍了电压互感器(potential transformer,PT)和电流互感器(current transformer,CT)的分类、原理、应用及测试流程,讲述了互感器交接试验时的试验项目和试验方法、试验结果应满足的要求,阐述了电压互感器、电流互感器的安全测量和防护措施,并对常见的异常现象及处理方法也作了详细分析。通过本项目,对于干式、油浸式互感器的预防性试验和特性试验等都能有比较全面的了解和掌握

二、项目要求

　　(1)掌握互感器的原理、分类、应用及型号辨认
　　(2)掌握互感器绝缘电阻测量原理、方法及接线
　　(3)掌握互感器交流耐压试验原理、方法及接线
　　(4)掌握电压互感器介质损耗因数测量原理、方法及接线
　　(5)掌握互感器特性试验,如极性、变比和励磁特性等原理、方法及接线
　　(6)掌握不同类型互感器的测试指标参数及故障判断标准
　　(7)掌握绝缘预防性试验项目和特性试验项目的异同点

三、学习目标

　　(1)能区别电压互感器和电流互感器的本质特性和接线应用
　　(2)能对电压互感器进行绝缘电阻、耐压试验及特性试验
　　(3)能对电流互感器进行绝缘电阻、耐压试验及特性试验
　　(4)掌握电压互感器、电流互感器在变电所中接线及测量方法
　　(5)掌握针对试验结果进行分析判断,并会处理初步简单的故障

四、职业素养

　　(1)树立高压安全意识,培养遵章守规的行为习惯
　　(2)培养爱岗敬业精神和吃苦耐劳品质
　　(3)培养团队精神,珍惜集体荣誉,真诚付出
　　(4)会制订互感器检修完整方案
　　(5)会制订互感器交接方案
　　(6)会组织互感器预防性试验

五、学习载体

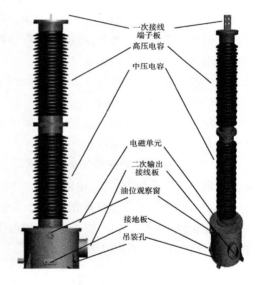

220 kV 电容式互感器(capacity voltage transformer,CVT)
项目内容:互感器绝缘预防性试验项目和特性试验项目
电流互感器试验项目:
(1)绕组及末屏绝缘电阻测量
(2)介质损耗因数测量
(3)一次绕组直流电阻测量
(4)工频交流耐压试验
(5)励磁特性试验和比差、角差测量
(6)极性试验
电压互感器试验项目:
(1)绕组绝缘电阻测量
(2)介质损耗因数测量
(3)工频交流耐压试验

【任务一】 互感器试验认知

一、互感器应用与特性

1. 电压互感器

电压互感器在投入运行前要按照规程规定的项目进行试验检查。例如,测量极性、连接组别、测量绝缘电阻、核对相序等。

电压互感器的接线应保证其正确性,一次绕组和被测电路并联,二次绕组应和所接的测量仪表、继电保护装置或自动装置的电压线圈并联,同时要注意极性的正确性。接在电压互感器二次侧负荷的容量应合适,接在电压互感器二次侧的负荷不应超过其额定容量,否则,会使互感器的误差增大,难以达到测量的正确性。

电压互感器二次侧不允许短路。由于电压互感器内阻抗很小,若二次回路短路时,会出现很大的电流,将损坏二次设备甚至危及人身安全。电压互感器可以在二次侧装设熔断器以保护其自身不因二次侧短路而损坏。在可能的情况下,一次侧也应装设熔断器以保护高压电网不因互感器高压绕组或引线故障危及一次系统的安全。

为了确保人在接触测量仪表和继电器时的安全,电压互感器二次绕组必须有一点接地。因为接地后,当一次和二次绕组间的绝缘损坏时,可以防止仪表和继电器出现高电压危及人身安全。施工、安装要时要注意二次绕组连同铁芯必须可靠接地,二次侧不允许短路。电磁电压互感器结构如图 3-1 所示。

电容式电压互感器又称 CVT 电压互感器,由电容分压器、电磁单元、保护装置等组成,电容分压器由高压电容和中压电容组成,电磁单元由中间变压器、补偿电抗器、阻尼器、油箱和二次端子盒组成。CVT 电压互感器其设计是利用电容器的分压原理工作的,使电磁单元的二次电压实质上正比于一次电压,且相位差在连接方向正确时接近于零。CVT 电压互感器图现场布置图如图 3-2 所示;CVT 电压互感器结构如图 3-3 所示。

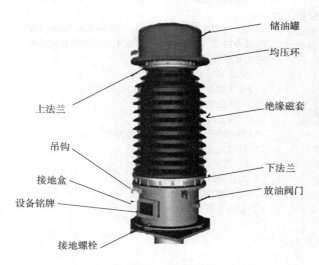

储油罐
均压环
上法兰
绝缘磁套
吊钩
下法兰
接地盒
放油阀门
设备铭牌
接地螺栓

图 3-1 电磁电压互感器结构

图 3-2 CVT 电压互感器现场布置图

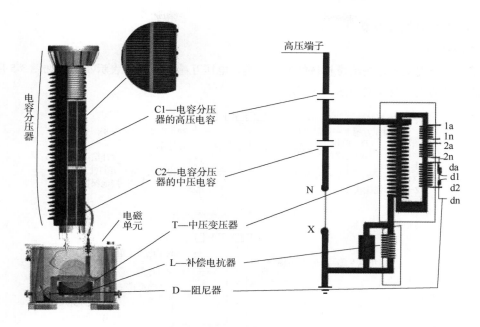

电容分压器

C1—电容分压器的高压电容

C2—电容分压器的中压电容

电磁单元

T—中压变压器

L—补偿电抗器

D—阻尼器

高压端子

1a
1n
2a
2n
da
d1
d2
dn

N

X

图 3-3　CVT 电压互感器结构

2. 电流互感器

　　电流互感器的作用就是用于测量比较大的电流。电流互感器二次线圈所接仪表和继电器的电流线圈阻抗都很小,所以正常情况下,电流互感器在近于短路状态下运行。电流互感器一、二次额定电流之比,称为电流互感器的额定互感比: $k_n = I_{1n}/I_{2n}$,一般多与电流表配合使用,其主要目的是起到用小的电流表测量大的电流。一次侧接被测量的线路,二次侧接电流表,接线时要注意量程,也就是电流表最大的测量范围,还要有接地。110 kV 电流互感器现场布置如图 3-4所示。

　　电流互感器运行时,二次侧不允许开路。因为在这种情况下,一次电流均成为励磁电流,将导致磁通和二次电压大大超过正常值而危及人身及设备安全。因此,电流互感器二次回路中不允许接熔断器,也不允许在运行时未经旁路就拆卸电流表及继电器等设备。

图 3-4　110 kV 电流互感器现场布置图

　　电流互感器的结构特点是一次线圈串联在电路中,并且匝数很少,因此,一次线圈中的电流完全取决于被测电路的负荷电流,而与二次电流无关。

　　电压互感器与电流互感器相同点在于都是利用电磁感应原理——互感现象,都是由一次绕组、二次绕组、铁芯、绝缘部分组成;不同点在于电压互感器并联连接,有熔断器保护,负载阻抗大;电流互感器串联连接,无熔断器保护,负载阻抗小。

二、互感器的型号及接线方式

1. 互感器型号

互感器的分类主要是按绝缘材料的不同分类。电压互感器型号的表示及含义如图 3-5 所示,电流互感器型号的表示及含义如图 3-6 所示。

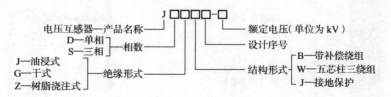

图 3-5　电压互感器型号及含义

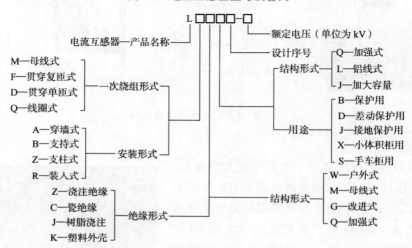

图 3-6　电流互感器型号及含义

电压互感器型号含义举例如下:

JSZW-10 含义:

J:电压互感器;S:三相;Z:树脂浇注式;W:五芯柱三绕组;10:电压 10 kV。

电流互感器型号含义举例如下:

LZZBJ9-10 含义:

L:电流互感器;Z:支柱式安装;Z:浇注式绝缘;B:带保护级;J:加大容量型结构;9:设计序号;10:额定电压 10 kV。

2. 互感器接线方式

电流互感器有 4 种基本接线方式:一相接线、两相不完全星形接线、两相电流差接线、三相完全星形接线,如图 3-7 所示。

电压互感器的接线主要有单相电压互感器、V/V 形、三相五柱式等,具体是一个单相电压互感器、两个单相电压互感器接成 V/V 形、三个单相电压互感器接成 Y₀/Y₀ 形、三个单相三绕组或一个三相五芯柱三绕组电压互感器接成 Yₒ/Yₒ/△(开口三角形),如图 3-8 所示。

三、互感器试验项目及流程

互感器高压试验可以分为绝缘预防性试验项目和特性试验项目。

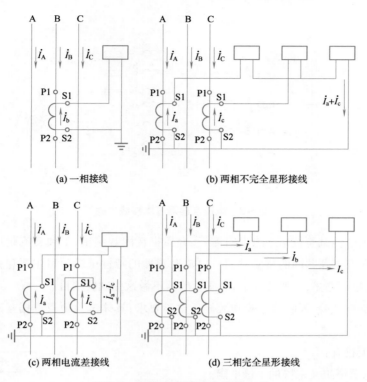

图 3-7　电流互感器基本接线方式

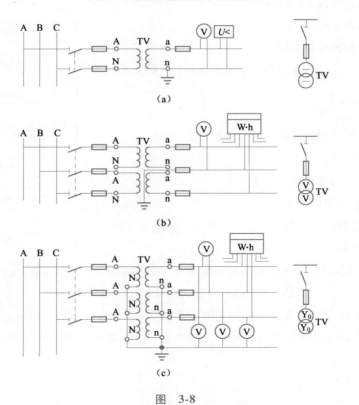

图　3-8

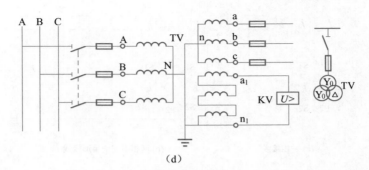

图 3-8　电压互感器基本接线方式

互感器绝缘预防性试验包括绝缘电阻测量、介质损耗因数测量、工频交流耐压试验,这几个是电流互感器和电压互感器共同的试验项目。电流互感器的特性试验项目主要包括极性试验、励磁特性试验和比差、角差测量,一般情况下,电压互感器不做这些试验项目。

按互感器在交接试验、预防性试验和大修后试验要求,具体试验项目根据互感器类型、电压等级不同而有差别。

常用的试验项目有:

(1)测量互感器绕组及末屏的绝缘电阻。

(2)互感器引出线的极性检查。

(3)测量互感器变比。

(4)测量互感器的励磁特性曲线。

(5)测量 35 kV 及以上互感器一次绕组连同套管的介质损耗因数 $\tan\delta$。

(6)绝缘油试验。

(7)绕组连同套管对外壳的交流耐压试验。

(8)局部放电试验。

(9)测量铁芯夹紧螺栓的绝缘电阻。

(10)测量二次绕组的直流电阻。

具体试验项目根据互感器类型、电压等级不同而有差别,一般的试验流程如图 3-9 所示。

由于分别在不同电压下,电流互感器和电压互感器的试验项目及规程的不同以下以 27.5 kV 和 110 kV 为例,表 3-1 为 27.5 kV 电流互感器试验规程,表 3-2 所示为 110 kV 电流互感器试验规程,表 3-3 所示为 27.5 kV 电压互感器试验规程,表 3-4 为 110 kV 电压互感器试验规程。

图 3-9　电流互感器试验流程图

表 3-1　27.5 kV 电流互感器试验规程

测量项目	规程及技术标准	接　　线
测量一次对二次绕组绝缘电阻（用兆欧表）	（1）绕组绝缘电阻与初始值及历次数据比较不应有显著变化 （2）电容型电流互感器末屏对地绝缘电阻一般不低于 1 000 MΩ	
测量电流互感器一次对二次介质损耗因数（用介质损耗因数测量仪）	大修后不大于 3.0，运行中不大于 3.5。与历年数据比较不应有显著变化	
交流耐压试验（用工频耐压试验装置）	交流耐压前后绝缘电阻应无明显变化，且无过热、击穿等现象	
检修规程	检修顺序按（1）P₁、（2）P₂、（3）E	
	（1）一次接线端 P₁、P₂ 接线连接紧固，无松动	
	（2）绝缘外壳 无破损裂纹，接地可靠	

测量项目	规程及技术标准	接　　线
检修规程	(3)二次接线端 接线牢固可靠,无过热、过紧、过松	

表 3-2　110 kV 电流互感器试验规程

测量项目	规程及技术标准	接　　线
测量一次对二次绕组绝缘电阻(用兆欧表)	(1)绕组绝缘电阻与初始值及历次数据比较不应有显著变化 (2)电容型电流互感器末屏对地绝缘电阻一般不低于1 000 MΩ (3)一次侧和二次侧都要用短接线短接	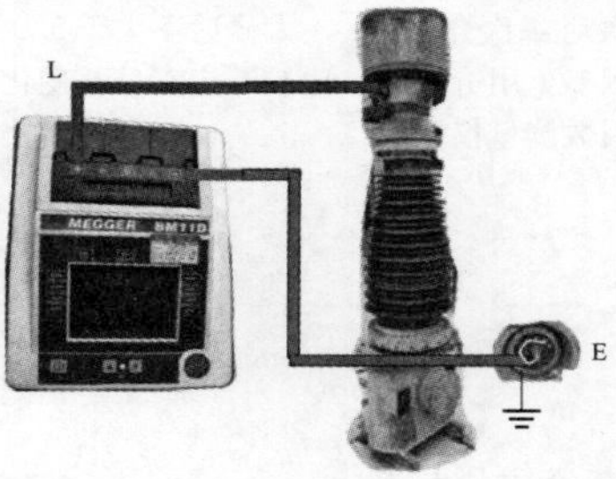
测量二次绕组介质损耗因数(用介质损耗因数测量仪)	大修后不大于 2.0,运行中不大于 2.5,与历年数据比较不应有显著变化	
测量一次绕组直流电阻(用直流电阻测度仪)	与初始值或者出厂值比较应无明显差别,在 ±3%	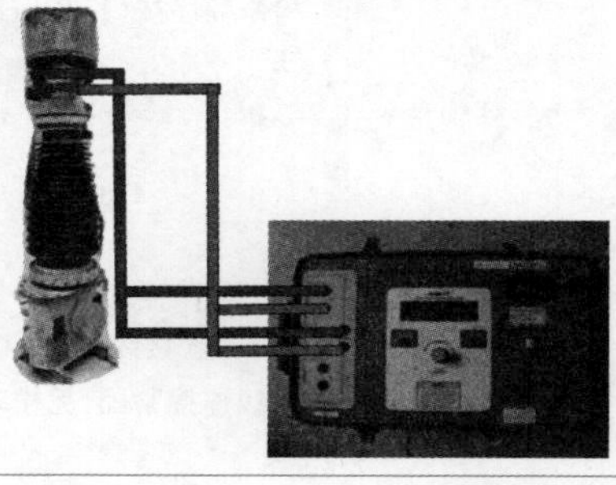
交流耐压试验(用工频耐压试验装置)	(1)绕组按出厂值的 85% 进行 (2)二次绕组之间及末屏接地为 2 kV (3)全部更换绕组绝缘后应按出厂值进行 (4)交流耐压前后绝缘电阻应无明显变化,且无过热、击穿等现象	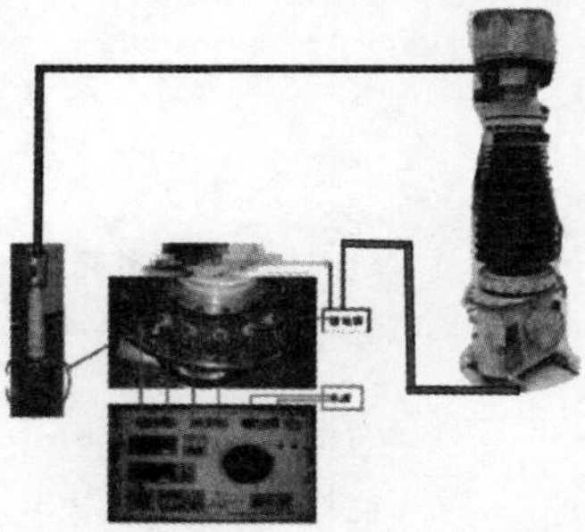

续上表

测量项目	规程及技术标准	接　　线
检修规程	检修顺序按 1、2、3、4、5 进行	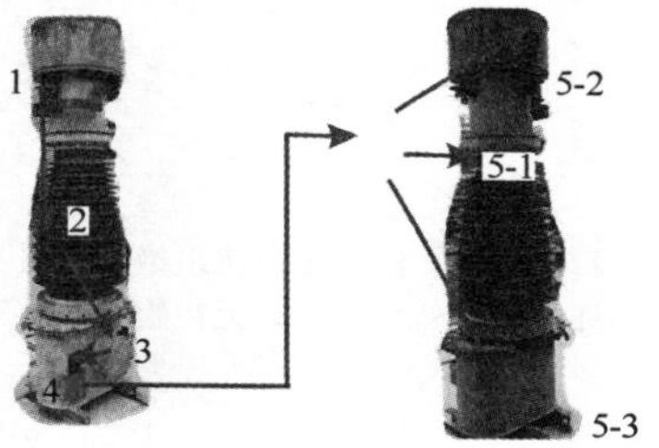
	1. 一次绕组接线端 接线连接紧固,无松动,保证压接可靠如发现松动时应及时处理 接头处无磨损锈蚀	
	2. 瓷套 绝缘外壳无破损裂纹、表面无积污、污秽,注意不得刮伤釉面 污秽地区若爬距不够可在清扫后涂覆防污涂层或加装硅橡胶增爬裙	
	3. 二次接线板 牢固可靠,无锈蚀、过热、过紧、过松 打开二次接线盒盖板检查并清擦二次接线端子和接线板	
	4. 铭牌 检查型号、电压、变比、准确级别、额定容量等与实际是否相符,如有问题则调整和修正	 
	5. 瓷套及油位 (1)瓷套端面 油封无渗漏、无破损、无裂纹、无脏污 (2)油位观察窗 油位正常、无渗漏 (3)放油阀 放油阀无锈蚀、无渗漏。螺母转动正常、无卡滞,满足密封取油样的要求	  

表 3-3　27.5 kV 电压互感器试验规程

测量项目	规程及技术标准	接　线
测量绕组绝缘电阻（用兆欧表）	（1）绕组绝缘电阻不应低于初始值60% （2）无初始值时为 3 000 MΩ，二次绝缘电阻 10 MΩ	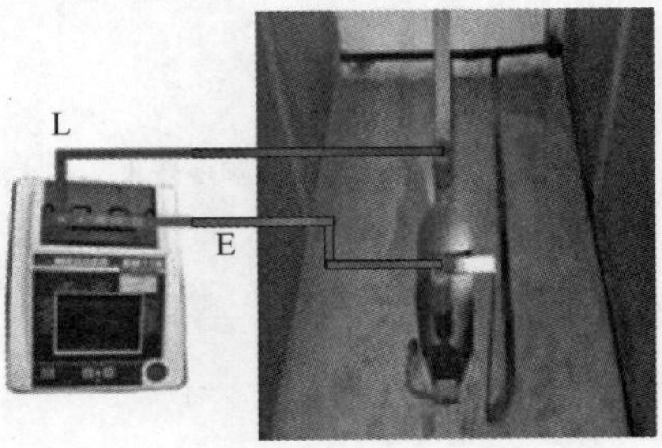
测量电压互感器绕组介质损耗因数值（用介质损耗因数测量仪）	交接、大修后不大于 3.5%，运行中不大于 5%，与历年数据比较不应有显著变化	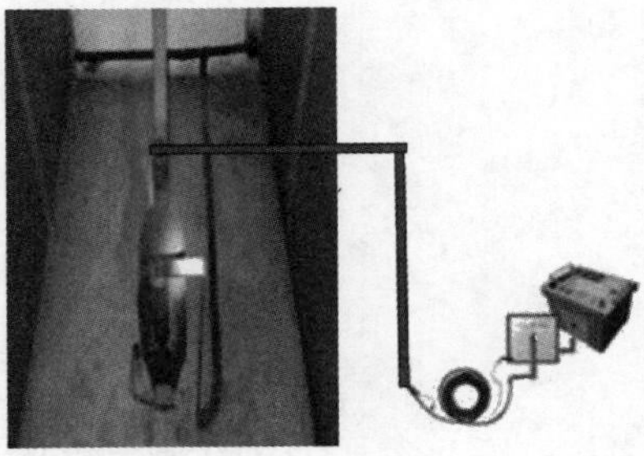
交流耐压试验（用工频耐压试验装置）	交流耐压试验前后测得绝缘电阻应无明显变化。无过热、击穿等现象	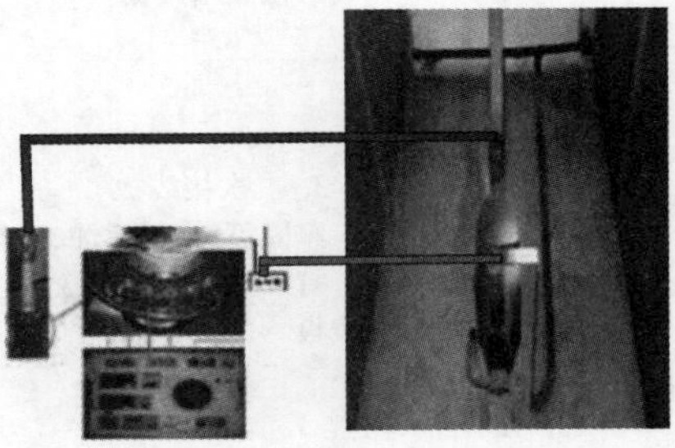
检修规程	检修（JDZ-27.5A 型电压互感器）顺序按（1）、（2）、（3）进行	
	（1）一次接线 连接紧固，无松动	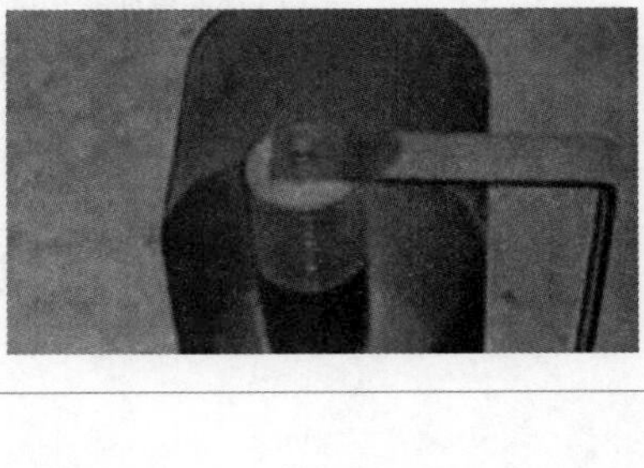

续上表

测量项目	规程及技术标准	接　　线
检修规程	（2）绝缘外壳 无破损裂纹，接地可靠	
	（3）二次接线端 接线牢固可靠，无过热、过紧、过松，无烧伤痕迹	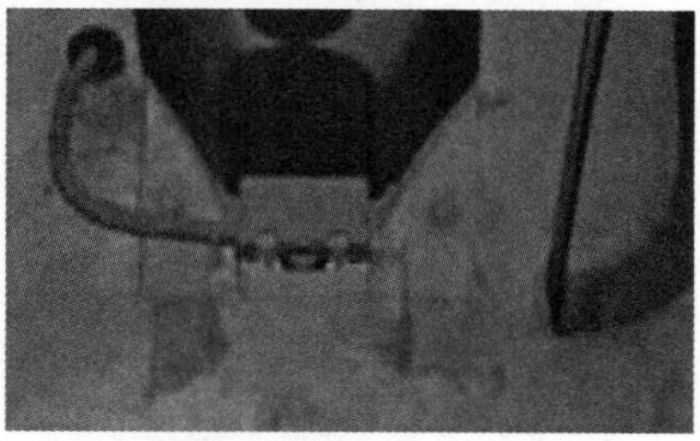

表 3-4　110 kV 电压互感器试验规程

测量项目	规程及技术标准	接　　线
测量一次绝缘电阻（用兆欧表）	（1）绕组绝缘电阻不应低于初始值60% （2）无初始值时为 5 000 MΩ，二次绝缘电阻 10 MΩ	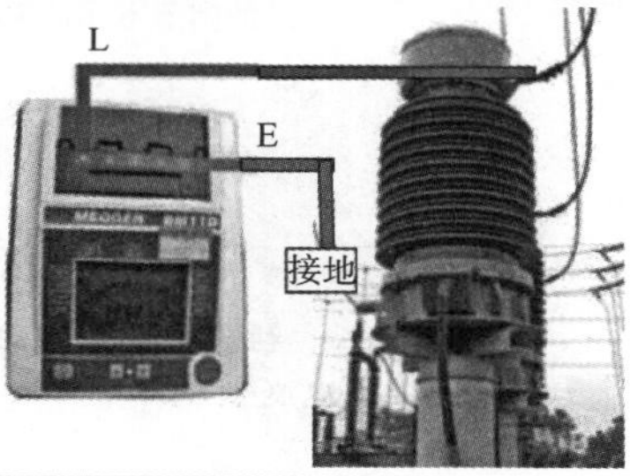
测量绕组介质损耗因数（用介质损耗因数测量仪）	交接、大修后不大于 2.5%，运行中不大于 3.5% 与历年数据比较不应有显著变化	
交流耐压试验（用工频耐压试验装置）	交流耐压试验前后测得的绝缘电阻应无明显变化，且无过热、击穿等现象	

测量项目	规程及技术标准	接 线
检修规程	检修(LRCB-110 型电压互感器)顺序按(1)、(2)、(3)、(4)、(5)进行	
	(1)接线夹 接线连接紧固,无松动、无断股散股、无烧伤痕迹 接头处无磨损锈蚀	
	(2)瓷套 无破损、裂纹,表面无积污、污秽 瓷釉剥落不超过 300 mm²	
	(3)二次接线端 接线牢固可靠,无锈蚀、过热、过紧、过松、断股,无放电痕迹	
	(4)放油阀 油封无渗漏、无破损、无裂纹、无脏污,油阀无锈蚀、卡滞。油阀、密封圈、焊缝处无渗漏	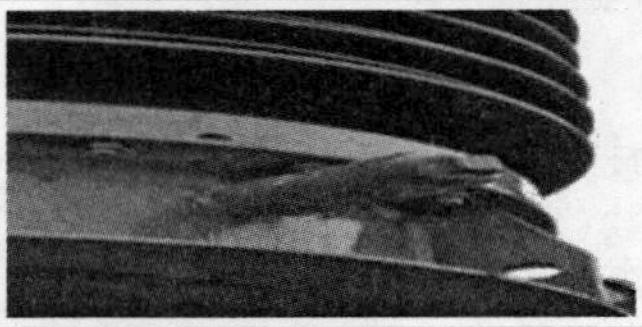
	(5)油位观察窗 油位显示正常,无渗漏、无破损	

课外作业

1. 为什么电压互感器二次侧不允许短路? 为什么电流互感器二次侧不允许开路?

2. 互感器按绝缘材料可以分为哪几类?

3. 请对比说明 27.5 kV 和 110 kV 互感器试验项目有哪些不同?

【任务二】　互感器绝缘电阻测量

任 务 单

(一)试验目的	(五)技术标准
(1)能有效地检查出互感器绝缘整体受潮,部件表面受潮或脏污,以及贯穿性的缺陷 (2)当绝缘贯穿性短路、瓷瓶破损、引接线接外壳等半贯穿性或金属短路性的故障 (3)末屏对地绝缘电阻的测量能有效地检测电容型电流互感器进水受潮缺陷	(1)绕组绝缘电阻与初始值及历次数据比较,不应有显著变化(如超过50%) (2)电容型电流互感器末屏对地绝缘电阻一般不低于1 000 MΩ (3)测量主绝缘、末屏、二次绕组之间及地绝缘电阻,在大修或交接时可采用2 500 V兆欧表测量
(二)测量步骤	(六)学习载体
(1)试验开始之前检查并记录试品的状态,有影响试验进行的异常状态时要向有关人员请示调整试验项目 (2)记录好环境温度和湿度,详细记录试品的铭牌参数 (3)被测端所有引线端短接,非被测端引线端短接并接地 (4)测量绝缘电阻	兆欧表 
(三)结果判断	
(1)安装时,绝缘电阻值 R_{60s} 不应低于出厂试验时绝缘电阻测量值的70% (2)预防性试验时,绝缘电阻值 R_{60s} 不应低于安装或大修后投入运行前的测量值的50% (3)绝缘电阻测量范围:一次绕组对二次绕组及外壳、二次绕组及其对外壳、一次绕组间、电容型电流互感器的末屏绝缘电阻	
(四)注意事项	
(1)测量时非被测端所有引线端短接并接地,避免剩余电荷造成的测量误差 (2)绝缘电阻需要进行温度换算 (3)测试结果的分析判断最重要的方法就是与出厂试验比较,比较绝缘电阻时应注意温度的影响 (4)试验后要将试品的各种接线、末屏、盖板等恢复 (5)试验过程中若发现表针摆动或被试品有异响、冒烟、冒火等,应立即降压断电,高压侧接地放电后,查明原因	 视频3-1　互感器绝缘电阻测量

互感器绝缘电阻测量应在交接和大修后,以及每年的绝缘预防性试验中进行。测量互感器的绝缘电阻,一次线圈应使用2 500 V或以上兆欧表,二次线圈用1 000 V或2 500 V兆欧表。测量时,须使互感器的所有非被试端子短路接地,并应考虑空气温度,湿度,套管表面脏污对绝缘电阻的影响,必要时,应采取措施消除表面泄漏电流的影响。

互感器绝缘电阻的标准、规程除对220 kV(交接为110 kV)及以上者要求不小于1 000 MΩ,其余另作规定。可将测得的绝缘电阻值与历次测量结果比较,与同类型互感器比较,再根据其他试验项目所得结果进行分析判断。

一、技术标准

采用2 500 V绝缘电阻表测量。当有两个一次绕组时,还应测量一次绕组间的绝缘电阻。一次绕组的绝缘电阻应大于 3 000 MΩ,或与上次测量值相比无显著变化。有末屏端子的,测量末屏对地绝缘电阻。根据《输变电设备状态检修试验规程》(DL/T 393),表 3-5 为互感器绝缘电阻测量标准,表 3-6 为《试验标准》中绕组的绝缘电阻试验标准。

表 3-5 互感器绝缘电阻测量标准

例行试验项目	基准周期	要 求
绝缘电阻	3 年	(1)一次绕组:初值差不超过 −50%(注意值) (2)二次绕组≥10 MΩ(注意值)

表 3-6 绕组的绝缘电阻试验标准

项 目	要 求	说 明
绕组的绝缘电阻	(1)应测量一次绕组对二次绕阻及外壳、各二次绕组间及其对外壳的绝缘电阻;绝缘电阻值不宜低于 1 000 MΩ (2)电容型电流互感器的末屏及电压互感器接地端(N)对外壳(地)的绝缘电阻,绝缘电阻值不宜小于 1 000 MΩ	采用 2 500 V 兆欧表

试验仪器:数字兆欧表一套、围栏、标示牌、拆线工具、温湿度计、计算器、放电棒一个、铜导线若干。绝缘电阻测量仪如图 3-10 所示。

绝缘电阻测量范围包括一次绕组对二次绕组及外壳、二次绕组及其对外壳、电容型电流互感器的末屏绝缘电阻,其相应的工作接线如图 3-11 ~ 图 3-13 所示。

图 3-10 绝缘电阻测量仪

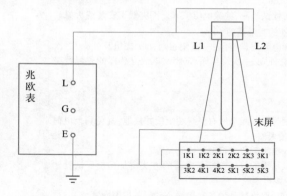

图 3-11 一次绕组对二次绕组及地的绝缘电阻的测量接线图

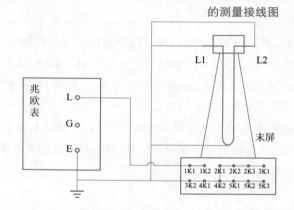

图 3-12 二次绕组之间及地的绝缘电阻的测量接线图

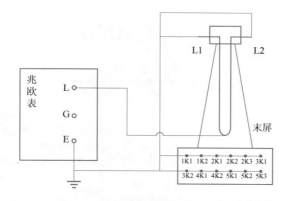

图 3-13 末屏对二次绕组及地的绝缘电阻测量接线图

二、安全须知

（1）试验前对每个人员进行危险点告知，交代安全措施和技术措施，并确定每个人员都已知晓。

（2）在试验前、试验后均应放电。

（3）测量线和接地线不能缠绕，高压线应悬空，对地保持足够的安全距离。

（4）测试时大声呼唱，随时警戒异常现象发生。

三、特别提示

（1）测量一次绕组对二次绕组及外壳、各二次绕组间及其对外壳的绝缘电阻，不宜低于 1 000 MΩ，测量一次绕组段间的绝缘电阻，不宜低于 1 000 MΩ，但由于结构原因而无法测量时可不进行。测量电容型的电流互感器末屏绝缘电阻，能灵敏地发现绝缘是否受潮，不宜小于 1 000 MΩ。

（2）影响绝缘电阻测量的因素包括湿度、温度、表面脏污和残余电荷。

（3）湿度增大时，绝缘将吸收较多的水分，使电导率增加，降低了绝缘电阻的数值，尤其对表面泄漏电流的影响更大。电流互感器的制作过程中，最容易吸湿的阶段是出罐后的装配过程。因此，装配时，应选择晴好的天气而且器身暴露在空气中的时间不宜过长。

（4）电流互感器的绝缘电阻随着温度的升高而减小。一般温度变化 10 ℃，绝缘电阻的变化达一倍，必要时应对绝缘电阻数值进行温度换算。试品表面脏污会使表面电阻率大大降低，使绝缘电阻下降，在这种情况下必须消除表面泄漏电流的影响，以获得正确的测量结果。

（5）对有残余电荷被试设备进行试验时，会出现虚假的现象，当残余电荷的极性与兆欧表的极性相同时，会使测量结果虚假的增大。当残余电荷的极性与兆欧表的极性相反时，会使测量结果虚假的减小。因此，对大容量的设备进行绝缘电阻测量前，应对设备进行充分的放电。同时将所测的绝缘电阻考虑温、湿度因素，与出厂交接试验值、历次的试验值比较。

课外作业

1. 电流和电压互感器在结构和应用上有何不同？互感器试验项目有哪些？

2. 型号为 LZZBJ9-12 互感器的含义是什么？

3. 电流互感器试验流程是如何进行的？

4. 互感器和变压器的绝缘电阻测量有何不同？

【任务三】 交流耐压试验

任 务 单

（一）试验目的

（1）测试电力设备绝缘强度最直接有效的方法

（2）测量设备绝缘裕度

（3）检测设备是否满足安全运行条件

（二）测量步骤

（1）按要求接好试验线，依次接好高压引线，做好接地安全措施

（2）第一次接线先不接被试品，根据保护电压值预设定保护球隙的距离，保护球隙间隙保护电压应为试验电压的 1.1～1.2 倍

（3）开机，操作旋钮回零，按"高压允许"键，施加高压至保护球间隙击穿

（4）迅速降低电压至零位，切断电源，放电

（5）并联接入试品，高压引线悬空连接

（6）开机，按"高压允许"键，施加高压至耐压值，60 s 击穿、放电，记录电压值，降压至零位

（7）放电

（三）结果判断

（1）交流耐压前后绝缘电阻应无明显变化，且无过热、击穿等现象

（2）交流耐压试验属于破坏性试验，需要在非破坏试验指标合格后进行

（四）注意事项

（1）试验前后将试品接地充分放电

（2）需根据放电电压设置保护球隙的间隙距离

（3）耐压试验高压可致命，操作台须可靠接地

（4）先调整保护间隙大小再接试品加压试验

（5）加压前应仔细检查接线是否正确，并保持足够的安全距离

（6）高压引线须架空，升压过程应相互呼唱

（7）升压必须从零开始，升压速度在 40% 试验电压前可快速升到，其后应以每秒 3% 试验电压的速度均匀升压

（8）试验后要将试品的各种接线、末屏、盖板等恢复

（9）要求必须在试验设备及被试品周围设围栏并有专人监护，负责升压的人要随时注意周围的情况，一旦发现异常应立刻断开电源停止试验，查明原因并排除后方可继续试验

（五）技术标准

（1）一般应先进行低电压试验再进行高压试验、应在绝缘电阻测量之后再进行介质损耗因数及电容量测量，试验数据正常方可进行交流耐压试验和局部放电测试。交流耐压试验后还应重复介质损耗因数、电容量测量，以判断耐压试验前后试品的绝缘有无变化

（2）耐压试验属于破坏性试验，试验前后均应进行绝缘电阻测试，且耐压前后绝缘电阻相差不应超过 30%

（六）学习载体

交流耐压发生装置

视频 3-2　交流耐压试验

一、交流耐压试验概述

交流耐压试验是鉴定电气设备绝缘强度最直接的方法，它对于判断电气设备能否投入运行具有决定性的意义，也是保证设备绝缘水平和避免发生绝缘事故的重要手段。一般在设备交接、大修后，以及每年的绝缘预防性试验进行互感器耐压试验检查。

交流耐压试验是破坏性试验，所以在试验之前必须对被试品先进行绝缘电阻、吸收比、泄漏电流、介质损耗因数及绝缘油等项目的试验，只有当试验结果正常后方能进行交流耐压试验，若发现设备的绝缘情况不良，如受潮和局部缺陷等，应先进行处理后再做耐压试验，避免造成不必要的绝缘击穿，如图 3-14 所示为某变电所进行 500 kV 互感器交流耐压试验。

图 3-14　某变电所现场 500 kV 互感器交流耐压试验

对于电压互感器工频耐压试验及感应耐压试验的试验电压见表 3-7。

表 3-7　互感器交流耐压试验值（kV）

额定电压	3	6	10	15	20	35	66	110	220
最高工作电压	3.6	7.2	12	18	24	40.5	72.5	126	252
出厂耐压值	25	30(20)	42(28)	55	65	95	155	200	395
交接、大修后耐压值	23	27(18)	38(25)	50	59	85	140	180	356

注　1. 括号内为低电阻接地系统；
　　2. 110 kV 及以上电压等级的电压互感器如果现场不具备条件可不进行耐压试验。

二、交流耐压试验的基本线路

工频高压通常采用高压试验变压器来产生，试验回路由试验变压器、调压设备、测量回路、控制和保护回路等组成。交流耐压试验的基本线路如图 3-15 所示。

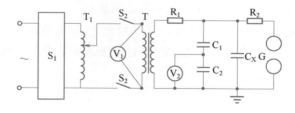

C_1—高压臂电容；C_2—低压臂电容；V_2—高内阻电压表；

T—试验变压器；R—保护电阻；C_X—被试电流互感器。

图 3-15　互感器交流耐压试验的基本线路

接线方式分两种：

1. 外施工频耐压试验接线

二次绕组、外壳、支架等应短接并接地，A—N 短接并接高压，高压时间 60 s。

2. 感应耐压试验接线

选择一个二次绕组施加足够的励磁电压,使一次绕组感应出规定的试验电压值,励磁电压频率一般为 150 Hz,不应大于 400 Hz,耐压时间 $= 60 \times 100/f(s)$,且不应小于 20 s。

当试验电压不高、气候条件较好时,也可以用高压静电压电压表测量试验电压。此方法可以直接在表上读出试验电压的数值。静电电压表阻抗很高,对试验回路几乎没有功率要求。其缺点是仪表盘刻度较粗,精度差,而且 30 kV 以上的高压静电电压表的电极暴露在外面,容易受风和外界电磁场等因素的影响使电压表指标不稳定,所以常用于室内试验。

试验变压器高、低压侧的电流及试品中的电流可以用电流表直接串入被测支路测量,也可以将电流互感器和电流表串入被测支路进行测量。为了安全和读数方便,电流表、电流继电器或电流互感器常串在试验变压器高压绕组低电位套管与地之间和试品接地线中。当使用电流互感器时,电流表上也可串联一个电流继电器,对试品和试验变压器进行过电流保护。

在交流耐压试验中,为了防止发生设备和人身安全事故,应采取一定的保护措施保证试验人员和其他有关人员的安全,防止试品或试验设备本身受到损害。在交流耐压试验中,试品有时会发生闪络或被击穿,造成试验变压器突然短路。在试验变压器输出端加保护电阻 R_1,既可限制短路电流,又可阻尼试品放电时的高频振荡,限制过电压的幅值,当试品回路发生串联谐振时还可以降低回路的 Q 值,从而降低过电压的幅值。R 一般按 $0.1 \sim 1 \ \Omega/V$ 选取,外绝缘按有效值 $150 \sim 200 \ kV/m$ 考虑。

为了防止谐振过电压,在试品两端还接入保护球隙 G,其放电电压整定为 U_t 的 $110\% \sim 150\%$。为了防止球隙放电时灼伤球面,同时防止放电回路高频振荡产生的过电压危及试品,球隙上串联有阻尼电阻 R_2。

如果调压器不在零位时突然合闸,会使试验变压器产生过电压,甚至超过试验电压的工频高压,因而必须加以防止,具体措施是在调压器上加零位开关。当调压器处于零位时,其常闭触点(串接在合闸线圈回路)接通,故可合闸接通电源;合闸接触器带电后,其常开触点闭合并将零位开关触点短接,因而可正常升压。当调压器不在零位时,合闸线圈回路中串联的零位开关触点开路,因而无法合闸接通电源,这就避免了非零位合闸。另外,合闸线圈回路中串有安全门保护常闭触点因而只有安全门关闭时才能合闸,安全门一旦被打开,常闭触点即断开,电源开关跳闸切断电源。合闸回路中同时串有过电压保护和过电流保护的继电器常闭触点。

过电压保护的动作电压按试验电压的 $1.1 \sim 1.5$ 倍整定,过电流保护的动作电流,按试品中电流的 $1.3 \sim 1.5$ 倍整定。一旦试验回路发生过电压、过电流等情况,保护元件就会将试验电源切断。

三、交流耐压试验的技术要求

1. 对试验电压波形的要求

试验电压一般应是频率为 $45 \sim 65$ Hz 的交流电压,通常称为工频试验电压。试验电压的波形为两个半波相同的近似正弦波,且峰值和方均根(有效)值之比应在 $\sqrt{2} \pm 0.07$ 以内,如满足这些要求,则认为高压试验结果不受波形畸变的影响。

2. 电压测量的容许偏差

当有关设备标准无其他规定,在整个试验过程中试验电压的测量值应保持在规定电压值的 $\pm 1\%$ 以内;当试验持续时间超过 60 s 时,在整个试验过程中试验电压测量值可保持在规定电压值的 $\pm 3\%$ 以内。

四、试验设备的选择

根据被试设备的参数、试验电压的大小和现有试验设备的条件,选择合适的试验设备,例如,工频试验变压器的输出电压、电流、容量,各测量仪器的量程,都应满足试验的要求。

选择试验变压器时,主要考虑以下几点:

1. 电压

依据试品的要求,首先选用具有合适电压的试验变压器,使试验变压器的高压侧额定电压 U_n 高于被试品的试验电压 U_s,即 $U_n > U_s$。其次应检查试验变压器所需的低压侧电压,是否能和现场电源电压,调压器相匹配。

2. 电流

试验变压器的额定输出电流 I_n 应大于被试品所需的电流 I_s,即 $I_n > I_s$。被试品所需的电流可按其电容估算,$I_s = U_s \omega C_X$,其中 C_X 包括试品电容和附加电容。

3. 容量

根据试验变压器输出的额定电流及额定电压,便可确定试验变压器的容量,即 $P = U_n I_n$。

根据试验现场的情况,对选择好的试验设备进行合适的现场布置,而后按试验接线图进行接线。现场布置和接线时,应注意高压对地,高压与试验人员均应保持足够的安全距离,高压引线应连接牢靠,并尽可能短,非被试相及设备外壳应可靠接地。接线完毕应由工作负责人进行认真全面的检查,如试验设备的容量、量程、位置等是否合适,调压器指示应在零位,所有接线应正确无误等。

五、耐压试验检查及过程

1. 试验变压器检查

经存放或运输的试验变压器使用前要擦去污垢,检查变压器内的油是否缺少,否则应补充合格的变压器油,注油后应排除油箱和高压套管内的空气。

用 2 500 V 兆欧表检查各绕组对外壳及地的绝缘电阻,应检查高压线圈回路是否连通,可用 1k 挡的万用表测量高压头、尾之间电阻值,指针应有明显的向阻值小的方向偏转。

2. 保护球隙调整

拆去接在被试品上的高压引线,将接于试验变压器接地端的电流表短路,设法调整保护球隙距离,再合上试验电源刀闸,调节调压器缓慢均匀地升高电压。使其放电电压为试验电压的 1.1 ~ 1.2 倍,然后降低电压到试验电压值,持续 1 min,观察各种表计有无异常,再将电压降到零,断开试验电源刀闸。

3. 耐压试验

上述步骤进行之后,将高压引线牢靠地接到被试品上,然后合上电源刀闸,开始升压。试验电压的上升速度,在试验电压的 0.75 倍以前可以快速升压;其后应以每秒 2% 试验电压的速度连续升到试验电压值。在试验电压下持续按规定的时间进行耐压,耐压时间为 1 min。耐压结束应迅速地将电压降到零,再拉开电源刀闸,将被试品接地,切勿突然切断电源。在升压、耐压过程中,应密切观察各种仪表的指示有无异常,被试绝缘有无跳火、冒烟、燃烧、焦味、放电声响等现象,若发生这些现象,应迅速而均匀地降低电压到零,断开电源刀闸,将被试品接地,以备分析判断。

耐压试验完毕应检查被试品,对被试品进行绝缘电阻的测试,以了解耐压后的绝缘状况。对有机绝缘,经耐压并断电、接地放电后,试验人员还可立即用手进行触摸,检查有无发热现象。

六、CT 交流耐压试验的接线方式和注意事项

电流互感器交流耐压试验通常采用外施工频电压的方法,一次绕组短路接高压,所有的二次绕组短路与铁芯、外壳一起接地。对于电容型电流互感器,末屏也应接地如图 3-16 所示。

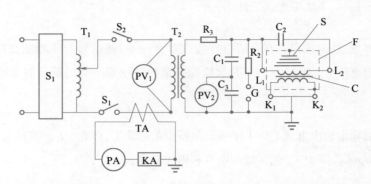

S_1、S_2—电源开关;T_1—调压器;T_2—试验变压器;TA—测量和保护电流互感器;PA—电流表;

PV_1、PV_2—电压表;R_1—保护电阻;C_1、C_2、C_3—分压器;R_2—阻尼电阻;G—保护球隙;

KA—电流继电器;L_1、L_2—被试互感器高压端子;K_1、K_2—被试互感器低压端子;

C—被试互感器;S—被试互感器末屏;F—被试互感器外壳。

图 3-16 电流互感器的交流耐压试验的接线

电源经开关 S_1、S_2 和调压器 T_1 加至试验变压器 T_2 低压侧,升压后加至被试电流互感器 C 的高压端子(按分压器 C_1、C_2 和高内阻电压表 V_2 测出的电压升至试验电压)。在试验电压的 0.75 倍以前,升压速度不加限制,在试验电压值达到 0.75 倍以后,以每秒 2% 的额定试验电压的速度升压,一直升到试验电压。若升压速度太快,准确读数比较困难;若升压速度太慢,则升至接近试验电压的那段时间过长,造成耐压时间增加,有时会因此造成试品绝缘被击穿。

在升压过程中和试验电压持续期间,应注意观察试验仪表和试验回路的各部分。一般高压回路中的试验电压和电流应按比例增长。若出现电压稍有增长而电流急剧增长或电流增长而电压下降,则说明试验回路可能发生谐振,此时应立即将试验电压降到零,断开电源,将试验变压器高压绕组的高压出线套管接地,更换阻抗电压变压器和调压器或改变试验变压器负载的参数,然后重新进行试验。

在交流耐压试验中,若试品、试验设备等有问题,试验仪表的表计常常会发生摆动,试品可能会冒烟、发光、有焦糊味,并伴有放电声或其他不正常的声音,保护球隙将放电,过电压和过电流保护将动作等。发生以上任何一种现象时,都应立即将试验电压降到零,断开电源,挂上接地线,在查明原因和排除故障后,才可重新进行交流耐压试验。

交流耐压试验以后,为了检验试品在交流耐压试验中是否被击穿或造成绝缘等部件损坏,应及时对油浸式被试品取油样进行色谱分析,或者采用局部放电测量,作为对交流耐压的探伤手段。若被试品发生击穿等异常情况,其色谱分析和局部放电试验也可能发现异常情况。

交流耐压试验前后均应测量电流互感器的绝缘电阻。交流耐压后测得的绝缘电阻与交流耐压前相比不应有明显变化。对有机固体绝缘的互感器尤其应注意比较交流耐压前后绝缘电阻的变化。

电流互感器的工频耐压试验的时间一般为 1 min,对于主绝缘为有机固体材料的电流互感器,为了检验发热对绝缘性能的影响,其交流耐压试验的时间由 1 min 延长为 5 min。在出厂试验中,对主绝缘为有机固体材料的互感器,如果每台都进行局部放电测量,则允许交流耐压试验的时间仍为 1 min。

七、试验结果的判断

被试品在交流耐压试验中,一般以不发生击穿为合格,反之为不合格。被试品是否发生击穿可按下列情况进行分析。

(1)表计的指示。如果接入试验线路的电流表指示突然大幅度上升,一般情况下则表明被试品击穿。另外在高压侧被试品两端测量试验电压时,其电压表指示突然明显下降,一般情况下也表明被试品击穿。

(2)电磁开关的动作情况。若接在试验线路上的过流继电器整定值适当,则被试品击穿时电流过大,过流继电器要动作,电磁开关跟着跳开。所以电磁开关跳开时,表示被试品有可能击穿。若过流继电器整定值过小,可能在升压过程中并非被试品击穿,而是被试品电容电流过大,造成电磁开关跳开;若整定值过大,即使被试品放电或小电流击穿,电磁开关也不一定跳开。所以对电磁开关发生动作还应进行具体分析。

(3)升压和耐压过程中的其他异常情况。被试品若在升压和耐压过程中发现跳火、冒烟、燃烧、焦味、放电声响等现象,则表明绝缘存在问题或击穿。

(4)对有机绝缘,耐压试验以后经试验人员触摸,若出现普遍的或局部的发热,都应认为绝缘不良(例如受潮)需进行处理(例如干燥)。

(5)对复合绝缘的设备或者有机绝缘,其耐压后的绝缘电阻与耐压前的比较不应明显下降,否则必须进一步查明原因。

(6)在耐压过程中,若由于空气的湿度、温度,或被试绝缘表面脏污等的影响,引起沿面闪络或空气放电,则不应轻易地认为不合格,应该经过清洁、干燥处理后,再进行耐压;当排除外界的影响因素之后,在耐压中仍然发生沿面闪络或局部有火红现象,则说明绝缘存在问题,例如老化、表面损耗过大等。

八、特别提示

(1)交流耐压试验是破坏性试验。在试验之前必须对被试品先进行绝缘电阻、吸收比、泄漏电流、介质损耗因数及绝缘油等项目的试验,若试验结果正常方能进行交流耐压试验,若发现设备的绝缘情况不良(如受潮和局部缺陷等),通常应先进行处理后再做耐压试验,避免造成不应有的绝缘击穿。

(2)容许偏差为规定值和实测值的差。它与测量误差不同,测量误差是指测量值与真值之差。

(3)试验时应记录环境湿度,相对湿度超过80%时不应进行本试验。

(4)外施工频耐压试验应在高压侧测量试验电压;感应耐压试验也应尽量在高压侧测量试验电压,如果在施加电压的二次侧测量电压,则应考虑容升效应,一般在 150 Hz 下,对于 220 kV 的电磁式电压互感器,容升按8%考虑,110 kV 的电磁式电压互感器,容升按5%考虑,35 kV 的电磁式电压互感器,容升按3%考虑。

(5)耐压试验后宜重复进行介质损耗因数及电容量、空载电流测量,注意耐压前后应无明显变化。交流耐压试验前后均应测量绝缘电阻。交流耐压后测得的绝缘电阻与交流耐压前相比不应有明显变化。对有机固体绝缘的互感器尤其应注意比较交流耐压前后绝缘电阻的变化。

课外作业

1. 互感器交流耐压试验的目的是什么？在试验过程如何防止过压和过流对设备和人身伤害？
2. 如果试验过程中冒烟或有焦味应如何处理？

【任务四】 电压互感器介质损耗因数 $\tan\delta$ 测量

任 务 单

（一）试验目的	（五）技术标准
（1）能发现互感器绝缘整体受潮，劣化变质以及绝缘老化现象 （2）能发现互感器绝缘贯通和未贯通的缺陷 （3）能发现互感器介质穿透性导电通道缺陷 （4）能发现互感器绝缘内气泡及老化等缺陷 （5）防止电容式电压互感器在运行中存在缺陷引起本体炸裂和其他事故	（1）20 ℃时介质损耗因数 $\tan\delta$ 不大于0.8%，与历年数据比较不大于30% （2）试验过程中若发现表针摆动或被试品有异响、冒烟、冒火等，应立即降压断电，高压侧接地放电后，查明原因
（二）测量步骤	（六）学习载体
（1）按要求接好试验线，依次接好高压引线，做好接地安全措施 （2）开机，选择高压产生方法（内接法和外接法）接线方式（正接、反接等），选择电压量程 （3）按"高压允许"键，再按"测量"键，记录介质损耗因数和电容量 （4）保存数据，切断电源 （5）放电	高压介质损耗因数测量仪 
（三）结果判断	
（1）被测绕组的 $\tan\delta$ 值不应大于产品出厂试验值130% （2）查阅《试验规程》的规定值	
（四）注意事项	
（1）试验前后将试品接地放电 （2）须根据设备是否接地选择正反接线方法 （3）介质损耗因数试验高压可致命，仪器须可靠接地 （4）高压引线须架空 （5）试验后要将试品的各种接线、末屏、盖板等恢复 （6）仪器应放在干燥处，注意防潮。精密内置仪器，防剧烈振动	 视频3-3 介质损耗因数 $\tan\delta$ 试验

测量电压互感器绝缘（线圈间、线圈对地）的介质损耗因数 $\tan\delta$，对判断其是否进水受潮和支架绝缘是否存在缺陷是一个比较有效的手段。其主要测量方法有常规试验法、自激磁法、末端屏蔽法和末端加压法，必要时还可以用末端屏蔽法测量支架绝缘的介质损耗因数 $\tan\delta$。介质损耗因数测量应在交接、大修后，以及每年的绝缘预防性试验中进行，对单装油浸式互感器绝缘的监视较为灵敏。

对于电流互感器，所测得的正切值在20 ℃时应不大于表3-8中的数值；并且与历年数据比较不应有明显变化。

一、技术标准

表 3-8　电流互感器 20 ℃时的 $\tan\delta(\%)$ 标准

电压(kV)		20 ~ 35	63 ~ 220
充油电流互感器	交接及大修后	3	2
	运行中	6	3
浇注式电流互感器	交接及大修后	2	2
	运行中	4	3
胶纸电容式电流互感器	交接及大修后	2.5	2
	运行中	6	3
油纸电容式电流互感器	交接及大修后		1
	运行中		1.5

注:对于 220 V 级的电流互感器,测量正切值的同时应测量主绝缘的电容值,其值一般不应超过交接试验值的正负 10%。

对于电压互感器,所测得的正切值应不大于表 3-9 中的数值,电压互感器 $\tan\delta$ 的测量接线见表 3-10。

表 3-9　电压互感器的 $\tan\delta(\%)$ 标准

温度(℃)		5	10	20	30	40
25 ~ 35 kV	交接及大修后	2.0	2.5	3.5	5.5	8.0
	运行中	2.5	3.5	5.0	7.5	10.5
35 kV 以上	交接及大修后	1.5	2.0	2.5	4.0	6.0
	运行中	2.0	2.5	3.5	5.0	8.0

测量内容	$\tan\delta$ 范围	电容量范围(C_X)	试品类型	基本误差
介质损耗因数 $\tan\delta$	0 ~ 0.5	50 pF ~ 60 000 pF	非接地	±(1% 读数 +0.000 5)
			接地	±(1% 读数 +0.001 0)
		10 pF ~ 50 pF 或 60 000 pF 以上	非接地	±(1% 读数 +0.001 0)
			接地	±(2% 读数 +0.002 0)
		3 pF ~ 10 pF		
电容量		50 pF 以上	非接地与接地	±(1% 读数 +1 pF)
		50 pF 以下		±(1% 读数 +2 pF)

表 3-10　电压互感器 $\tan\delta$ 的测量接线

序号	接线方式					监测绝缘部位			备注
	QS1 电桥接线方式	试验电压加压端	QS1 电桥 C_X 线连接端	QS1 电桥屏蔽层"E"的连接端	接地端	线圈间	绝缘支架	二次端子板	
1	正接线	一次线圈 A、X 短接处	二次线圈 ax,三次线圈 aDXD	地	QS1 电桥"E"点	√	√	√	底座垫绝缘
2	正接线	一次线圈 A、X 短接处	ax、aDXD	地	底座	√		√	

序号	接线方式					监测绝缘部位			备注
	QS1 电桥接线方式	试验电压加压端	QS1 电桥 C_X 线连接端	QS1 电桥屏蔽层"E"的连接端	接地端	线圈间	绝缘支架	二次端子板	
3	正接线	一次线圈 A、X 短接处	a、x	aD、XD、地	底座	√		√	
4	正接线	一次线圈 A、X 短接处	aD、XD	ax、地	底座	√		√	
5	正接线	一次线圈 A、X 短接处	底座	a、x、aD、XD、地	QS1 电桥"E"点		√	√	底座垫绝缘
6	反接线	QS1 电桥"E"点	A、X 短接处	a、x、aD、XD	底座		√	√	
7	反接线	QS1 电桥"E"点	A、X 短接处		a、x、aD、xD 底座		√	√	

常规法测量无论哪一种接线方式都受二次端子板的影响。电压互感器 PT 一次线圈首端为 A，末端为 X，二次线圈首端为 a，末端为 x，三次线圈（辅助二次线圈）首端为 aD，末端为 xD，一、二次的中性点标"D"。也就是说，二次端子板的部分或全部绝缘介质被测入。二次端子上固定有一次线圈的弱绝缘端"X"，二次线圈和三次线圈端子 a、x、aD、xD，以及将端子板固定在底座上的四只接外壳（地）的螺栓。

常规法测量一次对二、三次及地的介质损耗因数 $\tan\delta$ 试验结果分析。

（1）$\tan\delta$ 值大于规定值。这既可能是互感器内部缺陷如进水受潮等引起的，也可能是由于外瓷套或二次端子板的影响引起的。需注意二次端子板的影响，若试验时相对湿度较大，瓷套表面脏污，就应注意外瓷套表面状况对测量结果的影响。如确认没有上述影响，则可认为互感器内部存在绝缘缺陷。

（2）$\tan\delta$ 小于规定值。对此，一般认为线圈间和线圈对地绝缘良好。但必须指出，此时测得的 $\tan\delta$ 还包括与其并联的绝缘支架的介质损耗因数 $\tan\delta$。由于支架电容量仅占测量时总电容的 $1/100\sim1/20$。因此实测 $\tan\delta$ 将不能反映支架的绝缘状况。这就是说，即使总体 $\tan\delta$（一次对二、三次及地）合格也不能表明支架绝缘良好。而运行中支架受潮和分层开裂所造成的运行中爆炸相对较多，必须监测支架在运行中的绝缘状况。这一问题也是常规法所不能解决的，为此就有必要选取其他的试验方法。

二、实战案例

互感器需要进行介质损耗因数 $\tan\delta$ 测量的过程如下。

在现场用西林电桥正接线测量电压互感器分压电容 C_2 的介质损耗因数，其三相介质损耗因数的测量值分别为：

A 相：$\tan\delta_{C2}=0.52\%$；

B 相：$\tan\delta_{C2}=0.49\%$；

C 相：$\tan\delta_{C2}=0.47\%$。

其介质损耗因数均超过《试验规程》的规定值 $\tan\delta_{C2}\leqslant0.2\%$（膜纸绝缘耦合电容器的介质损耗因数应不大于 0.2%）。现场对上述三台 CVT 进行了更换。更换后，在试验室进行试验以寻找不合

格的具体原因。在对试品检查时发现,三台 CVT 的接线螺栓均有锈迹,立即进行清除,再次试验,其结果分别为:

A 相:$\tan \delta_{C2} = 0.086\%$;

B 相:$\tan \delta_{C2} = 0.066\%$;

C 相:$\tan \delta_{C2} = 0.092\%$。

由此可以确定,由于接线螺栓的锈迹未清除,导致测量时接触不良,使三台合格的 CVT,测量结果却不合格,造成了不必要的更换。

测量大电容小介质损耗因数试品时,必须注意测量引线接触不良造成的偏大测量误差,尤其当实测介质损耗因数不合格时必须排除引线接触电阻的影响。

三、注意事项

介质损耗因数测量仪只能在停电的设备上使用;接地端应可靠接在接地网,仪器尽量选择在宽敞,安全可靠的地方使用。

为保证测量精度,特别当小电容量试品损耗小时,一定要保证被试设备低压端(或二次端)绝缘良好,在相对湿度较小的环境中测量。

仪器自带升压装置,应注意高压引线的绝缘距离及人员安全;仪器应可靠接地,接地不好可能引起机器保护或造成危险。仪器启动后,除特殊情况外,不允许突然关断电源,以免引起过压损坏设备。测量过程中如遇危及安全的特殊情况时,可紧急关闭总电源。

四、常见故障

1. 介质损耗因数偏大或不稳定

可能挂钩或测试夹子接触不良,接地不良等。仪器接地应尽量靠近被试品,另外判断是否受到强干扰影响。

2. 介质损耗因数偏小

通常测量电容很小的试品时受到 T 形网络影响,通过改变测试线角度,擦拭烘干设备表面等措施加以改善,另外也可能受干扰影响。

3. 仪器不能升压

检查设备接地刀闸是否打开,拔出测试线后升压,若还是不能排除,可以判断仪器内部故障。

4. CVT 方式不能测量

用万用表测量自激电压输出,检查 C_2 下端接地是否打开,检查中间变压器尾端 X 是否接地。

5. 轻载或过载

检查高压测试线是否击穿,芯线是否断线,芯线与屏蔽是否短路。

6. 反接线电容偏大

反接线时测试夹对地附加电容会带来测量误差,可采用全屏蔽的测试线提高测量精度。

课外作业

1. 介质损耗因数 $\tan \delta$ 有几种接线? 分别适用于什么场合? 各有什么优缺点?

2. 电压互感器 tan δ 测量时，需要分别测试哪几个部位？

3. 为什么测量电力设备绝缘的介质损耗因数 tan δ 时，一般要求空气的相对湿度小于80%？

4. 测量小容量试品的介质损耗因数时，为什么要求高压引线与试品的夹角不小于90°？

5. 测量电容型套管的介质损耗因数 tan δ 如何接线？为什么《试验规程》要严格规定套管 tan δ 的要求值？

6. 为什么大型变压器测量直流泄漏电流容易发现局部缺陷，而测量 tan δ 却不易发现局部缺陷？

7. 为什么测量变压器的 tan δ 和吸收比时，铁芯必须接地？

8. 大型变压器油介质损耗因数增大的原因是什么？如何净化处理？

9. 为什么用 tan δ 值进行绝缘分析时，要求 tan δ 不应有明显的增加和下降？

【任务五】 极性、变比和励磁特性试验

任 务 单

(一)试验目的	(五)技术标准
(1)检查互感器绕组分接电压比是否合格 (2)检查互感器变比是否与铭牌相符 (3)检查绕组匝数、有无匝间短路、引线及分接引线的连接、分接开关位置及各出线端子标志的正确性 (4)判断互感器是否满足运行条件	电压 35 kV 以下，电压比小于 3 的变压器电压比允许偏差为 ±1%；其他所有变压器额定分接电压比允许偏差 ±0.5%，其他分接的电压比应在变压器阻抗电压值(%)的 1/10 以内，但不得超过 ±1%
(二)测量步骤	(六)学习载体
(1)按要求接好试验线，依次接好高低压接线，做好接地安全措施 (2)开机，选择接线方式，输入变比或者高低压值 (3)按测量键，记录变比及误差值 (4)保存数据，切断电源 (5)放电	变压器变比测试仪 
(三)结果判断	
互感器接头的电压比与铭牌值相比，不应有显著差别，变比大于 3 时，误差需小于 0.5%；变比小于等于 3 时，误差需小于 1%	
(四)注意事项	
(1)接线可靠，极性试验时区分高压、低压侧接线，不能接反 (2)测量时不能触摸试品 (3)试验完毕后充分放电 (4)仪表准确度满足要求 (5)试验后要将试品的各种接线、末屏、盖板等恢复	视频 3-4 变压器变比及联结组别测量

一、互感器的特性试验

电流互感器的特性试验的项目，主要包括：极性试验、励磁特性试验和比差、角差测量。电压互感器的特性试验包括：测量一次线圈的直流电阻、测量三相电压互感器的连接组别和单相电压互感器的极性、测量各分接头的变比、测量比差和角差等。这些特性试验与变压器的相应试验完全相同。

1. 极性试验

电流互感器的极性试验通常在交接和大修后进行,当进行中电流互感器二次回路的设备出现故障时,也常需对电流互感器进行此项试验。

值得注意的是,电流互感器的极性是非常重要的,如果不正确,将会使接入该回路的具有方向性的仪表如功率表、电能表等指示错误,以及使方向性继电器保护失去作用甚至误动作。

电流互感器与极性试验的方法,与变压器的极性试验相同,具体参考项目二、任务三中的变压器极性测试。

2. 励磁特性试验

电流互感器励磁特性试验在交接、大修以及必要时进行,试验目的是检查互感器的铁芯质量,用于检查电流互感器二次线圈是否存在纵绝缘缺陷,有无匝间短路等缺陷,为判断和消除系统中发生铁磁谐振现象提供依据,并计算 10% 误差曲线。试验的方法是一次线圈开路,将额定频率的正弦交流电压在互感器的二次线圈上,由小到大逐点增大电压,并记录对应的电流值,然后根据电流 I、电压 U 值绘成关系曲线,实际就是铁芯的磁化曲线,所以励磁特性通常也称伏安特性,如图 3-17 所示。

励磁特性试验可以分为型式试验和例行试验。型式试验是为了产品能否满足互感器试验的要求所进行的试验。例行试验是在国家标准《互感器　第 3 部分:电磁式电压互感器的补充技术要求》(GB/T 20840.3)的规定下,进行的出厂试验、现场进行的交接试验,以及运行中定期进行的试验。例行试验也是预防性试验。

二、励磁特性试验过程

试验接线按图 3-18 所示进行。

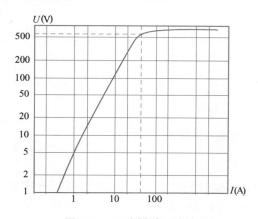

图 3-17　互感器励磁特性

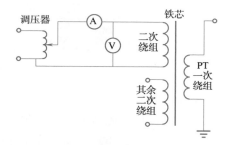

图 3-18　互感器励磁特性试验接线

(1)按图接线。

(2)调压器由零逐渐升压,按电流读取电压值。

(3)读取电压值绘制曲线。

(4)试验时通入电压或电流的限值,以不超过制造厂技术条件为准。

(5)试验电源应有足够的容量,且电压不应波动,否则应用稳压器稳压。

试验前,应将电流互感器二次绕组引线和接地线撤除。试验时,一次侧开路,从二次侧施加电压,为了读数便利,可预先选择几个电流点,逐点读取相应电压值。通入的电流或电压以不超越制造厂技能条件的规则为准。当电流增大而电压改变不大时,说明铁芯已饱满应停止试验。

试验时,电压施加在二次端子上,电压波形为实际正弦波。测量点至少包括额定电压的20%、50%、80%、100%、120%及相应于额定电压因数下的电压值,测量出对应的励磁电流,做出励磁特性曲线。

试验时,电压施加在二次端子上,电压波形为实际正弦波。测量点包括额定电压及相应于额定电压因数下的电压值,测量出对应的励磁电流,其结果应与形式试验对应结果做比较,差异不应大于30%。同一批生产的同型号互感器,其励磁特性的差异也不应大于30%,不需要做出励磁特性曲线。

为了减少试验误差,电压表应靠近被试电流互感器侧,并使用内阻较高的电压表,且每次试验都用同类型的表计。在升压过程中,电压由零上升中途不要下降,读数可以电流为准读取电压,这样可以避免由于磁滞回线影响而使曲线螺旋上升。一般电压最高升至100~200 V即可,注意试验电压不要过高以免损坏二次线圈匝间绝缘但要做到饱和点以上。如果电流已超过额定电流,操作必须迅速,使需求不致过热。测量点数应能保证绘出平滑的曲线,在曲线弯曲部分可多取几点。

励磁特性曲线电流选点表数据见表3-11,电流互感器励磁特性曲线如图3-19所示。

表3-11　励磁特性曲线电流选点表数据

电流 I(A)	0.05	0.1	0.2	0.3	0.4	0.5	0.6
电压 U(V)	3.2	92.4	153.6	165.7	170.8	172.4	174.8

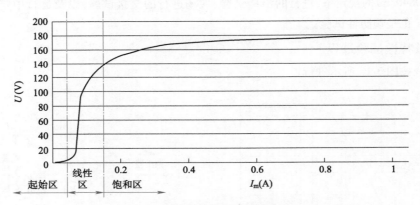

图3-19　电流互感器励磁特性曲线

三、实战案例

对某互感器进行励磁试验。互感器试品型号:JCC5-66W2。其标准参数:额定一次电压为66 kV,额定二次电压为100 V,绕组等级有0.2、0.5、1.3P、3P(剩余绕组),对应额定负荷为150、250、400、300(V·A),极限输出功率为2 000 V·A。

试验励磁特性数据见表3-12,PT励磁特性曲线如图3-20所示。

表3-12　电压互感器试验励磁特性数据

电流 I(A)	0.5	0.6	3.5	11.1
电压 U(V)	46.2	57.7	86.6	109.6
极限输出电流(A)	43.3	34.7	23.1	18.2

结论:可以看出在 $1.9U$(109.6 V)下励磁电流约为11 A<18.2 A,在对应的励磁特性曲线上还没有达到磁化饱和点,因此该台电压互感器励磁特性合格,满足设计要求。

四、比差、角差测量

互感器误差试验是为了校核互感器的变比误差是否符合出厂时确定的准确级次,以保证互感器用于电量测量时的准确性及用于继电保护装置的角、比差试验及电压互感器的比差试验。

由于互感器是作为测量设备,所以其测试准确度比较重要,表征互感器本身误差(比差和角差)的等级。目前电流互感器的准确度等级分为

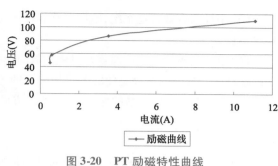

图 3-20　PT 励磁特性曲线

0.001～1 多种级别,用于发电厂、变电站、用电单位配电控制盘上的电气仪表一般采用 0.5 级或 0.2 级;用于设备、线路的继电保护一般不低于 1 级;用于电能计量时,视被测负荷容量或用电量多少依据规程要求来选择。

电流互感器的误差分为比值差和相位差。

互感器的比差即为比值误差,一般用符号 f 表示,即指互感器的实际二次电流(电压)乘上额定变比与一次实际电流(电压)的差,对一次实际电流(电压)的百分数,以百分数表示。

互感器的角差即为相角误差,即指互感器的二次电流(电压)相量逆时针转 180° 后与一次电流(电压)相量之间的相位差。并规定二次电流相量超前一次电流相量时,误差为正,反之为负电流误差(比值差),通常以分或厘弧度表示。

互感器的误差影响因素主要有三种:

(1)电流互感器的角差主要由电流互感器铁芯的材料和结构来决定,若铁芯损耗小,磁导率高,则角差的绝对值就小;采用带形硅钢片卷成圆环铁芯互感器的角差小。因此高精度的电流互感器多采用优质硅钢片卷成的圆环形铁芯。

(2)二次回路阻抗 Z(即负载)增大会使误差增大,这是因为在二次电流不变的情况下,Z 增大,将是感应电势 E_2 增大,从而使磁通 Φ 增加,铁芯损耗则会增加,致使误差增大。负载功率因数的降低,则会使比差增大角差减小。

(3)一次电流的影响当系统发生短路故障时,一次电流急剧增加,致使电流互感器工作在磁化曲线的非线性部分(即饱和部分),这样比差和角差都将增加。

电流互感器在正常运行时,一次侧电流不像变压器那样随着二次侧负荷变化而变化,而是取决于一次回路的电压和阻抗。二次侧负载都是内阻很小的仪表,其工作状态相当于短路。

五、互感器常见的异常及处理

(1)三相电压指示不平衡:一相降低(可为零),另两相正常,线电压不正常或伴有声、光信号,可能是互感器高压或低压熔断器熔断。

(2)中性点非有效接地系统,三相电压指示不平衡:一相降低(可为零),另两相升高(可达线电压)或指针摆动,可能是单相接地故障或基频谐振,如三相电压同时升高并超过线电压(指针可摆到头),则可能是分频或高频谐振。

(3)高压熔断器多次熔断,可能是内部绝缘严重损坏,如绕组层间或匝间短路故障。

(4)中性点有效接地系统,母线倒闸操作时,出现相电压升高并以低频摆动,一般为串联谐振现象;若无任何操作,突然出现相电压异常升高或降低,则可能是互感器内部绝缘损坏,如绝缘支架绕、绕组层间或匝间短路故障。

（5）中性点有效接地系统,电压互感器投运时出现电压表指示不稳定,可能是高压绕组端接地接触不良。

（6）电压互感器二次回路经常发生的故障包括:熔断器熔断、隔离开关辅助接点接触不良、二次接线松动等。故障的结果是使继电保护装置的电压降低或消失,对于反映电压降低的保护继电器和反映电压、电流相位关系的保护装置,譬如方向保护、阻抗继电器等可能会造成误动和拒动。

课外作业

1. 互感器的特性试验的项目有哪几种？请列举例说明。

2. 励磁特性试验的目的主要有什么作用？请讲述其试验原理。

【任务六】 局部放电

任 务 单

（一）试验目的	（五）技术标准
（1）可灵敏地测量绝缘内部是否存在气隙、杂质 （2）可发现互感器结构和制造工艺的缺陷,如金属部件有尖角 （3）检测绝缘局部带有缺陷产品内部金属接地部件之间、导电体之间电气连接不良等,以便消除这些缺陷,防止局部放电对绝缘造成破坏	根据脉冲信号检测,不能有放电现象
	（六）学习载体
	手持式局放检测仪
（二）测量步骤	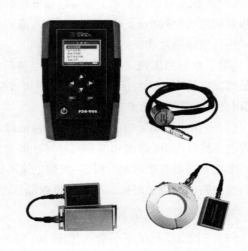
（1）试验开始之前检查并记录试品的状态,查阅厂家试验数据对试验方法进行详细交底 （2）记录好环境温度和湿度,详细记录试品的铭牌参数 （3）对互感器一次与二次绝缘,短接互感器二次绕组并接地,末屏绝缘可靠接地 （4）确保加压设备及互感器与周围设备的绝对安全距离,试验接线准确无误,仪器与设备的接地线可靠,加压试验,真实准确记录试验数据 （5）拆除试验接线,复查互感器一次与二次绝缘,复查互感器末屏绝缘,恢复末屏接地 （6）填写试验记录	
（三）结果判断	
（1）应区分并剔除由外界干扰引起的高频脉冲信号,否则将误判 （2）根据生产高压电器产品的出厂试验标准进行考核	
（四）注意事项	
（1）要求必须在试验设备及被试品周围设围栏并有专人监护,负责升压的人要随时注意周围的情况,一旦发现异常应立刻断开电源停止试验,查明原因并排除后方可继续试验 （2）确保加压设备及互感器与周围设备的绝对安全距离,接线准确无误,仪器与设备的接地线绝对可靠 （3）试验后要将试品的各种接线、末屏、盖板等恢复 （4）试验操作程序应正确符合规定 （5）试验数据真实准确记录	

一、局部放电概述

局部放电是指高压电器中的绝缘介质在高电场强度作用下,发生在电极之间的未贯穿的放电。局部放电是发生在电极之间但并未贯穿电极的放电,这种放电能量很小所以它的短时存在并不影响到电气设备的绝缘强度。但若电气设备在运行电压下不断出现局部放电,这些微弱的放电将产生累计效应会使绝缘的介电性能逐渐劣化,并使局部缺陷扩大,最后导致绝缘击穿,因此测试电气设备的局部放电是预防电气设备故障的一种好方法。

为使电网安全运行,对新投入运行的设备,一定要进行局部放电量的技术检测,不合格的产品一律不得投入运行。对已经安装在电网运行的设备,也要按规定进行检测,不合格者应退出运行。这样才能避免因设备局部放电导致爆炸、电网停电等重大事故发生。换流变压器现场局部放电试验示意如图 3-21 所示。

在电网中运行的电气设备,如电缆、电容器、互感器、变压器及电机等高压电气设备,其绝缘耐压等级是按其运行电压等级设计的。在正常情况下,其

图 3-21　换流变压器现场局部放电试验图

绝缘性能均能承受运行电压。由于制造工艺不良,电气设备的绝缘可能在内部留有气泡、杂质、裂缝等。这种绝缘在高压交变电场作用下,绝缘内部会出现周期性的局部放电。由于其放电能量很小,不会一下子使整个通路击穿,但却能使绝缘性能下降,甚至丧失耐压性能。久而久之,这种局部放电会使整个绝缘击穿而爆炸,给电网安全运行和供电可靠性造成极大影响,给用户和社会造成极大的经济损失。因此,对电气设备的局部放电应予以重视。局部放电常用检测仪器如图 3-22 所示。

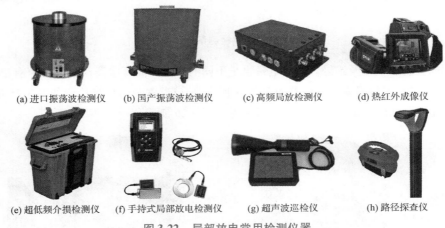

(a) 进口振荡波检测仪　　(b) 国产振荡波检测仪　　(c) 高频局放检测仪　　(d) 热红外成像仪

(e) 超低频介损检测仪　(f) 手持式局部放电检测仪　(g) 超声波巡检仪　　(h) 路径探查仪

图 3-22　局部放电常用检测仪器

二、局部放电试验系统

电气设备绝缘内部的局部放电现象是呈周期性的,随交流电压变化周而复始进行,在交流电压幅值最大时放电。绝缘件内部在局部放电时,也会产生光、声波等形式的能量。所以使用声波成像仪进行超声成像是检测设备潜在问题的一种有效方式。由于较高频率范围传播距离较短,检测局部放电时,在安全距离内使用 10 ~ 30 kHz 范围为最佳。为了检测室外环境中高压设备的局部放电,可以把声波成像仪调至较低频率、传播距离更远的声音。声波成像仪利用高灵敏数字麦克风阵列,

将采集到的放电声波以彩色高线图谱呈现,把声场分布的声像图与可见光的视频图像叠加,形成相当紫外仪对超导体电晕放电周围光子数检测功能,根据相位分辨的局部放电(phase resolved partial discharge,PRPD)图谱判断分析设备发生局部放电故障类型,可以实现 PD 局放定位检测、噪声源识别定位、气体泄漏定位检测等功能。

电晕(即部分电力释放到空气中)在大多数情况下是无害,除非出现停电、可闻噪声、电磁干扰或绝缘劣化问题,否则通常无须采取措施,可以加强进行局放放电测试频率,每 6 个月一次。

通过局部放电系统的检测,能反映出电气设备的绝缘缺陷,这种试验是非破坏性的,在一定程度上替代了破坏性的耐压试验,其试验电压应保证不会导致贯穿性放电。在进行对某设备的局部放电量测试时,被测物的局部放电产生的脉冲电流,经放大后送至测量仪器,再经放电量校正后,即测得放电量。系统包括传感器,检测主机,计算机及配套软件组成,传感器包括局部放电传感器和高压同步脉冲发生器,同步精度不大于 10 ns。传感器接地线固定安装,使用分布式传感系统,电缆沿线设备全覆盖。便携式检测设备分为一主端一从端,定期对电缆或开关柜、环网柜进行带电局部放电评估及定位,定期发送监测数据至云端。局放检测系统结构如图 3-23 所示。

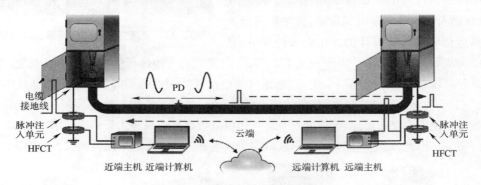

图 3-23　局放检测系统结构图

对于不同类型的设备及绝缘。其放电量也是不同的。生产高压电器产品的厂家有出厂试验标准,可参照标准进行考核。安装传感器如图 3-24 所示,传感器安装后现场检测如图 3-25 所示,局部放电安装后主端和从端及测量脉冲同步信号示意如图 3-26 所示。

图 3-24　安装传感器

图 3-25　传感器安装后现场检测

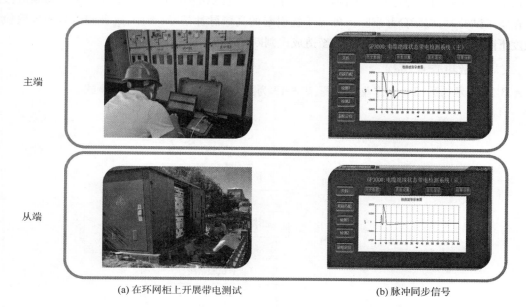

主端

从端

(a) 在环网柜上开展带电测试　　　　　(b) 脉冲同步信号

图 3-26　局部放电安装后主端和从端及测量脉冲同步信号示意

　　测量局部放电的目的是检查绝缘局部缺陷的存在、发展情况,以及局部放电的程度,以便及早发现绝缘隐患并消除,防止局部放电对绝缘造成破坏。局部放电引起的绝缘损伤如图 3-27 所示。

　　测量局部放电的仪器使用局部放电测量仪(局放仪),如图 3-28 所示。局放仪能发现的绝缘缺陷有:绝缘内部局部电场强度过高;金属部件有尖角;绝缘混入杂质或局部带有缺陷产品内部金属接地部件之间、导电体之间电气连接不良等。

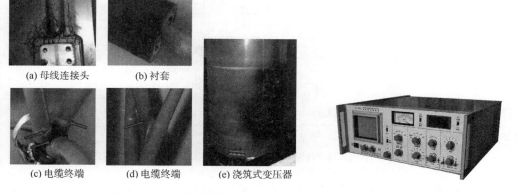

(a) 母线连接头　　　(b) 衬套

(c) 电缆终端　　　(d) 电缆终端　　　(e) 浇筑式变压器

图 3-27　局部放电引起的绝缘损伤　　　　图 3-28　局部放电测量仪

　　对于 35 kV 及以上固体绝缘电流互感器应进行局部放电试验。110 kV 及以上油浸式电流互感器,在对绝缘性能有怀疑时,在有试验设备时进行局部放电试验。局部放电试验应在对试品所有高压绝缘试验之后进行,必要时可在耐压前后各进行一次。局部放电试验的试验方法、加压顺序及判断标准应符合相关标准规定。试验结果要求中的试验电压和实测放电量应符合《试验标准》第 8.0.14 条的规定。

局部放电检测的原理是在一定的电压下测定试品绝缘结构中局部放电所产生的高频电流脉冲。在实际试验时,应区分并剔除由外界干扰引起的高频脉冲信号,否则,这种假信号将导致检测灵敏度下降和最小可测水平的增加,甚至造成误判断的严重后果。

三、局部放电作业流程

图 3-29 所示为局部放电作业流程图,表 3-13 为互感器局部放电作业操作步骤。

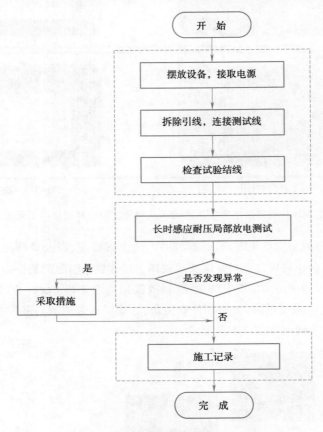

图 3-29　局部放电流程图

表 3-13　互感器局放作业操作步骤

序号	试验阶段	主要关键工序
1	现场准备	(1)认真阅读产品说明与厂家试验数据并对试验方法进行详细交底 (2)安全技术措施交底与学习 (3)人员组织与分工 (4)施工场地熟悉 (5)检查安全措施落实情况
2	试验前准备	(1)试验仪器仪表准备、检查 (2)安全用品准备、检查 (3)对互感器进行常规检查 (4)对互感器一次与二次绝缘,短接互感器二次绕组并接地 (5)测试互感器末屏绝缘 (6)检查互感器末屏可靠接地

续上表

序号	试验阶段	主要关键工序
3	进行试验	(1)保证加压设备及互感器与周围设备的绝对安全距离 (2)保证试验接线的准确无误 (3)检查试验仪器与设备的接地线应绝对可靠 (4)试验操作程序应正确符合规定 (5)试验数据真实准确记录
4	试验结束	(1)拆除试验接线 (2)复查互感器一次与二次绝缘 (3)复查互感器末屏绝缘,恢复末屏接地 (4)填写试验记录

在互感器进行局部放电试验前,应在绝缘电阻、泄漏电流、介质损耗因数等常规预防性试验测试合格后进行,其中变压器高压套管戴上均压帽,中性点接地;局部放电试验接线如图 3-30 所示,局部放电试验传感器安装接线如图 3-31 所示。

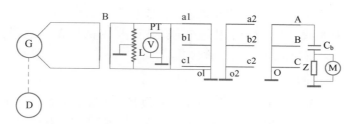

D—电动机;G—中频发电机;B—中间变压器;PT—电压互感器;
L—补偿电抗器;C_b—套管电容;Z—检测阻抗;M—局放仪。

图 3-30　局部放电试验接线

图 3-31　局部放电试验传感器安装接线图

在测量时,先接上阻抗及标准方波,测量到信号并进行方波校正,在局放仪中观察在高压侧的响应,得出指示系统与放电量的定量关系,即求得换算系数,记录所有测量电路上的背景噪声水平,其值应低于规定的视在放电量的50%。检查加压回路接线,确保正确无误,按标准规定的加压程序开始逐渐加压,注意观察试品的状况,并随时观察测量结果,每隔 5 min 记录一次数据。根据试品的状况和测量结果进行分析研究,确定是否需要继续加压;如测到局部放电量超标应测出其起始电压及熄灭电压。所谓起始电压是指试验电压从不产生局部放电的较低电压逐渐增加时,在试验中局部放电量超过某一规定值时的最低电压值;而熄灭电压是指试验电压从超过局部放电起始电压的较高值下降时,在试验中局部放电量小于某一规定值时的最高电压值。试验加压过程如图 3-32 所示。

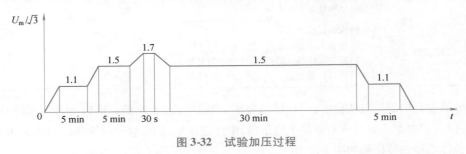

图 3-32 试验加压过程

如没有发现异常现象,则继续加压,直至该相试验结束。降压至零,跳开主回路的开关,在中间变压器的高压侧挂上接地线;依次对余下其他相进行试验,并对试验结果进行判断;全部试验完成后,关闭中频机组的电源,拆除试验接线,试验结束。

四、局部放电检测案例

某地铁整流变压器正常运行 17 年,突然发生匝间短路。拆解变压器后,里面绝缘正常没有烧损碳化痕迹。由于现场中投入使用数百台同一批次整流变压器,为了排除隐患,决定使用局部放电进行排查检测。

在局部放电试验检查时,结合直阻测试,发现 C 相绕组断线,判断在绕组制作或者浇铸过程中存在缺陷(匝间绝缘缺陷)。在变压器长期运行过程中,其绝缘薄弱处被击穿放电导致匝间短路,短路电流导致开关保护跳闸。解体变压器,发现整流变压器局部绝缘击穿,地铁整流变压器局部绝缘击穿的剖解如图 3-33 所示。

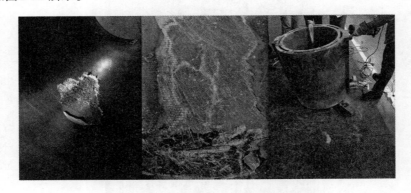

图 3-33 地铁整流变压器局部绝缘击穿的剖解图

由此可见,通过局部放电的检测,能反映出电气设备的绝缘缺陷。变压器匝间的绝缘缺陷主要是材料和制造工艺问题。一般先做直流电阻测量,与上次数据进行比较分析。对于大型变压器,直流电阻对于纵绝缘的非金属性短路无法测量,可以采用局放测试、感应耐压试验、特性试验,判断其绝缘状态。

由于局部放电试验属于高精度试验，容易受到其他因素影响。影响局放检测的因素有：

1. 环境的影响

试验应避开雨、雾等湿度大于 85% 以上的天气，避免低温和高温环境的现场作业。

2. 现场干扰影响

检测时避开干扰源或强干扰时段，避开大型设备振动，减少现场人员频繁走动及对设备的触碰、定位干扰源、阈值调节滤波干扰信号等。

3. 检测人员影响

现场检测人员应具备一定的带电检测理论知识，了解设备的结构、工作原理及导致设备故障的基本知识，有现场工作经验并熟悉电力生产和工作现场相关安全管理规程。

4. 检测设备的影响

定期检测设备，保证设备满足检测要求，检测前能通过自检。

5. 检测过程的影响

现场检测严格按照规程和作业指导进行，按照检测流程作业，确保重要部位检测完整，防止漏测、少测、误测，现场完成数据的采集和分析，结合检测指标合理分析。

局部放电检测技术发展日新月异，在现场带电检测中应用尤为广泛，常用带电检测技术总结及比较见表 3-14。

表 3-14　带电检测技术总结与比较

检测技术	超声波局放	特高频局放	SF$_6$气体综合分析	红外测温	SF$_6$红外检测	X 射线检测
悬浮放电	√	√	√			√
电晕放电	√	√	√			√
自由颗粒放电	√	√	√			√
绝缘内部放电		√				√
表面爬电		√	√			
机械振动	√					√
局部发热			√	√		
气体泄漏			√		√	

课外作业

1. 局部放电能检测什么绝缘问题？其原理是什么？
2. 测量时变压器高压套管戴上均压帽，其目的是什么？
3. 为什么在进行局部放电测量时，要进行脉冲方波的校准？

科技强国

世界首台 ±1 100 kV 特高压直流换流变压器

换流变压器是连接在换流桥与交流系统之间的电力变压器，用于实现换流桥与交流母线的连接，并为换流桥提供一个中性点不接地的三相换相电压，是超高压直流输电工程中至关重要的关键设备，是交、直流输电系统中的换流、逆变两端接口的核心设备，高压直流输变电原理如图 3-34 所示。

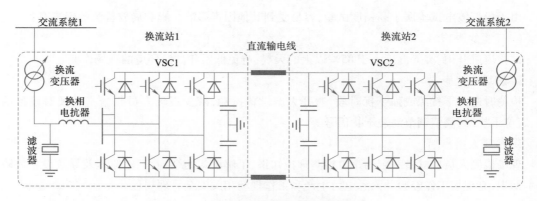

图 3-34　高压直流输变电原理图

2018 年 6 月,世界首台发送端 ±1 100 kV 高压直流换流变压器(图 3-35)成功研制并在昌吉—古泉 ±1 100 kV 特高压直流输电工程的顺利实施,标志着我国跨入 ±1 100 kV 特高压直流输电时代。昌吉—古泉 ±1 100 kV 特高压直流输电工程是目前世界上电压等级最高、输送容量最大、输送距离最远、技术水平最先进的特高压输电工程,换流变压器是该项工程的核心设备。该换流变压器历时两年研制而成,并一次性通过全部试验,温升、局放等各项指标均优于国家标准。制成后的换流变压器长 33 m、宽 12 m、高 18.5 m,单台容量高达 607 500 kV·A,高出此前单台容量的世界纪录 20%。

该换流变压器的线圈导线宽度只有 5.88 mm,引线绝缘距离控制的器身吊装余量仅有 17 cm、锥形套管外绝缘与出线装置内壁之间的距离仅为 20 mm,设计制造过程中绝缘控制是世界级技术难题。在认真总结和研究前期 ±800 kV 直流输变电技术的基础上,通过上千次的测算、分析和试验,成功攻克了 ±1 100 kV 特高压换流变压器由于电压升高而带来的绝缘、直流偏磁等一系列瓶颈性问题。如在阀套管及阀出线装置整体安装阶段,通过引线安装时的精确定位、器身预装后的反复校准、器身干燥后的二次调整,以及器身下箱后的最终微调等四道工序的精确控制,成功将阀出线装置安装精度控制在 ±3 mm 级内。

图 3-35　世界首台发送端 ±1 100 kV 特高压直流换流变压器

项目小结

互感器可以分为电压互感器、电流互感器,主要用于仪表测量和继电保护之用,本项目按预防性试验和特性试验进行介绍,从常规的绝缘电阻及吸收比测量、交流耐压试验、介质损耗因数测量,再到极性、变比和励磁特性试验,最后介绍了局放试验。由于结构上互感器就是特殊的变压器,所以在学习过程中,注意与项目二的变压器测试进行比对学习,加深项目的理解。具体试验项目能检测出的故障见表 3-15 和表 3-16。

表 3-15　电流互感器(CT)高压试验项目检测故障一览表

序号	试验项目	绝缘故障				绕组
		主绝缘	整体受潮	放电	过热	
1	绝缘电阻	●	●			
2	介质损耗因数与电容量	●	●			●
3	绝缘油	●	●			
4	气相色谱	●	●	●	●	
5	绕组直流电阻					●
6	局部放电			●		
7	极性试验					●
8	耐压试验	●				●

表 3-16　电压互感器(PT)高压试验项目检测故障一览表

序号	试验项目	绝缘故障				绕组	铁芯
		主绝缘	整体受潮	放电	过热		
1	绝缘电阻	●	●				
2	20 kV 及以上互感器的 $\tan\delta$	●	●			●	
3	一、二次绕组直流电阻					●	
4	气相色谱	●		●	●		●
5	耐压试验	●	●			●	●

📝 项目资讯单

项目内容	互感器绝缘试验			
学习方式	通过教科书、图书馆、专业期刊、上网查询问题;分组讨论或咨询老师		学时	10
资讯要求	书面作业形式完成,在网络课程中提交			
资讯问题	序号	资　讯　点		
	1	PT 和 CT 分别是代表什么设备? 其原理是什么		
	2	互感器预防性试验和特性试验的项目分别是什么? 如何区分		
	3	简述互感器试验流程是如何的? 请结合具体试验项目说明		
	4	互感器故障的原因主要有哪些? 有哪些试验项目		
	5	对互感器绝缘电阻值有哪些规定? 测量时应注意什么		
	6	互感器的直流电阻要不要测量? 变压器的直流电阻呢		
	7	新安装或大修后的互感器投入运行前应做哪些试验		
	8	电压互感器二次侧为何不允许短路? 电流互感器二次侧为何不允许开路? 后果如何? 如何处理		

续上表

	序号	资 讯 点
资讯问题	9	交流耐压试验本质是属于什么试验？在此试验前应做哪些试验？应如何接线
	10	互感器耐压试验所加的电压是如何确定的
	11	电流互感器的工频耐压试验的时间是多长？这个时间是不是固定不变的
	12	互感器极性、变比和励磁属于什么试验？测量各有什么作用？在什么状况下进行？测量原理是什么
	13	互感器介质损耗因数为何能反映绝缘状况？与哪些因素有关
	14	介质损耗因数 $\tan\delta$ 有几种接线？分别适用于什么场合？各有什么优缺点
	15	试验过程中冒烟或有焦味应如何处理
	16	什么是互感器比差、角差？这个数据用于表征什么数值
	17	局部放电试验在什么情况下进行？能发现什么绝缘状况
	18	局部放电检测的原理是什么？有几种检测方法
	19	互感器巡视检查的周期及内容是什么？什么情况下要加强特殊巡视
	20	带有绝缘监视装置的电压互感器，一次线路发生一相接地故障时有何现象，如何查找
	21	电压互感器高压熔丝常用型号有哪些、有何特点？熔断后有哪些现象？熔断的原因有哪些
	22	电流互感器有哪些用途？电流互感器型号含义解释，画出两只电流互感器接三只电流表测量三相线电流的接线原理图
	23	电压互感器回路断线应如何处理
	24	充油式互感器渗油应如何处理
	25	发现电流互感器二次回路开路应如何处理
	26	电压互感器出现哪些故障时应立即停用
	27	在互感器耐压试验中，为何采用倍频或者三倍频电源？这时如何处理“容升”现象
	28	运行中的互感器突然冒烟，应如何处理
资讯引导		以上问题可以在本教程的学习信息、精品网站、教学资源网站、互联网、专业资料库等处查询学习

项目考核单

一、单项选择题

1. 用500 V兆欧表测量电流互感器一次绕组对二次绕组及对地间的绝缘电阻值应大于(　　)。

A. 1 MΩ　　B. 5 MΩ　　C. 10 MΩ　　D. 20 MΩ

2. 用2.5 kV兆欧表测量全绝缘电压互感器的绝缘电阻时，要求其绝缘电阻值不小于(　　)。

A. 1 MΩ/kV　　B. 10 MΩ/kV　　C. 100 MΩ/kV　　D. 500 MΩ/kV

3. (　　)不是电流互感器例行试验项目。

A. 温升试验　　B. 局部放电试验　　C. 匝间过电压试验

4. 高压电气设备停电检修时，为防止检修人员走错位，误入带电间隔及过分接近带电部分，一般采用(　　)进行防护。

A. 绝缘台　　B. 绝缘垫　　C. 标示牌　　D. 遮栏

二、判断题

1. 运行中的电流互感器二次绕组严禁开路。　　　　　　　　　　　　　　（　　）

2. 电流互感器二次绕组可以接熔断器。　　　　　　　　　　　　　　　　（　　）

3. 电流互感器相当于短路状态下的变压器。　　　　　　　　　　　　　　（　　）

4. 运行中的电压互感器二次绕组严禁短路。　　　　　　　　　　　　　　（　　）

5. 电压互感器的一次及二次绕组均应安装熔断器。　　　　　　　　　　　（　　）

6. 电压互感器相当于空载状态下的变压器。　　　　　　　　　　　　　　（　　）

7. 电压互感器的万能接线必须采用三相三柱式电压互感器。　　　　　　　（　　）

8. 电压互感器二次接地是为了防止一、二次绝缘损坏击穿,高电压串接到二次侧,对人身和设备造成危险。　　　　　　　　　　　　　　　　　　　　　　　　　　（　　）

9. 发现电流互感器有异常音响,二次回路有放电声,且电流表指示较低或到零,可判断为二次回路断线。　　　　　　　　　　　　　　　　　　　　　　　　　　（　　）

10. 互感器出现冒烟,着火时,应立即切断有关电源开关,用干粉灭火器灭火。　（　　）

11. 准确度级次为 0.5 级的电压互感器,它的变比误差限值为 ±0.5%。　　（　　）

12. 互感器的精度用相对误差表示。　　　　　　　　　　　　　　　　　　（　　）

三、填空题

1. 选择电流互感器时,应根据下列几个参数确定:_____、_____、_____、_____。

2. 电力系统中的互感器起着_____和_____的作用。

3. 电压互感器实质上就是_____。

4. 互感器高压试验项目可以分为_____项目和_____项目。

5. 电流互感器有 4 种基本接线方式是_____、_____、_____、_____。

四、简答题

1. 现场试验互感器时应注意哪些问题?

2. 电流互感器二次开路有哪些现象和后果? 要如何处理?

3. 运行中的电压互感器二次侧为什么不允许短路? 要如何处理?

4. 什么是电压互感器的准确度级? 我国电压互感器的准确度级有哪些? 各适用于什么场合?

5. 互感器巡视的检查周期及内容如何? 什么情况下要增加特殊巡视?

6. 带有绝缘监视装置的电压互感器一次线路发生一相接地故障时有何现象? 如何查找?

🧰 **项目操作单**

分组实操项目。全班分 5 组,每小组 7~9 人,通过抽签确认表 3-17 变压器试验项目内容,自行安排负责人、操作员、记录员、接地及放电人员分工。考评员参考评分标准进行考核,时间50 min,其中实操时间 30 min,理论问答 20 min。表 3-17 为互感器试验项目。

表 3-17　互感器试验项目

序号	互感器绝缘项目内容
项目 1	互感器绝缘电阻及吸收比测量
项目 2	互感器交流耐压试验
项目 3	电压互感器介质损耗因数 $\tan\delta$ 测量
项目 4	极性、变比和励磁特性试验
项目 5	互感器局部放电试验

项目编号	01	考核时限	50 min	得分	
开始时间		结束时间		用时	
作业项目	互感器试验项目 1～5				

项目要求	1. 说明互感器绝缘项目试验原理 2. 现场就地操作演示并说明需要试验的绝缘结构及材料 3. 注意安全,操作过程符合安全规程 4. 编写试验报告 5. 实操时间不能超过 30 min,试验报告时间 20 min,实操试验提前完成的,其节省的时间可加到试验报告的编写时间里
材料准备	1. 正确摆放被试品 2. 正确摆放试验设备 3. 准备绝缘工具、接地线、电工工具和试验用接线及接线钩叉、鳄鱼夹等 4. 其他工具,如绝缘胶带、万用表、温度计、湿度仪

	序号	项目名称	质量要求	满分 100 分
评分标准	1	安全措施 (14 分)	1. 试验人员穿绝缘鞋、戴安全帽,工作服穿齐整	3
			2. 检查被试品是否带电(可口述)	2
			3. 接好接地线对互感器进行充分放电(使用放电棒)	3
			4. 设置合适的围栏并悬挂标示牌	3
			5. 试验前,对互感器外观进行检查(包括本体绝缘、接地线、本体清洁度等),并向考评员汇报	3
	2	互感器及仪器仪表铭牌参数抄录 (7 分)	1. 对与试验有关的互感器铭牌参数进行抄录	2
			2. 选择合适的仪器仪表,并抄录仪器仪表参数、编号、厂家等	2
			3. 检查仪器仪表合格证是否在有效期内并向考评员汇报	2
			4. 向考评员索取历年试验数据	1
	3	互感器外绝缘清擦 (2 分)	至少要有清擦意识或向考评员口述示意	2
	4	温、湿度计的放置 (4 分)	1. 试品附近放置温湿度表,口述放置要求	2
			2. 在互感器本体测温孔放置棒式温度计	2
	5	试验接线情况 (9 分)	1. 仪器摆放整齐规范	3
			2. 接线布局合理	3
			3. 仪器、互感器地线连接牢固良好	3
	6	电源检查 (2 分)	用万用表检查试验电源	2

	序号	项目名称	质量要求	满分100分
评分标准	7	试品带电试验（23分）	1. 试验前撤掉地线，并向考评员示意是否可以进行试验。简单预说一下操作步骤	2
			2. 接好试品，操作仪器，如果需要则缓慢升压	6
			3. 升压时进行呼唱	1
			4. 升压过程中注意表计指示	5
			5. 电压升到试验要求值，正确记录表计指数	3
			6. 读取数据后，仪器复位，断掉仪器开关，拉开电源刀闸，拔出仪器电源插头	3
			7. 用放电棒对被试品放电、挂接地线	3
	8	记录试验数据（3分）	准确记录试验时间、试验地点、温度、湿度、油温及试验数据	3
	9	整理试验现场（6分）	1. 将试验设备及部件整理恢复原状	4
			2. 恢复完毕，向考评员报告试验工作结束	2
	10	试验报告（20分）	1. 试验日期、试验人员、地点、环境温度、湿度、油温	3
			2. 试品铭牌数据：与试验有关的互感器铭牌参数	3
			3. 使用仪器型号、编号	3
			4. 根据试验数据作出相应的判断	9
			5. 给出试验结论	2
	11	考评员提问（10分）	提问与试验相关的问题，考评员酌情给分	10
	考评员项目验收签字			

项目四　高压开关电器试验

<table>
<tr><td>

一、项目描述

（1）本项目旨在对变电所内高压开关电器如断路器、隔离开关等进行绝缘预防性试验（绝缘电阻测量、介质损耗因数测量、交流耐压试验）和动作特性试验（分合闸动作时间和速度测量）

（2）通过对试验方法的阐述，了解并掌握高压开关电器的结构、绝缘性能和动作特性

二、项目要求

（1）了解变电站中哪些电器属于高压开关电器

（2）了解断路器（少油断路器、多油断路器、空气断路器、真空断路器、SF_6断路器）的结构和绝缘构成

（3）熟悉高压断路器预防性试验的主要项目

（4）熟悉隔离开关的试验内容

三、学习目标

（1）能对高压开关电器进行日常的保养

（2）掌握断路器的绝缘预防性试验和动作特性试验的方法和步骤

（3）能够根据测试数据进行分析、判断设备是否存在缺陷

（4）能正确编制测试报告

四、职业素养

（1）树立高压安全意识，培养遵章守规行为习惯

（2）培养爱岗敬业精神和吃苦耐劳品质

（3）培养团队精神，珍惜集体荣誉，真诚付出

（4）会制订开关检修完整方案

（5）会制订开关交接方案

（6）会组织开关预防性试验

</td><td>

五、学习载体

（1）隔离开关

（2）高压负荷开关

（3）真空断路器

（4）少油断路器

（5）SF_6断路器

（6）GIS

</td></tr>
</table>

【任务一】　高压开关试验认知

高压断路器是电力系统最重要的控制和保护设备。它的种类繁多，数量很大。高压断路器在正常运行中用于接通高压电路和断开负载，在发生事故的情况下用于切断故障电流，必要时进行重合闸。它的工作状况及绝缘状况如何，直接影响电力系统的安全可靠运行。

目前国内电力系统中大量使用的高压断路器，按绝缘介质和结构的不同分为以下几种：

（1）空气断路器，多用于 10 kV 及以下高压系统。

（2）真空断路器，多用于 35 kV 及以下高压系统，如图 4-1 所示。

（3）多油断路器，多用于 110 kV 及以下高压系统。

（4）少油断路器，多用于 6～110 kV 高压系统，如图 4-2 所示。

（5）SF₆ 断路器，多用于 110 kV 及以上高压系统，如图 4-3 所示。

图 4-1　27.5 kV 真空断路器

图 4-2　110 kV 少油断路器

图 4-3　SF₆ 断路器现场布置图

高压断路器的预防性试验项目主要有：

（1）绝缘电阻试验。

（2）40.5 kV 及以上少油断路器的泄漏电流试验。

（3）40.5 kV 及以上非纯瓷套管和多油断路器的介质损耗因数 $\tan\delta$ 试验。

（4）测量分合闸电磁铁绕组的绝缘电阻。

（5）测量断路器并联电容的 C_X 和 $\tan\delta$。

（6）测量导电回路电阻。

（7）交流耐压试验。

（8）断路器分闸、合闸的速度、时间，同期性等机械特性试验。

（9）检查分合闸电磁铁绕组的最低动作电压。

（10）远方操作试验。

（11）绝缘油试验。

（12）SF$_6$断路器的气体泄漏及微水试验。

断路器根据不同的电压等级，其测量项目、规程和接线方式、合格标准都有所不同。表4-1 为27.5 kV 真空断路器试验标准，表4-2 为真空断路器检修流程，表4-3 为110 kV SF$_6$断路器试验标准。

表4-1 27.5 kV 真空断路器试验

项目内容	测量接线及操作
（1）测量断路器本体对地绝缘电阻（用兆欧表）	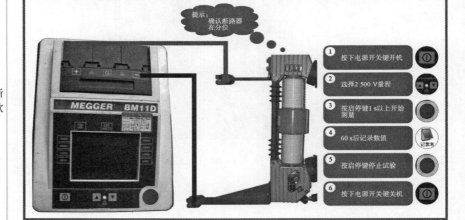
（2）测量断路器断口绝缘电阻（用兆欧表）	
（3）测量断路器分（合）闸线圈直流电阻（用万用表或直流电阻测试仪）	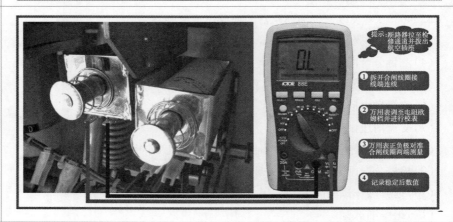

续上表

项目内容	测量接线及操作
（4）测量断路器分（合）闸线圈绝缘电阻（用兆欧表）	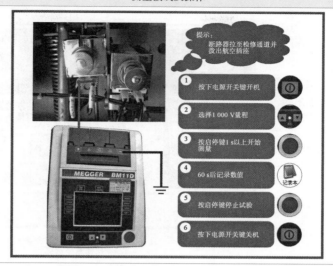
（5）测量断路器回路电阻（用回路电阻测试仪）	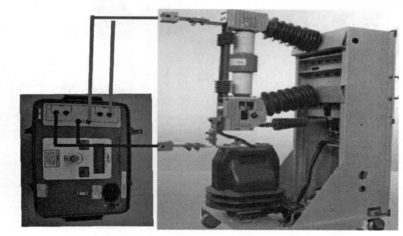
（6）真空断路器交流耐压试验（用工频耐压试验装置）	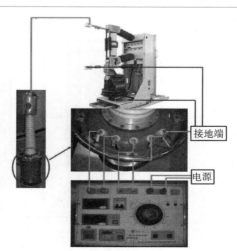

表 4-2　真空断路器检修

项目内容	操作过程
（1）更换断路器合闸线圈	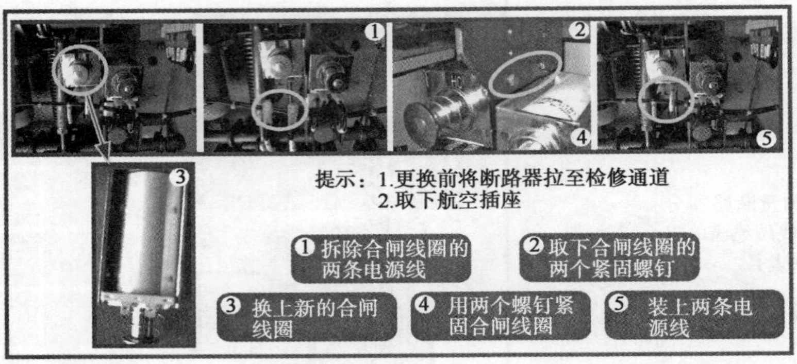 提示：1. 更换前将断路器拉至检修通道 2. 取下航空插座 ① 拆除合闸线圈的两条电源线　② 取下合闸线圈的两个紧固螺钉 ③ 换上新的合闸线圈　④ 用两个螺钉紧固合闸线圈　⑤ 装上两条电源线
（2）拆卸断路器真空灭弧室	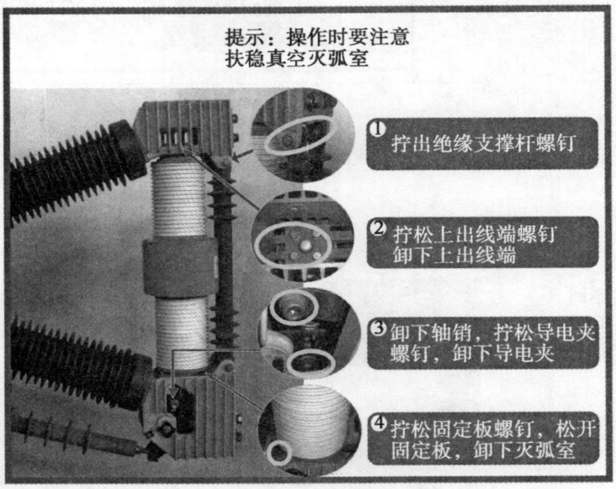 提示：操作时要注意扶稳真空灭弧室 ① 拧出绝缘支撑杆螺钉 ② 拧松上出线端螺钉卸下上出线端 ③ 卸下轴销，拧松导电夹螺钉，卸下导电夹 ④ 拧松固定板螺钉，松开固定板，卸下灭弧室
（3）真空断路器拉出操作	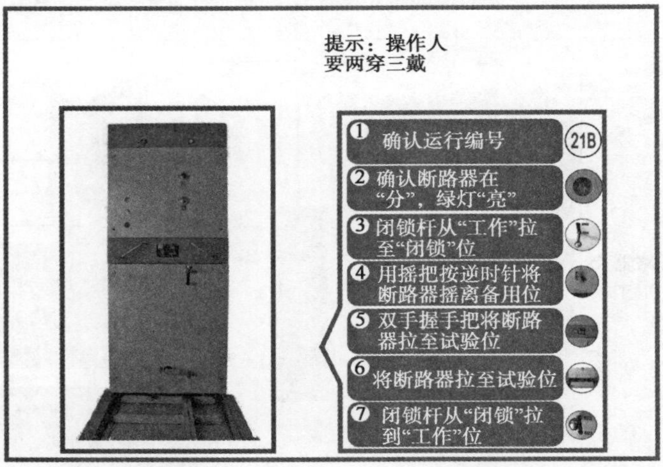 提示：操作人要两穿三戴 ① 确认运行编号　21B ② 确认断路器在"分"，绿灯"亮" ③ 闭锁杆从"工作"拉至"闭锁"位 ④ 用摇把按逆时针将断路器摇离备用位 ⑤ 双手握手把将断路器拉至试验位 ⑥ 将断路器拉至试验位 ⑦ 闭锁杆从"闭锁"拉到"工作"位

续上表

项目内容	操作过程
（4）测量与调整真空断路器触头行程	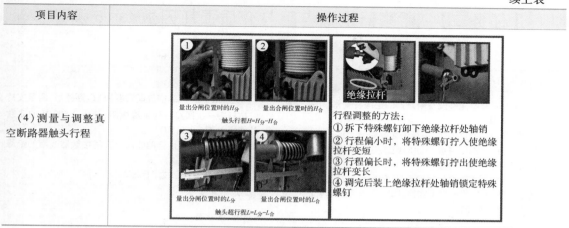

表 4-3　110 kV SF₆断路器试验

项目内容	测量规程	测量接线及操作
（1）测量断路器本体对地绝缘电阻（用兆欧表）	绝缘电阻在同一温度下与前一次无明显变化，吸收比不低于 1.3 或极化指数不低于 1.5	
（2）测量断路器导电回路电阻（用回路电阻测试仪）	测量值不大于制造厂规定的 120%，直流电压降压法测量，电流不小于 100 A	
（3）断路器交流耐压试验（用工频耐压试验装置）	试验在 SF₆断路器额定电压下进行，交流耐压试验电压值为出厂值的 80%，试验结束设备无击穿、发热现象	

课外作业

1. 断路器按绝缘材料可以分为哪几类？

2. 请对比说明 27.5 kV 真空断路器和 110 kV SF₆断路器试验项目有哪些不同？

【任务二】 断路器绝缘电阻与介质损耗因数 tanδ 测量

任 务 单

（一）试验目的

（1）绝缘电阻测量能够发现断路器的绝缘杆受潮、电弧烧伤和绝缘裂缝等缺陷

（2）检测绝缘油严重劣化、绝缘击穿等缺陷

（3）测量分闸状态下各断口间的绝缘电阻可检查断路器内部消弧装置是否受潮、烧伤等

（4）测量合闸状态下拉杆对地绝缘，能发现拉杆受潮、裂纹、表面沉积污染、弧道灼痕等贯穿性缺陷，对引出线套管的严重绝缘缺陷也能有所反映

（二）测量步骤

（1）试验开始之前检查并记录断路器的状态，有影响试验进行的异常状态时要向有关人员请示调整试验项目

（2）记录好环境温度和湿度，详细记录断路器的铭牌参数

（3）被测端所有引线端短接，非被测端引线端短接并接地

（4）测量绝缘电阻

（三）结果判断

（1）绝缘电阻同一温度下与前一次无明显变化，吸收比不低于 1.3 或极化指数不低于 1.5

（2）测量范围：断路器合闸状态下检查拉杆对地绝缘，对 35 kV 以下包含有绝缘子和绝缘拐臂的绝缘。断路器分闸状态下检查各断口之间的绝缘，以及内部灭弧室是否受潮或烧伤

（四）注意事项

（1）与出厂试验比较，比较绝缘电阻时应注意温度的影响

（2）试验后要将断路器的各种接线等恢复原状

（3）试验过程中若发现表针摆动或被试品有异响、冒烟、冒火等，应立即降压断电，高压侧接地放电后，查明原因

（五）技术标准

（1）真空断路器、压缩空气断路器和 SF_6 断路器，测量支持瓷套、拉杆等一次回路对地绝缘，使用 2 500 V 的兆欧表，其值应大于 5 000 MΩ

（2）真空断路器的分、合闸线圈及合闸接触器线圈的绝缘电阻值不低于 10 MΩ

（3）其他的参考厂家技术标准

（六）学习载体

断路器、兆欧表

视频 4-1 断路器绝缘电阻测量

一、断路器绝缘电阻测量

1. 目的

测量绝缘电阻能够发现断路器的绝缘杆受潮、电弧烧伤和绝缘裂缝等缺陷。同时，还要测量分闸状态下，各断口间的绝缘电阻，主要检查断路器内部消弧装置是否受潮、烧伤等。

测量绝缘电阻是所有形式断路器的基本试验项目，对于不同形式的断路器则有不同的要求，应使用不同电压等级的兆欧表。图 4-4 所示为断路器绝缘电阻测量示意。

2. 不同类型断路器的绝缘电阻测量

（1）多油断路器。多油断路器的绝缘部件有套管、绝缘拉杆、灭弧室和绝缘油等。测量目的主要是检查杆对地绝缘，故应在断路器合闸状态下进行测试。通过该项目能较灵敏地发现拉杆受潮、裂纹、表面沉积污染、弧道灼痕等贯穿性缺陷，对引出线套管的严重绝缘缺陷也能有所反映。

图 4-4　断路器绝缘电阻测量示意

（2）少油断路器。少油断路器的绝缘部件有瓷套、绝缘拉杆和绝缘油等。

①在断路器合闸状态下，主要检查拉杆对地绝缘。对 35 kV 以下包含有绝缘子和绝缘拐臂的绝缘。

②在断路器分闸状态下，主要检查各断口之间的绝缘以及内部灭弧室是否受潮或烧伤。

绝缘拉杆一般由有机材料制成，运输和安装过程中容易受潮，造成绝缘电阻较低。《试验规程》对油断路器整体绝缘电阻未作规定，而用有机材料制成的断路器绝缘拉杆的绝缘电阻不应低于表 4-4 所列数值。

表 4-4　用有机材料制成的断路器绝缘拉杆的绝缘电阻允许值（MΩ）

试验类别	额定电压（kV）			
	24	24 ~ 40.5	72.5 ~ 252	363
A、B 级检修后	1 000	2 500	5 000	10 000
运行中	300	1 000	3 000	5 000

（3）其他断路器。对于真空断路器、压缩空气断路器和 SF_6 断路器，主要测量支持瓷套、拉杆等一次回路对地绝缘电阻，一般使用 2 500 V 的兆欧表，其值应大于 5 000 MΩ。

真空断路器的分、合闸线圈及合闸接触器线圈的绝缘电阻值不低于 2 MΩ。

在《试验规程》中，对真空断路器断口和用有机物拉杆绝缘电阻允许值见表 4-5。

表 4-5　有机物拉杆绝缘电阻的允许值（MΩ）

试验类别	额定电压（kV）		
	< 24	24 ~ 40.5	≥72.5
A 级检修后	1 000	2 500	5 000
运行中或 B 级检修后	300	1 000	3 000

3. 试验步骤

（1）断开断路器的外侧电源开关，按照图 4-5 进行接线。

（2）验证确无电压。

（3）分别摇测 A 对地、A 断口；B 对地、B 断口；C 对地、C 断口的绝缘值并记录。

（4）分别摇测 A 对 B；B 对 C；C 对 A 的绝缘值并记录。

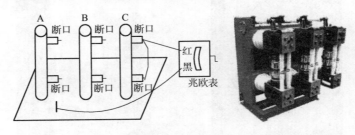

图 4-5　C 相对地绝缘电阻试验接线图和真空断路器实物图

4. 辅助回路和控制回路的绝缘电阻

首先应做好必要的安全措施，然后使用 500 V（或 1 000 V）兆欧表进行测试，其值应大于 1 MΩ。对于 500 kV 断路器，应用 1 000 V 兆欧表测量，其值应大于 2 MΩ。断路器分合闸回路及绝缘电阻测量如图 4-6 所示。

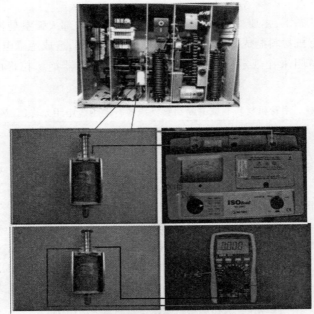

分、合闸线圈绝缘电阻（带辅助接点）＞1 MΩ；
分、合闸线圈电阻(57±5) Ω。

图 4-6　断路器分合闸回路及绝缘电阻测量

二、断路器介质损耗因数 tanδ 测量

1. 目的

测量 40.5 kV 及以上多油断路器的介质损耗因数 tanδ 的主要目的是检查套管、灭弧室、绝缘拉

杆、绝缘油和油箱绝缘围屏等的绝缘状况。

2. 试验方法及步骤

对断路器应进行分闸和合闸两种状态下的 $\tan\delta$ 试验。分闸状态下应对断路器每支套管的 $\tan\delta$ 进行测量。合闸状态下应分别测量三相对地的 $\tan\delta$。若测量结果超出标准及比上次测量值显著增大时，必须进行分解试验，找出缺陷部位。分解试验的步骤如下：

（1）放油或落下油箱使灭弧室露出油面后测量，若此时测得的 $\tan\delta_1$ 较 $\tan\delta$ 明显下降，可认为引起 $\tan\delta$ 较大的原因是绝缘油和油箱绝缘围屏的绝缘不良，经取油样试验核定后处理。

（2）放油或落下油箱后所测得的 $\tan\delta_1$ 仍超出标准时，可将灭弧装置屏蔽起来或拆掉后复测，复测结果 $\tan\delta_2$ 较 $\tan\delta$ 降低较大时，可判断是灭弧装置受潮，应进行干燥处理。加屏蔽罩消除灭弧装置对整体 $\tan\delta$ 的影响的方法如图 4-7 所示。

（3）如将灭弧装置屏蔽起来，并擦净油箱内套管表面的脏污后，所测 $\tan\delta$ 值仍超过标准，则可判定是断路器套管本身有缺陷。DW8-35 型断路器 $\tan\delta$ 试验实例数据见表 4-6。

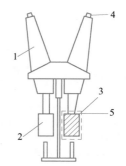

1—套管；2—灭弧装置；
3—屏蔽罩；4—引至电桥高压
出线；5—引至电桥屏蔽线 E。

图 4-7　DW-35 型多油断路器在灭弧装置上加屏蔽罩的示意图

表 4-6　DW8-35 型断路器 $\tan\delta$ 试验实例数据

序号	试验步骤	实测的 $\tan\delta(\%)$	试验温度（°C）	判断结果
1	分闸状态下测量套管 $\tan\delta$	8.9	21	不合格，需解体试验
	落下油箱测量套管 $\tan\delta_1$	4.2	22	油箱绝缘不良，进一步解体试验
	拆掉灭弧室测量套管 $\tan\delta_2$	1.0	22	灭弧室受潮，套管良好
2	分闸状态下测量套管 $\tan\delta$	8.3	25	不合格，需解体试验
	落下油箱测量套管 $\tan\delta_1$	6.4	25	油箱绝缘良好，进一步解体试验
	拆掉灭弧室测量套管 $\tan\delta_2$	5.5	25	灭弧室良好，套管不合格

对于断路器整体的 $\tan\delta$ 是建立在套管标准基础上的，故非纯瓷套管断路器的 $\tan\delta$ 可比同型号套管单独的 $\tan\delta$ 增大些，其增加值见表 4-7。

表 4-7　非纯瓷套管断路器的 $\tan\delta$ 增加值

额定电压（kV）	≥126	<126	DW2-35 DW8-35	DW1-35 DW1-35D
$\tan\delta$ 值的增加数（%）	1	2	2	3

课外作业

1. 高压断路器有几种类型？其绝缘介质有何不同？

2. 高压断路器预防性试验项目有哪些？各可以检测出什么绝缘状况？

3. 请说明高压断路器试验流程是如何进行的。

4. 高压断路器介质损耗因数测量有何作用？

【任务三】 断路器主要参数测定

任务单

(一)试验目的

(1)合分时间过长,则在断路器重合闸时,由于断路器不能及时快速切断故障电流,而导致电网稳定破坏事故

(2)合分时间过短,额定开断时间则在断路器重合闸时,特别是在切断永久短路故障情况下,会因分闸时间灭弧室的绝缘强度和灭弧能力没有足够恢复,出现断路器不能合闸时间切断故障电流,或出现重燃或重击穿,导致严重的电网事故

(二)测量步骤

(1)做好安全接地措施,断路器特性测试仪的合、分闸控制线分别接入断路器二次控制线

(2)按要求选择电流输出电压,调至额定操作电压,通过控制断路器特性测试仪,对真空断路器进行分、合操作,得出各相合、分闸时间及合闸弹跳时间

(三)结果判断

(1)合、分闸时间与合、分闸不同期应符合制造厂的规定

(2)合闸弹跳时间除制造厂另有规定外,应不大于 2 ms

(四)注意事项

(1)仪器时间精度误差不大于 0.1 ms,时间通道数应不少于 3 个

(2)合、分闸控制线接线可靠

(五)技术标准

(1)断路器的分、合闸同期性应满足下列要求:相间合闸不同期不大于 5 ms;相间分闸不同期不大于 3 ms;同相各断口间合闸不同期不大于 3 ms;同相各断口间分闸不同期不大于 2 ms,厂家另有规定除外

(2)并联合闸脱扣器应能在其交流额定电压的 85% ~ 110% 范围或直流额定电压的 80% ~ 110% 范围内可靠动作;并联分闸脱扣器应能在其额定电源电压的 65% ~ 120% 范围内可靠动作,当电源电压低至额定值的 30% 或更低时不应脱扣

(六)学习载体

断路器、高压开关机械特性仪

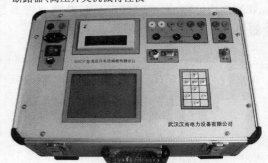

目前断路器在正常使用期间,维护量很少,尤其是 SF_6 断路器、真空断路器等,基本上属于免维护型,本体和液压机构不解体维护,但现场还是需要按规程定期检修。每 5 年进行操作试验就是其中的维护内容,如测量分合闸时间和分合闸不同步程度等。

断路器的固有分闸时间是指由分布分闸命令(指分闸回路接通)起到灭弧触头刚分离的一段时间。断路器合闸时间是指分布合闸命令(指合闸回路接通)起到最后一相的主灭弧触头刚接触为止的一段时间。断路器分闸和合闸同步差是指分闸或合闸时三相之差。

合分时间过长,则在断路器重合闸时,由于断路器不能及时快速切断故障电流,会加长灭弧时间,切除故障时易导致加重设备损坏和影响电力系统稳定,导致电网稳定破坏事故。

合分时间过短,额定开断时间则在断路器重合闸时,特别是在切断永久短路故障情况下,会因分闸时间灭弧室的绝缘强度和灭弧能力没有足够恢复,出现断路器不能合闸时间切断故障电流,或出现重燃或重击穿,导致严重的电网事故。

因此,断路器设备在投入运行之前或检修维护时,均要测量断路合分时间器的合分时间是否满足产品的要求,避免出现故障造成损失。

一、断路器合分闸时间、同期性测定

高压断路器的分、合闸不同期时间是指断路器各相间或同相各断口间的分、合闸的最大时间差。

1. 目的

检查断路器的合分闸时间、是否同期、合闸弹跳时间。

2. 使用仪器

（1）可调直流电压源。输出范围：电压为 0～250 V 直流，电流应不小于 5 A，纹波系数不大于 3%。

（2）断路器特性测试仪 1 台，要求仪器时间精度误差不大于 0.1 ms，时间通道数应不少于 3 个。

3. 测量方法

将断路器特性测试仪的合、分闸控制线分别接入断路器二次控制线中，用试验接线将断路器一次侧各断口的引线接入测试仪的时间通道。试验接线如图 4-8 所示。

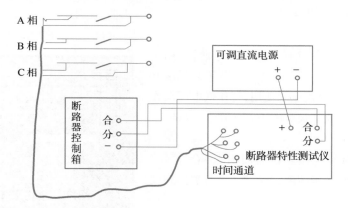

图 4-8　合分闸时间、同期性及合闸弹跳时间试验接线

将可调直流电源调至额定操作电压，通过控制断路器特性测试仪，对真空断路器进行分、合操作，得出各相合、分闸时间及合闸弹跳时间。三相合闸时间中的最大值与最小值之差即为合闸不同期；三相分闸时间中的最大值与最小值之差即为分闸不同期。

4. 试验结果判断

（1）合、分闸时间与合、分闸不同期应符合制造厂的规定。

（2）合闸弹跳时间除制造厂另有规定外应不大于 2 ms。

（3）当各相间的同期性要求未做特殊规定时，分、合闸不同期不应大于 5 ms。

（4）相间合闸不同期不大于 5 ms；相间分闸不同期不大于 3 ms；同相各断口间合闸不同期不大于 3 ms；同相各断口间分闸不同期不大于 2 ms。

二、合分闸速度及合闸反弹幅值测定

1. 试验目的

检查断路器的合分闸速度和合闸弹跳时间。

2. 使用仪器

（1）可调直流电压源。输出范围：电压为 0～250 V 直流，电流应不小于 5 A，纹波系数不大于 3%。

（2）断路器特性测试仪 1 台，要求仪器时间精度误差不大于 0.1 ms，时间通道数应不少于 3 个，至少有 1 个模拟输入通道。

3. 试验方法

试验与断路器合、分闸时间试验相同，将测速传感器可靠固定，并将传感器运动部分牢固连接至断路器动触杆上。对利用断路器特性测试仪进行断路器合、分操作，根据所得的行程—时间曲线求得合、分闸速度及分闸反弹幅值。

4. 试验结果判断依据

（1）合、分闸速度与分闸反弹幅值应符合制造厂的规定。

（2）分闸反弹幅值一般不应大于额定触头开距的 1/30。

由于开关合闸弹跳瞬间会引起电力系统或者设备产生 LC 高频振荡，振荡产生的过电压可能会破坏设备绝缘，弹跳时间小于 2 ms 时，不会产生较大的过电压，设备绝缘不会受损，在关合时动静触头之间也不会产生熔焊。

三、测量高压开关的合分闸线圈的动作电压

1. 试验介绍

开关动作特性测试仪又称开关试验电源，可用于各种电压等级的真空、SF_6、少油、空气负荷等高低压开关试验和检修，也可作直流电源使用，可作低电压动作试验。开关动作特性测试仪如图 4-9 所示。

2. 断路器低电压试验

（1）分别将测试导线接到仪器面板上"合""分"端子上，对应接到合、分闸线圈，"＋""－"两端接到储能电机端子上。

（2）打开电源开关，调节电压调节电位器，得到所需电压，然后根据需要按下合分闸开关，同时开关同步动作。

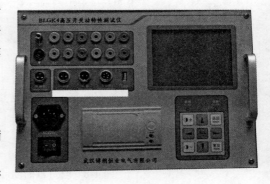

图 4-9　开关动作特性测试仪

四、断路器检修及保养

断路器虽然具有比较优良的运行性能，但在运行过程中仍然会发生多种故障，同时承担切断短路电流重任，一旦高压断路器发生故障，直接影响电力系统正常运行，因此需要加强巡视和检修质量，SF_6 断路器检修及保养见表 4-8。

表 4-8　SF_6 断路器检修及保养标准

作业步骤	作业程序及标准
SF_6 断路器 检修	（1）外观检查： ①瓷体清洁，无破损、裂纹及爬电痕迹 ②安装是牢固 ③金属构架有无锈蚀，引线连接牢固，接地良好 ④各相本体操作机构箱内检查：密封是否良好；加热除湿情况查看弹簧储能机构、分合闸指示、计数器指示正确；端子排接线是否紧固 （2）断路器端子箱：各继电器动作可靠；各端子排连接接线紧固；密封良好；加热除湿装置工作正常 （3）检查 SF_6 气体密度符合要求 （4）断路器参数（接触电阻，动作行程、时间、同期性，电气主绝缘等）必须满足标准规定

续上表

作业步骤	作业程序及标准
作业图示	瓷体无破损、裂纹、放电痕迹和瓷釉剥落现象 电气连接部分连接牢固、接触良好，无过热、烧伤痕迹

课外作业

1. 高压断路器特性试验项目有哪些？各可以检测出什么绝缘状况？
2. 高压断路器有几个时间参数要测量？如何测量？

【任务四】　断路器交流耐压试验

任 务 单

(一)试验目的
(1)交流耐压试验更接近断路器运行状态，是测量断路器绝缘强度最有效和最直接的方法
(2)测试电力设备绝缘强度最直接有效的方法
(3)测量断路器绝缘裕度
(4)检测设备是否满足安全运行条件
(5)检查断路器的安装质量是否满足绝缘强度

(二)测量步骤
(1)按要求接好试验线，依次接好高压引线，做好接地安全措施
(2)第一次接线先不接被试品，根据保护电压值预设定保护球隙的距离，保护球隙的保护电压应为试验电压的1.1～1.2倍
(3)开机，操作旋钮回零，按"高压允许"键，施加高压至保护球隙被击穿
(4)迅速降低电压至零位，切断电源，放电
(5)并连接入试品，高压引线悬空连接
(6)开机，按"高压允许"键，施加高压至耐压值，60 s无击穿、放电，记录电压值，降压至零位
(7)放电

(三)结果判断
(1)交流耐压前后绝缘电阻应无明显变化，且无过热、击穿等现象
(2)交流耐压试验属于破坏性试验，需要在非破坏试验指标合格后进行

(四)注意事项
(1)试验前后将试品接地充分放电
(2)需根据放电电压设置保护球间隙距离
(3)耐压试验高压可致命，操作台须可靠接地
(4)先调整保护球隙大小再接试品加高压试验
(5)加压前应仔细检查接线是否正确，并保持足够的安全距离
(6)高压引线须架空，升压过程应相互呼唱
(7)升压必须从零开始，升压速度在40%试验电压前可快速升压，其后应以每秒3%试验电压的速度均匀升压
(8)试验后要将试品的各种接线、末屏、盖板等恢复
(9)要求必须在试验设备及被试品周围设围栏并有专人监护，负责升压的人要随时注意周围的情况，一旦发现异常应立刻断开电源停止试验，查明原因并排除后方可继续试验

(五)技术标准
(1)一般应先进行低电压试验再进行高压试验，应在绝缘电阻测量之后再进行介质损耗因数及电容量测量，试验数据正常方可进行交流耐压试验和局部放电测试。交流耐压试验前后还应重复介质损耗因数、电容量测量，以判断耐压试验前后试品的绝缘有无击穿
(2)耐压试验属于破坏性试验，试验前后均应进行绝缘电阻测试，且耐压前后绝缘电阻相差不应超过30%

(六)学习载体
交流耐压发生装置

视频4-2　真空断路器耐压试验

一、试验目的

断路器的交流耐压试验是鉴定断路器绝缘强度最有效和最直接的试验项目,也是鉴定设备绝缘强度最有效和最直接的试验项目。对断路器进行耐压试验的目的是检查断路器的安装质量,考核断路器的绝缘强度。

油断路器的耐压试验应在绝缘拉杆、泄漏电流测量、断路器和套管 $\tan \delta$ 测量均合格后,并充满符合标准的绝缘油之后进行。对过滤和新加油的断路器一般需静止 3 h 左右,等油中气泡全部逸出后才能进行。气体断路器应在最低允许气压下进行试验,才容易发现内部绝缘缺陷。

二、试验原理

交流耐压的试验电压一般由试验变压器或串联谐振回路产生。为使试验电压不受泄漏电流变化的影响,变压器输送的试品短路电流应不小于 0.1 A。当试品放电时,使试验电压产生较大波动,可能会造成试品和试验变压器损坏,应在试验回路中串联一些阻尼元件。串联谐振回路主要由容性试品或容性负载和与之串联的电感,以及中压电源组成,也可由电容器与感性试品串联而成。改变回路参数或电源频率使回路谐振,产生远大于中压电源电压的幅值加在试品上。在试品放电时,由于电源输出的电流较小,从而限制了对试品绝缘的损坏,试验原理接线如图 4-10 所示。

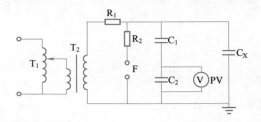

T_1—调压器;T_2—试验变压器;R_1—保护电阻;R_2—球隙保护电阻;F—球隙

C_X—被试品;C_1、C_2—电容分压器高低压臂;PV—电压表。

图 4-10 交流耐压试验原理

三、试验前的准备工作

1. 了解被试设备现场情况及试验条件

查勘现场,查阅相关技术资料,包括该设备历年试验数据及相关规程等,掌握该设备运行及缺陷情况。

2. 测试仪器、设备准备

选择合适的试验变压器及控制台、串联谐振耐压装置、保护电阻、球隙、电容分压器、数字多量程峰值电压表、兆欧表、放电棒、绝缘操作杆、接地线、高压导线、万用表、温湿度计、电工常用工具、白布、安全带、安全帽、试验临时安全遮拦、标示牌等。并查阅测试仪器、设备及绝缘工器具检定证书的有效期。

3. 办理工作票并做好试验现场安全和技术措施

向其余试验人员交代工作内容、带电部位、现场安全措施、现场作业危险点,明确人员分工及试验程序。

四、现场测试步骤及要求

1. 试验接线

交流耐压试验原理如图 4-10 所示,工频耐压试验接线如图 4-11 所示。

油断路器耐压试验应在合闸状态导电部分对地之间和在分闸状态的断口间分别进行。对于三相共箱式的油断路器应作相间耐压,试验时一相加压其余两相接地;对瓷柱式 SF$_6$ 定开距型断路器只作断口间耐压。SF$_6$ 罐式断路器耐压试验方式应为合闸对地;分闸状态两端轮流加压,另一端接地。试验电压必须在高压侧测量,并以峰值表为准。

2. 试验步骤

(1)拆除或断开断路器对外的一切连线。

(2)测试绝缘电阻应正常。

(3)按图 4-11 进行接线,检查试验接线正确、调压器在零位后,不接试品升压,将球隙的放电电压整定在 1.2 倍额定试验电压所对应的放电距离。将高压引线接上试品,接通电源,开始升压进行试验。(当采用串联谐振试验装置时,在较低的激磁

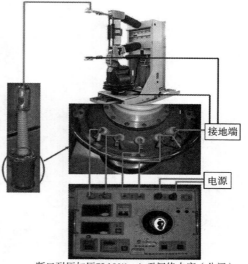

断口耐压加压72 kV/1 min无闪络击穿(分闸);
整体对地耐压加压85 kV/1 min无闪络击穿

图 4-11　工频交流耐压试验接线图

电压下调谐电感或频率找谐振点,当被试品上电压达到最高时,即为达到试验回路的谐振点。可以开始升压进行试验。)

(4)可以快速升压到 0.75 倍试验电压,自 0.75 倍电压开始应均匀升压,约为每秒 2% 试验电压的速率升压。升至试验电压,开始计时并读取试验电压。时间到后降压,然后断开电源,放电、挂接地线。试验中如无破坏性放电发生,则认为通过耐压试验。

3. 试验注意事项

(1)进行绝缘试验时,被试品温度应不低于 +5 ℃。户外试验应在良好的天气进行,且空气相对湿度一般不高于 80%。

(2)升压必须从零(或接近于零)开始,切不可冲击合闸。

(3)升压过程中应密切监视高压回路、试验设备仪表指示状态,监听被试品有无异响。

(4)当工频耐压试验进行了数十秒,中途因故失去电源,使试验中断,在查明原因,恢复电源后,应重新进行全时间的持续耐压试验,不可以仅进行"补足时间"的试验。

断路器交流耐压试验电压标准的选择依据见表 4-9。

多油断路器应在分、合闸状态下分别进行交流耐压试验;三相共处于同一油箱的断路器,应分相进行;试验一相时,其他两相相应接地。少油断路器、真空断路器的交流耐压试验应分别在合闸和分闸状态下进行。合闸状态下的试验是为了考验绝缘支柱瓷套管绝缘;分闸状态下的试验是为了考验断路器断口、灭弧室的绝缘。分闸试验时应在同相断路器动触头和静触头之间施加试验电压。

交流耐压试验前后绝缘电阻下降不超过 30% 为合格。试验时若油箱出现时断时续的轻微放电声,应停止进行试验,必要时应将油重新处理;若出现沉重击穿声音或冒烟则为不合格。

对于断路器的辅助回路和控制回路的交流耐压试验,试验电压为 2 kV。

表 4-9　断路器交流耐压试验电压标准

额定电压(kV)	最高工作电压(kV)	1 min 工频耐受电压(kV)峰值			
		相对地	相间	开关断口	隔离断口
10	12	42	42	42	49
35	40.5	95	95	95	118
66	72.5	155	155	155	197
110	126	220	200	200	225
		230	230	230	265
220	252	360	360	360	415
		395	395	395	460
330	363	460	460	520	520
		510	510	580	580

 **课外作业**

1. 高压断路器交流耐压测试可以检测出什么绝缘状况？其测量原理是什么？应如何进行？

2. 35 kV 少油高压断路器做耐压试验应加多大的电压？要如何区分测量部位？

【任务五】　隔离开关试验

任 务 单

(一)试验目的	(五)技术标准
(1)绝缘电阻测量可以检测开关的绝缘状况,发现绝缘内部隐藏的缺陷 (2)测量开关导电回路电阻的大小,可检查开关正常工作电流时是否产生过热或影响通过短路电流时开关的开断性能,检测安装质量 (3)耐压试验可以检查开关是否受潮、劣化、断裂,制造过程中可能存在缺陷而未被检查出来。检测开关运输安装和运行过程中是否受损,如瓷碗破裂、外部瓷套碰伤等	(1)开关的绝缘电阻大修后 2 500 MΩ,运行中 1 000 MΩ (2)开关的导电回路电阻不大于制造厂规定的 1.5 倍 (3)开关交流耐压前后绝缘电阻不得降低
(二)测量步骤	(六)学习载体
(1)断开隔离开关端部的接地刀闸或接地线,将开关瓷套表面擦拭干净,按要求做好接地等安全操作 (2)绝缘电阻用兆欧表测量开关分闸时两极绝缘电阻 1 min,记录绝缘电阻值 (3)耐压试验时应先按 1.15 倍耐压值设置好保护球隙的距离,再接上避雷器后加压至 1 min 后,无击穿则合格,降压,切断高压 (4)测量开关导电回路电阻时合上隔离开关,按四端子法接线,合上电源开关,开机,选择电流挡位后测量,记录回路电阻值 (5)每次试验后须用接地线对开关充分放电	隔离开关
(三)结果判断	
(1)绝缘电阻测量时要消除表面脏污影响,记录测量时温度和湿度 (2)导电回路测量时要接线良好,挡位合适,精度要满足要求 (3)开关交流耐压前后都要测量绝缘电阻值,两者不得降低	视频 4-3　500 kV 隔离开关操作
(四)注意事项	
(1)测量前后应对试品充分放电 (2)升压时应呼唱 (3)测量时应记录环境温度,必要时应该进行换算,以免出现误判断	

隔离开关根据不同的电压等级,其测量项目、规程和接线方式、合格标准都有所不同。27.5 kV
户外高压隔离开关布置图如图 4-12 所示,110 kV 户外高压隔离开关布置图如图 4-13 所示。

图 4-12 27.5 kV 户外高压隔离开关布置图

图 4-13 110 kV 户外高压隔离开关布置图

下面以 27.5 kV 和 110 kV 两种电压等级的隔离开关分别说明。27.5 kV 单极隔离开关试验规
程见表 4-10,110 kV 三极隔离开关试验规程见表 4-11。

表 4-10 27.5 kV 单极隔离开关试验规程

测量项目	规程要求	接线图示
(1)测量合闸状态下导电回路电阻(用回路电阻测试仪)	导电回路电阻不大于制造厂规定的 1.5 倍	
(2)测量支持绝缘子的绝缘电阻(用兆欧表)	绝缘电阻大修后 2 500 MΩ,运行中 1 000 MΩ	
(3)二次回路绝缘电阻(用兆欧表)	二次回路绝缘电阻不低于 2 MΩ	接地

测量项目	规程要求	接线图示
（4）交流耐压试验（用工频耐压试验装置）	交流耐压试验前后绝缘电阻不得降低	
	检修流程：按1、2、3、4、5、6、7、8进行	
（5）设备检修（MR40型单极电动隔离开关）	设备线夹、保护罩、触头、支持绝缘子	1.设备线夹 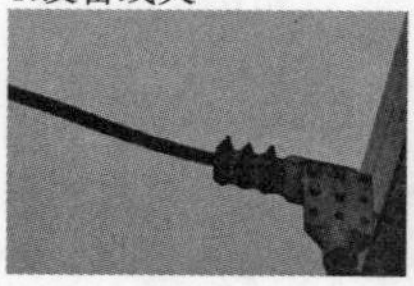 　技术标准：◆ 线夹不得有裂纹、破损　◆ 材质与线夹一致 2.保护罩 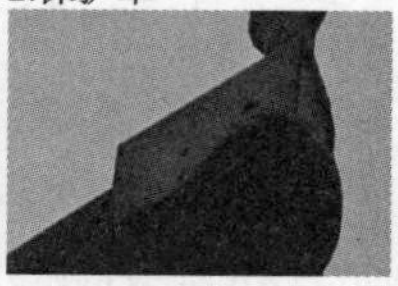 　技术标准：◆ 螺母紧固到位　◆ 软铜片连接牢固，无烧伤破损 3.触头  　技术标准：◆ 接触面光滑，无烧伤、锈蚀　◆ 接触面不小于三分之二　◆ 检修时接触面涂导电膏 4.支持绝缘子  　技术标准：◆ 无灰尘、无污垢、无破损和放电痕迹　◆ 剥落面积不得大于300 mm²
	本体传动机构、底座、端子排、开关	5.本体传动机构  　技术标准：◆ 各零部件完好，连接牢固　◆ 转动灵活、联锁，限位器作用良好可靠 6.底座  　技术标准：◆ 各部件连接牢固，底座角钢与支柱顶部密贴　◆ 锈蚀不得超过本体三分之一

续上表

测量项目	规程要求	接线图示	
（5）设备检修（MR40型单极电动隔离开关）	本体传动机构、底座、端子排、开关	7.端子排  技术标准： ◆ 标识清晰，接点无锈蚀、无短路、无打火痕迹 ◆ 接线紧固，无松动	8.开关和分合闸  技术标准： ◆ 转动灵活，无卡滞

表 4-11　110 kV 三极隔离开关试验规程

测量项目	规程要求	接线图示
（1）测量绝缘子的绝缘电阻（用兆欧表）	大修后 2 500 MΩ，运行中 1 000 MΩ	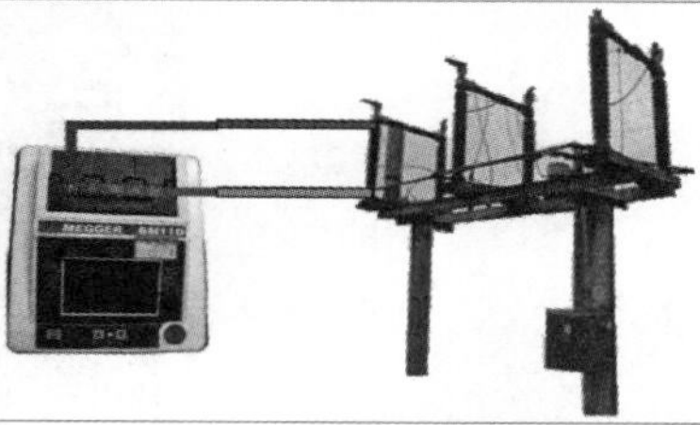
（2）二次回路绝缘电阻（用兆欧表）	二次回路绝缘电阻不低于 2 MΩ	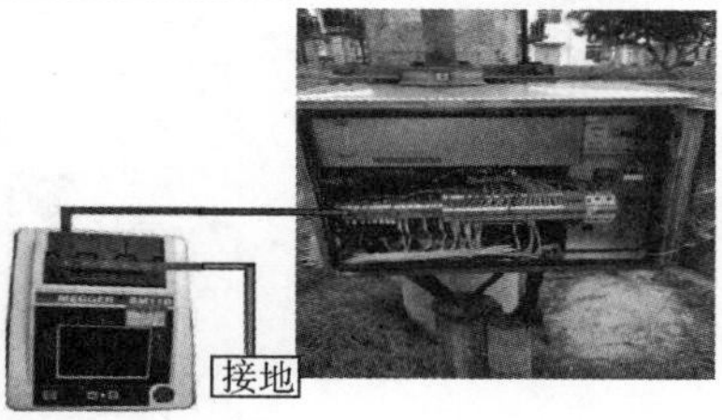
（3）交流耐压试验（用工频耐压试验装置）	交流耐压试验前后绝缘电阻不得降低	
（4）设备检修	GW7-110 型三极隔离开关检修流程按 1、2、3、4、5、6、7、8 进行	

测量项目	规程要求	接线图示
（4）设备检修	设备线夹、保护罩、触头、支持绝缘子	1.设备线夹  技术标准： ◆ 不得有破损、裂纹、变形 ◆ 线夹材质与引线一致 ◆ 涂导电膏 2.保护罩  技术标准： ◆ 螺母紧固到位 ◆ 软铜片不得有裂纹、烧伤铜锈 ◆ 软铜片连接牢固 3.触头  技术标准： ◆ 接触面光滑，无烧伤、锈蚀 ◆ 触头接触面不得小于应有面积三分之二 ◆ 触头涂抹凡士林 4.支持绝缘子  技术标准： ◆ 表面清洁，无灰尘、无污垢、无破损和放电痕迹 ◆ 瓷釉剥落面积不得超过300 mm²
	传动机构、底座、端子排、开关	5.本体传动机构  技术标准： ◆ 各零部件完好，连接牢固 ◆ 转动灵活、联锁、限位器作用良好可靠 6.底座  技术标准： ◆ 各部件连接牢固，底座角钢与支柱顶部密贴 ◆ 锈蚀不得超过本体三分之一 7.端子排  技术标准： ◆ 标识清晰，接点无锈蚀、无短路、无打火痕迹 ◆ 接线紧固，无松动 8.开关和分合闸  技术标准： ◆ 转动灵活，无卡滞

一、复合绝缘支持绝缘子及操作绝缘子的绝缘电阻

在《试验规程》中，复合绝缘操作绝缘子的绝缘电阻允许值见表4-12。

表 4-12　复合绝缘操作绝缘子的绝缘电阻的允许值

试验类别	额定电压(kV)	
	< 24	24 ~ 40.5
A、B 级检修后	1 000	2 500
运行中	300	1 000

二、二次回路的绝缘电阻

（1）直流小母线和控制盘的电压小母线在断开所有其他连接支路时,应不小于 10 MΩ。

（2）二次回路的每一支路和开关,隔离开关操作机构的电源回路应不小于 1 MΩ。

（3）接在主电流回路上的操作回路、保护回路应不小于 1 MΩ。

（4）在比较潮湿的地方,第 2、第 3 两项的绝缘电阻允许降低到 0.5 MΩ。测量绝缘电阻用 500 ~ 1 000 V 兆欧表进行。对于低于 24 V 的回路,应使用电压不超过 500 V 的兆欧表。

三、交流耐压试验

隔离开关的交流耐压试验需进行两项内容,即导电部分对地耐压试验(合闸状态下进行)和端口耐压试验(分闸状态下进行)。

1. 工具组成

隔离开关的交流耐压试的工具包括:B_s 试验变压器;R_1 保护电阻;R_2 限流阻尼电阻;G 保护球隙;A 电流表;V 电压表;LH 电流互感器;B_x 被试变压器。

2. 试验接线图

隔离开关交流耐压试验原理如图 4-14 所示,隔离开关 C 相对地交流耐压试验接线如图 4-15 所示。

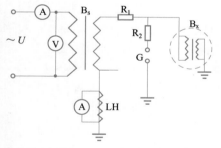

图 4-14　隔离开关交流耐压试验原理

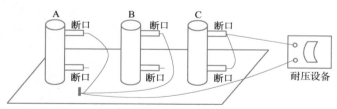

图 4-15　隔离开关 C 相对地交流耐压试验接线

3. 步骤

（1）断开负荷开关的外侧电源开关;

（2）验证确无电压;

（3）分别进行"A 对地、A 断口;B 对地、B 断口;C 对地、C 断口"的耐压;缓慢升压至试验电压,并注意倾听放电声音,密切观察各表计的变化,读取 1 min 的耐压值并记录;

（4）分别进行 A 对 B;B 对 C;C 对 A 的耐压;缓慢升压至试验电压,并注意倾听放电声音,观察各表计的变化,读取 1 min 的耐压值并记录。按表 4-13 交流耐压试验电压标准进行校验数据的准确性。

表 4-13　隔离开关交流耐压试验电压标准(kV)

额定电压	3	6	10	15	20	35	44	60	110	154	220	330
出厂	24	32	42	55	65	95	—	155	250		470	570
交接及大修	22	28	38	50	59	85	105	140	225(260)	(330)	425	—

注:括号内为小接地短路电流系统

四、导电回路电阻测量

1. 测量设备

通常使用回路电阻测试仪,图 4-16 所示为高精度回路电阻测试仪。

2. 面板结构

回路电阻测试仪的面板结构如图 4-17 所示。

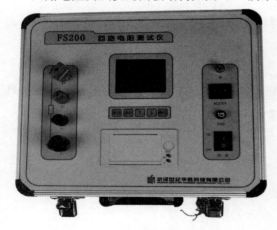

图 4-16　高精度回路电阻测试仪

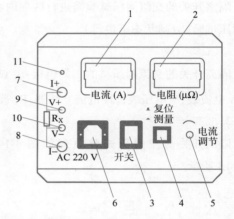

1—电流显示(A);2—电阻显示(μΩ);3—电源开关;
4—测量开关;5—电流调节;6—电源插座;
7—电流输出 I + ;8—电流输出 I − ;9—测量输入 V + ;
10—测量输入 V − ;11—接地。

图 4-17　面板布局图

3. 工作原理

回路电阻测试仪采用电流电压法测试原理,也称四线法测试技术,原理方框图如图 4-18 所示。

由电流源经"I + 、I − "两端口(也称 I 型口),供给被测电阻 R_x 电流,电流的大小由电流表读出,R_x 两端的电压降"V + 、V − "两端口(也称 V 型口)通过电压表读出。通过对 I、V 的测量,就可以算出被测电阻的阻值。

4. 操作方法

(1)按图 4-19 所示接线方法接线。

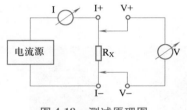

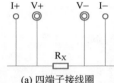 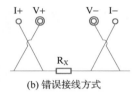

(a) 四端子接线圈　　　　(b) 错误接线方式

图 4-18　测试原理图　　　　　图 4-19　四端子接线图

(2)仪器面板与测试线的连接处应拧紧,不得有松动现象。

(3)应按照四端子法接线,即电流线应夹在被试品的外侧,电压线应夹在被试品的内侧,电流与电压必须同极性。

(4)检查确认无误后,接入 220 V 交流电,合上电源开关,仪器进入开机状态。

(5)调节"电流调节"旋钮,使电流升至 100.0 A,按下"复位/测试"键,此时电阻表显示值为所测的回路电阻值。若显示 1,则表示所测回路电阻值超量程;如果测量电流不是 100.0 A,例如为 I_0,电阻表显示为 R_0,则实际电阻值为 $R = 100 \times (R_0 \div I_0)\ \mu\Omega$。

(6)测量完毕,断开电源开关,将测试线夹收好,放入附件包内。

五、操作机构试验

1. 操作要求

电动式操动机构的分、合闸操作,当其电压或气压在下列范围时,应保证隔离开关的主闸刀或接地闸刀可靠地分、合。

(1)电动机操动机构。当电动机的接线端子在额定电压的 80% ~110% 范围内时。

(2)压缩空气操动机构。当储气筒的气压在额定电压的 85% ~110% 范围内时。

(3)二次控制线圈和电磁闭锁装置。当线圈的电压在额定电压的 80% ~110% 范围内时。

2. 闭锁要求

隔离开关、负荷开关的机械或电气闭锁装置应准确、可靠。

六、隔离开关检修及保养

由于电力系统中隔离开关属于操作比较频繁的设备,故障概率较高,需要加强巡视和重视检修质量,隔离开关检修及保养标准见表 4-14。

表 4-14　隔离开关检修及保养标准

作业步骤	作业程序及标准
隔离开关检修	(1)瓷体清洁,无破损、裂纹及爬电痕迹 (2)整体安装是否牢固 (3)传动机构有无变形 (4)触头接触面是否光滑,有无烧伤 (5)引线连接是否牢固;接地是否良好 (6)开关刀口接触紧密 (7)分闸角度和接地刀闸与带电部分的距离及分闸止钉间隙符合产品规定 (8)检查电动操作机构的电机碳刷磨损程度,限位开关动作可靠,分合闸接触器触头无烧伤;端子牌及其他电气回路的接线无松动。电动操作灵活、可靠 (9)构架及支撑装置完好

作业步骤	作业程序及标准
作业图示(1)	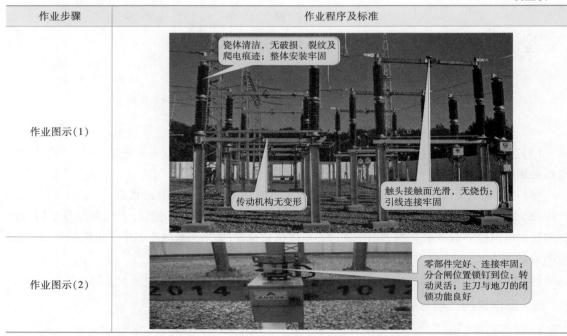 瓷体清洁，无破损、裂纹及爬电痕迹；整体安装牢固 传动机构无变形 触头接触面光滑，无烧伤；引线连接牢固
作业图示(2)	 零部件完好、连接牢固；分合闸位置锁钉到位；转动灵活；主刀与地刀的闭锁功能良好

 课外作业

1. 简述高压隔离开关交流耐压测试过程。
2. 请说明导电回路电阻的测试过程。

 **科技强国**

中国大容量开关设备打破国外技术垄断

中国西电的大容量开关设备——中国首台高参数、高互换性、高可靠性大容量 GIS 设备(550 kV/80 kA/8 000 A 大容量 GIS 设备见图 4-20)研制成功，实现大容量开关设备国产化，打破瑞士 ABB、德国西门子等少数几家国外企业在大容量开关设备领域的垄断。

图 4-20　550 kV/80 kA/8 000 A 大容量 GIS 设备

随着中国电网规模不断扩大,大容量开关设备需要高参数、高互换性、高可靠性等要求。中国首台高参数、高互换性、高可靠性大容量 GIS 设备能够保障中国电力安全,满足短路电流与额定电流的增加、旧站大容量升级改造、负荷中心电网安全稳定运行等要求。

项目小结

本项目是对变电所高压开关电器试验进行了解,包括学习断路器绝缘预防性试验(绝缘电阻测试、介质损耗因数测试、交流耐压测试等)和机械特性试验(分合闸时间测量、速度测量和电压测量)、隔离开关试验、气体放电试验。使学生掌握变电所内高压开关电器的相关试验方法。具体试验项目能检测出的故障见表 4-15 和表 4-16。

表 4-15 断路器高压试验项目检测故障一览表

序号	测试项目	绝缘故障				套管	开关断口
		主绝缘	整体受潮	局部放电	过热		
1	绝缘电阻	●	●			●	●
2	少油开关的泄漏电流试验	●	●				●
3	高压开关并联电容 C_X 和 $\tan\delta$	●	●				
4	高压开关的回路电阻						●
5	交流耐压试验	●					●
6	绝缘油试验		●	●	●		
7	SF$_6$ 断路器的气体泄漏及微水试验		●				
8	分合闸速度、时间及同期性等机械特性试验						●

表 4-16 隔离开关高压试验项目检测故障一览表

序号	试验项目	绝缘故障	
		主绝缘	整体受潮
1	二次回路绝缘电阻	●	
2	导电回路直流电阻测量	●	●
3	交流耐压	●	●

项目资讯单

项目内容	断路器、隔离开关绝缘预防性试验和动作特性试验			
学习方式	通过教科书、图书馆、专业期刊、上网查询问题;分组讨论或咨询老师		学时	10
资讯要求	书面作业形式完成,在网络课程中提交			
资讯问题	序号	资讯点		
	1	高压断路器按绝缘介质和结构的不同可分为哪几种? 各用于什么电压等级		
	2	高压断路器的预防性试验项目主要有哪些? 能检测哪方面的绝缘缺陷		
	3	高压断路器测量绝缘电阻可以检测哪部分绝缘缺陷		
	4	断路器工频耐压试验过程中突然"失压",应如何处理		

	序号	资讯点
资讯问题	5	油断路器和真空断路器是不是需要在分、合闸状态下分别测量？其检测部位有何不同
	6	隔离开关预防性试验主要项目有哪些？与断路器相比，有哪些不同
	7	导电回路电阻是不是直流电阻值？在测量原理和方法有没有不同
	8	少油断路器喷油的原因有哪些？发现看不到油面或发现瓷绝缘断裂如何处理
	9	如何判断少油断路器的运行状态？型号 SN10-10/630 表示什么意思
	10	断路器和隔离开关巡视检查的周期及内容如何
	11	断路器和隔离开关之间为什么要加联锁？联锁方式有哪些？什么是"五防"
	12	断路器的停、送电操作前应做哪些准备？操作的安全要点有哪些
	13	如何保证隔离开关操作安全？一旦发生误拉、误合隔离开关，如何处理
	14	高压断路器拒动，请分析其原因，应如何处理
	15	真空断路器不能开断故障电流时，是什么原因？应如何处理
	16	220 kV SF$_6$断路器试验项目有哪些
资讯引导		以上问题可以在本教程的学习信息、精品网站、教学资源网站、互联网、专业资料库等处查询学习

项目考核单

一、选择题

1. 断路器的操动机构用来(　　)。

　A. 控制断路器合闸和维持合闸

　B. 控制断路器合闸和跳闸

　C. 控制断路器合闸、跳闸并维持断路器合闸状态

2. 隔离开关的主要作用包括(　　)、隔离电源、拉合无电流或小电流电路。

　A. 拉合空载线路　　　　　B. 倒闸操作　　　　　　　C. 通断负荷电流

3. 为保证在暂时性故障后迅速恢复供电，有些高压断路器具有(　　)重合闸功能。

　A.1 次　　　　　　　　　B.2 次　　　　　　　　　C.3 次

4. 真空断路器的金属屏蔽罩的主要作用是(　　)。

　A. 降低弧隙击穿电压

　B. 吸附电弧燃烧时产生的金属蒸气

　C. 加强弧隙散热

5. 停电拉闸操作必须按照(　　)的顺序依次操作，送电合闸操作应按与上述相反的顺序进行。严禁带负荷拉合刀闸。

　A. 断路器(开关)——负荷侧隔离开关(刀闸)——母线侧隔离开关(刀闸)

　B. 断路器(开关)——母线侧隔离开关(刀闸)——负荷侧隔离开关(刀闸)

　C. 负荷侧隔离开关(刀闸)——断路器(开关)——母线侧隔离开关(刀闸)

6. ZN4-10/600 型断路器可应用于最大持续工作电流为(　　)的电路中。

　A. 600 A　　　　　　　　B.10 kA　　　　　　　　C.600 kA

7. FN3-10R/400 型负荷开关合闸时,(　　　)。

    A. 工作触头和灭弧触头同时闭合 　　　　　　B. 灭弧触头先于工作触头闭合

    C. 工作触头先于灭弧触头闭合

8. 断路器对电路故障跳闸发生拒动,造成越级跳闸时,应立即(　　　)。

    A. 对电路进行试送电 　　　　　　　　　　B. 查找断路器拒动原因

    C. 将拒动断路器脱离系统

9. 隔离开关与断路器串联使用时,停电的操作顺序是(　　　)。

    A. 先拉开隔离开关,后断开断路器 　　　　　B. 先断开断路器,再拉开隔离开关

    C. 同时断(拉)开断路器和隔离开关 　　　　D. 任意顺序

二、填空题

1. 高压设备发生接地时,室内不得接近故障点＿＿＿＿＿＿以内,室外不得接近故障点＿＿＿＿＿＿以内。进入上述范围人员必须穿绝缘靴,接触设备的外壳和架构时,应戴绝缘手套。

2. 用绝缘棒拉合隔离开关(刀闸)或经传动机构拉合隔离开关(刀闸)和断路器(开关),均应＿＿＿＿＿＿。雨天操作室外高压设备时,绝缘棒应有防雨罩,还应穿绝缘靴。接地网电阻不符合要求的,晴天也应穿绝缘靴。雷电时,禁止＿＿＿＿＿＿操作。

3. 测量绝缘时,在测量绝缘前后,必须将被试设备＿＿＿＿＿＿。

4. 开关电器中,利用电弧与固体介质接触来加速灭弧的原理主要是＿＿＿＿＿＿。

5. 真空断路器主要用于＿＿＿＿＿＿电压等级。

6. 10 kV 真空断路器动静触头之间的断开距离一般为＿＿＿＿＿＿。

7. 高压断路器按其绝缘介质不同分为＿＿＿＿＿＿、＿＿＿＿＿＿,＿＿＿＿＿＿和＿＿＿＿＿＿。

8. 断路器的额定开断电流决定了断路器的＿＿＿＿＿＿。

9. 将电气设备从一种工作状态改变为另一种工作状态的操作,称为＿＿＿＿＿＿。

10. 隔离开关拉闸应＿＿＿＿＿＿。

11. 隔离开关可以拉、合电压互感器与＿＿＿＿＿＿回路。

12. 隔离开关可用于拉、合励磁电流小于＿＿＿＿＿＿的空载变压器。

三、简答题

1. 目前国内电力系统中大量使用的高压断路器按绝缘介质和结构的不同分为哪几种?

2. 高压断路器的预防性试验项目主要有哪几项?

3. 简述断路器动作时间测量方法。

4. 简述断路器速度测量。

5. 简述如何进行断路器耐压试验。

6. 简述气体放电试验的原理。

7. 简述隔离开关需要进行哪些预防性试验。

项目操作单

分组实操项目。全班分7组,每小组5~7人,通过抽签确认表4-17变压器试验项目内容,自行安排负责人、操作员、记录员、接地及放电人员分工。考评员参考评分标准进行考核,时间50 min,其中实操时间30 min,理论问答20 min。

表4-17　高压开关试验项目

序号	高压开关绝缘项目内容			
项目1	断路器直流回路电阻测试			
项目2	断路器绝缘电阻与介质损耗因数 $\tan\delta$ 测量			
项目3	少油断路器直流泄漏测试			
项目4	断路器合分闸时间、同期性、合闸弹跳时间和动作电压测定			
项目5	断路器交流耐压测试			
项目6	隔离开关回路电阻及耐压试验			
项目编号	01	考核时限	50 min	得分
开始时间		结束时间		用时
作业项目	高压开关试验项目1~6			
作业项目	高压开关试验项目1~4			
项目要求	(1)说明高压开关绝缘试验原理 (2)现场就地操作演示并说明需要试验的绝缘结构及材料 (3)注意安全,操作过程符合安全规程 (4)编写试验报告 (5)实操时间不能超过30 min,试验报告时间20 min,实操试验提前完成的,其节省的时间可加到试验报告的编写时间里			
材料准备	(1)正确摆放被试品 (2)正确摆放试验设备 (3)准备绝缘工具、接地线、电工工具和试验用接线及接线钩叉、鳄鱼夹等 (4)其他工具,如绝缘胶带、万用表、温度计、湿度仪			

评分标准	序号	项目名称	质量要求	满分100分
	1	安全措施 (14分)	(1)试验人员穿绝缘鞋、戴安全帽,工作服穿戴齐整	3
			(2)检查被试品是否带电(可口述)	2
			(3)接好接地线对高压开关进行充分放电(使用放电棒)	3
			(4)设置合适的围栏并悬挂标示牌	3
			(5)试验前,对高压开关外观进行检查(包括本体绝缘、接地、本体清洁度等),并向考评员汇报	3
	2	高压开关及仪器仪表铭牌参数抄录 (7分)	(1)对与试验有关的高压开关铭牌参数进行抄录	2
			(2)选择合适的仪器仪表,并抄录仪器仪表参数、编号、厂家等	2
			(3)检查仪器仪表合格证是否在有效期内并向考评员汇报	2
			(4)向考评员索取历年试验数据	1
	3	高压开关外绝缘清擦 (2分)	至少要有清擦意识或向考评员口述示意	2

续上表

	序号	项目名称	质量要求	满分100分
评分标准	4	温、湿度计的放置 (4分)	(1)试品附近放置温、湿度表,口述放置要求	2
			(2)在高压开关本体测温孔放置棒式温度计	2
	5	试验接线情况 (9分)	(1)仪器摆放整齐规范	3
			(2)接线布局合理	3
			(3)仪器、高压开关地线连接牢固良好	3
	6	电源检查(2分)	用万用表检查试验电源	2
	7	试品带电试验 (23分)	(1)试验前撤掉地线,并向考评员示意是否可以进行试验。说明操作步骤	2
			(2)接好试品,操作仪器,如果需要则缓慢升压	6
			(3)升压时进行呼唱	1
			(4)升压过程中注意表计指示	5
			(5)电压升到试验要求值,正确记录表计数值	3
			(6)读取数据后,仪器复位,断掉仪器开关,拉开电源刀闸,拔出仪器电源插头	3
			(7)用放电棒对被试品放电、挂接地线	3
	8	记录试验数据 (3分)	准确记录试验时间、试验地点、温度、湿度、油温及试验数据	3
	9	整理试验现场 (6分)	(1)将试验设备及部件整理恢复原状	4
			(2)恢复完毕,向考评员报告试验工作结束	2
	10	试验报告 (20分)	(1)试验日期、试验人员、地点、环境温度、湿度、油温	3
			(2)试品铭牌数据:与试验有关的高压开关铭牌参数	3
			(3)使用仪器型号、编号	3
			(4)根据试验数据作出相应的判断	9
			(5)给出试验结论	2
	11	考评员提问(10分)	提问与试验相关的问题,考评员酌情给分	10
	考评员项目验收签字			

项目五　避雷器、接地装置试验

一、项目描述	五、学习载体
以避雷器、避雷线、避雷针等防雷设备为学习载体,按照输电线路防雷、变电所防雷、接触线防雷的主线,学习电力系统雷电过电压的产生方式、防护方式,学习避雷线、避雷针、避雷器的结构、保护原理及应用场合,了解避雷器试验项目、测试方法、接地电阻测试方法等试验要求	

二、项目要求	
(1)了解电力雷云放电机理 (2)掌握输电线路雷电过电压的产生方式 (3)熟悉变电所防雷措施 (4)了解避雷针和避雷器绝缘保护特性 (5)熟悉避雷器试验内容	

三、学习目标	
(1)会对避雷针和避雷器进行日常维护 (2)会布置输电线路的防雷措施 (3)会布置变电所的防雷措施 (4)能对避雷器计数器进行试验 (5)能分析处理避雷器的故障	(1)金属氧化物避雷器 (2)阀式避雷器等 (3)避雷线 (4)避雷针、避雷网、避雷带等

四、职业素养	
(1)树立高压安全意识,培养遵章守规行为习惯 (2)培养爱岗敬业精神和吃苦耐劳品质 (3)培养团队精神,珍惜集体荣誉,真诚付出 (4)能制订变电所防雷方案 (5)能掌握输电线路防雷措施 (6)能对避雷器进行日常维护 (7)能处理避雷器的常见故障	

【任务一】　架空输电线路雷电防护

任　务　单

(一)任务描述	(五)学习载体
以输电线路为载体,根据架空输电线路的类型分析输电线路雷害来源,引出输电线路防雷需要解决的问题,学习雷电放电机理,输电线路直击雷防护措施及感应雷防护措施,了解输电线路避雷器防护的原理,理解输电线路的耐雷水平、雷击跳闸率及输电线路绝缘在线监测的形式	

续上表

（二）任务要求	（五）学习载体
（1）了解雷云放电机理 （2）学习雷电参数 （3）学习架空输电线路雷击特点 （4）学习架空输电线路的防护措施 （5）熟悉基本的雷电参数	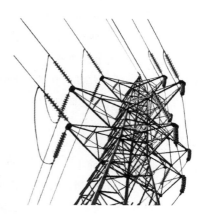

（三）学习目标
（1）知道雷云放电机理 （2）知道雷电参数的意义 （3）能根据输电线路雷击特点选择合适的防护方法 （4）会合理设计输电线路的防雷措施 （5）会合理运用不同的避雷设备

（四）职业素养
（1）树立高压安全意识，培养遵章守规行为习惯 （2）培养爱岗敬业精神和吃苦耐劳品质 （3）具有团队精神，珍惜集体荣誉 （4）能制订输电线路防雷方案 （5）会对输电线路的防雷措施进行维护 （6）会分析雷害事故原因

（1）输电线路
（2）输电线路避雷器
（3）输电线路避雷线

一、雷电机理及其参数

1. 雷电机理

雷电放电实质上是一种超长气隙的火花放电，它所产生的雷电流高达数十、甚至数百千安，从而会引起巨大的电磁效应、机械效应和热效应。雷电会在电力系统中产生很高的雷电过电压，是造成电力系统绝缘故障和停电事故的主要原因之一。同时，雷电也会产生巨大的电流，使被击物体炸毁、燃烧、使导体熔断或通过电动力引起机械损伤。

雷电引起的电力系统过电压称为大气过电压或雷电过电压。分为直击雷过电压和感应雷过电压，直击雷过电压是雷直接击于电气设备或输电线路时，巨大的雷电流在被击物上流过时造成的过电压；感应雷过电压是雷击电气设备、输电线路附近的地面或其他物体时，由于静电感应和电磁感应在电气设备或输电线路上产生的过电压。

雷电可以发生在雷云和雷云之间，也可以发生在雷云和大地之间，重点研究雷云对大地的放电，因为这是造成雷害事故的主要原因。按其发展方向，雷电可分为上行雷和下行雷。下行雷是在雷云中产生并向大地发展的，上行雷是由接地物体顶部激发起，并向雷云方向发展的。雷电的极性是按照从雷云流入大地的电荷极性决定，大量实测表明，75% ~90% 左右对地面放电的雷电是负极性。

雷电放电过程主要包括三个阶段：先导放电阶段、主放电阶段和余辉放电阶段。

（1）先导放电过程

雷云中的电荷一般是集中在几个带电中心。测量数据表明，雷云的上部带正电荷，下部带负电荷。直接击向地面的放电通常从负电荷中心的边缘开始。雷云带有大量电荷，由于静电感应作用，在雷云下方的地面或地面上的物体将感应聚集与雷云极性相反的电荷，雷云与大地间就形成了电场。当雷云附近的电场强度达到足以使空气游离的强度(25~30 kV/cm)时,就发展局部放电。当某一段空气游离后,这段空气就由原来的绝缘状态变为导电性的通道,称为先导放电通道。若最大场强方向是对地的,放电就从云中带电中心向地面发展,形成下行雷。

先导通道是分级向下发展的,每级先导发展的速度相当高,但每发展到一定的长度(25~50 m)就有一个(30~90)μs的间歇。所以它的平均发展速度较慢(相对于主放电而言),为$(1~8)×10^5$ m/s,出现的电流不大。先导放电的不连续性,称为分级先导,历时0.005~0.01 s。在先导通道发展的初始阶段,其发展方向受到一些偶然因素的影响并不固定。但当它发展到距地面一定高度时(这个高度称为定向高度),先导通道会向地面上某个电场强度较强的方向发展,这说明先导通道的发展具有"定向性",或者说雷击有"选择性"。

(2)主放电过程

当先导接近地面时,地面上一些高耸的突出物体周围电场强度达到空气游离所需的场强,会出现向上的迎面先导,当先导通道的头部与迎面先导上的异号感应电荷或与地面之间的距离很小时,剩余空气间隙中的电场强度达到极高的数值,造成空气间隙强烈地游离,最后形成高导电通道,将先导头部与大地短接,这就是主放电阶段的开始。由于其电离程度比先导通道强烈得多,电荷密度很大,故通道具有很高的导电性。主放电的发展速度很高,为$(2×10^7~1.5×10^8)$ m/s,所以出现极大的脉冲电流,并产生强烈的光和热使空气急剧膨胀振动,出现闪电和雷鸣。

(3)余辉放电过程

主放电完成后,云中的剩余电荷沿着主放电通道继续流向大地,形成余辉放电,电流不大,约数百安,持续时间较长(0.03~0.05 s)。由于云中同时可能存在几个带电中心,所以雷电放电往往是重复的。

2. 雷电参数

(1)雷暴日和雷暴小时

雷暴日是一年中有雷电放电的日数,一天中只要听到一次以上雷声就算一个雷电日,一般采用多年平均值,即年平均雷电日。雷暴小时是一年中有雷电的小时数。一天或一小时内只要听到雷声(不管听到几次),就记为一个雷暴日或雷暴小时,一般也是采用年平均值。通过数据比较,雷暴小时数与雷暴日数之比随雷暴日数增加而增大,二者的比值在3倍左右。

(2)地面落雷密度

雷暴日或雷暴小时虽反映出该地区雷电活动的频度,但它未能反映出是云间放电或是云对地的放电。测试表明,云间放电远多于云对地放电,而人们对关心的是雷云对地的放电,即地面落雷。地面落雷密度表示每个雷暴日每平方公里地面上的平均落雷次数。

(3)雷电流幅值、波头、波长和陡度

对于脉冲波的雷电流一般用幅值、波头和波长三个主要参数来表征。

幅值是指脉冲电流所达到的最高值,它与气象及自然条件有关,是一个随机参量,只有通过大量实测才能正确估算其概率分布的规律,但雷电幅值与海拔高度及土壤电阻率的大小关系不大。虽然雷电流的幅值随各国的自然条件不同而差别很大,但是各国测得的雷电流波形基本一致,我国在防雷保护设计中建议采用2.6 μs的波头长度,波长采用2.6/50 μs。雷电流陡度的直接测量很困难,常常是根据一定的幅值和波头,再按照一定的波形推算。在防雷计算中,雷电流的波头取2.6 μs、波长取50 μs。

雷电流波头平均陡度为

$$a = \frac{I}{2.6}(\mathrm{kA/\mu s}) \qquad (5-1)$$

（4）雷电流的波形

实测结果表明，雷电流的幅值、陡度、波头、波长虽然每次不同，但都是单极性的脉冲波，在电力系统防雷计算中，要求将雷电波形典型化，以便于计算。常用的有三种波形，如图 5-1 所示。

图 5-1（a）为双指数函数波形，也是雷电标准波形。

图 5-1（b）为斜角平顶波，其波前陡度由雷电流峰值 I 和波前时间决定。在防雷保护计算中，雷电流波头 T_1 采用 2.6 μs，即陡度为 $a = I/2.6(\mathrm{kA/\mu s})$。标准建议在一般线路防雷设计中采用斜角波。

图 5-1（c）为半余弦波，半余弦波仅在特殊大跨越、高杆塔线路防雷设计时用。其表达式为

$$i = \frac{I}{2}(1 - \cos \omega t) \qquad (5-2)$$

式中　I——雷电流幅值，kA；

　　　ω——等值角频率，由波前时间 T_1 决定，$\omega = \pi/T_1$。

最大陡度出现在 $T_1/2$ 处，其值为

$$a_{\max} = \left(\frac{\mathrm{d}i}{\mathrm{d}t}\right)_{\max} = \frac{I\omega}{2} \qquad (5-3)$$

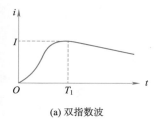
(a) 双指数波

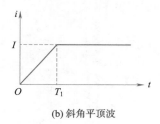
(b) 斜角平顶波

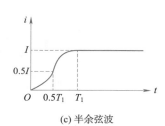
(c) 半余弦波

图 5-1　雷电流的等值计算波形

二、架空输电线路雷击特点

输电线路是连接发电厂和变电站（所）的传送电能的电力线路，它是电力系统的大动脉，可把强大的电能输送到四面八方。所谓输电是用变压器将发电机发出的电能升压后，再经断路器等控制设备接入输电线路来实现的。

1. 输电线路分类

按架设的形式：输电线路分为架空输电线路和电缆线路。

按输送电流的性质：输电分为交流输电和直流输电，20 世纪 80 年代首先成功地实现了直流输电，但由于直流输电的电压在当时技术条件下难以继续提高，以致输电能力和效益受到限制，20 世纪末，直流输电逐步为交流输电所代替。

按电压等级：交流输电有 35 kV、110 kV、220 kV、330 kV、500 kV、750 kV 及 1 000 kV 特高压输电线路等。直流输电有 ±500 kV 超高压直流输电线路、±800 kV 特高压直流输电线路。

按线路使用材料分类：有铁塔线路（全线使用铁塔），混凝土杆线路（全线使用混凝土杆），轻型钢杆线路（全线主要使用轻型钢杆），混合型杆塔线（因地制宜地使用杆塔种类），木杆线路（全线使

用木杆)、瓷横担线路(采用瓷横担作为绝缘子的线路)等。

2. 架空输电线路的结构及特征

架空输电线路由线路杆塔、导线、绝缘子、线路金具、拉线、杆塔基础、接地装置等构成,架设在地面之上。其中绝缘子将输电导线固定在直立于地面的杆塔上,导线承担传导电流的功能,必须具有足够的截面以保持合理的通流密度。

超高压输电线路,由于输送容量大,工作电压高,为了减小电晕放电引起的电能损耗和电磁干扰,导线还应具有较大的曲率半径,多采用分裂导线(即用多根导线组成一相导线,2分裂、3分裂或4分裂导线(图5-2)使用最多,特高压输电线路则采用6分裂、8分裂、10分裂或12分裂导线)。

绝缘子串是由单个悬式绝缘子串接而成,需满足绝缘强度和机械强度的要求,主要根据不同的电压等级来确定每串绝缘子的个数,也可以用棒式绝缘子串接,对于特殊地段的架空线路,如污秽地区,还需采用特别型号的绝缘子串。杆塔是架空线路的主要支撑结构,多由钢筋混凝土或钢材构成,根据机械强度和电绝缘强度的要求进行结构设计。

与地下输电线路相比较,架空线路建设成本低,施工周期短,易于检修维护。因此,架空线路输电是电力工业发展以来所采用的主要输电方式。通常所称的输电线路就是指架空输电线路,通过架空线路将不同地区的发电站、变电站、负荷点连接起来,输送或交换电能,构成各种电压等级的电力网络或配电网。

图 5-2　高压输电电路中的分裂导线

3. 架空输电线路的雷害来源

架空输电线路暴露在大气环境中,会直接受到气象条件的作用,如当地气温变化、强风暴侵袭、结冰荷载,以及跨越江河时可能遇到的洪水等影响。同时,雷电袭击、雨淋、湿雾,以及自然和工业污秽等也都会破坏或降低架空输电线路的绝缘强度甚至造成停电事故。架空输电线路还存在电磁环境干扰问题。这些因素都必须在架空输电线路的设计、运行和维护中加以考虑。

输电线路上的雷电过电压分为感应雷过电压和直击雷过电压两种。

(1)感应雷过电压

当雷击于线路附近的建筑物或地面时,会在架空输电线的三相导线上出现感应过电压。这是因为雷云在放电的先导阶段中,先导通道里充满了电荷,当这个雷云接近输电线路上空时,根据静电感应原理,将在线路上感应出一个与雷云电荷数量相等但极性相反的电荷,称束缚电荷;而与雷云同号的电荷则通过线路的接地中性点泄入大地而消失。即使是中性点绝缘的线路,此同号电荷也将由线路泄漏而转入大地,如图5-3(a)所示。此时,如雷击大地,即由先导放电转为主放电后,先导通道内的电荷被迅速中和。这时导线上的束缚电荷即转变为自由电荷,向两侧运动,由其形成的电磁场也向两侧传播,如图5-3(b)所示。

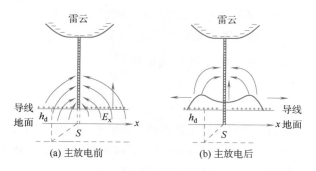

图5-3　感应过电压的形成

（2）直击雷过电压

输电线路遭受雷击一般有三种情况:雷击杆塔塔顶、雷击避雷线档距中央、雷绕过避雷线直接击于导线,如图5-4所示。

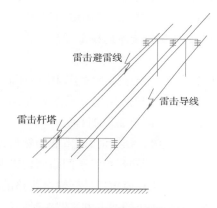

图5-4　雷击输电线路的形式

输电线路遭受雷击情况:

按地形地貌统计——平原地区线路遭受雷击所占比例为29%,山地占40%,丘陵31%;

按线路遭雷后故障相别统计——边相占75%,中相占20%,三相占5%;

按避雷线对边导线保护角统计——雷击跳闸中小于15°,占37%;15°以上占63%;

以上数据说明在山区、丘陵地区、边相是雷击跳闸的多发情况。据统计,山区雷害主要是雷击杆塔或避雷线造成的反击事故。雷击事故主要发生在水库、水塘附近的突出山顶上,高山的山坡或半坡向阳的山脊上,电阻率高的土壤区和附近无树木等山丘突出处。地形坡度较陡的杆塔外边侧绝缘子、大转角杆塔外侧绝缘子串和大档距两端杆塔也易遭雷击闪络。

4. 架空输电线路雷电防护需要解决的问题

架空输电线路长、地处旷野、易受雷击。在电力系统的雷害事故中,雷击线路造成的跳闸事故占电网总事故的60%以上。线路事故跳闸,不但影响系统正常供电,且增加了线路和开关设备的检修工作量;同时,雷电过电压波还会沿线路侵入变电所,危及电气设备安全。输电线路防雷保护是一个非常重要的问题,而输电线路的防雷需要了解和解决的问题主要包括:

（1）了解天上的问题。如何避免在系统中产生。

（2）把握地上的问题。如何降低过电压或提高绝缘耐雷水平。

（3）解决地下的问题。如何改善雷电流散流特性。

三、架空输电线路的常见有效防护措施及原理

1. 架空输电线路的主要防雷措施

（1）架设避雷线

架设避雷线是高压及超高压输电线路最基本的防雷措施,其主要目的是防止雷击于导线,同时还有分流作用以减小流经杆塔入地电流,从而降低杆塔塔顶电位;通过耦合地线可以减小线路绝缘承受的电压;对导线还有屏蔽作用,可以降低感应过电压。

（2）降低线路的接地电阻值

降低接地电阻一是用镀锌扁铁代替镀锌圆钢,增大接地体与土壤的接触面积,虽然施工难度加大了但是降低接地电阻值的效果却是很明显的。遇到地质是岩石无土的杆塔地网埋设利用镀锌圆钢向土质较好的地方延伸埋设接地网,在接地网间隔 5 m 打入铜包钢地针。二是增加杆塔埋设深度,在耕地土壤中埋设深度增加到 80 cm;非耕地土壤中增加到 60 cm;山地埋设不小于 30 cm。三是对接地网的焊接点进行清理干净并做防腐措施刷防锈漆。

（3）安装线路避雷器

当线路受到雷击过电压,感应过电压尚未达到绝缘子闪络电压时,导线引流球和保护器限流元件引流球间隙首先开始放电,之后将雷电流导向氧化锌限流元件,雷电流经氧化锌限流元件释放,而工频续流则被氧化锌限流元件截断,达到"避雷"的目的。

当线路出现短时工频过电压,线路绝缘未恢复时,避雷器仍然保证放电,起到保护作用,从而防止因工频续流高温熔断线路绝缘,避免发生断线、绝缘子闪络而造成大面积停电、失电的损失。

目前,已广泛采用线路型合成绝缘氧化锌避雷器进行输电线路的防雷,取得了很好的效果。氧化锌避雷器具有优异的非线性伏安特性,残压随冲击电流波头时间的变化特性平稳,陡波响应特性好,没有间隙击穿特性和灭弧问题。其电阻片单位体积吸收能量大,还可以并联使用,所以对于保护超高压长距离输电系统和大容量电容器组特别有利,对于低压配电网的保护也很适合,是低压配电网的主要保护措施,如图 5-5 所示。

图 5-5　输电线路安装线路避雷器

输电线路上使用的线路避雷器主要有无间隙型和带串联间隙型两种。无间隙型避雷器直接与导线接触连接,具有吸收冲击能量可靠、无放电延时、线路正常运行操作时不带电的特点,但是当避雷器老化、损坏时由于直接与导线接触将会发生安装相短路,造成额外的线路跳闸事故。无间隙型避雷器如图5-6所示,带串联间隙避雷器如图5-7所示。

图5-6　无间隙型避雷器

图5-7　带串联间隙避雷器

线路避雷器安装时应注意选择多雷区且易遭雷击的输电线路杆塔,最好在两侧相邻杆塔上同时安装,垂直排列的线路可只装上下两相,安装时尽量不使避雷器受力。并注意保持足够的安全距离;避雷器应顺杆塔单独敷设接地线,其截面不小于25 mm^2,尽量减小接地电阻的影响,线路避雷器安装如图5-8所示。

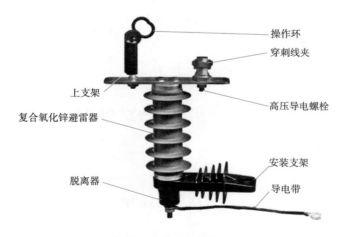

图5-8　线路避雷器安装

2. 感应雷过电压防护

（1）感应过电压防护

若无避雷线,根据理论分析和实测结果,对于感应过电压,国家标准《电能质量　暂时过电压和瞬态过电压》（GB/T 18481）建议;当雷击点离导线的距离超过65 m时,导线上的感应雷过电压最大值 U_g 为

$$U_g \approx 25Ih_s/d \quad (\text{kV}) \tag{5-4}$$

式中　d——雷击点与线路的水平距离,m;

　　　h_s——导线悬挂的平均高度,m;

I——雷电流幅值,kA。

雷击线路杆塔时

$$U_g = \alpha h_s \quad (kV) \tag{5-5}$$

式中　α——感应过电压系数,kV/m。其值等于以千安每微秒计的雷电流平均陡度,即 $\alpha = 2.6$。

考虑有避雷线时,雷击线路附近时避雷线上也会感应出过电压,又由于避雷线接地,其实际电位为零,因此可以认为避雷线有一($-U_g$)与其抵消,而此电压又会在导线上产生耦合电压 $k_0(-U_g)$,k_0 为避雷线和导线之间的耦合系数,k_0 的数值主要决定于导线间的相互位置与几何尺寸,线间距离愈近,耦合系数就愈大。此时导线上的过电压为

雷击大地 $$U'_g = U_g - k_0 U_g = U_g(1 - k_0) \tag{5-6}$$

雷击杆塔 $$U'_g = \alpha h_s(1 - k_0) \tag{5-7}$$

式中　k_0——避雷线与导线间的耦合系数,

因此,由于避雷线的屏蔽作用,会使导线上的感应电压降低,降低的数值约等于 $k_0 U_g$。

结论:输电线路感应过电压的防护常采用架设避雷线的方法。

(2)单根避雷线的防护范围

避雷线的保护范围是指被保护物在此空间内可遭受雷击的概率在可接受值之内,如图 5-9 所示。各种文献规定的保护范围不同是指遭受雷击的概率不同,电力行业标准《交流电气装置的过电压保护和绝缘配合》(DL/T 620)规定,避雷线保护范围内可遭受雷击概率为 0.1%。

①当 $h_x \geqslant \dfrac{h}{2}$ 时,

$$r_x = 0.47(h - h_x)P \tag{5-8}$$

式中　r_x——每侧保护范围的宽度,m;

　　　h——避雷线高度,m;

　　　h_x——被保护线路的高度,m;

　　　P——高度影响系数。当 $h \leqslant 30$ m 时,$P = 1$;30 m $< h \leqslant 120$ m 时,$P = \dfrac{5.5}{\sqrt{h}}$;当 $h > 120$ m 时,取

　　　　　其等于 120 m。

②当 $h_x < \dfrac{h}{2}$ 时,

$$r_x = (h - 1.53 h_x)P \tag{5-9}$$

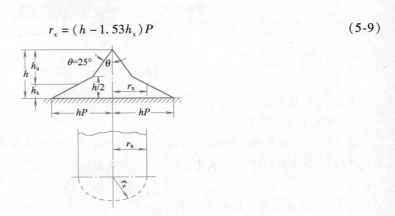

图 5-9　单根避雷线的保护范围

（3）两根等高平行避雷线的防护范围（图5-10）

两避雷线外侧的保护范围应按单根避雷线的计算方法确定。两避雷线间各横截面的保护范围应由通过两避雷线1、2点及保护范围边缘最低点O的圆弧确定。O点的高度应按式（5-10）计算：

$$h_0 = h - \frac{D}{4P} \tag{5-10}$$

式中　h_0——两避雷线间保护范围上部边缘最低点的高度，m；

　　　D——两避雷线间的距离，m；

　　　h——避雷线的高度，m。

两避雷线端部保护范围按下列方法确定：

①分别按单根避雷线确定端部外侧保护范围。

②两线间端部保护范围最小宽度应按式（5-11）计算：

当$h_x \geqslant \dfrac{h}{2}$时，

$$b_x = 0.47(h_0 - h_x)P \tag{5-11}$$

当$h_x \geqslant \dfrac{h}{2}$时，

$$b_x = (h_0 - 1.53h_x)P \tag{5-12}$$

式中　b_x——两避雷线端部保护最小宽度，m；

　　　h_0——两线间保护最低高度，m；

　　　h_x——被保护物高度，m。

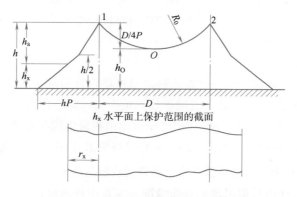

图5-10　两根平行避雷线的保护范围

3. 直击雷过电压防护

（1）直击雷过电压特点

直击雷和绕击雷过电压的防护，设单根避雷线，减少保护角，降低杆塔高度或双避雷线。雷直击导线后，雷电流将沿被击导线向两侧分流，就形成了向两边传播的过电压波，在未有反射波之前，电压与电流的比值为线路的波阻抗。架空线路的波阻抗在大气过电压的情况下，可认为接近等于400 Ω。这数值远大于测定雷电流时的接地电阻值（一般不大于10 Ω）。因此，雷直击于架空线时的电流要小于统计测量的雷电流，一般认为是减半，即$I/2$。那么架空线上的过电压就为

$$U_g = \frac{I}{2} \times \frac{Z}{2} = \frac{I}{2} \times \frac{400}{2} = 100I \tag{5-13}$$

如用绝缘的 50% 冲击闪络电压 $U_{50\%}$ 来代替 U_g，那么 I 就代表能引起绝缘闪络的雷电流幅值，通常称为线路在这种情况下的耐雷水平，即

$$I = \frac{U_{50\%}}{100}(\text{kA}) \tag{5-14}$$

例如，110 kV 线路绝缘的 $U_{50\%}$ 约为 700 kV，那么耐雷水平为 7 kA，从雷电流概率分布曲线查得，超过 7 kA 的雷电流出现的概率为 86.5%，即在 100 次雷击中有 86 次要引起绝缘闪络。可见雷直击导线后是非常容易引起闪络的。

（2）绕击过电压特点

雷直击导线多发生在无架空避雷线的线路，但对有架空避雷线的输电线路，避雷线的保护作用也不是绝对的，仍有一定的绕击概率。影响绕击概率的因素主要有雷电流的大小、输电线路保护角的大小、大气条件、地形条件及地质特性和风的影响。

在对绕击分析方面，我国一般是建立电气几何模型来分析绕击情况。从电气几何模型可以看出：当雷电流大于一定值时，就不会发生绕击；当雷电流较小时，则发生绕击的可能性增大。我国电力行业标准《交流电气装置的过电压保护和绝缘配合》（DL/T 620）建议用下列公式计算绕击率 P_α：

①对平原线路
$$\lg P_\alpha = \frac{\alpha\sqrt{h}}{86} - 3.9 \tag{5-15}$$

②对山区地区
$$\lg P'_\alpha = \frac{\alpha\sqrt{h}}{86} - 3.35 \tag{5-16}$$

式中 α——避雷线对外侧导线的保护角。

从式（5-15）和式（5-16）可以看出，山区的绕击率为平原的 3 倍，或相当于保护角增大 8°。

从减少绕击率的观点出发，应尽量减少保护角和降低杆塔的高度，即采用双避雷线为宜，一般杆高超过 30 m 时，保护角不宜大于 20°。

（3）反击过电压特点

从雷击点的位置来看，反击包括一是雷击杆塔及杆塔附近的避雷线，雷电流从杆塔入地，产生较高的杆顶电位，使绝缘子闪络；二是雷击避雷线档距中央。此时雷击点离杆塔接地点很远，雷电流遇到很大的阻抗，使雷击点电压升高，这个电压也作用在避雷线与导线的空气绝缘上，有可能使空气绝缘闪络；但根据运行经验，只有空气距离符合规程要求，雷击中央一般不会发生此类事故。

所以反击跳闸主要是由雷击杆塔及其附近的避雷线所造成的。

图 5-11 所示为雷击杆塔时雷电流的分布情况。雷直击杆顶时，雷电流大部分经过被击杆塔入地，小部分则经过避雷线由相邻杆塔入地。流经被击杆塔入地的电流 i_{gt} 与总电流 i 的关系为 $i_{gt} = \beta \times i$，其中 β 为杆塔的分流系数，其值小于 1。

4. 接地电阻和耦合系数的要求

杆塔的耐雷水平是指雷击线路绝缘不发生闪络的最大雷电流幅值的大小，雷击杆塔时的耐雷水平与导线与地间的耦合系数、分流系数、杆塔的冲击接地电阻、杆塔等值电感和绝缘子串的冲击放电有关。

结论：反击过电压的防护一是降低杆塔的接地电阻，二是提高耦

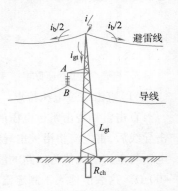

图 5-11　雷击杆顶时雷电流的分布

合系数。

降低杆塔的接地电阻时,在土壤电阻率低的地区,可利用自然接地电阻,在高土壤电阻率地区,可利用多根放射形接地体或连续延长接地体,配合降阻剂使用。

提高耦合系数时,可以采用在导线下方加挂耦合地线的方法,增加避雷线与导线间的耦合作用,增大耦合系数 k_0。加挂耦合线,虽不能减少绕击率,但能在雷击杆塔时起分流作用和耦合作用,降低绝缘子串上的电压,提高线路的耐雷水平。

5. 线路避雷器防雷基本原理

雷击杆塔时,一部分雷电流通过避雷线流到相邻杆塔,另一部分雷电流经杆塔流入大地,杆塔接地电阻呈暂态电阻特性,一般用冲击接地电阻来表征。

雷击杆塔时塔顶电位迅速提高,其电位值为

$$U_t = iR_d + L\frac{\mathrm{d}i}{\mathrm{d}t} \tag{5-17}$$

式中 i——雷电流;

R_d——冲击接地电阻;

$L\dfrac{\mathrm{d}i}{\mathrm{d}t}$——暂态分量。

当塔顶电位 U_t 与导线上的感应电位 U_l 的差值超过绝缘子串 50% 的放电电压时,将发生由塔顶至导线的闪络。即 $(U_t - U_l) > U_{50\%}$,如果考虑线路工频电压幅值 U_m 的影响。则为 $(U_t - U_l + U_m) > U_{50\%}$,因此,线路的耐雷水平与 3 个重要因素有关,即线路绝缘子的雷电电压、雷电流强度和塔体的冲击接地电阻。一般来说,线路的 50% 放电电压是一定的,雷电流强度与地理位置和大气条件相关。不加装避雷器时,提高输电线路耐雷水平往往是采用降低塔体的接地电阻。在山区,降低接地电阻是非常困难的,这也是为什么输电线路屡遭雷击的原因。线路避雷器结构及防雷安装布置如图 5-12 所示。

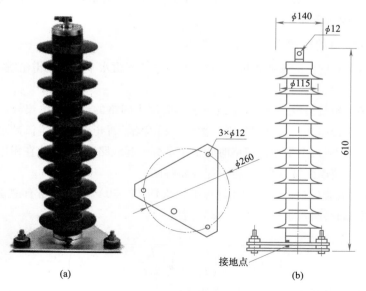

(a)　　　　　　　　　　　　　(b)

图 5-12

(c)

图 5-12 线路避雷器结构及防雷安装布置图(单位:mm)

以往输电线路防雷主要采用降低塔体接地电阻的方法。在平原地带相对较容易,对于山区杆塔,则往往在 4 个塔脚部位采用较长的辐射地线或打深井加降阻剂。以增加地线与土壤的接触面积降低电阻率。在工频状态下接地电阻会有所下降。但遭受雷击时,因接地线过长会有较大的附加电感值,雷电过电压的暂态分量 $L\dfrac{\mathrm{d}i}{\mathrm{d}t}$ 会加在塔体电位上,使塔顶电位大大提高,更容易造成塔体与绝缘子串的闪络,反而使线路的耐雷水平下降。因为线路避雷器具有钳电位作用,对接地电阻要求不太严格,对山区线路防雷比较容易实现,加装避雷器前后线路的耐雷水平发生了明显变化。不难发现加装线路避雷器对防雷效果是十分明显的。在避雷器使用前,都应该对其有关技术参数进行测量,以确保避雷器安装质量。

四、线路防雷能力的检测及相关技术要求

衡量线路防雷性能优劣的重要指标一般有两个:线路耐雷水平和线路雷击跳闸率。

1. 线路耐雷水平

线路耐雷水平是指雷击线路时,线路绝缘子不会发生闪络的最大雷电流幅值。低于耐雷水平的雷电流击于线路不会引起闪络,反之,则必然会引起闪络。配电线路雷电流超过线路耐雷水平引起绝缘子发生闪络冲击时,由于冲击闪络时间很短不会引起线路跳闸,但若在雷电消失后由工作电压产生的工频短路电流电弧持续存在,将引起线路跳闸。

根据《交流电气装置的过电压保护和绝缘配合》(DL/T 620)规程,雷击有避雷线的同杆架设多回送电线路杆塔顶部时,耐雷水平按式(5-18)计算:

$$I_1 = \frac{u_{50\%}}{(1-k)\beta R_\mathrm{i} + \left(\dfrac{h_\mathrm{a}}{h_\mathrm{t}} - k\right)\beta \dfrac{L_\mathrm{t}}{2.6} + \left(1 - \dfrac{h_\mathrm{g}}{h_\mathrm{c}}k_0\right)\dfrac{h_\mathrm{c}}{2.6}} \tag{5-18}$$

式中 $u_{50\%}$ ——绝缘子串的 50% 冲击放电电压,kV;

k、k_0 ——导线和避雷线间的耦合系数和几何耦合系数;

β——杆塔分流系数；

R_i——杆塔冲击接地电阻，Ω；

L_t——杆塔电感，μH；

h_t、h_a——杆塔高度和横担对地高度，m；

h_g、h_c——避雷线和导线平均对地高度，m。

2. 线路雷击跳闸率

线路雷击跳闸率是指每 100 km 线路每年（折算到 40 个雷暴日下）由雷击引起的线路跳闸次数，它是衡量线路耐雷性能的综合指标。线路耐雷水平越高，雷击跳闸率越低，说明线路的防雷性能越好。

雷击输电线路导致跳闸需要具备两个条件，其一是雷电流超过线路的耐雷水平，引起线路绝缘发生冲击闪络，这时雷电流流入大地，但时间只有几十微妙，线路开关来不及动作，因此还必须满足第二个条件，即冲击闪络转化为稳定的工频电弧，引起线路跳闸。但并不是每次闪络都会转化为稳定的工频电弧，它具有一定的统计性。若跳闸后线路绝缘不能及时恢复，则发生停电。

有避雷线线路雷击跳闸率的计算，往往只考虑雷击杆塔和雷击导线两种情况的跳闸率，其计算式为

输电线路雷击跳闸率 n $\qquad\qquad n = n_1 + n_2$ $\qquad\qquad\qquad\qquad$ (5-19)

雷击杆塔时的跳闸率 n_1 $\qquad n_1 = NgP_1\eta$ $\quad$ [次/(100 km·a)] $\qquad\qquad$ (5-20)

雷绕击导线时的跳闸率 n_2 $\quad n_2 = NP_\alpha P_2\eta$ $\quad$ [次/(100 km·a)] $\qquad\qquad$ (5-21)

式中 $\quad g$——击杆率；

$\quad N$——线路上的总落雷数；

$\quad P_1$——雷电流幅值超过雷击杆塔耐雷水平 I_1 的概率；

$\quad \eta$——建弧率；

$\quad P_\alpha$——绕击率；

$\quad P_2$——雷电流幅值超过绕击耐雷水平 I_2 的概率。

3. 雷击跳闸率事故分析

(1)根据雷电定位仪确定事故时雷电流的大小，初步确定事故性质是绕击或反击。

(2)根据事故地点的地形特点及地质状况判断事故是否是绕击。

(3)如果是反击事故，首先要检查接地引下线是否完好；如果接地引下线完好，就要检查接地电阻是否合格。

(4)如果接地电阻合格，就要开挖检查，查看地网是否腐蚀。

五、在线监测

输电线路在线监测是指直接安装在输电线路设备上可实时记录表征设备运行状态特征量的测量、传输和诊断系统，可以提高输电线路运行安全可靠性。通过对输电线路状态监测参数的分析，可及时判断输电线路故障并提出事故预警方案，便于及时采取绝缘子清扫、覆冰线路融冰等措施，降低输电线路事故发生的可能性。

1. 输电线路在线监测的必要性

随着国家近年超高压、特高压输电线路的建设，由于环境变化，检修周期短、设备停电次数多、检修工作量大、供电可靠性低等问题慢慢暴露出来，电力系统定期检修模式已越来越不适应输电线

路供电可靠性的要求,要求能实现输电线路在线监测,能实时为状态检修提供了可靠、实时的状态量。在线监测输电线路状态检修具有实时状态和真实可靠的特点,减少了线路停电次数和时间,提高了供电可靠性,避免少供电损失,提高劳动生产率。

2. 输电线路在线监测技术的应用

输电线路在线监测技术的应用输电线路在线监测技术的推广应用,减轻了设备检修工作量,提高了电网运行的可靠性。

(1)输电线路绝缘子污秽在线监测系统。目前大多采用绝缘子泄漏电流进行绝缘子污秽的判断,现场运行监测分机实时、定时测量运行绝缘子串的表面泄漏电流,局部放电脉冲和该杆塔外部环境条件等,通过电缆或无线通信模块发送至监控中心,通过光传感器测量等值附盐密度和灰密在线检测,由专家软件结合报警模型进行污秽判断和预报警。

(2)输电线路氧化锌避雷器在线监测系统。目前氧化锌避雷器的在线监测方法主要有全电流法、三次谐波法、基波法、补偿法、数字谐波法、双"AT"法、基于温度的测量法等。现场监测分机实时、定时监测氧化锌避雷器的泄漏电流,以及环境温湿度等参量,通过无线发送至监控中心,由专家软件分析判断氧化锌避雷器的性能和动作次数等。

(3)导线温度及动态增容在线监测系统。增容法主要有静态提温增容和动态监测增容技术两种。静态提温增容是指将导线的允许温度由现行规定的 70 ℃提高到 80 ℃和 90 ℃,从而提高导线输送能量。动态监测增容技术是指在输电线路上安装在线监测分机,对导线状态(导线温度、张力、弧垂等),和气象条件(环境温度、日照、风速等)进行监测,在不突破现行技术规程规定的前提下,根据数学模型计算出导线的最大允许载流量,充分利用线路客观存在的隐性容量,提高输电线路的输送能量。

(4)输电线路远程可视监控系统。目前可视监控系统分为图像和视屏两类,受监测分机工作电源功率、通信费用等限制,大多采用静止图像进行线路状况判断,例如导线覆冰、洪水冲刷、不良地质、火灾、通道树木长高、线路大跨越、导线悬挂异物、线路周围建筑施工、塔材被盗等,利用无线网络进行图像数据传输;但针对导线舞动等动态信息的监测建议采用视频监控的方式,利用无线网络进行视屏数据传输,同时 5G 网络的建设将促使无线视频技术的应用,为输电线路的巡视及状态检修开辟了一条新的思路。

(5)输电线路覆冰雪在线监测系统。目前国内建立了大量的观冰站、气象站进行现场观察和数据收集,研究了大量预报结冰事件、导线除冰、地线除冰等技术。覆冰雪在线监测的技术主要有两个:一是根据线路导线覆冰后的重量变化,以及绝缘子的倾斜、风偏角进行覆冰荷载(覆冰厚度、杆塔受力、导线应力等)计算,直接与线路设计参数比较给出报警信息;二是采用现场图像对线路覆冰雪进行定性观测和分析。

(6)输电线路防盗报警监测系统。整个系统由监测分机、监控中心、巡检人员组成。在每基杆塔上安装一台监测分机,监测分机是由前端传感器部分和单片机或 DSP 处理部分组成,实时监测杆塔周围移动物体的状态信息,确定可能发生被盗的杆塔线路、位置、时间,并及时通知巡检人员。

(7)输电线路在线监测存在的问题。输电线路在线监测系统涉及大量的数据,且数据关系复杂、种类繁多,主要分为三大部分:一是大量输电线路的属性数据,如线路设计条件、运行年限、设备健康状况、地质、地貌、设备危险点、施工图和施工录像等;二是运行管理的各种申请、审批报表等;三是在线监测设备提供线路状态数据,如运行绝缘子表面的泄漏电路、导线温度、导线舞动频率、杆塔现场图片,以及环境温度、湿度、风向、雨量及大气压力等。

课外作业

1. 你见过哪些雷害事故？你知道哪些防雷措施？
2. 什么是绕击率？在什么情况下发生？应如何处理？
3. 如何解决输电线路的防雷问题？

【任务二】　变电所雷电防护

任 务 单

（一）任务描述	（五）学习载体
以变电所避雷设备为载体,依据变电所雷害来源,防雷需要解决的问题,防雷原则及防雷措施的思路,了解直击雷、入侵波对变电所的影响,学习变电所防雷的主要原则,熟悉变电所度直击雷及入侵波的防护措施	
（二）任务要求	
（1）了解直击雷过电压对变电所的影响 （2）了解入侵波对变电所的影响 （3）学习变电所外部防雷和内部防雷 （4）学习等电位连接 （5）学习变电所的防雷措施	
（三）学习目标	
（1）知道入侵波对变电所的影响 （2）会分析变电所雷害来源 （3）知道变电所如何进行外部防雷 （4）会等电位连接的具体做法 （5）会布置变电所的防雷措施	
（四）职业素养	（1）变电所避雷针 （2）变电所避雷线 （3）变电所避雷器
（1）树立高压安全意识,培养遵章守规行为习惯 （2）培养爱岗敬业精神和吃苦耐劳品质 （3）具有团队精神,珍惜集体荣誉 （4）能制订变电所防雷方案 （5）会对变电所的防雷措施进行日常维护 （6）会分析雷害事故原因	

一、变电所雷害的主要来源

供电系统正常运行时,电气设备的绝缘处于电网的额定电压作用之下,但是由于雷击的原因,供配电系统中某些部分的电压会大大超过正常状态下的数值。通常情况下变电所雷击有两种情况:一是雷直击于变电所的设备上;二是架空线路的雷电感应过电压和直击雷过电压形成的雷电波沿线路侵入变电所。

1. 直击雷过电压

雷云直接击中变电所的电力装置,形成强大的雷电流,雷电流在电力装置上产生较高的电压,雷电流通过物体时,由于热效应和机械效应将产生很大的破坏作用。

2. 入侵波

当雷电击于架空导线附近的地面时,由于静电感应,会在架空线路上产生感应雷过电压,当雷电直接击于输电线路、输电电路杆塔或者避雷线时也会产生直击雷过电压,架空线路的感应雷过电压和直击雷过电压会通过线路以入侵波的形式进入到变电所,对变电所的电气设备造成威胁,一旦超过设备的耐雷水平可能会引起电气设备绝缘损坏,引发事故。

二、变电所防雷原则

针对变电所的特点,防雷原则是将绝大部分雷电流直接通过接闪器引入地下泄散(外部保护);阻塞沿电源线或数据、信号线引入的过电压波(内部保护及过电压保护);限制被保护设备上浪涌过压幅值(过电压保护)。防直击雷、防感应雷电波侵入、防雷电电磁感应这三道防线相互配合,各行其责,缺一不可。

1. 外部防雷和内部防雷

避雷针或避雷带、避雷网引下线和接地系统构成外部防雷系统,主要是为了保护建筑物免受雷击引起火灾事故及人身安全事故。而内部防雷系统则是防止雷电和其他形式的过电压侵入设备中造成损坏,这是外部防雷系统无法保证的。为了实现内部防雷,需要对进出保护区的电缆,金属管道等都要连接防雷及过压保护器,并实行等电位连接。

2. 防雷等电位连接

为了彻底消除雷电引起的毁坏性的电位差,就特别需要实行等电位连接,电源线、信号线、金属管道等都要通过过电压保护器进行等电位连接,各个内层保护区的界面处同样要依此进行局部等电位连接,各个局部等电位连接棒互相连接,并最后与主等电位连接棒相连。

三、变电所防雷措施

变电所的直击雷防护一般采用避雷针和避雷线,变电所限制入侵波过电压防护的主要措施是装设避雷器。

1. 变电所建筑物及电气设备防护(避雷针)

架设避雷针是变电所防直击雷的常用措施,避雷针是防护电气设备、建筑物不受直接雷击的雷电接收器,其作用是把雷电吸引到避雷针身上并安全地将雷电流引入大地中,从而起到保护设备的效果。变电所装设避雷针时应使所有设备都处于避雷针保护范围之内,此外,还应采取措施,防止雷击避雷针时的反击事故。对于 35 kV 变电所,保护室外设备及架构安全,必须装有独立的避雷针。独立避雷针及其接地装置与被保护建筑物及电缆等金属物之间的距离不应小于 5 m,主接地网与独立避雷针的地下距离不能小于 3 m,独立避雷针的独立接地装置的引下线接地电阻不可大于 10 Ω,并需满足不发生反击事故的要求;对于 110 kV 及以上的变电所,装设避雷针是直击雷防护的主要措施。由于此类电压等级配电装置的绝缘水平较高,可将避雷针直接装设在配电装置的架构上,同时避雷针与主接地网的地下连接点,沿接地体的长度应大于 15 m。因此,雷击避雷针所产生的高电位不会造成电气设备的反击事故。

2. 变电所防雷接地原则

变电所接地网设计时应遵循以下原则:

(1)尽量采用建筑物地基的钢筋和自然金属接地物统一连接起来作为接地网。

(2)尽量以自然接地物为基础,辅以人工接地体补充,但对 10 kV 及以下变电所,若用建筑物的基础作接地体且接地电阻又满足规定值时,可不另设人工接地。人工接地网应以水平接地体为主,且人工接地网的外缘应闭合,外缘各角应做成圆弧形。当不能满足接触电势或跨步电势的要求时,人工接地网内应敷设水平均压带。人工接地网的埋设深度宜采用 0.6 m。35 kV 及以上变电所接地网边缘经常有人出入的走道处,应铺设砾石、沥青路面或在地下敷设两条与接地网相连的帽檐式均压带。

（3）35 kV 及以上变电所的接地网,应在地下与进线避雷线的接地装置相连接,以降低变电所接地网的接地电阻。连接线埋设长度不应小于 15 m,连接处应便于分开,以便测量变电所的接地电阻。

（4）应采用同一接地网,用一点接地的方式接地。

（5）在高土壤电阻率地区采用下列降低接地电阻的措施:

①当在发电厂、变电所 2 000 m 以内有较低电阻率的土壤时,可敷设引体接地体;

②当地下较深处的有较低电阻率的土壤时,可采用井式或深钻式接地体;

③填充电阻率较低的物质和降阻剂;

④敷设水下接地网。

（6）屋内接地网由敷设在房屋每一层的接地干线组成,并尽量利用固定电缆支、吊架用预埋扁铁作为接地干线,在各层的接地干线用几条上下联系的导线连接,而后将屋内接地网的几个地点与主接地网连接。

3. 变电所进线防护

要限制流经避雷器的雷电电流幅值和雷电波的陡度就必须对变电所进线实施保护。

（1）架设避雷线

当线路上出现过电压时,将有行波导线向变电所运动,其幅值为线路绝缘的 50% 冲击闪络电压,线路的冲击耐压比变电所设备的冲击耐压要高很多。因此,在接近变电所的进线上加装避雷线是防雷的主要措施。如不架设避雷线,当遭受雷击时,势必会对线路造成破坏。

（2）装阀式避雷器

SFZ 系列阀式避雷器主要用来保护中等及大容量变电所的电气设备。FS 系列阀式避雷器主要用来保护小容量的配电装置。变电站对侵入波的防护的主要措施是在其进线上装设阀式避雷器,如图 5-13 所示为变电站悬挂式避雷器现场布置图,如图 5-14 所示为室内变电站入口处避雷器现场布置图。

图 5-13　变电站悬挂式避雷器现场布置图　　　图 5-14　室内变电站入口处避雷器现场布置图

4. 变压器中性点防护

变压器的基本保护措施是在接近变压器处安装避雷器,这样可以防止线路侵入的雷电波损坏绝缘。装设避雷器时,要尽量接近变压器,并尽量减少连线的长度,以便减少雷电电流在连接线上的压降。同时,避雷器的连线应与变压器的金属外壳及低压侧中性点连接在一起,这样就有效减少了雷电对变压器破坏的机会。

变电站的每一组主母线和分段母线上都应装设阀式避雷器,用来保护变压器和电气设备。各组避雷器应用最短的连线接到变电装置的总接地网上,避雷器的安装应尽可能处于保护设备的中间位置。

课外作业

1. 变电所的防雷措施有哪些?
2. 变电所防雷的原则有哪些?
3. 变电所进线段防护措施有哪些?

【任务三】 接触网线路雷电防护

任 务 单

(一)任务描述	(五)学习载体
以铁路接触网为载体,按照接触网结构特点、结构特殊性、接触网雷击类型、如何防护的递进关系,学习接触网直接雷防护机理、直击雷耐雷水平及防护措施;学习接触网感应雷产生机理、感应雷耐雷水平和雷击跳闸率,以及防护措施	
(二)任务要求	
(1)了解接触网结构特点 (2)学习接触网雷击类型 (3)熟悉接触网感应雷过电压的产生及防护 (4)了解接触网直击雷过电压的产生及防护	
(三)学习目标	
(1)知道接触网结构特点 (2)会分析接触网雷害事故 (3)知道输电线路防雷要解决的问题 (4)知道感应雷过电压防护的基本措施 (5)会设计接触网的防雷措施	
(四)职业素养	
(1)树立高压安全意识,培养遵章守规行为习惯 (2)培养爱岗敬业精神和吃苦耐劳品质 (3)具有团队精神,珍惜集体荣誉 (4)具有安全意识、团队协作意识 (5)会对接触网防雷设备进行日常维护 (6)会应对接触网雷害事故	(1)接触网 (2)接触网避雷器

一、接触网线路结构及特征

我国面积广阔,电气化铁路也是横跨东西纵跨南北,因为地势有差别,所以铁路经过的地方也是有着千差万别的地理气候,情况比较复杂。尤其是高速铁路的建设,高速铁路一般采用的是高架桥的方式,因此小区域内的相对高点就是接触网,这样一来接触网受到雷击的概率就大大地上升。如果接触网遭受雷击,那么就会导致绝缘闪络而发生断裂,线路也会发生跳闸等各种安全事故,如果情况很严重,列车就会停运,一旦列车停运就会给铁路的运输造成很大的影响。所以一定要做好接触网的防雷工作,使电气化铁路能够在安全稳定以及不间断供电的环境下运行。

1. 接触网基本结构

接触网是电气化轨道交通所特有的、沿路轨架设的、为电力机车(除特指动车组外均含动车组,下同)提供电能的特殊供电线路,是电气化轨道交通牵引供电系统的重要组成部分。接触网的基本结构如图 5-15 所示,它担负着把从牵引变电所获得的电能直接输送给电力机车使用的重要任务。因此接触网的质量和工作状态将直接影响着电气化铁路的运输能力。架空接触网主要由接触悬挂、支持装置、定位装置、支柱与基础,以及供电辅助设施等部分组成。

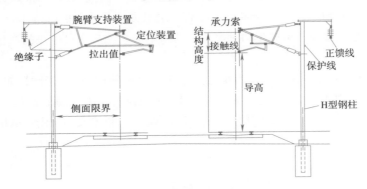

图 5-15　接触网基本结构

2. 接触网的特殊性

（1）接触网具有明显的周边环境特性

接触网必须沿路轨架设,由于路轨四周的各类建筑物、电力输电设施、通信信号设施与接触网之间相互影响,接触网的设计、施工、运营都须充分考虑接触网与电力输电线之间的距离,接触网与轨道信号电路和附近通信线路之间的干扰,接触网与受电弓及其他建筑物的限界等问题,将接触网与其四周设备的相互影响减少至最低程度,确保接触网与这些设施或设备之间的绝缘安全和电磁安全。

（2）接触网具有明显的气候特性

由于接触网是露天设备,大气温度、湿度、冰雪、大风、大雾、污染、雷电等各类气候因素对接触网的作用十分明显,因此接触网的运营维护工作和接触网设计计算工作中绝大多数内容是与气象条件相关的。

（3）接触网具有明显的无备用特性

接触网是一个综合供电系统,由于技术和经济的原因,接触网设备属于无备用的。无备用性决定了接触网的脆弱性和重要性,一旦出现事故,必将影响列车运行,造成很大的经济损失。

（4）接触网具有明显的机电复合特性

接触网是电力输电线，它具有电力输电线所具有的一切特性。它必须遵循电力输电的一切规律和要求，但接触网又具有一般电力输电线所不具有的特殊性，这种特殊性是由弓网系统特殊性所决定的。弓网关系要求接触网必须具有稳定的空间结构、稳定的动静态特性、足够高的波动速度，因此，接触网除了应有良好的电气性能之外还必须具有良好的机械性能，它是个复杂的机电系统。

（5）接触网负荷具有明显的不确定性和移动性

接触网所承担的电力牵引负荷是高速移动的，正因为这点使弓网关系成为高速电气化铁路的核心问题关键；不确定的和随机的负荷变化使接触网经常承受较大冲击，为保证接触网正常运行，接触网必须具备较强的过负荷能力。负荷不确定性对接触网的寿命和安全造成较大的负面影响。

3. 接触网雷击类型

接触网的雷击过电压的产生途径主要有 3 种，如图 5-16 所示。

（1）感应过电压，当雷电击中电气化铁路附近的地面时（图 5-16 中 A 点），雷电流通过电磁耦合在接触网上产生的感应过电压；

（2）雷击接地部分产生的过电压。当雷电直接击中接触网的接地部分时，如支柱顶部（图 5-16 中 B 点）、回流线、自耦变压器（auto-transformer, AT）供电方式下的保护（protective wire, PW）线等，雷电流通过导线电感及接地电阻产生的过电压。其与电力系统反击过电压的产生原理相同，因此也定义为反击过电压。

（3）雷击高压部分产生的过电压。当雷电直接击中接触网的高压部分时，如接触线或承力索（图 5-16 中 C 点），采用 AT 供电方式时还包括正馈线和加强线，雷电流通过高压导线的波阻抗产生的过电压。其与电力系统的绕击过电压的产生原理相同，因此也定义为绕击过电压。

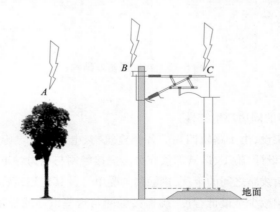

图 5-16　接触网雷击类型

二、接触网直击雷过电压防护

1. 接触网直击雷过电压产生机理

（1）雷击接触网支柱（或回流线）

高速铁路接触网支柱多为 H 型钢柱，导电性良好，雷击塔顶时，雷电流分 3 部分：一部分沿钢柱直接流入大地，其他两部分沿 PW（保护线）左右传输，并经集中接地引下线流入地。如图 5-17 所示。AF 线为正馈线，T 线由承力索、吊弦和接触线构成。L_g 为支柱的等值电感，R 为冲击接地电阻,L_{PW}为 PW 线的等值电感。

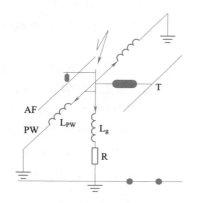

图 5-17　雷击杆塔等值电路

（2）雷击接触线（承力索）

直击雷或感应雷电压非常大,通常到达几万伏以上,会在接触网支撑线索两端形成很高的电压,如果电能不能快速释放,就会由于产生强大电流,支撑线索将会被大电流产生的热量所烧毁。

（3）雷击接触网次数

在 2014 年,铁路部门统计了 34 条电气化铁路雷击故障情况,由于雷电引发跳闸故障有 1 214 次。在桥梁和山区等复杂地形,雷击引发接触网故障频次较高。在雷击故障统计中,接触网最经常发生雷击的部位有接触网附加线、支撑装置的平腕臂、斜腕臂绝缘子、站场软横跨承力索端部绝缘子、接触悬挂下锚绝缘子、避雷器等,特别是正馈线和斜腕臂绝缘子超过雷击闪络的 50% 以上。

2. 接触网直击耐雷水平

（1）接地电阻对接触网耐雷水平的影响

研究表明,支柱接地电阻对接触网耐雷水平有显著影响,通过表 5-1 的数据可以发现,支柱的接地电阻对接触网的耐雷水平影响极大,当雷电流波形为 1.2/50 μs 时,支柱接地电阻从 5 Ω 增加到 30 Ω,线路耐雷水平从 35 kA 下降到 12 kA,降低了 65.7%。当雷电流的波形为 2.6/50 μs 时,支柱接地电阻从 5 Ω 增加到 30 Ω,线路耐雷水平将从 42 kA 降低到 13 kA,降低了 70%,因此在接触网防雷改造中,降低接触网支柱的接地电阻可以提高线路的耐雷水平。

表 5-1　不同接地电阻对应的接触网耐雷水平一览表（kA）

支柱接地电阻（Ω）	不同雷电流波形	
	1.2/50	2.6/50
5	35	42
10	24	29
15	19	22
20	15	18
25	13	15
30	12	13

（2）支柱高度对接触网耐雷水平的影响

高架桥高度越高耐雷水平越低,当高架桥高度在 4~14 m 范围变化时,耐雷水平从 3.25 kA 降到 2.42 kA,高度的影响要明显强于接地电阻的影响。因此,在地铁高架区段务必要加强防雷措施。

（3）避雷线对接触网耐雷水平的影响

避雷线架设将会对地铁高架区段防雷产生显著的影响。研究表明,架设避雷线之后,接触网耐雷水平显著提高,见表 5-2。不同支柱耐雷水平的提高程度差异较大,距离接地桥墩越近,耐雷水平提高越大。如:距离接地桥墩最近的 3 号和 7 号支柱,架设避雷线之后的耐雷水平为架设避雷线之前的 3 倍以上。这是因为 3 号和 7 号支柱离接地桥墩最近,雷电流主要通过接地桥墩泄放,雷电过电压主要由桥墩接地电阻引起,而对于 4、5、6 号支柱,雷电过电压主要通过避雷线波阻抗,以及桥面接地扁钢的波阻抗引起。而桥墩接地电阻的值远小于避雷线波阻抗,以及桥面接地扁钢的波阻抗。因此架设避雷线后不同支柱耐雷水平差异显著。

表 5-2 架设避雷线对耐雷水平的影响（kA）

雷击点	架设避雷线前耐雷水平	架设避雷线后耐雷水平
3 号支柱	0.87	2.8
4 号支柱	0.78	1.87
5 号支柱	0.70	1.68
6 号支柱	0.77	1.89
7 号支柱	0.88	2.77

（4）避雷器对接触网耐雷水平的影响

避雷器是一种重要的防雷设备,其主要作用是将雷电流引入大地,从而降低被雷击物体的对地电压。根据电力系统过电压防护规程的规定,在人员活动的区域,重要的强弱电设备,以及输电线路连接点均需要安装避雷器。通过仿真计算接触网安装避雷器前后的耐雷水平可以发现,安装避雷器可以大幅度提高接触网的耐雷水平,其效果见表 5-3,当支柱接地电阻为 30 Ω 时,安装避雷器后,接触网的耐雷水平从 13 kA 提高到 24 kA,提高了 85%;当支柱接地电阻为 5 Ω 时,接触网的耐雷水平从 42 kA 提高到 116 kA,提高了 1.7 倍。因此在重要的接触网地段和经常遭受雷击的地区,可以通过加装避雷器提高接触网的安全性和运行的可靠性。

表 5-3 架设避雷器对雷击塔顶耐雷水平的影响（kA）

支柱接地电阻（Ω）	塔顶无避雷器	塔顶有避雷器
5	42	116
10	29	61
15	22	42
20	18	33
25	15	28
30	13	24

3. 接触网直击雷过电压防护措施

（1）安装避雷线

安装避雷线可对接触网 AF 线和 T 线直接落雷（绕击）的次数将大大降低,但是避雷线落雷的雷电流幅值较高时会造成 AF 线和 T 线绝缘子反击闪络。另外 AF 线和 T 线绝缘子仍存在雷电感应闪络的可能。

（2）安装避雷器

在支柱上安装线路避雷器可以降低雷击跳闸概率,雷击跳闸的概率随避雷器数量的增多而降低,只有当避雷器安装比较密集时,才能达到很好的防雷效果。高速铁路一个锚段长度一般为 1 400 m,如果每个锚段中间设置一处避雷器,相当于每隔约 28 个支柱,雷击跳闸概率 $P_B(28)=0.453$。

三、接触网感应雷过电压

1. 接触网感应雷过电压产生机理

雷云对地放电时,落雷处距架空接触网的垂直距离 $S>65$ m 时,无避雷线的架空导线上产生的感应雷过电压最大值可按式(5-22)估算:

$$U_i \approx 25 \times \frac{I \times h_c}{S} \tag{5-22}$$

式中　U——雷击大地时感应雷过电压,kV;

　　　I——雷电流幅值,kA;

　　　h_c——导线平均高度,m;

　　　S——雷击点与线路的垂直距离,m。

感应雷过电压与雷电流幅值成正比,与导线悬挂平均高度 h_c 成正比。h_c 越高则导线对地电容越小,感应电荷产生的电压就越高;感应雷过电压与雷击点到线路的距离 S 成反比,S 越大,感应雷过电压越小。由于雷击地面时,被击点的自然接地电阻较大,最大雷电流幅值一般不会超过 100 kA,按 100 kA 进行估算,感应雷过电压的幅值为 300～400 kV,可引起 35 kV 及以下电压等级电力线路的绝缘子闪络,而对 110 kV 及以上电压等级的电力线路,则不会引起闪络。

2. 悬式绝缘子的耐雷水平

接触网工频短路电弧会对 F 线棒形悬式复合绝缘子造成明显的烧损,端部金具局部烧熔、残缺甚至露出包覆的芯棒,镀锌层破坏,金具附近的硅橡胶护套碳化变薄,金具与护套界面端部的强化密封胶烧毁,部分伞裙表面粉化,绝缘子雷击动作次数越多、雷击故障点离牵引变电所越近(短路电流越大),对绝缘子的烧损程度越明显。

要解决高速铁路接触网 F 线悬式复合绝缘子存在的运行安全隐患,可采用在复合绝缘子两端安装线路避雷器,也可采取疏导工频短路电流电弧离开绝缘子的措施,在复合绝缘子两端安装并联间隙。

3. 棒式绝缘子的耐雷水平

当雷击接触网时,大部分雷击时的雷电压幅值都超过棒式绝缘子耐受电压水平,棒式绝缘子将闪络。然后雷电流通过支柱引入接地极中。对于电气化铁路区间的成排的接触网支柱(无单独做接地极)。当雷直击接触网时,大部分雷击时的雷电压幅值都超过棒式绝缘子耐受电压水平,棒式绝缘子将闪络,然后通过跳线将雷电波引入回流线中,通过回流线进行雷电波的传输,直至回流线的接地点,雷电流入地。如果雷击点距离回流线的接地点比较远,那么这两点之间的接触网支柱上面悬挂架空回流线的针式绝缘子都有可能闪络。如果架空回流线接地处的接地电阻过大,则雷电流会沿着架空回流线继续传输,直至接地电阻较小的接地点或牵引变电所的接地网。

4. 接触网的雷击跳闸率

利用接触网落雷次数、绕击率、建弧率、击杆率经验公式,计算雷暴日 $T = 40$ d 时,接触网的雷击跳闸率,计算结果如图 5-18 所示。从图 5-18 可以看出,在多雷山区,轨面高度高于 15 m 时,接触网百公里的年雷击跳闸次数大于 4 次,不满足《高速铁路牵引供电系统雷电防护技术导则》(TB/T 3551)需进一步采取加强措施。

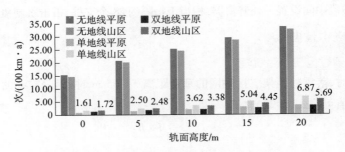

图 5-18　典型高铁接触网雷击跳闸率 $T = 40$ d

将架空地线的保护角调整至 25°,其他所有参数不变(忽略耦合系数变化),重新计算 $T = 120$ d 时接触网的雷击跳闸率,计算结果如图 5-19 所示。从图 5-19 可以看出,即使在 $T = 120$ d 的强雷区,轨面高度为 20 m,接触网百公里的年雷击跳闸次数均可以满足《高速铁路牵引供电系统雷电防护技术导则》(TB/T 3551)的要求。

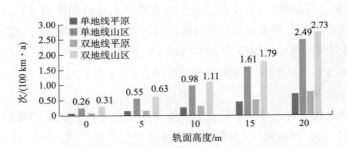

图 5-19　改善保护角后高铁接触网雷击跳闸率 $T = 120$ d

四、接触网雷电防护措施

1. 降低接地电阻

要保证接触网系统的防雷效果,不仅要合理布局和安装避雷装置,还要确保其接地效果良好。接地系统好坏直接决定防雷措施的效果,设计、施工部门应根据现场实际合理布置接地装置,确保接地装置的等效阻值满足要求,运营管理单位应定时对接地电阻参数进行测量,发现问题及时处理。

(1) 埋设避雷针接地体

防雷装置的接地电阻高低及设备是否正确接地是能否实现防雷保护的重要因素,由于避雷针的防雷接地电阻要求不大于 10 Ω,以某地铁为例,其一号线车辆段土质较差,为回填沙土,因此将在沿线路每跨埋设垂直接地体,且上下行线避雷针通过接地连接线互相连接,使全部避雷针接地线连成一体,以提高避雷针整体接地水平。

（2）氧化锌避雷器设置独立接地装置

按照某地铁一号线最初的设计要求，避雷器的接地方式是与综合接地网相连。但在运行后经过测试发现，连接综合接地网的接地电阻值不能满足≤10 Ω的要求。当接地电阻值过大时，会导致避雷器不能正常对地放电，影响避雷器的防雷效果，甚至会使避雷器烧毁，造成永久性损坏。因此，针对地铁一号线地面段实际情况，若要将避雷器接地电阻调整至符合要求，应对各个上网点隔离开关处的氧化锌避雷器设置独立接地装置，以满足接地电阻≤10 Ω的要求。

2. 增设线路避雷器

避雷器是一种过电压保护设备，用于保护接触网或变电所等供电设备免遭雷电产生的大气过电压和操作过电压对设备的危害。避雷器与被保护设备并联且位于电源侧，其放电电压低于被保护设备的绝缘电压，沿线路侵入的过电压将首先使避雷器击穿并对地放电，从而保护其后面设备的绝缘。当过电压对地瞬间放电后，避雷器迅速恢复对地的绝缘，从而起到保护作用。

3. 架设避雷线

为了防止直击雷的侵害，一般采用架空避雷线，当接触网附近地面遭受雷击时，雷电流致使导线产生很强的感应过电压，而避雷线与接触网导线之间的耦合作用可减小绝缘子承受的感应电压。因此，避雷线不仅可以有效降低接触网遭受直击雷的概率，还可以降低因感应过电压而导致绝缘子击穿闪络的概率。将架空地线位置抬高至接触网顶部，可起到明显的防雷作用，对接触网设备形成屏蔽。雷电击中架空地线后，其电流通过支柱和架空地线分流进入地面。雷击击中接触网设备附近地面时，架空地线可起到降低接触线或馈线产生的感应过电压的作用。架空地线对雷击的屏蔽效果与保护角有关，保护角越小，其屏蔽效果越显著。架空地线设置的高度应根据实际情况决定，其架设高度越高，对设备的保护角就越小，但其本身的引雷作用会随高度增加而变强。架空地线架设高度宜对地较承力索高1～1.5 m，在支柱外侧安装。

4. 提高绝缘等级

对于高架线路、杆塔等值电感较高的线路可以通过增加接触网上绝缘子串的片数来提高线路耐雷水平。

 **课外作业**

1. 接触网遭受雷击的类型有哪些？
2. 接地电阻对接触网防雷有哪些影响？
3. 接触网的防雷措施有哪些？

【任务四】　避雷器试验

任　务　单

（一）试验目的	（五）技术标准
（1）绝缘电阻测试可以判断避雷器绝缘状况，及早发现绝缘内部隐藏的缺陷 （2）避雷器泄漏电流是衡量避雷器质量好坏是否合格的一个重要指标，其大小直接影响到避雷器的正常使用	（1）电压在35 kV以上，绝缘电阻值不低于2 500 MΩ，用5 000 V兆欧表测量；电压35 kV以下，绝缘电阻值不低于1 000 MΩ，用2 500 V兆欧表测量

续上表

（一）试验目的	（五）技术标准
（3）耐压试验可以检查避雷器是否受潮、劣化、断裂，以及制造过程中可能存在而未被检查出来的缺陷 （4）检测运输和运行过程中避雷器是否受损，如内部瓷碗破裂、并联电阻振断、外部瓷套碰伤等	（2）$U_{1\,mA}$ 实测值与初始值或制造厂规定值比较，变化不大于 $\pm5\%$，$0.75U_{1\,mA}$ 下的泄漏电流不大于 50 μA （3）耐压值不得低于规定值
（二）测量步骤	（六）学习载体
（1）将避雷器瓷套表面擦拭干净，按要求做好接地等安全操作 （2）用兆欧表测量避雷器两极绝缘电阻，记录 1 min 时绝缘电阻值 （3）泄漏电流测量时在高压侧接电流表，导线使用屏蔽线。升压在直流泄漏电流超过 200 μA 后电流将会急剧增大，慢升压至电流达到 1 mA 时，读取电压值 U_a 后，降压至 $0.75U_{1\,mA}$ 电压，记录泄漏电流的大小，降压至零，断开试验电源 （4）耐压试验时应先按 1.15 倍耐压值设置好保护球隙距离，再接上避雷器后加压至 1 min 后，无击穿则合格，降压，切断高压 （5）每次试验后须用接地线对避雷器充分放电	（1）阀式避雷器 （2）氧化锌避雷器 
（三）结果判断	
（1）测量氧化锌避雷器的 $U_{1\,mA}$，主要是检查阀片是否受潮、老化，确定其动作性能是否符合要求 （2）测量氧化锌避雷器的 $0.75U_{1\,mA}$ 直流电压是检测长期允许工作电流是否符合规定，一般 $0.75U_{1\,mA}$ 比最大工作相电压要高一些	 视频 5-1　氧化锌避雷器耐压试验
（四）注意事项	
（1）测量前后应对试品充分放电 （2）升压时应呼唱 （3）测量时应记录环境温度，必要时应该进行换算，以免出现误判断 （4）具有安全意识	 视频 5-2　绝缘电阻测量

一、避雷器形式和结构

　　避雷器是电力系统中变配电装置、电气设备、用电设备防雷保护中最常用的防雷保护装置，起过电压保护作用。其主要作用是限制由线路传来的雷电过电压或由操作引起的内部过电压。当电网电压升高达到避雷器规定的动作电压时，避雷器动作，释放过电压负荷，将电网电压升高的幅值限制在一定残压值水平之下，从而保护设备绝缘不受损坏。而实际上避雷器也并非避免雷击，而是将雷击引起的过电压限制到绝缘设备所能承受的水平，除了限制雷击过电压外，有的还限制一部分操作过电压，氧化锌避雷器现场布置图如图 5-20 所示。

　　避雷器的保护性能对被保护设备绝缘水平的确定有直接的影响，因此对避雷器的基本要求有：

　　（1）应具有良好的伏秒特性、较小的冲击系数，从而易于实现合理的绝缘配合；

　　（2）应具有较强的快速切断工频续流，快速自动恢复绝缘强度的能力。

目前我国电力系统中运行的避雷器按结构和性能分为五大类：

图 5-20　氧化锌避雷器现场布置图

1. 保护间隙

保护间隙与被保护绝缘并联，它的击穿电压比后者低，使过电压波被限制到保护间隙的击穿电压 U_b。保护间隙通常做成角形，有利于灭弧。过电压作用时由于间隙下部的距离最小，所以该处先发生放电。放电所产生的电弧高温使周围空气温度剧增，热空气上升时把电弧向上吹，使电弧拉长。此外，电流从电极流过时，电弧到另一电极形成回路，使电弧电阻增大。当电弧拉伸到一定长度时，电网电压不能维持电弧燃烧，电弧就熄灭了。

缺点：

（1）伏秒特性很陡；

（2）保护间隙没有专门的灭弧装置；

（3）产生大幅值的截波。

应用范围：10 kV 以下配电系统、线路、变电所进线段的保护。

在中性点不直接接地系统中，一相保护间隙动作时因电容电流较小能自行灭弧，但在两相或三相同时动作时，或中性点直接接地情况下，因流过保护间隙的是工频短路电流，则不能自行熄弧，而引起跳闸，所以一般应用在自动重合闸中。

2. 管式避雷器

管式避雷器克服了保护间隙不能熄灭工频短路电流的缺点。管式避雷器及间隙装在用产气材料制成的管内，其结构如图 5-21 所示。

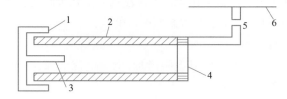

1—储气室；2—产气管；3—内电极；4—喷口；5—外间隙；6—高压线。

图 5-21　管式避雷器结构

管式避雷器的缺点是不容易实现强制灭弧,而且其伏秒特性陡,不够平坦,放电分散性大,动作时产生截波,因此与其他被保护设备配合度不太好,一般不能用于保护高压电器设备的绝缘。在高压电网中,只用作线路弱绝缘保护和变电所进线保护。

由于新型管式避雷器经济性好,可用作电网配电设备保护,在两电极之间有一个与产气管内壁紧配合的产气芯棒。雷电过电压作用时,沿芯棒和管壁间狭缝发生放电,冲击电弧与产气材料紧密接触,因而产生大量气体。由于缝隙中空间极小,所以气压极高,其灭弧能力比一般管式强得多。它与原管式避雷器的区别是:原管式避雷器一般靠工频短路电流的电弧产气来达到灭弧目的,而新型管式避雷器是靠雷电流产气来灭弧。

3. 普通阀式避雷器

为了解决管式避雷器中灭弧与保护特性间的矛盾,阀式避雷器串入了阀片,阀片能够限制工频续流,有利于灭弧。

阀式避雷器主要用于防止雷电波侵入,避雷器与被保护装置并联,当线路出现雷电波过电压时,通过避雷器对地放电,避免出现电压冲击波,防止被保护设备的绝缘破坏和保证人身的安全。阀式避雷器的上接线端子与被保护电气设备的线路相连,下接线端子通过接地装置与大地相连。把侵入的直击雷电波或感应雷电波限制在残压值范围之内,从而使变压器及其电气设备的绝缘免受过电压危害。

普通阀式避雷器是由火花间隙和非线性电阻片(阀片)串联后叠装在密封的瓷套内,其结构如图 5-22 所示。阀片使用碳化硅和结合剂经烧炼制成。火花间隙采用固定短间隙,其伏安特性较为平坦,放电电压分散性较小,火花间隙的功能是在正常运行时使阀片与电源隔断,出现过电压时才放电,过电压消失时灭弧,其灭弧介质一般用于干燥空气或充氮。变电所用阀式避雷器还装有与火花间隙相并联的非线性电阻,其目的是使工频电压沿间隙分布均匀。

4. 磁吹阀式避雷器

磁吹阀式避雷器和普通阀式避雷器的基本原理相同,主要是通过改进间隙来改善避雷器的保护性能。

磁吹阀式避雷器是利用原有间隙串磁吹线圈,利用雷电流自身能量在磁吹线圈中产生磁场,驱动并拉长电弧,使电弧长度长达间隙刚击穿时电弧起始长度的数十倍。由于电弧驱入灭弧盒狭缝并受到

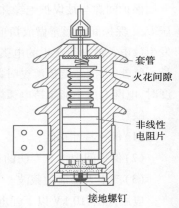

图 5-22　普通阀式避雷器
结构

挤压和冷却,使弧电阻变得很大;同时电弧被拉到远离击穿点的部位,使击穿点的绝缘程度得到很好的恢复,从而大大提高了间隙的灭弧能力,磁吹阀式避雷器的灭弧电流可达 450 A,而一般阀式避雷器为 50 ~ 80 A。避雷器的保护特性主要取决于残压,采用磁吹间隙可有效地改善保护特性。

普通阀式避雷器和磁吹阀式避雷器在运行中应注意以下几个问题:

(1)避雷器的正常运行电压应低于避雷器的灭弧电压;

(2)不能限制谐振过电压;

(3)长期运行会使非线性电阻老化,其电阻增加,电导电流下降,必须每年进行预防性试验,测量电导电流并逐年比较其变化情况;

(4)密封不良容易使避雷器内部受潮,阀片受潮后,使冲击残压升高,非线性电阻受潮则电导电流增大,使避雷器在正常运行电压下发热损坏,所以检修时需确认密封状况;

（5）每年雷雨季节前应检查整修，并进行试验；

（6）瓷套表面应保持清洁，瓷套表面污秽将影响火花间隙的放电特性。

5. 金属氧化物避雷器（MOA）

氧化锌避雷器（metal oxide arrester，MOA）又称金属氧化物避雷器，是一种与传统避雷器概念有很大不同的新型避雷器，不同电压等级的金属氧化物避雷器如图 5-23 所示，金属氧化物避雷器实物图如图 5-24 所示。

图 5-23　不同电压等级的金属氧化物避雷器　　　　图 5-24　金属氧化物避雷器实物

MOA 与普通避雷器的区别在于：由于氧化锌阀片具有优异的非线性和良好的材质稳定性，所以可以不用串联间隙，其结构比阀式避雷器简单得多。

氧化锌阀片是以氧化锌为主并掺以 Sb、Bi、Mn、Cr 等金属氧化物烧制而成的。氧化锌的电阻率为 $1 \sim 10~\Omega/cm$，晶界层的电阻率为 $1~013 \sim 1~014~\Omega/cm$。当施加较低电压时，晶界层近似绝缘状态，电压几乎都加在晶界层上，流过避雷器的电流只有微安量级；电压升高时，晶界层由高阻变低阻，流过的电流急剧增大。

MOA 不带间隙，一旦接入电网就有电流流过使元件自身发热。工作电压愈高电流愈大，发热量愈大，由于 MOA 阀片在小电流范围内有负的温度特性，所以温度升高，使泄漏电流增加，再加上操作、雷电、暂时过电压等冲击能量和表面污秽，这些累积效应将导致 MOA 热崩溃，所以运行中的 MOA 常安装带有动作计数器功能的在线泄漏电流检测微安表。

表 5-4 列出了常用避雷器分类系列与应用场合。

表 5-4　常用避雷器分类系列与应用

类别与名称		产品系列	应用范围
碳化硅	交流型		
		低压型阀式避雷器　FS	低压网络保护交流电器、电表和配电变压器低压绕组
		配电型普通阀式避雷器　FS	3 kV、6 kV、10 kV 交流配电系统保护配电变压器和电缆头
		电站型普通阀式避雷器　FZ	保护 3 ~ 220 kV 交流系统电站设备绝缘
		保护旋转电机磁吹阀式避雷器　FCD	保护旋转电机绝缘
		电站型磁吹阀式避雷器　FCZ	保护 35 ~ 500 kV 系统电站设备绝缘
		线路型磁吹阀式避雷器　FCX	保护 330 kV 及以上交流系统线路设备的绝缘
	直流型	直流磁吹阀式避雷器　FCL	保护直流系统电器设备绝缘

类别与名称			产品系列	应用范围
金属氧化物	交流型	无间隙金属氧化物避雷器	YW	包括 FS、FZ、FCD、FCZ、FCX 系列的全部应用范围,有取而代之的趋势
		有串联间隙金属氧化物避雷器	YC	3～10 kV 交流系统,保护配电变压器、电缆头和电站设备,与 YW 相比各有其特点
		有并联间隙金属氧化物避雷器	YB	保护旋转电机和要求保护性能特别好的场合
	直流型	直流金属氧化物避雷器	YL	保护直流电气设备
管式		纤维管式避雷器	GWX	电站进线和线路绝缘弱点保护
		无续流管式避雷器	GSW	电站进线、线路绝缘弱点及 6 kV、10 kV 交流配电系统电器设备的保护

二、避雷器的伏秒特性

1. 伏秒特性的作用

伏秒特性是指在冲击电压波形一定的前提下,绝缘(包括固体介质、液体介质或气体介质的绝缘以及由不同介质构成的组合绝缘)的冲击放电电压与相应的放电时间的关系曲线。

2. 伏秒特性的求取

伏秒特性曲线是通过试验的方法求取的,实验过程中保持冲击电压波形不变,逐渐升高电压幅值使间隙发生击穿,并根据示波图记录击穿电压 U 和击穿时间 t。击穿发生在波前或者波峰时,U 与 t 均取击穿时的值;击穿发生在波尾时,t 取击穿瞬间的时间值,U 取所加冲击电压的峰值,连接各点,即可画出伏秒特性曲线,如图 5-25 所示。

但实际上放电时延具有分散性,即同一波形下多次试验击穿时间和击穿电压可能会落在不同点,所以伏秒特性实际上不是一条曲线,而是一条包络带,其下包络线是 0% 伏秒特性曲线,上包络线是 100% 伏秒特性曲线。通常说的伏秒特性曲线实际上是 50% 伏秒特性曲线,如图 5-26 所示。

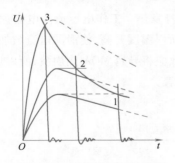

(虚线表示没有被试间隙时的波形)

1—0% 伏秒特性;2—100% 伏秒特性;3—50% 伏秒特性。

图 5-25　伏秒特性绘制方法

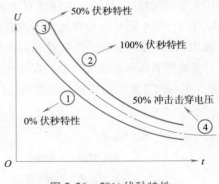

图 5-26　50%伏秒特性

3. 伏秒特性的应用

伏秒特性主要用于比较不同设备绝缘的冲击击穿特性,对避雷器的现场选型比较重要,如用阀式避雷器保护变压器,要获得可靠保护的话,首先必须使阀式避雷器间隙的伏秒特性的上包络线始终位于变压器绝缘伏秒特性的下包络线的下方,此时不论雷电冲击电压的峰值多高,避雷器的间隙总是先击穿,如图 5-27 所示。如果之后避雷器上的电压不高于其间隙的击穿电压的话,则变压器上的电压就低于其击穿电压。如果避雷器的伏秒特性较陡,可能和变压器的伏秒特性出现相交的情况,如图 5-28 所示,此时在交叉部分右边,也就是冲击电压峰值较低时,避雷器的间隙先击穿,变压器能得到保护。但在交叉部分的左边,也就是冲击电压峰值较高时,反而是变压器先击穿,变压器不能得到保护。所以两个不同设备伏秒特性相交时,变压器不可能得到很好的保护。

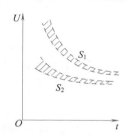

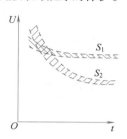

S_1——避雷器伏秒特性;S_2——阀式避雷器伏秒特性。

S_1——避雷器伏秒特性;S_2——阀式避雷器伏秒特性。

图 5-27　配合良好的变压器伏秒特性(S_1)　　　图 5-28　配合不好的变压器伏秒特性(S_1)

间隙伏秒特性的形状决定于电极间的电压分布。极不均匀电场中平均击穿场强较低,放电时延较长,因此其伏秒特性在放电时间还相当大时(约几微秒),就已经随后再减少而明显地翘向上方。在均匀及稍不均匀电场中,平均击穿场强较高,相对来说放电时延较短,所以其伏秒特性就比较平坦。

三、避雷器的主要预防性试验项目及要求

1. 避雷器常见故障

(1)避雷器在制造过程中可能造成的缺陷,但未被检查出来。如空气潮湿的时候,装配车间未采取防潮措施装配避雷器,潮气带进了避雷器。

(2)避雷器在运输和安装过程中受损。如运输过程中不按厂家规定垂直运输,而是横放在汽车上运输,或在运输安装过程受到过大的冲击振动使内部瓷碗破裂、并联电阻振断、外瓷套损坏等。

(3)运行中受潮老化。由于瓷套端部不平、滚压不严、密封胶垫圈老化、瓷套裂纹等原因,同时由于运行中昼夜温差的变化,而使潮气进入避雷器,在谐振过电压和长期工频电压作用下并联电阻和阀片老化,间隙放电,致使避雷器工频放电电压和通流容量下降。

2. 避雷器试验项目及要求

避雷器在运行中可以限制过电压对设备的破坏,因此对避雷器定期进行预防性试验很有必要。表 5-5 为避雷器的主要预防性试验项目及要求。

表 5-5　避雷器的主要预防性试验项目及要求

序号	试验项目	FS、FZ、FCD、FCZ 阀式避雷器	金属氧化物避雷器
1	外观检查	是否有裂纹,密封是否良好,引下线与接地体及本身连接是否良好,表面有无放电痕迹等	
2	测量绝缘电阻	FS 型:绝缘电阻不小于 2 500 MΩ FZ、FCD、FCZ 型:与前一次或同类型测量数据比较不应有显著变化	35 kV 以上,绝缘电阻不小于 2 500 MΩ 35 kV 及以下,绝缘电阻不小于 1 000 MΩ

续上表

序号	试验项目	FS、FZ、FCD、FCZ 阀式避雷器	金属氧化物避雷器
3	测量电导电流及检查串联组合元件的非线性因数 α 的差错	FS 型:不要求做该项目 FZ、FCD、FCZ 型:电导电流应在规定的范围内,与出厂值及历年值比较不应有显著变化,同一相内各串联元件的 $\alpha\%$ 差值不大于 0.05,电导电流相差值不大于 30%	
4	测量工频放电电压	仅对 FS 型进行;FZ 解体大修后进行	
5	测量直流 1 mA 电压 $U_{1\,\mathrm{mA}}$ 及 $0.75U_{1mA}$ 电压下的泄漏电流		测得 $U_{1\,\mathrm{mA}}$ 与初始值比较,变化不大于 $\pm 5\%$;$0.75U_{1mA}$ 泄漏电流不大于 50 μA
6	测量交流运行电压下的电导电流	有条件可进行,标准自行规定	当电导电流的有功分量增为初始值的两倍后,应停电检查
7	基座绝缘及放电计数器电阻试验	基座绝缘电阻自行规定;放电计数器动作试验正常	

注:普通阀式避雷器,FS 型——不带并联电阻;FZ 型——有并联电阻磁吹阀式避雷器,FCZ——变电所用;FCD——旋转电机用。

四、阀式避雷器预防性试验

表 5-6 为阀式避雷器检修标准作业程序。

表 5-6　阀式避雷器检修标准作业程序

作业步骤	作业程序及标准
避雷器检修	(1)引线及接地装置连接牢靠、接触良好,无锈蚀 (2)瓷套是否有裂纹、瓷釉脱落现象 (3)均压环是否水平、稳固,有无放电烧伤痕迹 (4)动作计数器密封 (5)计数器动作校验 (6)底座、构架、基础牢固,无倾斜、变形 (7)接地电阻符合标准
步骤1	

续上表

作业步骤	作业程序及标准
步骤2	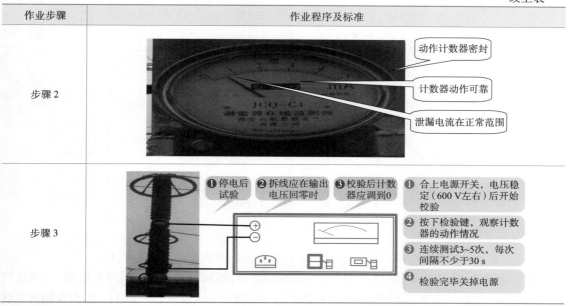 动作计数器密封　计数器动作可靠　泄漏电流在正常范围
步骤3	❶ 停电后试验　❷ 拆线应在输出电压回零时　❸ 校验后计数器应调到0　❶ 合上电源开关，电压稳定（600 V左右）后开始校验　❷ 按下检验键，观察计数器的动作情况　❸ 连续测试3~5次，每次间隔不少于30 s　❹ 检验完毕关掉电源

1. 绝缘电阻试验

测量避雷器的绝缘电阻,可以检查避雷器内部是否受潮,检查并联电阻接触是否良好、是否老化,有无断裂。测量前应检查瓷套有无外伤。对 35 kV 及以下氧化锌避雷器用 2 500 V 兆欧表摇测,对于多元件串联组成的避雷器,要求用 2 500 V 绝缘电阻表测量每一单独元件的绝缘电阻,每节的绝缘电阻应不低于 1 000 MΩ。由于各生产厂以及不同时期的产品,并联电阻的阻值的伏安特性不同,故对测量结果不作统一规定,主要与以前的测量结果或同类产品相比较后判断。

测量时,首先选用合适电压等级的兆欧表,然后将试验连线与避雷器可靠连接,试验接线如图 5-29 所示。

当避雷器为两节时,拆除一次连接线后,分别对上、下两节避雷器进行试验,接线如图 5-30(a)和图 5-30(b)所示。当不拆开一次连线时(避雷器顶部接地),试验接线如图 5-30(c)和图 5-30(d)所示。测量底座的绝缘电阻试验接线如图 5-30(e)所示。测量时采用 2 500 V 及以上兆欧表。

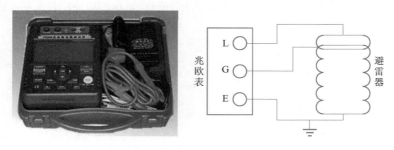

图 5-29　FS 型避雷器绝缘电阻试验接线图

避雷器为三节及以上时,在试验时一般不用拆开一次引线,试验时把避雷器顶部接地,试验接线可参照图 5-30 所示执行。

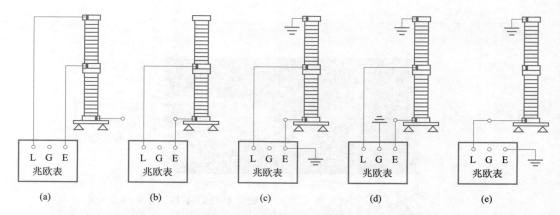

图 5-30　避雷器绝缘电阻测量接线图

试验方法如下：

（1）当天气潮湿时第一裙下部绕一圈再接线，瓷套表面对泄漏电流的影响较大，应用干净的布把瓷套表面擦净，并用金属导体将下端瓷套与兆欧表的屏蔽接线柱相连，以消除其影响（其测量值应大于 2 500 MΩ）。按图 5-30 接好线，将被测相高压端接于兆欧表"线路"（L）柱上，低压端及兆欧表的"地"（E）柱一同接地。如果避雷器可能产生表面泄漏时，应在避雷器靠近"L"端的绝缘表面上用裸铜线绕成屏蔽环，接于兆欧表的"屏蔽"（G）柱上。

（2）打开兆欧表开关按钮，调整测量时间为 1 min，进行测量并记录绝缘电阻值。

（3）将兆欧表和避雷器的连线断开后，断开兆欧表电源，用串有电阻的放电棒使被试避雷器充分放电，拆除测试线。

（4）记录当时的环境温度及相对湿度。

当 FS 避雷器受潮后，如云母垫片吸潮、水气附着在瓷套的内壁，则避雷器绝缘电阻降低，所以测量绝缘电阻是判断避雷器是否受潮的有效方法。

2. 工频放电电压试验

工频放电电压试验接线如图 5-31 所示，FS 型避雷器在击穿前泄漏电流很小，当保护电阻 R_1 数值不大时，变压器高压侧的电压为作用在避雷器的电压，因此可根据变压器的变化，以低压侧电压表的读数决定避雷器的放电电压。事先应校准试验变压器变比，低压侧应使用较高精度的电压表。

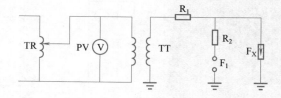

TR—调压器；TT—试验变压器；PV—低压电压表；R_1、R_2—保护电阻器；F_1—保护放电间隙；F_X—被试品。

图 5-31　工频放电电压试验接线

对有并联电阻避雷器进行工频放电电压试验时，应保证试验电压超过灭弧电压的时间小于2 s，避雷器击穿后电流应在 0.5 s 内切断，放电电流小于 0.7 A。在现场做此项试验时需要有快速升压设备及相应的测量设备。

（1）对 FS 型避雷器工频放电电压的要求

对 FS 型避雷器工频放电电压的要求见表 5-7，如工频放电电压的测量值高于上限值，则冲击放电电压升高（冲击系数一定），而如工频放电电压测量值低于下限值，则灭弧电压降低，避雷器可能在内部动作。

表 5-7　FS 型避雷器工频放电电压要求

额定电压（kV）		3	6	10
放电电压（kV）	大修后	9 ~ 11	16 ~ 19	26 ~ 31
	运行中	8 ~ 12	15 ~ 21	23 ~ 33

（2）注意事项

①R 值大小的选取。应考虑避雷器击穿后工频放电电流不超过 0.7 A 和对试验变压器的保护，R 的值取小一些为好；同时避雷器击穿后应在 0.5 s 内跳闸，以免烧坏间隙。

②升压速度。升压过快时，因表针的机械惯性可能带来 15% 的测量误差，以 3 ~ 5 kV/s 为宜。

③其他影响因素。避雷器表面有污秽，附近有接地的金属物品等，对测量结果也会有影响。

④R 的选择。使试品击穿时的放电电流限制到试验变压器的 1 ~ 5 倍额定电流。通常采用水电阻，将蒸馏水装在硬塑料管或玻璃管内制成。为了降低阻值，可以加一些硫酸铜溶液。电阻要有足够的直径和长度，以保证试验进行中的热稳定和试品击穿后不发生沿面放电。一般采用可承受电压 10 kV，直径约 25 mm、长约 50 cm 的水电阻。

升压可用自耦、移圈调压器与试验变压器配合使用。现场一般采用 10 kV·A 及以下的自耦调压器。自耦调压器漏抗小，输出波形好，功率损耗小。移圈调压器用于配合 100 kV 以上试验变压器。

测量工频放电电压，可用高压侧静电电压表、分压器和低压侧测量。

3. 电导电流试验

在避雷器两端施加一定的直流电压时，流过避雷器本体的电流称为避雷器的电导电流。

电导电流试验的目的是检查避雷器是否受潮、并联电阻有无断裂、老化，以及同一相内各组合元件的非线性系数的差值是否符合要求。测得的电导电流应在规定的范围内，超出范围的电导电流，若明显偏大，则表明避雷器内部受潮，并联电阻劣化；若明显偏小，则可能是并联电阻断裂或接触不良。

采用直流电压发生器时，避雷器电导电流试验接线如图 5-32 所示。

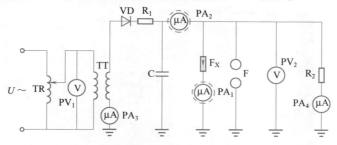

PA_1、PA_2、PA_3—微安表；PA_4—串高电阻测量电压用的微安表；R_1—保护电阻；

R_2—测量用高值电阻；C—滤波电容；VD—高压二极管；PV_1—低压电压表；PV_2—静电电压表；

TR—调压器；TT—试验变压器；F—保护放电间隙；F_X—被试品。

图 5-32　避雷器电导电流试验接线

当被试避雷器的接地端可以打开时,微安表宜放在 PA_1 处;如避雷器接地端不便打开时,微安表也可放在 PA_2 或 PA_3 处。但放在 PA_1 处最好,因为此时流过微安表的电流主要是避雷器电导电流,准确度较高,且微安表处于低电位。如放在 PA_2 处需进行屏蔽,并且微安表要尽可能靠近被试避雷器,否则测量误差很大。这时微安表处于高电位,应放在安全遮栏内。如放在 PA_3 处,因为回路其他所有元件的泄漏电流都要通过微安表,因此要进行两次测量:第一次不接入避雷器,第二次接入避雷器,再以两次的测量结果相减作为实测结果,这种测量方法误差较大。

五、金属氧化物避雷器试验

表 5-8 为金属避雷器检修标准作业程序。

表 5-8　金属避雷器检修标准作业程序

作业步骤	作业程序及标准
1. 测量避雷器运行电压下的泄漏电流(用万用表或氧化锌避雷器带电测试仪)	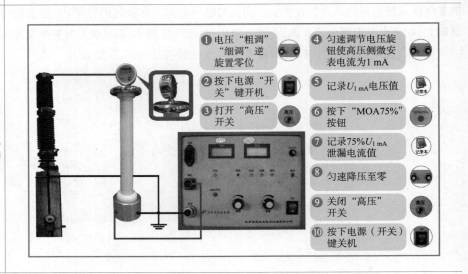
2. 测量 1 mA 下电压 $U_{1\,mA}$ 和 0.75 $U_{1\,mA}$ 下泄漏电流(用直流高压发生器或氧化锌避雷器特性测试仪)	

续上表

作业步骤	作业程序及标准

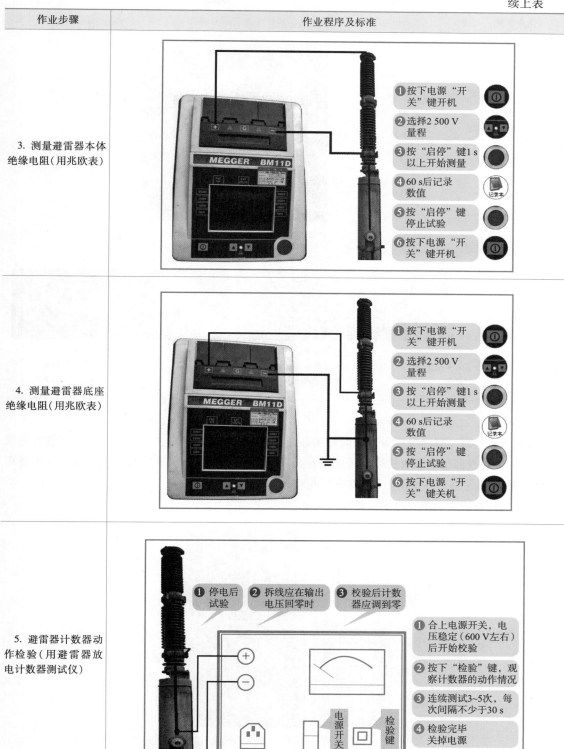

3. 测量避雷器本体绝缘电阻（用兆欧表）

❶ 按下电源"开关"键开机
❷ 选择2 500 V量程
❸ 按"启停"键1 s以上开始测量
❹ 60 s后记录数值
❺ 按"启停"键停止试验
❻ 按下电源"开关"键开机

4. 测量避雷器底座绝缘电阻（用兆欧表）

❶ 按下电源"开关"键开机
❷ 选择2 500 V量程
❸ 按"启停"键1 s以上开始测量
❹ 60 s后记录数值
❺ 按"启停"键停止试验
❻ 按下电源"开关"键关机

5. 避雷器计数器动作检验（用避雷器放电计数器测试仪）

❶ 停电后试验
❷ 拆线应在输出电压回零时
❸ 校验后计数器应调到零

❶ 合上电源开关，电压稳定（600 V左右）后开始校验
❷ 按下"检验"键，观察计数器的动作情况
❸ 连续测试3~5次，每次间隔不少于30 s
❹ 检验完毕关掉电源

电源开关　检验键

作业步骤	作业程序及标准
6. 避雷器检修顺序按 1、2、3、4 进行	
7. 避雷器检修标准	**1.引线** 技术标准： ◆ 应固定牢靠，无锈蚀　　　　**2.瓷套** 技术标准： ◆ 无破损裂纹 ◆ 清洁无尘　　　　**3.底座** 技术标准： ◆ 螺钉紧固　　　　**4.动作计数器** 技术标准： ◆ 计数器密封良好无水气 ◆ 计数数字显示清晰

1. 绝缘电阻试验

金属氧化物避雷器由金属氧化物阀片串联组成，没有火花间隙与并联电阻。通过测量其绝缘电阻，可以发现内部受潮及资质裂纹等缺陷。金属氧化物避雷器电压等级在 35 kV 及以下等级用 2 500 V 兆欧表，35 kV 等级以上用 5 000 V 兆欧表。

金属氧化物避雷器绝缘电阻试验如图 5-33 所示。

◆ 35 kV以上，不低于 2 500 MΩ
◆ 35 kV以下，不低于 1 000 MΩ

图 5-33　金属氧化物避雷器绝缘电阻试验

2. 测量直流 1 mA 电压 $U_{1\,mA}$ 及 0.75 $U_{1\,mA}$ 电压下的泄漏电流

阀片的电阻值和通过的电流有关,电流大时电阻小,电流小时电阻大。也就是说在运行电压 U_1 下,阀片相当于一个很高的电阻,阀片中流过很小的电流;而当雷电流 I 流过时,它又相当于很小的电阻维持一适当的残压 U_2,从而起到保护设备安全的作用。MOA 阀片具有较 SiC 阀片更优良的非线性曲线。测量其直流电压 $U_{1\,mA}$ 及 75% $U_{1\,mA}$ 电压下的泄漏电流和测量 FZ、FCZ 型避雷器的电导电流的目的相同,是为了检查其非线性特性及绝缘性能。

$U_{1\,mA}$ 为试品通过 1 mA 电流时,被试避雷器两端的电压值。《试验规程》规定:1 mA 电压值 $U_{1\,mA}$ 与初始值比较,变化应不大于 ±5%。0.75 $U_{1\,mA}$ 电压下的泄漏电流应初值差 ≤30% 或 ≤50 μA(注意值)。也就是说,在电压降低 25% 时,合格的金属氧化物避雷器的泄漏电流大幅度降低,从 1 000 μA 降至 50 μA 以下。若 $U_{1\,mA}$ 电压下降或 0.75$U_{1\,mA}$ 下泄漏电流明显增大,就可能是避雷器阀片受潮老化或瓷质有裂纹。测量时,为防止表面泄漏电流的影响,应将瓷套表面擦净或加屏蔽措施,并注意气候的影响。一般金属氧化物阀片 $U_{1\,mA}$ 的温度系数为 (0.05 ~ 0.17)%/℃,即温度每增高 10 ℃,$U_{1\,mA}$ 约降低 1%,必要时可进行换算。

测试金属氧化物避雷器直流泄漏电流使用的仪器为直流高压发生器,如图 5-34 所示。测量直流 1 mA 下电压的目的是寻找金属氧化物避雷器击穿的临界值,测量在 0.75 $U_{1\,mA}$ 击穿电压下的直流泄漏电流的目的是检查金属氧化物避雷器未击穿时的绝缘状态,其测试标准见表 5-9。上述两项试验有利于检查金属氧化物直流参考电压及金属氧化物在正常运行中的荷电率,对确定阀片数、判断额定电压选择是否合理及老化状态都有至关重要的作用。金属氧化物避雷器绝缘电阻接线如图 5-35 所示。

图 5-34　直流高压发生器

图 5-35　金属氧化物避雷器直流泄漏试验接线示意

表 5-9　金属氧化物泄漏电流在线监测数据

设备	参数	单位	数据合理范围	注意值范围	报警值范围	初值合理范围
MOA	泄漏电流	μA	300 ~ 800	200 ~ 300,800 ~ 900	100 ~ 200,900 ~ 1 100	−5% ~ 5%
	阻性电流	μA	20 ~ 200	10 ~ 20,200 ~ 400	0 ~ 10,400 ~ 600	−30% ~ 30%
	容性电流	μA	300 ~ 800	200 ~ 300,800 ~ 900	100 ~ 200,900 ~ 1 100	−5% ~ 5%

金属氧化物避雷器由一个或并联的两个非线性电阻片叠合圆柱构成。它根据电压等级由多节组成,35 ~ 110 kV 金属氧化物避雷器是单节的,220 kV 金属氧化物避雷器是两节的,500 kV 金属氧

化物避雷器是三节的,而 750 kV 金属氧化物避雷器则是四节的。500 kV 变电站金属氧化物避雷器布置图如图 5-36 所示。

图 5-36　500 kV 变电站金属氧化物避雷器布置图

（1）金属氧化物避雷器为两节时的试验程序。当金属氧化物避雷器由两节组成时,在有条件的情况下应尽可能将一次连接线拆除(对于母线避雷器,可将母线地刀拉开),以确保测量的准确性。测量接线如图 5-37(a)和图 5-37(b)所示。如果由于现场条件的限制无法拆开一次线,在测量上节时,可用双微安表法,以高压侧微安表 A_1 的读数(总电流)减去微安表 A_2 的读数(下节金属氧化物避雷器的电流)作为上节金属氧化物避雷器的泄漏电流。而下节金属氧化物避雷器可以直接读取 A_2 表的读数。不拆线的试验方法[图 5-37(c)]只适用于两节金属氧化物避雷器的特性基本相近的情况,如果特性相差太大,就会使特性电压偏低的那一节金属氧化物避雷器电流过大,造成直流发生器过载。

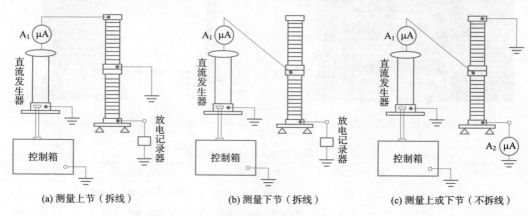

(a) 测量上节（拆线）　　　(b) 测量下节（拆线）　　　(c) 测量上或下节（不拆线）

图 5-37　金属氧化物避雷器由两节组成时泄漏电流的测量接线

注意事项:

①试验时应注意电流表 A_1 的读数不能超过直流发生器的额定输出电流。

②不拆线测量下节避雷器时底座的绝缘电阻不能太低。

③如果要在金属氧化物避雷器的顶部加压,应确认与被试金属氧化物避雷器连接的所有设备上均无人工作后才能开始试验。

(2)金属氧化物避雷器为三节(及以上)时的试验。

图5-38所示为三节及以上的避雷器直流泄漏试验现场试验布置,按图5-39接好试验线路。

图5-38　三节及以上的金属氧化物避雷器直流泄漏试验现场试验布置

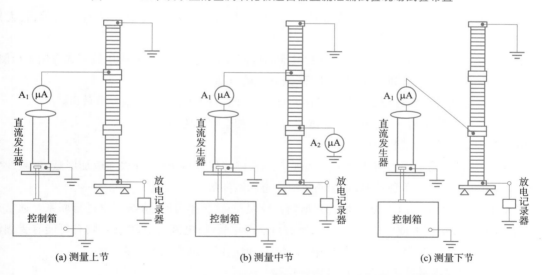

图5-39　由三节及以上组成的金属氧化物避雷器直流泄漏试验接线

试验步骤:

①启动直流发生器,平缓调节升压旋钮,注意观察直流微安表的读数,当电流表读数为 1 mA 时,记录直流高电压值 U_{1mA}(测量上节和下节时电流读取 A_1 表的数值,测量中节时读取 A_2 表的数据)。

②计算 $0.75~U_{1mA}$ 的数值,将电压升到 $0.75~U_{1mA}$,记录泄漏电流值(测量上节和下节时电流读取

A_1 表的数值,测量中节时读取 A_2 表的数据)。

③将电压降为零,切断电源,用放电棒对试品放电并接地,试验前后均须充分放电,如图5-40所示。

图 5-40　金属氧化物避雷器试验前后需充分接地放电

注意事项:

①高压引线应采用专用的屏蔽线,不能用设备的一次引线代替(或部分代替)高压引线;

②直流发生器的倍压筒应尽可能远离被试品,高压引线与被试品的夹角尽可能接近90°;

③测量时注意排除外壳脏污、空气湿度的影响,必要时在外壳增加屏蔽环。

试验方法:

①检查调压器是否在零位,确认在零位后,合上电源,进行升压,观察微安表有无指示,若无异常情况可升至 1 mA,测量 U_{1mA},并记录此时电压值 U_{1mA}。

②再降压至该电压的 0.75 U_{1mA} 时,测量其泄漏电流,因该电流值较小,应用数字式万用表检测。

③试验无异常,数据合理后,降电压至零,断开试验电源。

④试验后须用放电棒将被试相先经电阻对地放电,然后再直接接地对地充分放电。

⑤将高压引线换至另一相,重复上述试验,直至三相全部试验完毕。

⑥试验完毕,拆除各试验接线。

试验时,试品避雷器必须与地绝缘,试品底部与匝绝缘应保持干燥,外表面应加屏蔽,屏蔽线要封口;直流电压发生器应单独接地,现场测量应注意场地屏蔽。

试验中如 U_{1mA} 电压比工厂所提供的数据偏差较大,与铭牌不符时,应与厂家进行联系。通常在 70% U_{1mA} 下的电流值偏大或电压加不上去,则有可能严重受潮;电流大于 50 μA,则有可能有受潮情况。投运后,随着运行时间的增加,电流有一定增大,但电流不能超过 50 μA。

3. 金属氧化物避雷器基座及放电计数器试验

(1)金属氧化物避雷器基座试验

按照《试验规程》规定,预防性试验中应当对金属氧化物避雷器基座及放电计数器进行检查试验。金属氧化物避雷器底部的基座一般是一个绝缘的瓷柱,基座上一般并联有放电计数器。基座起对地绝缘作用。当雷电流通过金属氧化物避雷器时,放电计数器动作,为分析过电压及金属氧化物避雷器动作情况积累数据。对金属氧化物避雷器基座要求用 2 500 V 兆欧表测量绝缘电阻,该绝缘电阻一般应在 100 MΩ 以上。某些特殊系统中,如 10 kV 三角形接线电力电容器组中的某些金属氧化物避雷器,其基座不带放电计数器且单相接地情况下要承受运行相电压,对此类金属氧化物避雷器的基座,应按 10 kV 支持绝缘子进行交流耐压试验。运行中曾发现由于金属氧化物避雷器基座内部进水受潮使避雷器放电记数不能正常工作的情况,如某变电所因为基座内部积水,在冬天结冰使瓷套胀破致使一相 FZ-110Y 型避雷器倒塌,并使变电所 110 kV 母线发生短路的停电事故。

（2）放电计数器动作试验

放电记数器在运行中可以记录避雷器是否动作及动作的次数,以便积累资料,分析电力系统过电压情况,是避雷器的重要配套设备。国内目前采用 JS 型电磁式放电记数器。

图 5-41(a)为 JS 型双阀片式结构放电计数器原理。当避雷器动作时,放电电流流过阀片电阻 R_1,在 R_1 上的压降经阀片电阻 R_2 给电容 C 充电,C 再对电磁式计数器的电感绕组 L 放电,使其移动一格,计一次数。改变 R_1 及 R_2 的阻值,可使计数器具有不同的灵敏度,一般最小动作电流为 100 A(8/20 μs 冲击电流)。

JS-8 型整流式结构的放电计数器原理如图 5-41(b)所示。避雷器动作时,阀片电阻 R_1 上的压降经全波整流给电容 C 充电,C 再对电磁式计数器的电感绕组放电,使其动作计数。该放电计数器的阀片电阻 R_1 阻值较小,通流容量较大,最小动作电流为 100 A(8/20 μs 冲击电流)。JS-8 型一般用于 60~330 kV 系统,JS-8A 型用于 500 kV 系统。

放电计数器在运行中发现的主要问题是密封不良和受潮,严重的甚至出现内部元件锈蚀的情况。因此在对避雷器进行预防性试验时,应检查放电计数器内部有无水气、水珠,元件有无锈蚀,密封橡皮垫圈的安装有无开胶等情况,发现缺陷应予以处理或更换。

为了检查放电计数器动作是否正常,一种方法是用冲击电流发生器给计数器加一个幅值大于 100 A 的冲击电流,看其是否动作。图 5-42 所示是适宜现场采用的一种简易试验方法的原理图,用一个 1 000 V 或 2 500 V 兆欧表给一个容量约为 5~10 μF 的电容器充电,然后用电容器通过放电计数器放电,计数器应当动作。

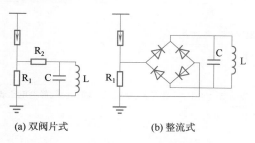

(a) 双阀片式　　　(b) 整流式

图 5-41　JS 型放电计数器原理图

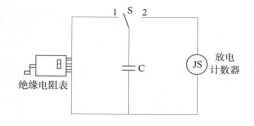

图 5-42　放电计数器动作次数的原理图

试验时应注意:

①为得到足够的交流电流,应由一人摇兆欧表,另一人通过绝缘杆挂电容器的放电引线;在兆欧表停摇之前,将兆欧表与电容器的引线断开,用绝缘杆挂导线给放电计数器放电,以防止电容器对兆欧表反充电,损坏兆欧表及因释放电荷得不到正确的结果。

②应记录放电计数器试验前后的放电指示位数。原则上应将放电计数器指示位数通过多次动作试验恢复到试验前位置。国内也有专门用于检查避雷器放电记数动作情况的试验仪器,其基本原理同图 5-43 所示。

图 5-43　放电计数器动作情况检查接线图

表 5-10 为地铁某变电所避雷器试验报告清单。

表 5-10　某变电所避雷器试验报告

安装环境				
安装位置				
设备名称		试验性质		试验日期
天气		温度		湿度
试验标准				
铭牌				
型号		额定电压		
持续运行电压		直流 1 mA 参考电压		
制造厂家				
出厂编号	A	B		C
绝缘电阻测试(MΩ)仪器:兆欧表				
相别	A	B		C
绝缘电阻				
直流 1 mA 参考电压及 0.75 $U_{1\,mA}$ 下的泄漏电流测量仪器:直流电压发生器、毫安表、微安表、滤波电容、静电电压表				
试验项目	A	B		C
$U_{1\,mA}$ (kV)				
$I_{1\,mA}$ (μA)				
试验结论				
试验人员		审核		

避雷器泄漏电流与耐压试验的操作见视频 5-3。

视频 5-3　避雷器泄漏电流与耐压试验

课外作业

1. 避雷器分类有哪些？各自结构、特点和应用有什么不同？
2. 模拟一次完整的变电所 35 kV 氧化物避雷器的预防性试验。
3. 编写一份某电站避雷防护的技术实施方案。

【任务五】　接地装置试验

任　务　单

（一）任务描述	（五）学习载体
以变电所接地装置为载体，按照测试原理、测试方法、试验注意事项的顺序，学习变电所接地装置基本知识，了解接地电阻的测试原理、测试方法和测试仪器，学习接触电压、跨步电压的测量方法，熟悉测试过程中的注意事项	
（二）任务要求	
（1）了解变电所接地装置基本知识 （2）学习接地电阻测试原理 （3）熟悉接地电阻测试接线方法 （4）学习跨步电压、接触电压的测试方法 （5）熟悉测试过程中的注意事项	
（三）学习目标	
（1）知道变电所接地装置的类型 （2）能理解接地装置的测试原理 （3）能团队合作完成接地电阻测试 （4）会进行接触电压、跨步电压的测试 （5）在操作中知道如何进行安全防护	（1）实验室接地装置 （2）变电所接地装置
（四）职业素养	
（1）树立高压安全意识，培养遵章守规行为习惯 （2）培养爱岗敬业精神和吃苦耐劳品质 （3）具有团队精神，珍惜集体荣誉 （4）能制订变电所接地电阻测试方案 （5）能在紧急情况下进行变电所接触电压、跨步电压的测试	

一、接地装置的基本知识

　　把电力设备与接地装置连接起来，称为接地。防雷接地指过电压保护装置或设备的金属结构的接地，为雷电保护装置向大地泄放雷电流而设置的接地，如避雷器的接地、避雷针构架的接地等。

　　接地装置是确保电气设备在正常和事故情况下可靠和安全运行的主要保护措施之一。接地装置包括接地体和接地线。接地体多由角钢、圆钢等组成一定形状，埋入地中。接地线是指电力设备的接地部分与接地体连接用的金属线，对不同容量不同类型的电力设备，其接地线的截面均有一定要求，接地线多用钢筋、扁钢、裸铜线等。

　　在防雷保护工程中，对接地电阻要求相当严格，接地电阻如果没有达到标准容易造成所保护设备损坏,给用户带来人身伤害和财产损失,因此根据《中华人民共和国气象法》规定:对已做过的防雷工程,每年在 3~5 月份雷雨季节到来之前,应该有专业人员进行检测,测量接地电阻,提前找出隐患,避免造成不必要的损失。

二、接地电阻试验

1. 测量接地电阻的原理

接地电阻指当电流由接地体流入土壤时,接地体周围土壤形成的电阻,它包括接地体设备间的连线、接地体本身、接地体与土壤间电阻的总和,其值等于接地体对大地零电位点的电压和流经接地体电流的比值,它分为工频接地电阻和冲击接地电阻。测量接地电阻一般采用伏安法或接地电阻表法,其原理接线如图 5-44 所示。

在接地电极 A 与辅助电极 B 之间,加上交流电压 U 后,通过大地构成电流回路。当电流从 A 向大地扩散时,在接地体 A 周围土壤中形成电压降,其电位分布如图 5-44(b)所示。由电位分布图可知,距离接地极 E 越近,土壤中电流密度越大,单位长度的压降也越大;而距 A、B 越远的地方,电流密度小,沿电流扩散方向单位长度土壤中的压降越小。如果 A、B 两极间的距离足够大,则就会在中间出现压降近于零的区域 C。

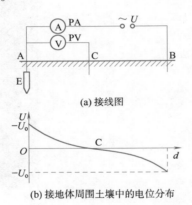

(a) 接线图

(b) 接地体周围土壤中的电位分布

E—接地体;C—电位探针;A—接地电极;B—辅助电极(电流探针);

PA—测量通过接地体电流的电流表;PV—测量电压表。

图 5-44　接触电压、跨步电压测量图

2. 接地电阻的测量

（1）设备接地引下线导通检查要求

接地引下线是电力设备与地网的连接部分,在电力设备的长时间运行过程中,连接处有可能因受潮等因素影响,出现节点锈蚀甚至断裂等现象,导致接地引下线与主接地网连接点电阻增大,从而不能满足电力规程的要求,使设备在运行中存在安全隐患,严重时会造成设备失地运行。因此在《防止电力生产重大事故的二十五项重点要求(2023 版)》中,明确提出接地装置引下线的导通检测工作应每年进行一次。

（2）接地网接地阻抗测量要求

接地网接地阻抗测试周期为三年,测量应按《接地装置特性参数测量导则》(DL/T 475)推荐方法测量,测量结果应符合设计要求,要求测试值不大于初值的 1.3 倍。当接地网结构发生改变时也应进行本项测试。牵引变电所要求 $R \leqslant 2\,000/I$ 或符合设计要求。其中,R 为考虑季节变化的最大接地电阻,接地阻抗实部;I 为经地网入地最大接地故障不对称电流有效值。

（3）独立避雷器接地电阻要求

独立避雷针接地电阻测试周期为六年,要求不宜大于 10 Ω（注意值）。

（4）接地电阻测量步骤

测量接地电阻是接地装置试验的主要内容,一般采用电压—电流表法或接地电阻表法（俗称接地摇表）进行测量,试验仪器如图 5-45 所示,试验时埋入钢钉如图 5-46 所示。

图 5-45　接地电阻测量仪器准备

图 5-46　接地电阻测量埋入钢钉

电压—电流表法测量如图 5-47(a)所示。接地电阻为

$$R = U/I \tag{5-23}$$

式中　　R——接地电阻,Ω;

　　　　U——电压表测得被测接地电极与电压辅助电极间电压,V;

　　　　I——流过被测接地电极的电流,A。

由于低压 220 V 一般由一条相线和一条中性线（一火一地）构成,若没有升压变压器则相线端直接接到被测接地装置上,可能造成电源短路。

图 5-47(b)是接地电阻表的测量接线图。接地电阻表在使用时,C 端接电流极 C′引线,P 端接电压极 P′引线,E 端接被测接地体 E′。当接地电阻表离被测接地体较远时,为排除引线电阻影响,将 E 端子短接片打开,用两根线 C_2、P_2 分别接被测接地体。

为了测准 R,必须找准电压极 C 点。找准 C 点的方法有:

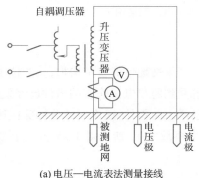

(a)电压—电流表法测量接线

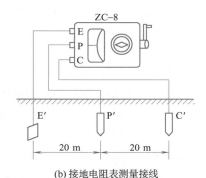

(b)接地电阻表测量接线

图 5-47　接地电阻测量接线图

①A、B 两点之间的距离足够大,尤其是大型变电所的接地网,A、B 之间距离应该是接地网的对角线长的 4~5 倍;

②间接判断,即将电位探针 C 在 A、B 两点某区域移动,当电压 U_{AC} 基本不变或变化很小时,则 C 点是近似零电位点。有时为了测准,则采用变电所的出线,达到 A、B 两点足够大。

接地电阻的大小与土壤电阻率有很大的关系,当接地网的土壤电阻率较大时,接地网的接地电阻值可能达到相关规程的 5 Ω。

三、接触电压、跨步电压测试

1. 接触电压、跨步电压概念

一般将距接地设备水平距离 0.8 m 处,以及与沿该设备金属外壳(或构架)垂直于地面的距离为 1.8 m 处的两处之间的电压,称为接触电压。人体接触该两处时就要承受接触电压。当电流流经接地装置时,在其周围形成不同的电位分布,人的跨步约为 0.8 m,所以在接地体径向的地面上,水平距离为 0.8 m 的两点间的电压,称为跨步电压。人体两脚接触该两点时,就要承受跨步电压。

2. 接触电压、跨步电压测量要求

人体电阻 R_m 取值为 1 500 Ω。电压测量用的接地极,可用直径 8~10 mm、长约 300 mm 的圆钢,埋入地深 50~80 mm。若在混凝土或砖块地面测量时,可用 26 mm × 26 mm 的铜板或钢板作接地体,并与地接触良好。

3. 接触电压、跨步电压测量步骤

一般可利用电流、电压三极法测量接地电阻的试验电路和电源来进行接触电压、跨步电压的测试,如图 5-48 所示。

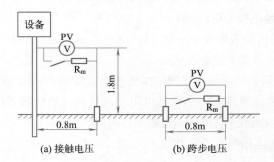

图 5-48　接触电压、跨步电压测量图

四、安全注意事项

随着电网建设的飞速发展,线路杆塔在人员活动密集性地带的数量增加,一些位于变电所附近水田里的杆塔发生单相接地故障时,在其周围的人群受到跨步电压伤害的事件已经发生。因此,在线路建设及运行维护的过程中,杆塔的接地装置除了考虑防雷外,还应对部分特殊区域线路杆塔的跨步电压及接触电压进行测试及研究分析,防止触电事故发生,所以对 1 kV 及以上新投入的电气设备和地网,应测量其接触电压和跨步电压。

(1)测量应选择在干燥季节和土壤未冻结时进行。

(2)测量时,电流线和电压线应尽可能分开,不应缠绕交错。

(3)在变电所进行现场测量时,由于引线较长,应多人进行,转移地点时,不得甩扔引线。

（4）测量时接地电阻表无指示，可能是电流线断；指示很大，可能是电压线断或接地体与接地线未连接；接地电阻表指示摆动严重，可能是电流线、电压线与电极或接地电阻表端子接触不良，也可能是电极与土壤接触不良造成的。

（5）对于运行 10 年以上接地网，应部分开挖检查，看是否有接地体焊点断开、松脱、严重锈蚀等现象。

（6）电压极、电流极的要求：电压极和电流极一般用一根或多根直径为 25 ～ 50 mm、长 0.7 ～ 3 m 的钢管或圆钢垂直打入地中，端头露出地面 150 ～ 200 mm，以便连接引线。电压极接地电阻应不大于 1 000 ～ 2 000 Ω；电流极的接地电阻应尽量小，以使试验电源能将足够大的电流注入大地。因此，电流极的接地经常采用附近的电网和杆塔的接地。

（7）测量发电厂、变电所接地网的接地电阻，通入的电流一般不应低于 10 ～ 20 A，测量接地体的接地电阻，通入的电流不小于 1 A 即可。

（8）注入接地电流测量接地电阻时，会在接地装置注入处和电流极周围产生较大的电压降，因此，在试验时应采取安全措施，在 20 ～ 30 m 半径范围内不应有人或动物进入。

大国重器

4.51 亿 t! 大秦铁路创单条铁路年运量世界纪录

大秦铁路西起山西大同、东至河北秦皇岛，全长 653 km，目前已实现万吨、两万吨重载列车常态化开行，并试验成功三万吨重载列车。大秦铁路是我国西煤东运主要通道之一，被誉为"中国重载第一路"。在大秦铁路线上奔跑的 2 万 t 重载列车，由 210 节 C80 型车辆和两台和谐 1 型电力机车组成，总长度约 2.6 km，从车头走到车尾要半个多小时，被称为"中国最长火车"，可运载近 2 万 t 煤。2018 年创造建线以来最高纪录 4.51 亿 t，不仅远超建线初期的 1 亿 t 设计目标，而且达到世界公认单条铁路运能极限的 2.25 倍。

在大秦铁路，一列满载煤炭的列车单程行驶需要 11 个小时左右，牵引动力为国产的大功率电力机车，在大秦线管内 AT 变压器容量主要为 6 300 kV·A、5 000 kV·A 两种，其一次侧额定电流为 364 A，二次侧电流达到 573 A。据中国铁路官方科普，有资格驾驶 2 万 t 重载列车的火车司机会被严格分为万吨、1.5 万 t、2 万 t 重载列车主控司机。想要驾驶中国最长的火车，就必须取得 2 万 t 重载列车驾驶资格。2 万 t 重载列车不怕开不动，就怕刹不住，驾驶 2.6 km 长的 2 万 t 列车对标要做到 1 m 不差。2014 年 4 月，长近 4 km 的 3 万 t 重载列车在大秦铁路试验成功，我国成为世界上仅有的几个掌握 3 万 t 铁路重载技术的国家之一，如图 5-49 所示。

图 5-49　大秦铁路 3 万 t
重载列车

课外作业

1. 变电所雷电防护的关键点是什么？应在哪些方面加强防护？
2. 编写一份某电站接地电阻测量试验方案。

项目小结

本项目是对输电线路及变电所防雷设备进行整体认识和了解，包括单根、双根避雷线、避雷器、避雷针的保护范围，避雷器、避雷针、泄漏电流和接地电阻的测试方法等。介绍了电力系统的过电压及其防护措施等。具体试验项目能检测出的故障见表5-11。

表5-11　避雷器高压试验项目检测故障一览表

序号	试验项目	绝缘故障及部件			
		主绝缘	整体受潮	护套	计数器
1	绝缘电阻	●	●		
2	直流1 mA临界电压($U_{1\,mA}$)及0.75 $U_{1\,mA}$下的泄漏电流(氧化锌)	●	●	●	
3	底座绝缘电阻	●	●		
4	检查放电计数器动作情况				●
5	运行电压下的交流泄漏电流	●			
6	工频参考电流下的工频参考电压	●			

项目资讯单

项目内容	防雷设备绝缘试验		
学习方式	通过教科书、图书馆、专业期刊、上网查询问题；分组讨论或咨询老师	学时	14
资讯要求	书面作业形式完成，在网络课程中提交		

	序号	资讯点
资讯问题	1	分裂导线法是什么？主要是起到什么作用
	2	你有没有经历过或者听说过身边雷击事件？日常生活中应如何避免
	3	输电线路雷击有哪几种形式？可以采取哪些防护措施
	4	为何避雷线保护角不宜大于25°
	5	衡量线路防雷性能优劣的指标有哪些？应如何计算
	6	输电线路在线监测主要有何作用？现有什么措施进行
	7	变电所防雷原则是什么？有哪些防雷措施
	8	接地电阻值要求为多少？应如何测量
	9	在水田边上的杆塔发生触电事故，请分析事故原因
	10	查询一下本市是否属于多雷区？每年遭受雷击事件及伤亡情况
	11	避雷针避雷的原理是什么？请一句话说出关键点
	12	请说明单支和两支等高避雷针保护范围是如何计算的
	13	氧化锌避雷器的结构有什么特点和优势
	14	什么是伏秒特性？其有什么作用
	15	阀式避雷器的预防性试验主要有哪些？应如何实施

续上表

	序号	资讯点
资讯问题	16	试分析阀式避雷器运行中突然爆炸的原因,运行中阀式避雷器瓷套管有裂纹如何处理
	17	金属氧化物避雷器试验预防性试验主要有哪些? 应如何实施
	18	对于金属氧化物避雷器,为何要测量直流 1 mA 下电压及 0.75 $U_{1\,mA}$ 下的泄漏电流
	19	防雷的基本措施有哪些? 请简要说明
	20	电容器在直配电机防雷保护中的主要作用是什么
	21	感应过电压是怎么产生的? 请介绍简单的计算公式
	22	简述避雷针的保护原理和单支保护范围的计算
	23	对于避雷器放电计数器运行中应如何检查和试验
	24	运行中的避雷器突然爆炸,应如何处理
	25	接地电阻参考值是多少? 应如何测量
资讯引导		以上问题可以在本教程的学习信息、精品网站、教学资源网站、互联网、专业资料库等处查询学习

项目考核单

一、单项选择题

1. 以下几种方式中,属于提高线路耐雷水平的措施是(　　)。

　　A. 降低接地电阻　　　B. 降低耦合系数　　　C. 降低线路绝缘　　　D. 降低分流系数

2. 大气间游离放电的临界电场强度范围是(　　)。

　　A. 10 ~ 30 kV/cm　　　　　　　　B. 5 ~ 10 kV/cm

　　C. 30 ~ 40 kV/cm　　　　　　　　D. 40 ~ 50 kV/cm

3. 以下可以防止输电线路雷害的产生的形式是(　　)。

　　A. 避雷针　　　　B. 避雷线　　　　C. 避雷器　　　　D. 以上都是

4. 输电线路上,发生雷害的形式有(　　)。

　　A. 雷击避雷线　　　B. 直击杆塔　　　C. 绕击导线　　　D. 以上都是

5. 反击过电压的保护措施有(　　)。

　　A. 降低杆塔的接地电阻　　　　　　B. 提高耦合系数

　　C. 绕击导线　　　　　　　　　　　D. 以上都是

6. 从减少绕击率的观点出发,应尽量减少保护角和降低杆塔的高度,即采用双避雷线为宜,一般杆高超过 30 m 时,保护角不宜大于(　　)。

　　A. 20°　　　　B. 30°　　　　C. 45°　　　　D. 60°

7. 根据我国有关标准,220 kV 线路的绕击耐雷水平是(　　)。

　　A. 12 kA　　　B. 16 kA　　　C. 80 kA　　　D. 120 kA

8. 避雷器到变压器的最大允许距离(　　)。

　　A. 随变压器多次截波耐压值与避雷器残压的差值增大而增大

　　B. 随变压器冲击全波耐压值与避雷器冲击放电电压的差值增大而增大

　　C. 随来波陡度增大而增大

　　D. 随来波幅值增大而增大

9. 对于 500 kV 线路,一般悬挂的瓷绝缘子片数为(　　)。

    A. 24　　　　　　　　B. 26　　　　　　　　C. 28　　　　　　　　D. 30

10. 接地装置按工作特点可分为工作接地、保护接地和防雷接地。保护接地的电阻值约为(　　)。

    A. 0.5 ~ 5 Ω　　　　B. 1 ~ 10 Ω　　　　C. 10 ~ 100 Ω　　　　D. 小于 1 Ω

11. 在发电厂和变电站中,对直击雷的保护通常采用的方式是(　　)。

    A. 避雷针　　　　　　B. 避雷线　　　　　　C. 并联电容器　　　　D. 接地装置

二、填空题

1. 当雷击于线路附近的建筑物或地面时,会在架空输电线的三相导线上出现＿＿＿＿＿。

2. 按架设的形式,输电线路分为＿＿＿＿和＿＿＿＿。按照输送电流的性质,输电分为＿＿＿＿和＿＿＿＿。

3. 线路上的雷过电压分为＿＿＿＿和＿＿＿＿两种。

4. 通常情况下变电所雷击有两种情况:＿＿＿＿＿＿＿＿＿、＿＿＿＿＿＿＿＿＿。

5. ＿＿＿＿＿＿是变电所防直击雷的常用措施。

6. 变电站对侵入波的防护的主要措施是在其进线上装设＿＿＿＿＿＿。

7. 把电力设备与接地装置连接起来,称为＿＿＿＿＿＿＿＿＿。

8. 目前我国电力系统中运行的避雷器按结构和性能分为五大类:＿＿＿＿、＿＿＿＿、＿＿＿＿、＿＿＿＿、＿＿＿＿。

9. 伏秒特性是指在冲击电压波形一定的前提下,＿＿＿＿＿与＿＿＿＿＿的关系曲线。

10. 间隙伏秒特性的形状决定于＿＿＿＿＿。

三、简答题

1. 叙述感应过电压的产生过程。

2. 需要从哪些方面解决了输电线路的防雷问题?

3. 简述耐雷水平的定义,并叙述有哪些因素可以影响输电线路的耐雷水平。

4. 叙述如何进行杆塔冲击接地电阻测试。

5. 输电线路在线监测的含义,包括哪些方面,有何作用?

6. 简述变电所雷害的主要来源。

7. 简述变电所防雷措施。

8. 简述测量接地电阻的原理。

9. 简述避雷针避雷的原理。

10. 普通阀式避雷器和磁吹阀式避雷器在运行中应注意哪些问题?

四、计算题

1. 已知无避雷线的架空线对地平均高度为 12 m,在距离输电线路为 75 m 处的地面遭受 $I = 85$ kA 的雷击时,试计算线路感应雷过电压幅值。

2. 某电厂原油罐直径为 10 m,高出地面 10 m,现采用单根避雷针保护,针距罐壁最少 5 m,试求该避雷针的高度是多少?

🧰 **项目操作单**

分组实操项目。全班分 5 组,每小组 7 ~ 9 人,通过抽签确认表 5-12 避雷器试验项目内容,自行安排负责人、操作员、记录员、接地及放电人员分工。考评员参考评分标准进行考核,时间 50 min,其中实操时间 30 min,理论问答 20 min。避雷器试验项目见表 5-12。

表 5-12　避雷器试验

序号	避雷器绝缘项目内容
任务 1	避雷器绝缘电阻测试
项目 2	直流 1 mA 临界电压($U_{1\,mA}$)及 0.75 $U_{1\,mA}$ 下的泄漏电流(氧化锌)
项目 3	运行电压下的交流泄漏电流
项目 4	避雷器耐压试验
项目 5	放电计数器动作测试

任务编号	01	考核时限	50 min	得分	
开始时间		结束时间		用时	
作业项目	避雷器试验项目 1～5				

任务要求	(1)说明避雷器绝缘试验原理 (2)现场就地操作演示并说明需要试验的绝缘结构及材料 (3)注意安全,操作过程符合安全规程 (4)编写试验报告 (5)实操时间不能超过 30 min,试验报告时间 20 min,实操试验提前完成的,其节省的时间可加到试验报告的编写时间里
材料准备	1. 正确摆放被试品 2. 正确摆放试验设备 3. 准备绝缘工具、接地线、电工工具和试验用接线及接线钩叉、鳄鱼夹等 4. 其他工具,如绝缘胶带、万用表、温度计、湿度仪

	序号	项目名称	质量要求	满分100分
评分标准	1	安全措施(14 分)	(1)试验人员穿绝缘鞋、戴安全帽,工作服穿戴齐整	3
			(2)检查被试品是否带电(可口述)	2
			(3)接好接地线对避雷器进行充分放电(使用放电棒)	3
			(4)设置合适的围栏并悬挂标示牌	3
			(5)试验前,对避雷器外观进行检查(包括瓷瓶、油位、接地线、分接开关、本体清洁度等),并向考评员汇报	3
	2	避雷器及仪器仪表铭牌参数抄录(7 分)	(1)对与试验有关的避雷器铭牌参数进行抄录	2
			(2)选择合适的仪器仪表,并抄录仪器仪表参数、编号、厂家等	2
			(3)检查仪器仪表合格证是否在有效期内并向考评员汇报	2
			(4)向考评员索取历年试验数据	1
	3	避雷器外绝缘清擦(2 分)	至少要有清擦意识或向考评员口述示意	2
	4	温、湿度计的放置(4 分)	(1)试品附近放置温湿度表,口述放置要求	2
			(2)在避雷器本体测温孔放置棒式温度计	2
	5	试验接线情况(9 分)	(1)仪器摆放整齐规范	3
			(2)接线布局合理	3
			(3)仪器、避雷器地线连接牢固良好	3
	6	电源检查(2 分)	用万用表检查试验电源	2

	序号	项目名称	质量要求	满分100分
评分标准	7	试品带电试验 (23分)	(1)试验前撤掉地线,并向考评员示意是否可以进行试验。简单预说一下操作步骤	2
			(2)接好试品,操作仪器,如果需要则缓慢升压	6
			(3)升压时进行呼唱	1
			(4)升压过程中注意表计指示	5
			(5)电压升到试验要求值,正确记录表计指数	3
			(6)读取数据后,仪器复位,断掉仪器开关,拉开电源刀闸,拔出仪器电源插头	3
			(7)用放电棒对被试品放电、挂接地线	3
	8	记录试验数据 (3分)	准确记录试验时间、试验地点、温度、湿度、油温及试验数据	3
	9	整理试验现场 (6分)	(1)将试验设备及部件整理恢复原状	4
			(2)恢复完毕,向考评员报告试验工作结束	2
	10	试验报告 (20分)	(1)试验日期、试验人员、地点、环境温度、湿度、油温	3
			(2)试品铭牌数据:与试验有关的避雷器铭牌参数	3
			(3)使用仪器型号、编号	3
			(4)根据试验数据作出相应的判断	9
			(5)给出试验结论	2
	11	考评员提问(10分)	提问与试验相关的问题,考评员酌情给分	10
考评员项目验收签字				

项目六　电力电容器、电力电缆、绝缘子的绝缘试验

【任务一】　认识电力电容器

一、电力电容器的工作原理

　　电力电容器在电力系统中主要作无功补偿或移相使用,大量装设在各级变配电所里,这些电容器的正常运行对保障电力系统的供电质量与效益起重要作用。像电池一样,电容器也具有两个电极,这两个电极分别连接到被电介质隔开的两块金属板上。电容器与电池之间的不同之处在于:电容器可以瞬时释放它的全部电量,而电池则需要花费数分钟才能完全释放其电量。常用电容按介质区分有纸介电容、油浸纸介电容、金属化纸介电容、云母电容、薄膜电容、陶瓷电容、电解电容等。电容量的单位是法(F),即容量为1 F的电容器可以在1 V的电压下存储1库仑(C)的电量。1 C为

6.25×10^{18} 个电子所带的电荷总量,1 A 表示每秒流过 1 C 电子的电子流动速率。因此,容量为 1 F 的电容器可以在 1 V 的电压下存储数量为 1 A·s 的电子。

二、电力电容器的外观及铭牌

电力电容器的种类繁多,根据其标准的不同可以划分为很多类型,电力电容器包括移相电容器、电热电容器、均压电容器、耦合电容器、脉冲电容器等。移相电容器主要用于补偿无功功率,以提高电力系统的功率因数;电热电容器主要用于提高中频电力系统的功率因数;均压电容器一般并联在断路器的断口上作均压用;耦合电容器主要用于电力送电线路的通信、测量、控制、保护及抽取电能等装置;脉冲电容器主要用于脉冲电路及直流高压整流滤波用。本书主要介绍的是在电力系统中应用最普遍的移相电容器、串联电容器、耦合电容器、均压电容器等类型,如图 6-1 所示为电容器内部结构示意。这些电容器大多是分体式或者是柜式。分体式多为户外型,常见于户外变电站;柜式多为户内安装,常见于配电系统。电容器由箱壳和芯子组成,箱壳用薄钢板密封焊接制成,箱壳盖上焊有出线瓷套,箱壁两侧焊有供安装用的吊攀,一侧吊攀装有接地螺栓,图 6-2 所示为户外电力电容器安装实例。

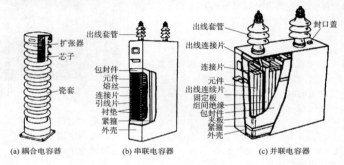

图 6-1　电容器内部结构示意

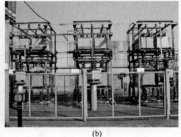

图 6-2　户外电力电容器安装实例

电容器铭牌具体表示方法如下:

①②③-④-⑤-⑥

型号由文字部分(①②③)和数字部分(④⑤⑥)组成,代号的含义如下:

①:表示电容器的用途,Y——移相用;C——串联用。

②:表示浸渍物,Y——矿物油浸渍;W——烷基苯浸渍;L——氯化联苯浸渍。

③:表示介质材料或使用场所,F——复合介质(电容器纸与聚丙烯薄膜);W——户外使用。

④:表示额定电压(kV);

⑤:表示标称容量(kVar);

⑥:表示相数,1——单相;3——三相。

以移相电容器的铭牌为例说明，其铭牌包括型号，电容值、额定频率等。例如：YLW-10.5-50-1，表示氯化联苯浸渍的移相电容器，户外式，额定电压 10.5 kV，标称容量为 50 kvar，单相；YY0.4-12-3，表示矿物油浸渍的移相电容器，用于户内，额定电压为 0.4 kV，标称容量为 12 kvar，三相；YW10.5-16-1，表示烷基苯浸渍的移相电容器，户外式，额定电压 10.5 kV，标称容量为 16 kvar，单相；YWF10.5-25-1，表示烷基苯浸渍的复合介质的移相电容器，额定电压 10.5 kV，标称容量为 25 kvar，单相。

铭牌上的电容值，为每台电容器实测电容值，与额定电容值的误差不应超过 ±10%，其标称频率是指电容器的额定频率。

三、电力电容器介质

电力电容器的电介质主要是起储能和绝缘的作用，它是决定电力电容器性能的关键材料。掌握电力电容器电介质的特性对判断电容器的质量很有帮助的。电力电容器通常采用的电介质有气体、液体、固体及氧化物等类型。

1. 气体电介质

气体电介质的相对介电常数非常接近1。电力电容器常用的气体介质是六氟化硫（SF_6）、氮气、空气等。

2. 固体电介质

常用的固体电介质有：电容器纸、塑料薄膜两类。对于电容器纸具有：浸渍性好、成本低、效益高，可实现自动化生产等优点；缺点是：线膨胀系数大、易变形、电容量稳定性差、容易老化、耐热性低（<80 ℃）、机械强度低等。

塑料薄膜具有耐电强度和机械强度高、体积电阻系数高、电稳定性好等优点。缺点是：难以浸渍，通过采取特殊的工艺，也可以提高浸渍效果，或者做成干式电容器。常用的塑料薄膜有：聚丙烯薄膜（简称 PP 膜）、聚酯薄膜等。

3. 液体电介质

液体电介质分天然液体电介质和合成液体电介质两类。天然液体电介质有：变压器油、电容器油、电缆油、蓖麻油等矿物质油和植物油。合成化合物有异丙基联苯（IPB）、二芳基乙烷（PXE）、爱迪索油、二异丙基萘（KIS-400）、CPE 等，种类较多。

4. 氧化物电介质

以金属（常见的是铝或钽）的氧化膜作为电介质，以电解质作为另一电极。即所谓的电解电容器，这类电容器单个电容量可做到上万微法。电解电容器的特点是电极是有极性的，应用中正、负极不能接反。表 6-1 为常用介质的相对介电系数。

表 6-1　常用介质的相对介电系数

材料名称	ε_r	材料名称	ε_r	材料名称	ε_r
真空	1	电容器纸	6.5	环氧树脂	3.8
空气	1.000 58	油浸电容器纸	3.2 ~ 4.4	云母	4 ~ 7.5
六氟化硫	1.002	聚丙烯树脂	2.2 ~ 2.6	瓷	6 ~ 6.5
二氧化碳	1.000 98	聚丙烯薄膜	2.0 ~ 2.1	胶木层纸	2.5 ~ 4

材料名称	ε_r	材料名称	ε_r	材料名称	ε_r
变压器油	2~2.2	聚四氟乙烯	2~2.2	石蜡	2.1~2.5
电容器油	2.1~2.3	聚氯乙烯	3~3.5	玻璃	5.5~10
三氯联苯	5.2	聚乙烯	2.2~2.4	橡胶	2~3
木材	4.5~5	聚酯	3.2	钛酸钡	3 000~8 000
纸	3.0~3.5	有机玻璃	3~3.6		

注：氯化联苯（三氯联苯、五氯联苯）由于毒性大，1975 年国际上已经禁止使用。

课外作业

1. 电力电容器有哪些？如何区别？
2. 电力电容器运行维护有什么要求，如何做一个合格的运行维护人员？
3. 如何辨别电力电容器采用的电介质是什么，有什么特色？
4. 如何通过检验电介质的特性来判断电容器的质量？

【任务二】 电力电容器试验项目及方法

任务单

(一)试验目的	(五)技术标准
(1)绝缘电阻测量可以检测开关的绝缘状况，发现绝缘内部隐藏的缺陷 (2)测量电容器电容值的大小，可检测生产工艺缺陷、安装质量和运行中元件损坏等 (3)耐压试验可以检查电容器是否受潮、劣化、断裂，运行过程中可能存在缺陷等	国家标准规定，所测的电容值在投运 1 年内不在投运 1~5 年内均不能小于额定值的 95%

(二)测量步骤	(六)学习载体
(1)断开电容器接线，将电容器充分放电，将表面擦拭干净，按要求做好接地等安全操作 (2)绝缘电阻用兆欧表测量电容器两极绝缘电阻 1 min，记录绝缘电阻值 (3)耐压试验时应先按 1.15 倍耐压值设置好保护球隙距离，再接上电容器后加压至 1 min 后，无击穿则合格，降压，切断高压 (4)测量电容器电容值时，按要求接线，合上电源开关，开机，选择电容 C 挡位，选择频率 1 kHz 测量，记录电容值，关机 (5)每次试验后须用接地线对电容器充分放电	电力电容器

(三)结果判断	
(1)在实际检查、测量电容器时，当测完电容值后，要把实测值与过去的测量值、铭牌值相比较，要把三相之间的测量值相比较，以便找出有问题的电容器 (2)电容器的工作环境对电容值影响很大，包括系统谐波、运行时间及环境温度、50 Hz 的电源干扰，可采用低于或高于 50 Hz 的电源进行测量	

(四)注意事项	
(1)电容试验过程中会充电，试验前后必须充分放电 (2)试验接线接触必须良好，接地线应可靠接地，最好接在设备的接地端上 (3)如果采用地刀接地，应防止地刀接地不良造成的	

一、电力电容器试验项目

电力电容器试验步骤、测量接线及操作提示见表6-2。

表6-2　电力电容器试验步骤和测量接线

序号	项目内容	测量接线及操作
1	测量电容器电容值（用电容电感测试仪）	提示：试验前电容应放电　① 按下电源"开关"键开机　② 选择电容挡"C"　③ 按"频率"键选择 1 kHz　④ 读出电容值　⑤ 按下电源"开关"键关机
2	测量电容极对壳绝缘电阻（用兆欧表）	提示：试验前后电容应放电　① 按下电源"开关"键开机　② 选择2 500 V 量程　③ 按"启停"键1 s 以上开始测量　④ 60 s后记录数值　⑤ 按"启停"键停止试验　⑥ 按下电源"开关"键关机
3	电容直流耐压试验（用直流高压发生器）	提示：试验前后电容应放电　① 电压"粗调""细调"逆旋置零位　② 按下电源"开关"键开机　③ 打开"高压"开关　④ 匀速升压至36 kV 持续60 s　⑤ 匀速降压至零　⑥ 关闭"高压"开关　⑦ 按下电源"开关"键关机　提示：试验中电容是否击穿 试验后触摸电容是否过热

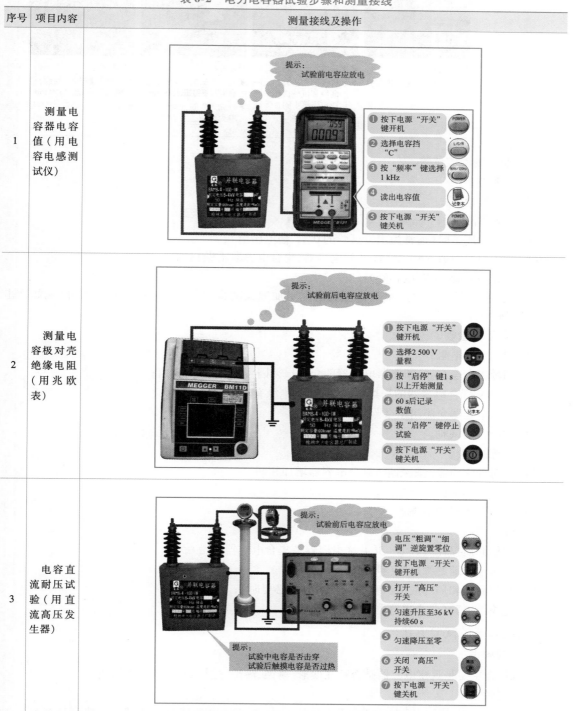

序号	项目内容	测量接线及操作			
4	电容器检修流程	1.支架  技术标准： ◆ 无锈蚀、变形，连接牢固	2.熔断器和导线  技术标准： ◆ 软母线张力适当，无松股断股和机械损伤，硬母线应连接牢固，无裂纹，漆膜完好 ◆ 清洁无尘	3.电容器  技术标准： ◆ 瓷套无破损、裂纹，瓷釉剥落不得超过300 mm^2 ◆ 外壳无膨胀、变形，焊缝无开裂、无渗漏	4.底座绝缘子  技术标准： ◆ 绝缘子无破损、裂纹，瓷釉剥落不得超过300 mm^2 ◆ 安装牢固、端正，无变形

1. 到货后的验收试验

（1）外观检查；

（2）密封性检查；

（3）电容量测量；

（4）工频耐压试验（通常为出厂试验的 0.75 倍电压值）；

（5）介质损耗因数 $\tan\delta$ 测量（并联电容器、集合电容器不做）；

（6）绝缘油试验（集合电容器）。

用户也可以根据需要与生产厂家签订合同增加型式试验或出厂试验中的某些项目（例如冲击试验、局部放电测量等）。

2. 安装后的验收（交接）试验

（1）测量绝缘电阻；

（2）测量耦合电容器、断路器电容器的介质损耗因数 $\tan\delta$ 及电容值；

（3）500 kV 耦合电容器的局部放电试验（对绝缘有怀疑时）；

（4）并联电容器交流耐压试验；

（5）冲击合闸试验。

3. 预防性试验

（1）极对外壳绝缘电阻测量（集合电容器增加相间）；

（2）电容量测量；

（3）外观及渗漏油检查；

（4）红外测温；

（5）测量介质损耗因数 $\tan\delta$（并联电容器及集合电容器不做）；

（6）低压端对地绝缘电阻（耦合电容器）；

（7）交流耐压和局部放电试验（耦合电容器，必要时）；

（8）绝缘油试验（集合电容器）。

二、电容器的试验方法

1. 外观检查

外观检查主要是观察电容器是否存在变形、锈蚀、渗油、过热变色、鼓胀等问题。

2. 密封性检查

用户进行密封性检查通常只能采用加热的方法，在不通电的情况下将试品加热到最高允许温

度 +20 ℃的温度,并维持一段时间(2 h 以上),在容易产生渗油的地方用吸油材料(如白石粉、餐巾纸等)进行检查。

3. 绝缘电阻测量

(1)基本概念。在夹层绝缘体上施加直流电压后,会产生三种电流,如图 6-3 所示。

①电导电流 i_R,与绝缘电阻有关;

②电容电流 i_C,与电容量有关;

③吸收电流 i_1,由绝缘介质的极化过程引起。

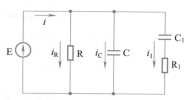

图 6-3 夹层绝缘体的等值电路

一般认为电容电流衰减很快,吸收电流的衰减时间较长,对绝缘电阻的测量影响较大,这种分析只是在电容量 C 比较小的情况下才成立。当电容量较大、而兆欧表又不能提供较大的充电电流时,电容电流反而会成为影响测量结果的主要因素。试品电容量越大,对兆欧表的短路输出电流要求越高。表 6-3 为兆欧表短路电流的要求数据,试验时可供参考。

表 6-3 对兆欧表短路电流的要求(参考值)

试品电容(μF)	0.5	1	2	3	5
测量吸收比(mA)	1	2	4	5	10
测量极化指数(mA)	0.25	0.5	1	1.5	2.5

(2)测量方法。

①测量部位:并联电容器只测量两极对外壳的绝缘电阻;分压电容器以及均压电容器测量极间绝缘电阻;耦合电容器测量极间及低压电极对地的绝缘电阻。

②测量接线:兆欧表的"L"端子接被试设备的高压端,"E"端子接设备的低压端或地,当需要屏蔽其他非被试设备时,兆欧表的屏蔽端"G"与其他非被试设备连接。

③测量步骤:

a. 测量前应将电容器两极对地短接充分放电 5 min 以上;

b. 兆欧表"L""E"端子短接时应显示零,分开"L""E"端子兆欧表应显示无穷大;

c. 测量吸收比时记录 15 s 和 60 s 时的绝缘电阻,测量极化指数时记录 1 min 和 10 min 的绝缘电阻值;

d. 测量后应将电容器两极对地短接放电 5 min 以上。

4. 电容量测量

(1)电压电流法。电压电流法试验接线如图 6-4 所示。

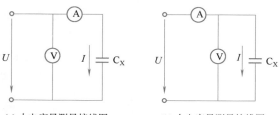

(a)小电容量测量接线图　　(b)大电容量测量接线图

图 6-4 电压电流法测量电容量

电容量的计算为

$$C_X = \frac{I}{U\omega} \quad (F) \tag{6-1}$$

式中　I——电流,A;

　　　U——电压,V;

　　　ω——角速度,rad/s。$\omega = 2\pi f$,电源频率为 50 Hz 时,$\omega = 314$ rad/s。

如果取电压 $U = 159.2$ V,C_X 的单位为 μF,则有

$$C_X = 20I \ (\mu F) \tag{6-2}$$

市场上成套的电容、电感测量装置其原理基于电压电流法，有些仪器为了避开 50 Hz 的电源干扰，采用低于或高于 50 Hz 的电源进行测量，仪器采用开口 CT 测量电流，因此在测量时不用打开电容器的连接线，仪器自动根据电压和电流值计算电容值或电感值。

（2）电桥法。在采用电桥测量时，试验前应估算试验中的电容电流值，以便确定试验电源的容量和选择仪器的量程。

（3）电容表法。随着计算机技术的发展，大量的智能仪表也应运而生，数字式电容表是一种能直接测量各种电容器容量的较为精密的数字仪表，进行测量时，直接将电容器两极接入仪表测试端子即可，使用极其简单。它具有现场测量电容器不需拆除连接线、测量参数完整、海量数据存储和抗干扰能力强、使用携带轻便等诸多优点，也在电力系统得到广泛的应用。

5. 介质损耗因数 $\tan \delta$ 测量

（1）介质损耗组成

电容器介质损耗由以下三部分组成。

①泄漏电流引起的损耗；

②介质极化损耗；

③局部放电引起的损耗。

介质损耗因数 $\tan \delta$ 是电容器的有功损耗 P 与电容器消耗的无功功率 Q 的比值，即

$$\tan \delta = \frac{电容器的有功损耗}{电容器的无功损耗} = \frac{P}{Q} \tag{6-3}$$

式中　δ——介质损耗角，如图 6-5 所示。如图 6-6 和图 6-7 分别为其串联等值电路和并联等值电路。

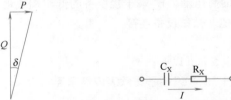

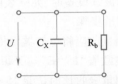

图 6-5　介质损耗角　　　　图 6-6　串联等值电路　　　　图 6-7　并联等值电路

（2）介质损耗因数 $\tan \delta$ 的测量方法

介质损耗因数 $\tan \delta$ 测量方法一般用交流电桥测量，电桥的三种接线方式如图 6-8 所示。

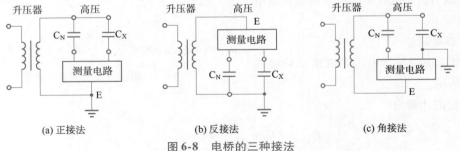

（a）正接法　　　　　　　（b）反接法　　　　　　　（c）角接法

图 6-8　电桥的三种接法

①正接法适用于电容器无接地端的情况，测量准确度高，电桥测量电路处于低电位，比较安全。

②反接法适用于电容器一端接地的情况，测量结果受引线对地电容的影响，所以测出的电容值比正接法大，不能反映真实的电容值。电桥测量电路处于高电位，安全性差。

③角接法适用于电容器一端接地的情况，测量结果受升压器、引线的对地电容影响，准确性稍差，

但由于电桥的测量电路位于低电压,安全性好。

（3）测量注意事项

①由于试验设备容量的原因,目前不要求测量并联电容器的介质损耗因数 $\tan\delta$。

②耦合电容器电容量相对也较大,试品本身容抗小,受与其串联的接触电阻、接地电阻影响比较大,应注意:试验接线接触必须良好,接地线应可靠接地,最好接在设备的接地端上,如果采用地刀接地,应防止地刀接地不良造成的测量误差。

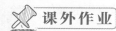 **课外作业**

1. 常用的电力电容器测量仪器仪表有哪些？如何使用？

2. 对电力电容器试验要注意哪些事项？

3. 应用介质损耗因数 $\tan\delta$ 测量三种方法对同一电路上的电容器测量结果进行分析对比。

4. 编写一份完整的电力电容器试验报告。

【任务三】　电力电容器交流耐压试验

任 务 单

（一）试验目的	（五）技术标准
（1）交流耐压试验更接近电容器运行状态,是测量电容器绝缘强度最有效和最直接的方法 （2）测试电力设备绝缘强度最直接有效的方法 （3）测量电容器绝缘裕度 （4）检测设备是否满足安全运行条件 （5）检查电容器的安装质量是否满足绝缘强度	（1）一般应先进行低电压试验再进行高压试验,应在绝缘电阻测量之后再进行介质损耗因数及电容量测量,试验数据正常方可进行交流耐压试验和局部放电测试。交流耐压试验前后还应重复介质损耗因数、电容量测量,以判断耐压试验前后试品的绝缘有无击穿 （2）耐压试验属于破坏性试验,试验前均应进行绝缘电阻测试,且耐压前后绝缘电阻相差不应超过30%
（二）测量步骤	
（1）按要求接好试验线,依次接好高压引线,做好接地安全措施 （2）第一次接线先不接被试品,根据保护电压值预设定保护球间隙距离,保护球隙间隙保护电压应为试验电压的 $1.1\sim1.2$ 倍 （3）开机,操作旋钮回零,按"高压允许"键,施加高压至保护球隙击穿 （4）迅速降低电压至零位,切断电源,放电 （5）并接入试品,高压引线悬空连接 （6）开机,按"高压允许"键,施加高压至耐压值,60 s 无击穿,放电,记录电压值,降压至零位 （7）放电	（六）学习载体
	交流耐压发生装置
（三）结果判断	
（1）交流耐压前后绝缘电阻应无明显变化,且无过热、击穿等现象 （2）交流耐压试验属于破坏性试验,需要在非破坏试验指标合格后进行	
（四）注意事项	
（1）试验前后将试品接地充分放电 （2）需根据放电电压设置保护球隙距离 （3）耐压试验高压可致命,操作台须可靠接地 （4）先调整保护间隙大小再接试品加压试验 （5）加压前应仔细检查接线是否正确,并保持足够的安全距离 （6）高压引线须架空,升压过程应相互呼唱 （7）升压必须从零开始,升压速度在40%试验电压前可快速升到,其后应以每秒3%试验电压的速度均匀升压 （8）试验后要将试品的各种接线、末屏、盖板等恢复 （9）要求必须在试验设备及被试品周围设围栏并有专人监护,负责升压的人要随时注意周围的情况,一旦发现异常应立刻断开电源停止试验,查明原因并排除后方可继续试验	
	视频 6-1　交流耐压试验

一、概述

1. 交接时只对并联电容器进行。试验电压加在电极引线与外壳之间,主要检查外包油纸绝缘、油面下降、瓷套污染等缺陷。

2. 对耦合电容器必要时进行交流耐压试验。(按出厂试验值的 0.75 考虑)

3. 为了减小试验设备容量,通常都采用串联或并联谐振法进行。

4. 测量高压的电压表或分压器应直接接在被试品的高压端上,并应读取试验电压的峰值,试验电压值以 $\dfrac{U_{max}}{\sqrt{2}}$ 为准,大部分峰值电压表已按 $\dfrac{U_{max}}{\sqrt{2}}$ 显示试验电压。

二、常规交流耐压试验方法

电力电容器常规交流耐压试验接线如图 6-9 所示。

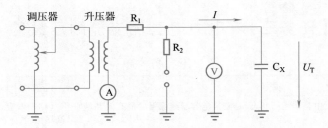

图 6-9 常规交流耐压试验接线

电容器试验过程中电流 I 与电容 C_X 及电压 U_T 存在以下关系:

$$X_C = \frac{1}{\omega C_X} \tag{6-4}$$

$$I = \frac{U_T}{X_C} = \omega C_X U_T \tag{6-5}$$

试验过程中注意电流量的变化。

1. R_1:限流电阻

由于电流较大,R_1 的阻值越大,压降越大,损耗也越大,可按 $R_1 \leqslant X_C$ 选择 R_1 的阻值,而且要有足够大的热容量,通常采用水电阻。

2. R_2:铜球保护电阻

为了保证铜球击穿后过流保护装置能够动作,应满足 $U_T/R_2 \geqslant$ 动作电流。

注意事项:

(1)电压表的高压端子必须直接接在被试品的高压端子上。

(2)升压速度在试验电压的 0.75 倍以下时不规定升压速度,但从 0.75 倍试验电压升到 100% 试验电压则要求升压速度为每秒 2%,即在 12.5 s 左右升到 100% 试验电压值,避免在接近规定试验电压附近停留太久的时间。

(3)试验前后要做好高压试验的安全措施。

三、串联谐振交流耐压试验

串联谐振法交流耐压试验接线如图 6-10 所示。

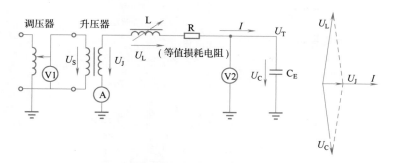

图 6-10 串联谐振法交流耐压试验接线(调感式)

（1）串联谐振的特点：

$$I_L = I_C = I \tag{6-6}$$

$$X_L = X_C \tag{6-7}$$

$$U_L = -U_C \tag{6-8}$$

$$U_J = \frac{U_C}{Q} \tag{6-9}$$

（2）回路阻抗：

$$Z = \sqrt{R^2 + (X_L^2 - X_C^2)} = R \tag{6-10}$$

（3）回路 Q 值：

$$Q = \frac{X_L}{R} \tag{6-11}$$

在试验回路中，由于电容器也存在一定的损耗，相当于增大了损耗电阻 R，所以试验回路总的等效品质因数 Q_s 会比电抗器的 Q 值要小一些

$$Q_s = \frac{1}{\dfrac{1}{Q} + \tan\delta} \tag{6-12}$$

一旦试品击穿，X_C 变为零，谐振条件被破坏，此时回路阻抗变为

$$Z_B = \sqrt{R^2 + (X_L^2 - 0)} \approx X_L \tag{6-13}$$

试品击穿后电流为

$$I_B = \frac{U_J}{X_L} = \frac{I}{Q} \tag{6-14}$$

即，串联谐振耐压中一旦试品击穿，回路电流就会下降为 $\dfrac{I}{Q}$，不存在过电流的问题，所以试验比较安全。

（4）串联谐振耐压的优点：

①减小升压器输出电压为试验电压的 $\dfrac{I}{Q}$，从而减小试验设备容量。

②试品击穿后电流下降为原来的 $\dfrac{I}{Q}$，比较安全。

③不需要串接限流电阻。

四、并联谐振交流耐压试验

并联谐振法交流耐压试验如图 6-11 所示。

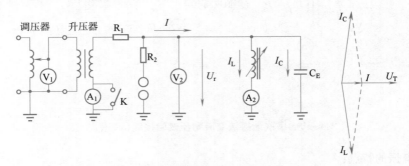

图 6-11   并联谐振法交流耐压试验(调感式)

(1)并联谐振特点:

$$U_C = U_L = U_T \tag{6-15}$$

$$I_L = -I_C \tag{6-16}$$

(2)回路阻抗:

$$Z \approx QX_L \tag{6-17}$$

(3)回路电流:

$$I \approx \frac{U_T}{QX_L} = \frac{I_C}{Q} \tag{6-18}$$

(4)并联谐振耐压试验优点:

①试验电流为试品电流的$\frac{I}{Q}$,从而减小试验设备容量;

②试品击穿时试验电流可能会增加,过流保护应可靠;

③需要串接限流电阻。

五、电容器本体绝缘试验

1. 对电容器本体绝缘试验

目的:掌握电容器的绝缘水平,判断电容器的工作状态。

工具:兆欧表(根据电容器工作电压等级选用对应电压等级的兆欧表)、导线(含接地线)若干、温度计和相关安全、记录设备等。

步骤和方法:用裸铜导线对电容器两极接线头短接。兆欧表接地端可靠接地,待兆欧表电压升起来达到试验电压后,快速点接到电容器的两极。由于电容器是容性设备所以在点接接通瞬间绝缘电阻会变为零,为电容器的一个充电过程,待电容器充电完成后绝缘电阻会慢慢变大。时间测量一分钟后记录数值。根据试验数据,写出试验报告,做出试验结论和建议。

填写试验报告,并给出正确的结论。因为对高压电气设备的检测,目的就是要判断设备的工作性能确保生产安全。为使判断准确,就要求所做的检测项目能尽可能充分和全面。因此,对电气设备进行检测试验时通常都会包括多个检测项目,报告结论是根据所做项目的结果进行综合的评价的,试验表格也是一份全面记录各项检测数据的完整的表格。常用的电容器检测试验记录见表 6-4。

表 6-4 电容器检测试验记录表

电容器试验报告			项目	
			装置	
			工号	
名 称		位 号	试验日期	
电容器数量		每相数量	接 法	
型 号		容量(kvar)	频 率	
额定电压		电容量(μF)	制造厂	

绝缘试验				温度(℃)
接线位置	绝缘电阻(MΩ)	交流耐压(kV)	时间(min)	
两级对外壳				

冲击合闸试验				
次数	电流(A)			各相电流差值(%)	熔断器情况
	A 相	B 相	C 相		
第一次					
第二次					
第三次					

断路器电容器、耦合电容器测量				温度(℃)
级间绝缘电阻(MΩ)	电容量(μF)	tan δ(%)	局部放电量(pC)	

备注:

结论:

| 技术负责人 | | 试验人 | |

2. 并联电容器鉴定试验

本例采用 YYW10-5-400-1 型,具体操作时可根据各自的实训条件进行适当更改,试验工具见表 6-5。

YYW10-5-400-1 型铭牌数据如下:

型号 YYW10-5-400-1   相数:单相

额定容量 400 kvar   额定频率:50 Hz

额定电压 10.5 kV   标称电容:11.55 μF

额定电流 38.1 A   温度类别:−40/+40 ℃

要求:

(1)测量两级对外壳的绝缘电阻。

(2)测量极间电容量。

(3)绘出极间介质损耗因数 tan δ 与试验电压 U_T 关系曲线。

（4）极间工频交流耐压试验。

（5）两极对外壳的工频交流耐压试验。

（6）热稳定试验，根据测得的数据绘出介质损耗因数 $\tan\delta$ 与电容器内部最热点温度 θ 的关系曲线，绘出内部最热点温度与加压时间 t 的关系曲线和介质损耗因数 $\tan\delta$ 与加压时间的关系曲线。

（7）编写试验报告，给出结论和建议。

表 6-5　试验工具

序号	设备名称	数量	备　注
1	安全隔离围栏	若干	围闭警示，起安全隔离作用
2	作业标示牌	若干	
3	验电笔	1 支	
4	绝缘鞋、绝缘手套等安全用具	若干	满足参试人员需要
5	安全带	若干	
6	万用表	2 块	
7	绝缘梯	1 把	
8	移动电源插排	若干	带漏电保护功能
9	绝缘操作杆	2 根	
10	绝缘绳、绝缘带	若干	
11	温湿度仪	1 个	
12	计算器	1 台	
13	工具箱	1 套	
14	测试导线（带接线套柱）	若干	含接地线
15	绝缘放电棒	1 套	
16	回路电阻测试器	1 台	输出电流 ≥100 A
17	整流电源型兆欧表（电子摇表）	2 台	输出电压：1 kV、2.5 kV、5 kV
18	全自动介质损耗因数测量仪	1 台	
19	工频耐压装置	1 套	
20	记录纸、笔	若干	

步骤和方法：请按照本书前面所述内容进行练习。

3. 电力电容交接试验过程

电力电容器进行交接试验时，一般根据其电压等级选择不同的测试方法，表 6-6 ~ 表 6-10 为 35 kV 集合式电容器交接试验所需测试项目。

表 6-6　35 kV 电容器铭牌数据

型　　号		额定电压（kV）	
额定容量（kvar）		额定频率（Hz）	
额定电流（A）		温度/湿度	
每相组合		工程名称/安装地点	
总重量（kg）		测量日期	
制造厂			

表 6-7　35 kV 电容器电容值测试

相别	出厂编号	测量名称	出厂值(μF)	实测值(μF)	绝缘电阻(MΩ)
A 相 A1		U—u			
		U₁—u			
		U₁—U			
B 相 B1		V—v			
		V₁—v			
		V₁—V			
C 相 C1		W—w			
		W₁—w			
		W₁—W			
A 相 A2		U—u			
		U₁—u			
		U₁—U			
B 相 B2		V—v			
		V₁—v			
		V₁—V			
C 相 C2		W—w			
		W₁—w			
		W₁—W			

表 6-8　35 kV 电容器总电容值

相　别	A	B	C	不平衡率(%)
总电容 1 臂(μF)				
总电容 2 臂(μF)				
整组总电容(μF)				

表 6-9　35 kV 电容器极对地交流耐压试验

相　别	绝缘(MΩ)		极对地交流耐压		
	试验前	试验后	试验电压(kV)	耐压时间(min)	试验结果

表 6-10　35 kV 电容器试验仪器仪表

器具名称	编号	检验证编号	检验单位	有效期

试验结果：

试验人员(签名)：　　　　　　　　　　　　　　　　　　　　　　　　试验负责人(签名)：

课外作业

1. 常用的交流耐压测量仪器有哪些？如何使用？
2. 试画出用 A-500 型交流电桥(外接自制分流器)测量介质损耗因数 $\tan \delta$ 的接线图。
3. 极间工频交流耐压试验应注意什么问题？
4. 编写一份某电站补偿电力电容器的预防性试验方案。

【任务四】 电力电缆试验

(一)试验目的	(五)技术标准

(一)试验目的

(1)绝缘电阻测量可以检测电缆的绝缘状况,发现绝缘内部隐藏的缺陷
(2)直流耐压试验能有效地发现绝缘受潮、脏污等整体缺陷,并且能通过电压与泄漏电流的关系曲线发现绝缘的局部缺陷
(3)耐压试验能有效地发现电缆较危险的集中性缺陷,是鉴定电缆绝缘强度最直接的方法,可直接判断电缆能否投入运行

(二)测量步骤

(1)断开电缆,按要求做好放电,接地等安全操作
(2)绝缘电阻用兆欧表测量电缆绝缘电阻 1 min,记录绝缘电阻值
(3)耐压试验时应先按 1.15 倍耐压值设置好保护球隙距离,再接上电缆后加压至 1 min 后,无击穿则合格,降压,切断高压
(4)每次试验后须用接地线对电缆充分放电

(三)结果判断

(1)绝缘电阻测量时要消除表面脏污的影响,记录测量时的温度和湿度
(2)测量时要接线良好,挡位合适,精度满足要求
(3)交流耐压前后都要测量绝缘电阻值,两者均不得降低

(四)注意事项

(1)试验前电缆要充分放电并接地,将导电线芯及电缆金属护套接地,放电时间不少于 2 min
(2)电缆测量时高压接线端对应一侧应安排专人看护,更换接线时应呼唱
(3)检测前检测电缆运输安装是否受损碰伤
(4)对电缆的主绝缘作直流耐压试验或测量绝缘电阻时,应分别在每一相上进行。对一相进行试验或测量时,其他两相导体、金属屏蔽或金属套和铠装层一起接地

(五)技术标准

(1)直流耐压对绝缘的破坏性小,试验设备容量小,携带方便
(2)直流高压发生器做耐压试验后,使导体放电时,必须通过每千伏约 80 kΩ 的限流电阻反复几次放电直至无火花后,才允许直接接地放电
(3)XLPE 电缆不适宜进行直流耐压试验,可以采用交流耐压试验

(六)学习载体

电力电缆

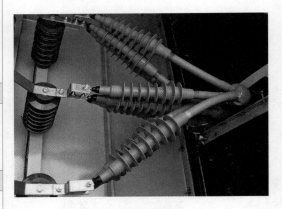

视频 6-2　电力电缆试验

一、电力电缆概述

电缆是用于传输和分配电能的电缆,电力电缆常用于城市地下电网、发电站引出线路、工矿企业内部供电及过江海水下输电线。在电力线路中,电缆所占比重正逐渐增加。电力电缆是在电力系统的主干线路中用以传输和分配大功率电能的电缆产品,包括 1~500 kV 及以上各种电压等级

各种绝缘的电力电缆。

电缆的基本结构由线芯(导体)、绝缘层、屏蔽层和保护层四部分组成。线芯是电缆的导电部分,用来输送电能,是电缆的主要部分。绝缘层是将线芯与大地以及不同相的线芯间在电气上彼此隔离,保证电能输送,是电缆结构中不可缺少的组成部分。电力电缆通过的电流比较大,电流周围会产生磁场,屏蔽层可以屏蔽电缆内部电场对外部通信信号影响,15 kV 及以上的电缆一般都有导体屏蔽层和绝缘屏蔽层。保护层的作用是保护电缆免受外界杂质和水分的侵入,以及防止外力直接损坏电缆。有些电力电缆线路还带有配件,如压力箱、护层保护器、交叉互联箱、压力和温度警示装置等。图 6-12 为统包型电缆结构示意图。图 6-13 是交联聚乙烯绝缘电力电缆结构,分别由线芯、半导体屏蔽层、XLPE 绝缘、铠甲、护套等组成。图 6-14 为 220 kV 交联铜芯电缆断面图。

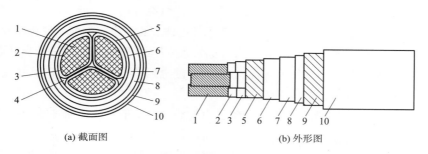

(a) 截面图　　　　　　　　(b) 外形图

1—扇形导体;2—导体屏蔽层;3—油浸纸绝缘;4—填充物;5—统包油浸纸绝缘;6—绝缘屏蔽层;

7—铅(或铝)护套;8—垫层;9—钢带护铠;10—聚氯乙烯或麻织物外护套。

图 6-12　统包型电缆结构示意

图 6-13　交联聚乙烯绝缘电力电缆结构

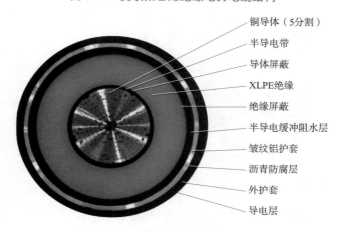

铜导体(5分割)

半导电带

导体屏蔽

XLPE绝缘

绝缘屏蔽

半导电缓冲阻水层

皱纹铝护套

沥青防腐层

外护套

导电层

图 6-14　220 kV 交联铜芯电缆断面图

1. 电力电缆的分类

电力电缆是由外包绝缘的导线所构成的。有的电缆还包有金属外皮并加以接地,也有不包金属外皮的,如某些橡塑电缆。按电压等级和绝缘材料的不同,电力电缆可分为油浸纸绝缘电缆、挤包绝缘电缆、压力电缆和光纤复合电缆四大类。

油浸纸绝缘电缆是用纸带绕包在导体上经过真空干燥后,浸渍矿物油作为绝缘层,在其上再挤包金属套的电力电缆,这种电缆多用于电压等级在 35 kV 及以下的电力线路中。随着技术的进步,油浸纸绝缘电缆可成黏性浸渍纸绝缘电缆和不滴流电缆两种;按结构不同也可分为带绝缘电缆、屏蔽型电缆和分铅型电缆。

挤包绝缘电缆是将聚合材料挤压在导体上用作绝缘电缆的绝缘,这种电缆不存在油浸纸绝缘电缆的滴油等缺点,而且制造工艺简单,已逐步取代油浸纸绝缘电缆。按聚合材料的不同,挤包绝缘电缆可分为聚氯乙烯电缆、聚乙烯电缆、交联聚乙烯电缆和乙丙橡胶电缆。现在比较常用的是交联聚乙烯绝缘电力电缆(简称 XLPE 电缆),其通过物理或化学方法将聚乙烯进行交联而成,具有性能优良、安装方便、载流量大、耐热性好等优点,目前在配电网、输电线中应用广泛并逐渐取代了传统的油纸绝缘电缆,电压等级已高达 500 kV。

压力电缆主要用于 63 kV 及以上电压等级的电缆线路。按填充或压缩气隙措施的不同,压力电缆可分为自容式充油电缆、充气电缆、钢管电缆和六氟化硫(SF_6)绝缘电缆。

光纤复合电缆是将光纤与电力电缆的导体、屏蔽层或护层系统组合在一起构成的电缆,其既可传输电力,又可同时实现通信、保护、测量、控制等功能。光纤复合电缆对光纤的合成方式有直接将光纤复合在电缆芯间、将光纤嵌入电缆屏蔽层或铠装层、将光纤排入电缆导体中三种类型。

2. 常用电力电缆规格型号

表 6-11 为聚氯乙烯绝缘聚氯乙烯护套电力电缆,表 6-12 为交联聚乙烯绝缘电力电缆,表 6-13 所示为聚氯乙烯绝缘护套耐火电力电缆,表 6-14 所示为阻燃型和非阻燃型电力电缆。

表 6-11　聚氯乙烯绝缘聚氯乙烯护套电力电缆

型 号		名　称	使用范围
铜　芯	铝　芯		
VV	VLV	聚氯乙烯绝缘聚氯乙烯护套电力电缆	敷设在室内、管道内、隧道内,不能承受压力及机械外力作用
VY	VLY	聚氯乙烯绝缘聚乙烯护套电力电缆	敷设在室内、管道内、管道中,不能承受压力及机械外力作用
VV22	VLV22	聚氯乙烯绝缘钢带铠装聚氯乙烯护套电力电缆	敷设在地下,能承受机械外力作用
VV23	VLV23	聚氯乙烯绝缘钢带铠装聚乙烯护套电力电缆	

表 6-12　交联聚乙烯绝缘电力电缆

型 号		名　称	使用范围
铜　芯	铝　芯		
YJV	YJLV	交联聚乙烯绝缘聚氯乙烯护套电力电缆	固定敷设在空中、室内、电缆沟、隧道或者地下,不能承受压力及机械外力作用

续上表

型号		名　称	使用范围
铜　芯	铝　芯		
YJY	YJLY	交联聚乙烯绝缘聚乙烯护套电力电缆	固定敷设在室内、电缆沟、隧道或者地下，不能承受压力及机械外力作用
YJV22	YJLV22	交联聚乙烯绝缘钢带铠装聚氯乙烯护套电力电缆	固定敷设在有外界压力作用的场所
YJV23	YJLV23	交联聚乙烯绝缘钢带铠装聚乙烯护套电力电缆	固定敷设在常有外力作用的场所
YJV32	YJLV32	交联聚乙烯绝缘细钢丝铠装聚氯乙烯护套电力电缆	固定敷设在要求能承受拉力作用的场所
YJV33	YJLV33	交联聚乙烯绝缘细钢丝铠装聚乙烯护套电力电缆	固定敷设在要求能承受拉力作用的场所
YJV42	YJLV42	交联聚乙烯绝缘粗钢丝铠装聚氯乙烯护套电力电缆	固定敷设在水下、竖井或者要求能承受拉力作用的场所
YJV43	YJLV43	交联聚乙烯绝缘粗钢丝铠装聚乙烯护套电力电缆	固定敷设在要求能承受较大拉力作用的场所

表 6-13　聚氯乙烯绝缘护套耐火电力电缆

型号	名　称
NH-W	聚氯乙烯绝缘和护套耐火型电力电缆
NH-W22	聚氯乙烯绝缘和护套钢带铠装耐火型电力电缆

表 6-14　阻燃型和非阻燃型电力电缆

型号		名　称
铜	铝	
ZR-W	ZR-VLV	聚氯乙烯绝缘聚氯乙烯护套阻燃电力电缆
ZR-W22	ZR-VLV22	聚氯乙烯绝缘钢带铠装聚氯乙烯护套阻燃电力电缆
ZR-W32	ZR-VLV42	聚氯乙烯绝缘粗钢丝铠装聚氯乙烯护套阻燃电力电缆

二、电力电缆的试验

1. 电缆试验项目

根据电力电缆的基本结构组成，电力电缆的性能试验分为导体导电性能及绝缘材料绝缘性能两大类。导体的导电性能主要涉及导体的直流电阻测量、电缆的相位检查、载流量测算等方面；绝缘材料的绝缘性能主要包括绝缘电阻测量、泄漏电流测量和直流耐压试验等。具体项目如下：

（1）测量绝缘电阻；

（2）直流耐压试验及泄漏电流测量；

（3）检查电缆线路的相位；

（4）充油电缆的绝缘油试验。

电缆试验应根据电缆绝缘、电压等级、安装位置等不同，选择不同的试验方法，如图 6-15 所示。

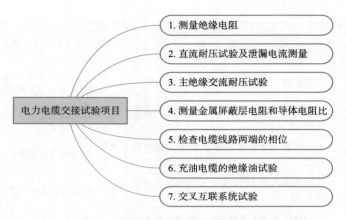

电力电缆交接试验项目
1. 测量绝缘电阻
2. 直流耐压试验及泄漏电流测量
3. 主绝缘交流耐压试验
4. 测量金属屏蔽层电阻和导体电阻比
5. 检查电缆线路两端的相位
6. 充油电缆的绝缘油试验
7. 交叉互联系统试验

图 6-15　电力电缆交接试验的可用项目

2. 电缆试验内容和方法

绝缘电阻测量和直流耐压试验是电缆试验的基本方法,在现场因为电缆比较长,等效电容比较大,如做交流耐压试验要求设备的容量足够,所以尽管交流耐压试验更能反映电缆的实际情况,现场试验大多是以直流耐压试验为主。本任务也重点介绍绝缘电阻测量和直流耐压试验。

3. 导体直流电阻测量

按国家标准《电线电缆电性能试验方法　第 4 部分:导体直流电阻试验》(GB/T 3048.4)规定进行,采用电桥法测量(包括单臂电桥、双臂电桥、单双臂电桥)。由于电桥法效率较低,目前常用智能数字式电阻测量仪,既简单又准确。

4. 绝缘电阻测量

理论上绝缘介质是不导电的,但实际上绝缘体介质中总有一些游离的带电离子,在外电场(或电压)的作用下沿着电场方向运动形成导电电流。外施电压 U、泄漏电流 I_g 和绝缘电阻 R_g 三者之间符合欧姆定律。用兆欧表测量绝缘电阻的具体接线如图 6-16 所示。

5. 直流耐压试验

实际上绝缘电阻测量就是测量电缆的泄漏电流,因为兆欧表的体积小、重量轻、携带方便、操作简单而成为一种常用或必用的仪表。但因输出直流电压较低(不超过 10 kV,一般最高为 5 kV),有点绝缘缺陷不能发现,因此测量泄漏电流往往在较高的电压下进行。通常测量泄漏电流试验和直流耐压试验合在一起同时进行,因这种试验就是加电缆施加比额定电压高得多的直流高压(2 倍以上或者更高),以检验电缆在长时或短时过电压下的工作可靠性,是破坏性的试验,具体接线如图 6-17 所示。

6. 变频串联谐振耐压

在直流耐压试验中,施加到电缆上的直流电压产生的电场是按介质的电阻系数成正比分布的,与运行中的交流电压场强分布不同,不能很好地模拟 XLPE 电力电缆运行时候的绝缘状况。而且直流耐压下的绝缘老化机制和交流耐压下的不同,所以不具有等效性。

交联聚乙烯电力电缆内部存在的绝缘缺陷极易产生树枝化放电现象,如果此时再施加直流电压,会进一步加速绝缘老化,造成电树枝放电。

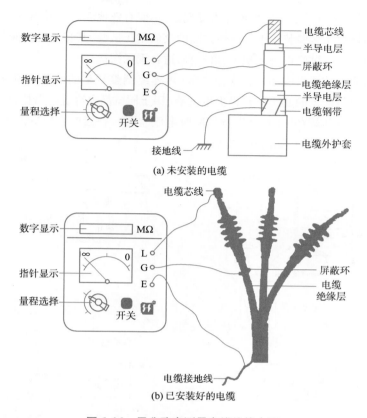

图 6-16 用兆欧表测量电缆绝缘电阻

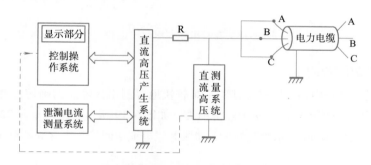

图 6-17 典型的电力电缆直流耐压试验电气接线示意

XLPE 电力电缆结构具有"记忆性",在直流电压下会储存积存残余电荷,需要很长时间才能尽释这种直流残压。如果未等电荷放净就投入运行,这种直流残压就会叠加在交流电压上,造成绝缘的损坏。

国内外的实践也表明,在直流耐压实验中检测出来的绝缘击穿点往往在交流运行条件下不易击穿,而在交流情况下容易发生绝缘击穿的点在直流耐压试验中却常常检测不出来。所以即使是通过了直流耐压实验的 XLPE 电力电缆在运行时也经常发生绝缘击穿事故。

所以对 XLPE 电缆的现场耐压试验不推荐采用直流耐压方法。由于直流高压试验是半波,不能有效地发现交联聚乙烯电缆(XLPE)绝缘中的水树枝等绝缘缺陷,还易造成高压电缆在做完直流试验合格的情况下,投入运行后不久发生绝缘击穿现象,不能有效地起到试验目的。所以对于 XLPE,多采用变频串联谐振耐压试验装置进行容性试品的交流耐压试验,其特点是工频等效性好,故障检出率高,对试品的损伤小,试验设备体积小、重量轻,适合现场搬运。

变频串联谐振耐压装置组成部分有变频电源(可连续调整频率的电源)、励磁变压器(用于给电感电容谐振系统提供能量的变压器)、谐振电抗器(用于同试品电容进行谐振,以获得高电压或大电流的电抗器)、电容分压器(用于试品谐振试验时电压监测)、补偿电容(选配,主要做小容量试品时用,常用于配套传统电抗器),如图 6-18 所示。

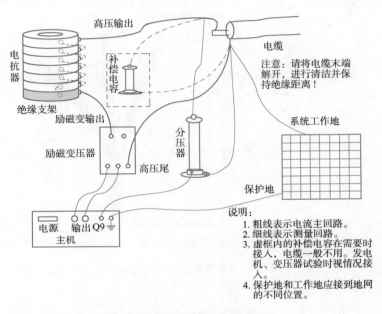

图 6-18　变频串联谐振耐压试验

三、电力电缆故障检测

在电力电缆运行过程中,一旦发生故障,很难较快地寻测出故障点的确切位置,不能及时排除故障恢复供电,往往造成停电停产的重大经济损失。如图 6-19 所示为某动车段 224 馈线电缆中间接头击穿导致跳闸,如图 6-20 所示为某站 211 馈线 F 线电缆中间接头击穿导致跳闸,引导起行车中断事故。

图 6-19　某动车段 224 馈线电缆中间接头击穿导致跳闸

图 6-20　某站 211 馈线 F 线电缆中间接头击穿跳闸

电缆故障处理费用每起需 30 万 ~ 50 万元不等。所以,如何用最快的速度、最低的维护成本恢复供电是各供电部门遇到故障时的首要任务,电力电缆故障检测也是一个世界性课题。通过利用直流电流升压法对电缆施加一个直流电压,使电缆故障点发热,然后使用红外成像仪对电缆进行排查,通过红外成像仪测量到的电缆高温发热点来确定电缆故障点,图 6-21 所示为直流升压法与红外成像仪结合确定电缆故障点。

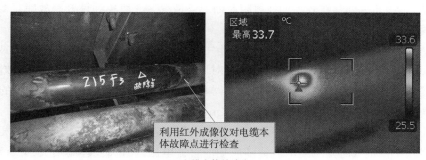

(a) 电缆本体故障点

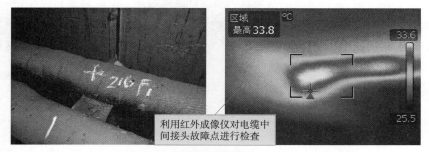

(b) 电缆中间接头

图 6-21　直流升压法与红外成像仪结合确定电缆故障点

电缆故障寻测包括两大步骤:粗测和精测,粗测就是故障预定位,精测则是准确定位故障点。粗测的方法很多,主要有电桥法、低压脉冲法、高压闪络测量法等,测量出故障点的大概范围。精测主要是查找清楚电缆的路径和埋深,进而找出故障点的精确位置。精测定点有跨步电压法定点仪(死接地、碳化故障)、一体无噪定点仪(常规直埋电缆)、电流法定点仪(电缆沟道、桥架相间故障),这时就需要根据不同电缆类型选择不同仪器。

1. 电缆故障性质判别及测试步骤

对故障性质的分析是选择测试方法的唯一依据。因此,首先要清楚电缆的故障都有哪些种类和特征。

电力电缆故障可分为两大类型:第一类为电缆导体损伤产生的故障,一般表现为开路或断线故障;第二类为相间或相对地之间绝缘介质损伤产生的故障,这类故障一般表现为低阻、泄漏性高阻和闪络性高阻三种情况。

电缆故障性质类型如图 6-22 所示。

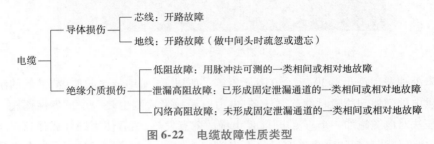

图 6-22　电缆故障性质类型

(1)开路故障。如果电缆绝缘正常,但却不能正常输送电能的一类故障可认为是开路故障,如芯线似断非断、芯线某一处存在较大的线电阻及断芯等情况。一般单纯性开路故障很少见,多数表现为低阻或高阻故障并存。

(2)低阻故障。如果电缆绝缘介质损伤,并能用"低压脉冲法"可测试的一类相间或相-地故障称为低阻故障。电缆故障点绝缘阻值(相间或相对地)的大小不是判断此故障为低阻故障的唯一标准。低阻故障一般与测试仪器的灵敏度、测试仪器与被测电缆的匹配状况、被测电缆的型号(或衰减状况)、故障点发生的部位以及电缆故障点到测试端的距离等因素有关。

(3)泄漏性高阻故障。电缆绝缘介质损坏并已形成固定泄漏通道的一类相间或相对地故障。表现为电缆做预防性试验时其泄漏电流值随所加的直流电压的升高而连续增大,并大大超过被测电缆本身所要求的规范值,这种类型的故障称为泄漏性高阻故障。交联电缆只存在相—地故障。

(4)闪络性高阻故障。未形成固定泄漏通道的一类相间或相对地故障。电缆的预试电压加到某一数值时,电缆的泄漏电流值突然增大,其值大大超过被测电缆所要求的规范值,这种类型的故障称为闪络性故障。

电缆故障测试方法见表 6-15。

表 6-15　电缆故障测试方法

故障类型	测试方法
开路故障	通过用脉冲法测量分别在电缆两端测各相长度并与电缆档案资料比较来判断电缆是否存在开路故障
低阻故障	最好的判别方法是用脉冲法测量相间或相对地的波形,若有与发射波反极性波形,可判断电缆有低阻故障(接头反射波小于低阻反射波),低阻故障一般小于几千欧
泄漏性高阻故障	(1)用兆欧表测得相间或相对地电阻远小于电缆正常绝缘电阻(一般在数千欧至几十兆欧)可判断为电缆有泄漏性高阻故障 (2)直流耐压试验时,泄漏电流随试验电压的升高连续增大,并远大于允许泄漏值
闪络性高阻故障	直流耐压试验时,当试验电压大于某一值时,泄漏电流突然增大,当试验电压下降后,泄漏电流又恢复正常,可判断为电缆有闪络性高阻故障

2. 高压脉冲法初测电缆故障

高压脉冲法是指在高压的作用下使电缆故障点击穿形成闪络放电,高阻故障转化为瞬间短路故障并产生反射法,如图 6-23 所示。

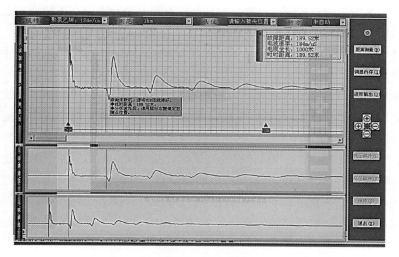

图 6-23 高压脉冲法初测电缆故障接线示意

高压脉冲法采集反射波进行分析,计算出故障点的距离。高压脉冲法又分为冲闪和直闪两种,若高电压是通过球间隙施加至电缆故障相,且 3 ~ 5 s 冲击一次则称作高压脉冲法接线,图 6-24 所示为高压脉冲法电缆故障检测法。若直接将高电压施加到电缆故障相直至击穿则称作高压直闪法。

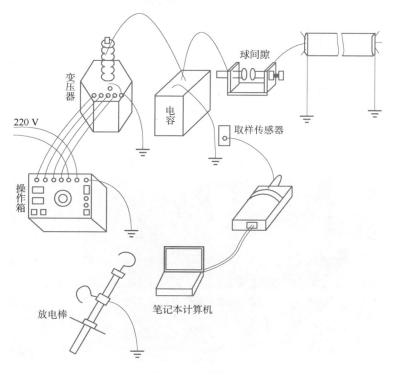

图 6-24 高压脉冲法电缆故障检测图

　　高压脉冲法是建立在高压击穿并使故障点放电这一基础上。电缆故障点被击穿时会产生电弧而形成瞬间的短路,呈瞬间低阻故障特性。二次脉冲法和多次脉冲法概念的提出就是在高压闪络法的原理上,在燃弧稳定阶段(或称瞬间低阻区)再在电缆上加一个低压脉冲信号,则会出现一个和用低压脉冲法测试低阻故障时相同的波形。把这种在电缆上同时施加高压脉冲和低压脉冲的方法称为二次脉冲法。

　　多次脉冲法电缆仪的先进性在于从根本上解决了读波形难的问题,因为它将冲击高压脉冲法中的所有复杂波形变成了极其简单的一种波形,即低压脉冲法短路故障测试波形易识别,能达到快速准确测量故障距离的目的。同时多次脉冲法能周期性发射脉冲信号,保证了在故障点处于短路电弧状态时必有一个或多个反射波回来,从而显示出测试波形。当在电缆故障相施加冲击高压闪络时,故障点经历起弧—弧稳定—弧熄灭三个阶段,短路电弧总共持续约 240 μs,只有在弧稳定阶段(约 80 μs)所加的低压脉冲信号才真正有效且返回到测试端。因为短路电弧在起弧和熄弧两个阶段均不稳定,测试电路中脉冲储能电容与放电回路(电缆)中分布电感形成 LC 振荡回路,使芯线上存在幅度很大的衰减余弦振荡波和故障点击穿时在故障点与测试端来回反射的脉冲波,波形杂乱无章。多次脉冲法实际上也可归纳为高压闪络法的范畴,都是利用故障点在冲击高压作用下电弧将故障相和电缆地线短路的特性来完成测试的。

　　图 6-25 所示是多次脉冲法粗测电缆故障接线图,其由操作箱、轻型试验变压器、高压脉冲电容、刻度球隙连接电缆,在产生高压冲击信号时会检测电缆位置。图 6-26 所示为多次脉冲法粗测电缆故障界面。

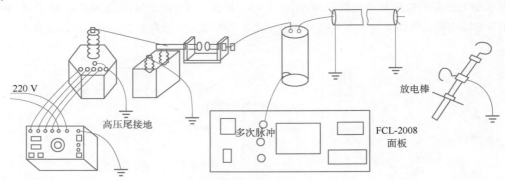

图 6-25　多次脉冲法粗测电缆故障接线图

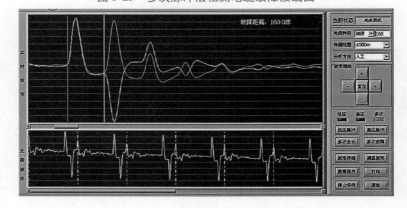

图 6-26　多次脉冲法粗测电缆故障界面

3. 电缆故障点精测

无论用哪种方法进行粗测,只能确定故障点在某一范围内。其误差随粗测方法的不同而差别很大,还要考虑电缆走向及预留等因素,一般来说粗测误差在 10 m 以内,甚至 20 m 内都是允许的。要找到具体的故障点,则要依靠精测来解决。电缆故障点的精测包括以下两点:

(1)电缆路径的查找。实测中往往容易被忽略而浪费大量时间,为避免走弯路,搞清电缆的正确走向很有必要。

(2)精确定点。在冲击高压作用下依据粗测的范围在电缆正确路径的正上方找出故障点。通常可确定在 50 cm 范围内。

在电缆故障精测过程中,首先有必要而且应该做的就是查找电缆正确走向。通常测试人员都不同程度地遇到过因人员变动或图纸丢失而对电缆走向不清楚的困惑,此时唯一的办法就是用仪器来作出正确判断。根据周围环境将路径信号发生器输出设置为断续或者连续。信号源(路径仪)连续输出一固定频率的正弦(或余弦)信号加到被测电缆某一相上,根据电磁感应原理,在电缆的周围必然产生电磁波。通过磁电传感器(探棒)将磁信号转化为电信号,再经信号处理器放大后通过耳机转化成声音信号。通过探棒位置移动引起声音大小的变化这一规律来确定电缆的走向和深度,其接线方式如图 6-27 所示。

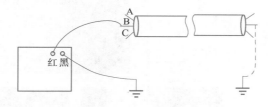

图 6-27　查找电缆路径接线

四、常见电缆故障类型

电缆性能稳定、可靠性高,但由于电缆工作场所相对潮气重,环境恶劣,故障点无法观摩,必须加强巡查,减少电缆绝缘缺陷所带来的安全隐患。电缆缺陷主要有电缆本体缺陷和电缆附件缺陷,表 6-16 为电缆缺陷分类及故障处理,表 6-17 是高压电缆检修作业流程。

表 6-16　电缆缺陷分类及故障处理

分类	故障原因及处理	故障图示
电缆本体缺陷	(1)电缆外护层被支架刺伤,造成多点接地。对外护层破损位置绝缘包扎处理	处理前　　　　　处理后

分类	故障原因及处理	故障图示
电缆本体缺陷	（2）变电所电缆外护层被支架积压受损，造成多点接地，烧损电缆	
	（3）电缆外护层避雷器底部缘边挤压受损，造成多点接地，烧损电缆	
电缆附件缺陷	（1）主导电连接安装缺陷	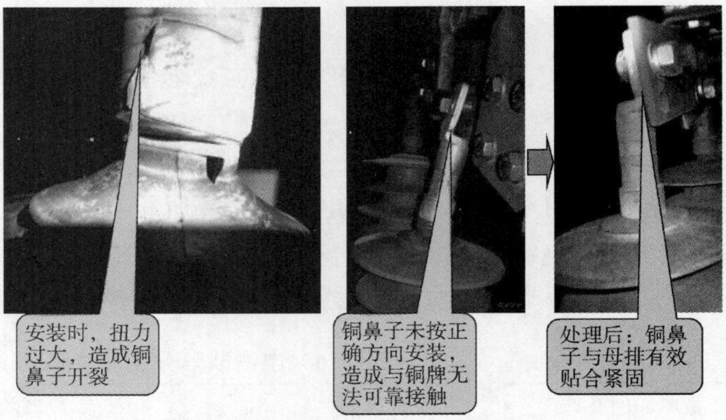 安装时，扭力过大，造成铜鼻子开裂　铜鼻子未按正确方向安装，造成与铜牌无法可靠接触　处理后：铜鼻子与母排有效贴合紧固
	（2）电缆头雨裙开裂	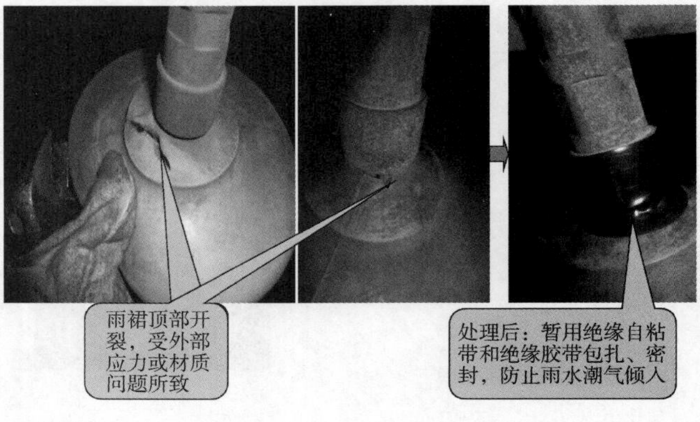 雨裙顶部开裂，受外部应力或材质问题所致　处理后：暂用绝缘自粘带和绝缘胶带包扎、密封，防止雨水潮气倾入

续上表

分类	故障原因及处理	故障图示
电缆附件缺陷	（3）电缆头制作过程中，工艺不符合标准，造成外铠暴露。为防止潮气、雨水进入，做绝缘包扎密封处理	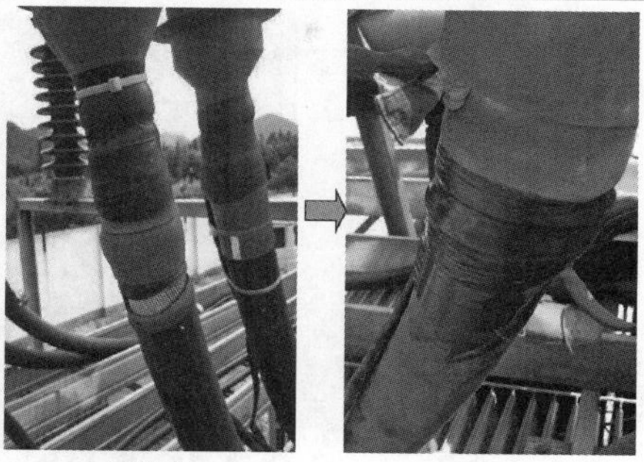 处理前　　处理后
	（4）电缆屏蔽层、铠装层引线压入抱箍后造成多点接地，接地位置持续通过电流，并发热烧损	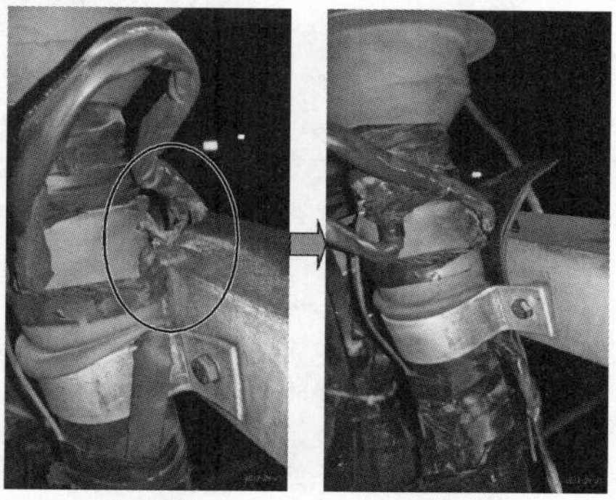 处理前　　处理后
	（5）电缆屏蔽层、铠装层引线悬空端因抱箍挤压电缆铠装层引线，使其接地，造成两端接地，接地持续通过电流发热烧损。对接地位置加强绝缘隔离处理	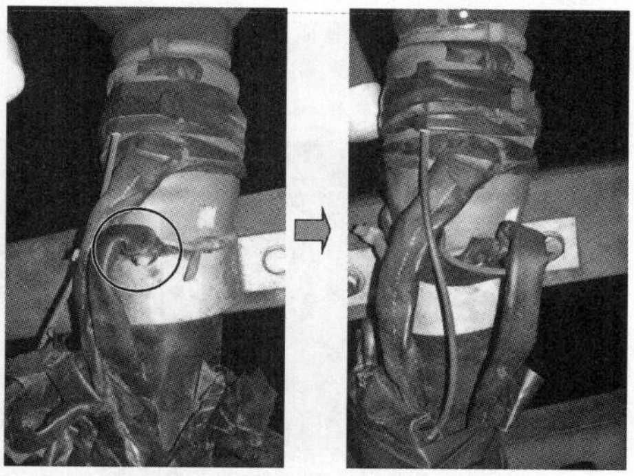 处理前　　处理后 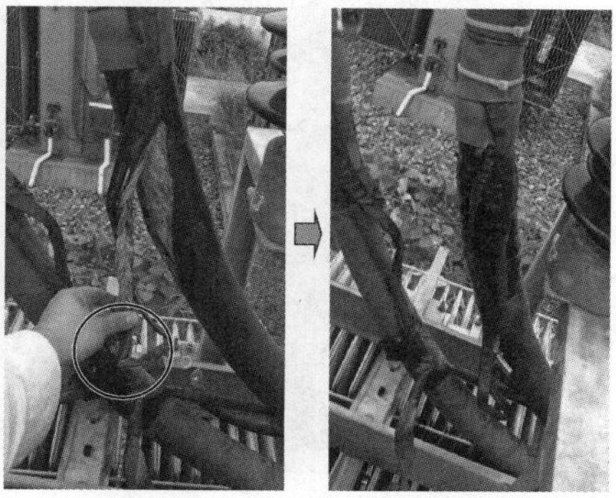 处理前　　处理后（临时）

分类	故障原因及处理	故障图示
电缆附件缺陷	（5）电缆屏蔽层、铠装层引线悬空端因抱箍挤压电缆铠装层引线，使其接地，造成两端接地，接地持续通过电流发热烧损。对接地位置加强绝缘隔离处理	 处理前 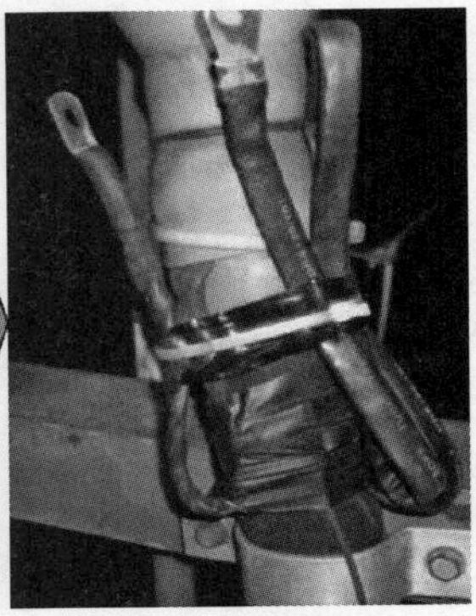　　　　　处理后

表 6-17　高压电缆检修作业流程

作业步骤	作业程序及标准
高压电缆检修	（1）检查电缆外观：外护套应无破损、开裂、划伤痕迹 （2）电缆弯曲半径不小于电缆外径的 20 倍 （3）电缆固定处必须加装保护垫（保护垫应是完整一周） （4）电缆从柜子底部向下 1 m 的长度要保证竖直向下的状态 （5）电缆头外观检查，电缆头表面不能有划痕、裂痕等外力造成的明显损伤；电缆头不能有扭曲变形，伞裙不得有挤压变形的现象 （6）电缆头抱箍夹持部位距离冷缩地线管下端保证 5～10 cm，不得夹持在橡胶材料表面，并与接地线保证 5 cm 以上的距离 （7）电缆头处的铠甲和屏蔽层接地线应接地可靠、连接良好，不得出现不连接或者单根连接现象，电缆两端不得同时接地
作业图示	

课外作业

1. 电缆主要有哪些预防性试验项目？分别可以检测哪些故障？
2. 电缆故障性质有哪几种？其区别指标是什么？
3. 电缆故障粗测和精测两种方法，从试验仪器及原理上有何不同？

【任务五】 绝缘子试验

任 务 单

（一）试验目的	（五）技术标准
（1）绝缘电阻测量可以检测绝缘子的绝缘状况，发现绝缘内部隐藏的缺陷 （2）直流耐压试验能有效地发现绝缘子受潮、脏污等整体缺陷，并且能通过电压与泄漏电流的关系曲线发现绝缘的局部缺陷 （3）耐压试验能有效地发现绝缘子较危险的集中性缺陷，是鉴定绝缘子绝缘强度最直接的方法，可直接判断绝缘子能否投入运行	（1）新装绝缘子的绝缘电阻应大于或等于 500 MΩ （2）运行中绝缘子的绝缘电阻应大于或等于 300 MΩ
	（六）学习载体
（二）测量步骤	绝缘子
（1）断开绝缘子，按要求做好放电、接地等安全操作 （2）绝缘电阻用兆欧表测量绝缘电阻 1 min，记录绝缘电阻值 （3）耐压试验时应先按 1.15 倍耐压值设置好保护球间隙距离，再接上绝缘子后加压至 1 min 后，无击穿则合格，降压，切断高压 （4）每次试验后须用接地线对地充分放电	
（三）结果判断	
（1）绝缘电阻测量时要消除表面脏污影响，记录测量时温度和湿度 （2）测量时要接线良好，挡位合适，精度满足要求 （3）交流耐压前后都要测量绝缘电阻值，两者不得降低	
（四）注意事项	
（1）试验前要充分放电并接地 （2）测量时高压接线要可靠，更换接线时应呼唱 （3）检测前检测绝缘子运输安装是否受损碰伤	视频 6-3　绝缘子试验

一、绝缘子概述

绝缘子是电网中大量使用的绝缘部件，当前应用的最广泛的是瓷质绝缘子和玻璃绝缘子，有机（或复合材料）绝缘子国内也有了比较大应用，特别是电气化铁路供电系统中。

绝缘子的形状和尺寸是多种多样的，按其用途分为线路绝缘子和电站绝缘子，或户内型绝缘子和户外型绝缘子；按其形状又有悬式绝缘子、针式绝缘子、支柱式绝缘子、棒型绝缘子、套管型绝缘子和拉线绝缘子等。除此之外还有防尘绝缘子和绝缘子横担，图 6-28 所示为瓷悬式绝缘子，图 6-29 所示为钢化玻璃悬式绝缘子，图 6-30 所示为高压复合支柱绝缘子。

图 6-28　瓷悬式绝缘子

图 6-29　钢化玻璃悬式绝缘子

图 6-30　高压复合支柱绝缘子

电瓷无机材料:耐腐蚀、抗老化,具有足够的电气强度和机械强度;比较脆,抗压强度比抗拉强度大得多;上釉后机械强度增大。钢化玻璃材料:电气和机械强度大于电瓷,输电线路钢化玻璃绝缘子损坏后能"自爆",在线路巡视时容易查障。有机复合材料:重量轻、体积小、工艺简单;表面有憎水性,抗污闪能力强,复合绝缘子的玻璃纤维芯棒的抗拉强度高于钢。

瓷件(或玻璃件)是绝缘子的组要部分,它除了作为绝缘外,还具有较高的机械强度。为保证瓷件的机械强度,要求瓷质坚固、均匀、无气孔。为增强绝缘子表面的抗电强度和抗湿污能力,瓷件常具有裙边和凸棱,并在瓷件表面涂以白色或有色的瓷釉,而瓷釉有较强的化学稳定性,且能增加绝缘子的机械强度。

绝缘子在搬运和施工过程中,可能会因碰撞而留下痕迹;在运行过程中,可能由于雷击事故,而使其破碎或损伤;由于机械负荷和高电压的长期联合作用而导致劣化。这都将使击穿电压不断下降,当下降至小于沿面干闪络电压时,就被称为低值绝缘子。低值绝缘子的极限,即内部击穿电压为零时,就称为零值绝缘子。当绝缘子串存在低值或零值绝缘子时,在污秽环境中,在过电压甚至在工作电压作用下就易发生闪络事故。及时检出运行中存在的不良绝缘子,排除隐患,对减少电力系统事故、提高供电可靠性是很重要的。

二、绝缘子一般试验项目

在相关规程中,绝缘子试验指的是支柱绝缘子和悬式绝缘子试验,其试验项目如下:

(1)零值绝缘子检测(66 kV 及以上)。

（2）测量绝缘电阻。

（3）交流耐压试验。

（4）测量绝缘子表面污秽物的等值盐密度。

运行中的针式支柱绝缘子和悬式绝缘子的试验项目可在检查零值、绝缘电阻及交流耐压试验中任选一项。玻璃悬式绝缘子不进行该三项试验，运行中自破的绝缘子应及时更换。

三、绝缘子测量方法和标准

1. 绝缘电阻测量

对于单元件的绝缘子，只能在停电的情况下测量其绝缘电阻，相关规程中规定，采用 2 500 V 及以上的兆欧表。目前使用较多的是 2 500 V 和 5 000 V 兆欧表，也有电压更高的专门仪器。对于多元件组合的绝缘子，可停电、也可带电测量其绝缘电阻。其方法是用高电阻接至带电的绝缘子上，使测量绝缘电阻的兆欧表处于地电位，从测得的绝缘电阻中减去高电阻的电阻值，即为被测绝缘子的绝缘电阻值。

（1）绝缘电阻合格的标准：

①新装绝缘子的绝缘电阻应大于或等于 500 MΩ。

②运行中绝缘子的绝缘电阻应大于或等于 300 MΩ。

（2）绝缘子劣化判定原则：

①绝缘子绝缘电阻小于 300 MΩ，而大于 240 MΩ 可判定为低值绝缘子。

②绝缘子绝缘电阻小于 240 MΩ 可判定为零值绝缘子。

复合材料绝缘子一般不采用本方法测试绝缘电阻。

2. 绝缘子工频交流耐压试验

交流耐压试验是判断绝缘子抗电强度是最直接、最有效、最权威的方法。交接试验时必须进行该项试验。预防试验时，可用交流耐压试验代替零值绝缘子检测和绝缘电阻测量，或用它来最后判断用上述方法检出的绝缘子。对于单元件的支柱绝缘子，交流耐压试验目前是最有效、最简易的试验方法。

（1）交流耐压试验的判定标准：

①按试验标准耐压 1 min，在升压和耐压过程中不发生闪络为合格。

②以 3 ~ 5 kV/s 加压速度升到标准试验电压时，若出现异常放电声，被试绝缘子闪络，电压表指针摆动很大，应判定为不合格。

（2）交流耐压试验注意事项：

①在加压过程或耐压过程中发现被试品过热、击穿、闪络、有异常放电声、电压表指针大幅摆动，应立即断开电源。

②被试绝缘子分片放在低电位中，绝缘子钢脚端应连接在试验变压器高压接线柱上。

③对被试品应按绝缘子安装顺序进行编号，记录杆号、相别、单片编号、温度、湿度、气压和耐压试验结果。

四、绝缘子检修

绝缘子检修作业流程见表6-18。

表 6-18　绝缘子检修作业流程

作业步骤	作业程序及标准
软母线检修	(1)绝缘子瓷体无脏污、破损、裂纹和放电痕迹 (2)多串绝缘子并联时,每串所受的张力均匀 (3)悬式绝缘子串上的弹簧销有足够弹性,闭合销必须分开,并不得有折断,不得用线材代替 (4)母线无松股、断股、过松、过紧 (5)母线端头绑扎牢固,端面无毛刺,与线股轴线垂直 (6)各种螺栓、耐张线夹或 T 形线夹的螺栓紧固,弹垫完好 (7)固定金具无锈蚀,连接牢靠
作业图示 1	
作业图示 2	

课外作业

1. 绝缘子如何分类? 各有什么特色?

2. 绝缘子预防性试验项目包括哪些项目?

3. 测量绝缘子的绝缘电阻值时应采用多少伏的兆欧表? 绝缘电阻标准多少为合格?

【任务六】　套管试验

任务单

(一)试验目的	(五)技术标准
（1）绝缘电阻测量可以检测套管的绝缘状况,发现绝缘内部隐藏的缺陷 （2）直流耐压试验能有效地发现套管受潮、脏污等整体缺陷,并且能通过电压与泄漏电流的关系曲线发现绝缘的局部缺陷 （3）耐压试验能有效地发现套管较危险的集中性缺陷,是鉴定套管绝缘强度最直接的方法,可直接判断套管能否投入运行	（1）新装套管的绝缘电阻应大于或等于 500 MΩ （2）运行中套管的绝缘电阻应大于或等于 300 MΩ (六)学习载体 套管 
(二)测量步骤	
（1）断开套管,按要求做好放电,接地等安全操作 （2）绝缘电阻用兆欧表测量绝缘电阻 1 min,记录绝缘电阻值 （3）耐压试验时应先按 1.15 倍耐压值设置好保护球隙距离,再接上绝缘子后加压至 1 min 后,无击穿则合格,降压,切断高压 （4）每次试验后须用接地线对地充分放电	
(三)结果判断	
（1）绝缘电阻测量时要消除表面脏污影响,记录测量时温度和湿度 （2）测量时要接线良好,挡位合适,精度满足要求 （3）交流耐压前后都要测量绝缘电阻值,两者不得降低	
(四)注意事项	
（1）试验前要充分放电并接地 （2）测量时高压接线要可靠,更换接线时应呼唱 （3）检测前检测套管运输安装是否受损碰伤	视频 6-4　套管试验

一、套管概述

套管是把导体和其他物体进行绝缘隔离的电力绝缘器具,图 6-31 所示为变压器套管检测。

图 6-31　变压器套管检测

通常按绝缘结构和主绝缘材料的不同,将高压套管分为单一绝缘套管(纯瓷套管、树脂套管)、复合绝缘套管(充油套管、充胶套管、充气套管)、电容式套管(油纸电容式套管、胶纸电容式套管)等;按用途不同可分为穿墙套管和电器套管,其中电器套管又按具体配套对象分为变压器、互感器、断路器套管。图 6-32 所示为部分套管外观图,图 6-33 所示为交流 1 200 kV、直流 ±1 100 kV 干式胶浸纤维交直流穿墙套管。

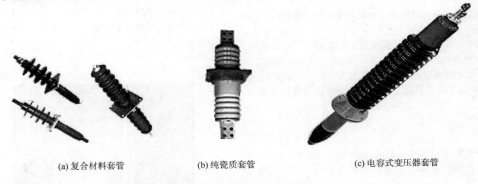

(a) 复合材料套管　　　　(b) 纯瓷质套管　　　　(c) 电容式变压器套管

图 6-32　部分套管外观图

电容式套管的内部结构主要由电容芯子、油枕、法兰、上下瓷套组成,主绝缘为电容芯子,由同心电容串联而成,封闭在上下瓷套、油枕、法兰及底座组成的密封容器中,容器内充有经处理过的变压器油,使内部主绝缘成为油纸结构。套管主要组件间的接触面衬以耐油橡胶垫圈,各组件通过设置在储油柜中的一组强力弹簧所施加的中心压紧力作用,使套管内部处于全密封状态。法兰上设有放气塞、取油装置、测量套管介质损耗因数 $\tan \delta$ 和局部放电(简称局放)的装置。运行时测量装置的外罩一定要罩上,保证末屏接地,严禁开路。图 6-34 所示为电容式套管的内部结构。

引线接头

油位计

瓷套

电容芯子

试验抽头

法兰

CT

下瓷套

均压球

图 6-33　交流 1 200 kV、直流 ±1 100 kV 干式胶浸纤维交直流穿墙套管

图 6-34　电容式套管的内部结构

二、套管试验项目及常用仪器表具

（1）绝缘电阻测量。

（2）测量 20 kV 及以上非纯瓷套管的介质损耗因数 tan δ 和电容量。

（3）绝缘油试验。

（4）交流耐压试验。

（5）试验仪器具见表 6-19。

表 6-19　试验仪器具表

序号	仪器名称	规　格	单位	数量	备　注
1	兆欧表	2 500 V	块	1	在检验合格有效期内
2	交流耐压试验装置	—	套	1	
3	全自动介质损耗因数测量仪	—	台	1	
4	交流毫安表	0.5 级	块	1	在检验合格有效期内
5	数字万用表	四位半	块	1	在检验合格有效期内

三、试验流程及方法

高压试验是一项极具危险性的工作，试验人员需要持证上岗，还要有心细胆大的作风，作业时必须严格按流程逐步开展作业，上一步工作未完成时，不得进行下一步的工作。图 6-35 所示为高压套管试验工作的典型流程作业图。

绝缘电阻测量：测量套管主绝缘是在引出线与末屏之间进行，使用 2 500 V 兆欧表，测量值应大于 5 000 MΩ；对 6.3 kV 及以上的电容式套管，测量"抽压端子"对法兰的绝缘电阻，采用 2 500 V 兆欧表，测量值不应低于 1 000 MΩ。

测量 20 kV 及以下非纯瓷套管的介质损耗因数和电容量：使用全自动介质损耗因数测量仪，引出线与套管末屏之间采用正接法，试验电压为 10 kV；套管末屏与地之间采用反接法，试验电压为 5 kV。在室温不低于 10 ℃ 的条件下，套管的介质损耗因数 tan δ 不应大于 0.7%（20 kV 及以上电容式胶粘纸套管的介质损耗因数 tan δ 值不应大于 1.0%；66 kV 及以下的 ≤1.5%）。电容量与产品铭牌值或出厂试验值比较，误差在 ±5% 范围内为合格。

绝缘油试验：套管中的绝缘油有出厂试验报告，现场可不进行试验。当有以下情况之一者，应取油样进行水分、击穿电压、色谱试验。

（1）套管主绝缘介质损耗因数超标；

（2）套管密封损坏，抽压式测量小套管的绝缘电阻不符合要求；

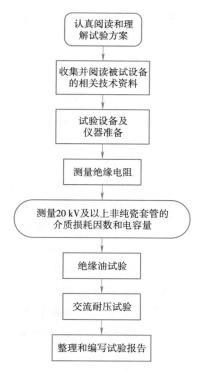

图 6-35　典型高压试验作业流程

（3）套管由于渗漏等原因需要重新补油时。

绝缘油耐压试验装置是对绝缘油进行电气强度试验的专用装置，一般要对绝缘油进行 5 次或以上的试验，取平均值。要求：15 kV 以下绝缘油击穿值≥25 kV/2.5 mm；20～35 kV 的绝缘油击穿值≥35 kV/2.5 mm；60～200 kV 的绝缘油击穿值≥40 kV/2.5 mm；330 kV 的绝缘油击穿值≥50 kV/2.5 mm；500 kV 的绝缘油击穿值≥60 kV/2.5 mm。

对于纯瓷套管、多油断路器套管、变压器套管、电抗器及消弧线圈套管，均可随母线或设备一起进行交流耐压试验。

课外作业

1. 套管按绝缘结构可以分为哪几类？
2. 套管预防性试验项目包括哪些项目？
3. 纯瓷套管和电容式套管进行介质损耗因数测量和交流耐压试验时有何不同？

科技强国

全球首条 35 kV 公里级超导电缆在上海投运

超导输电是当今电力行业最具革命性的前沿技术之一。其原理是在 −196 ℃的液氮环境中，利用超导材料的超导特性，使电力传输介质接近于零电阻，电能传输损耗趋近于零，从而实现低电压等级的大容量输电。超导电缆的落地应用，有效解决了窄通道大容量输电的难题，有助于消除负荷热点地区的供电"卡脖子"现象，为城市电网今后的升级改造提供了一种全新的解决方案。早期较长距离高温超导电缆的商用化技术主要集中在德国、韩国、日本等，已投运的最长高温超导电缆位于德国及韩国，全长约为 1 km。但是从 1 km 到 1.2 km 要解决关键技术瓶颈才能实现，中国再一次克服核心技术，领先全球。

35 kV 公里级超导电缆示范工程位于徐汇商业核心区，连接两座 220 kV 变电站，总长 1.2 km，额定电流 2 200 A，额定容量 133 MW，采用全程排管敷设工艺，是目前世界上距离最长、输送容量最大、全商业化运行的 35 kV 超导电缆输电工程（图 6-36）。示范工程的成功投运不仅开创了公里级超导电缆在全球城市核心区域的应用先例，同时也在核心的材料、技术和装备上实现完全自主知识产权，从最关键的超导材料，到电缆结构、关键部件，再到顶管敷设，都是国内自主创新的成果。

图 6-36　35 kV 公里级超导电缆示范工程

项目小结

本项目是对电力系统中的电力电容器、绝缘电力电缆、绝缘子进行了介绍，从型号规格、外观材质、组成结构、绝缘特性、预防试验等方面作了介绍，并以实例形式介绍了绝缘预防性试验的具体仪器、试验方法及标准。具体试验项目能检测出的故障，电容器见表 6-20、电缆见表 6-21，套管和绝缘子见表 6-22。

表6-20　高压电容器试验项目检测故障一览表

序号	试验项目	绝缘故障				套管
		主绝缘	整体受潮	放电	过热	
1	绝缘电阻	●	●			●
2	极间电容值	●	●			●
3	交流耐压试验	●	●			●
4	绝缘油的试验	●	●	●	●	
5	冲击合闸试验	●				●
6	局部放电			●		
7	介质损耗因数测量	●	●			

表6-21　电缆高压试验项目检测故障一览表

序号	试验项目	绝缘故障及部件			
		主绝缘	整体受潮	护套	缆芯
1	绝缘电阻	●	●	●	
2	直流耐压试验及泄漏电流测量	●	●	●	
3	交流耐压试验	●	●	●	
4	检查电缆线路的相位				●

表6-22　套管、绝缘子高压试验项目检测故障一览表

序号	试验项目	绝缘方面				套管
		主绝缘	整体受潮	局部放电	过热	
1	主绝缘及电容型套管末屏对地绝缘电阻	●	●			●
2	20 kV 及以上非纯瓷套管的介质损耗因数 $\tan\delta$ 电容值	●	●			●
3	交流耐压试验	●	●			
4	主绝缘及电容型套管末屏对地介质损耗因数 $\tan\delta$ 与电容值					●
5	绝缘油的试验			●	●	
6	66 kV 及以上电容型套管的局部放电测量	●		●		●

项目资讯单

项目内容	电力电容器、电缆和套管及绝缘子高压试验			
学习方式	通过教科书、图书馆、专业期刊、上网查询问题；分组讨论或咨询老师		学时	14
资讯要求	书面作业形式完成，在网络课程中提交			
资讯问题	序号	资讯点		
	1	电力电容器的电介质主要有哪些？在材料选择中应注意什么		
	2	电力电容器有哪些验收试验项目？具体的预防性试验是什么		

	序号	资讯点
资讯问题	3	电力电容器在测量 $\tan\delta$ 时的注意事项是什么？有几种测量方法
	4	电容器交流耐压有几种方法？在原理和接线方式上有何不同
	5	变电站补偿时电力电容器应是如何计算和实施的
	6	电力电缆的结构由哪几部分组成？在型号选择上注意哪些
	7	进入电缆井工作有何规定？应如何做防护工作
	8	电力电缆的预防性试验主要有哪些？如何进行故障点标定
	9	电力电缆进行直流耐压还是交流耐压？这个在现场试验中应如何选择？应注意什么问题
	10	测量 10 kV 或 1 kV 以下电力电缆,各选用何种兆欧表,使用前应做哪些检查？绝缘电阻各有何要求？试述对 10 kV 电力电缆测量的全过程
	11	绝缘子有几种类型？为了提高绝缘水平,都做了哪些设计？各应用于什么场合
	12	加压过程中,发现过热或击穿闪络等异常情况应如何处理
	13	套管按绝缘材料可分为哪几种？一般与哪些设备结合一起使用
	14	套管有哪些预防性试验？其指标参数各是多少才算合格
	15	提高套管沿面闪络电压的措施有哪些
	16	绝缘子为什么要进行防污处理？常用的有哪些措施
	17	绝缘子为何做成爬裙结构
	18	对于 110 kV,使用良好的绝缘子至少需要多少片
	19	绝缘子突然爆炸应如何处理
资讯引导		以上问题可以在本教程的学习信息、精品网站、教学资源网站、互联网、专业资料库等处查询学习

📋 项目考核单

一、单项选择题

1. 电缆的绝缘屏蔽层一般采用(　　　)。

    A. 金属化纸带　　　　　　　　　　　B. 半导电纸带

    C. 绝缘纸带　　　　　　　　　　　　D. 金属化纸带、半导电纸带或绝缘纸带

2. 以下耐热性能最好的电缆是(　　　)。

    A. 聚乙烯绝缘电缆　　　　　　　　　B. 聚氯乙烯绝缘电缆

    C. 交联聚乙烯绝缘电缆　　　　　　　D. 橡胶绝缘电缆

3. 高压电力电缆中,橡胶绝缘电缆具有(　　　)的优点。

    A. 耐电晕　　　　　B. 柔软性好　　　　　C. 耐热性好　　　　　D. 耐腐蚀性好

4. 电缆型号 ZQ22-3×70-10-300 表示的电缆为(　　　)电缆。

    A. 铝芯、纸绝缘、铝包、双钢带铠装、聚氯乙烯护套、3 芯、截面 70 mm^2,10 kV

    B. 铜芯、纸绝缘、铅包、双钢带铠装、聚氯乙烯外护套、3 芯、截面 70 mm^2,10 kV

    C. 铝芯、纸绝缘、铅包、双钢带铠装、聚氯乙烯外护套、3 芯、截面 70 mm^2,10 kA

    D. 铜芯、纸绝缘、铝包、双钢带铠装、聚氯乙烯外护套、3 芯、截面 70 mm^2,10 kA

5. 当电缆导体温度等于电缆长期工作允许最高温度,电缆中的发热与散热达到平衡时的负载电流称为(　　)。

　　A. 电缆长期允许载流量　　　　　　　　B. 短时间允许载流量

　　C. 短路允许最大电流　　　　　　　　　D. 空载允许载流量

6. 电力电缆停电超过一个星期但不满一个月时,重新投入运行前应遥测其绝缘电阻值,与上次试验记录比较不得降低(　　),否则须做直流耐压试验。

　　A. 10%　　　　　　　B. 20%　　　　　　　C. 30%　　　　　　　D. 40%

7. 敷设在竖井内的电缆,每(　　)至少进行一次定期检查。

　　A. 一个月　　　　　　B. 三个月　　　　　　C. 半年　　　　　　D. 一年

8. 在电缆故障原因中,所占比例最大的是(　　)。

　　A. 外力损伤　　　　　　　　　　　　　B. 保护层腐蚀

　　C. 过电压运行　　　　　　　　　　　　D. 终端头浸水

9. 35 ~ 110 kV 线路电缆进线段与架空线连接时,在电缆与架空线的连接处装设阀型避雷器,避雷器接地端应(　　)。

　　A. 单独经电抗器接地　　　　　　　　　B. 单独经接地装置接地

　　C. 与电缆金属外皮连接

10. 当电缆导体温度等于电缆最高长期工作温度,而电缆中的发热与散热达到平衡时的负载电流称为(　　)。

　　A. 电缆长期允许载流量　　　　　　　　B. 短时间允许载流量

　　C. 短路允许载流量

11. 新敷设的带有中间接头的电缆线路,在投入运行(　　)个月后,应进行预防性试验。

　　A. 1　　　　　　　　B. 3　　　　　　　　C. 5　　　　　　　　D. 6

12. 架空线路导线通过的最大负荷电流不应超过其(　　)。

　　A. 额定电流　　　　　B. 短路电流　　　　　C. 允许电流　　　　　D. 空载电流

二、判断题

1. 电力电缆的特点是易于查找故障、价格低、线路易分支、利于安全。　　　　　　(　　)

2. 电力电缆中,绝缘层将线芯与大地以及不同相的线芯间在电气上彼此隔离。　　(　　)

3. 刚好使导线的稳定温度达到电缆最高允许温度时的载流量,称为允许载流量或安全载流量。
　　　　　　　　　　　　　　　　　　　　　　　　　　　　　　　　　　　　(　　)

4. 对无人值班的变(配)电所,电力电缆线路每周至少进行一次巡视。　　　　　　(　　)

5. 新敷设的带有中间接头的电缆线路,在投入运行 1 年后,应进行预防性试验。　(　　)

6. 生产厂房内外的电缆,在进入控制室、电缆夹层、控制柜、开关柜等处的电缆孔洞,必须用绝热材料严密封闭。　　　　　　　　　　　　　　　　　　　　　　　　　　(　　)

项目操作单

分组实操项目。全班分 7 组,每小组 7 ~ 9 人,通过抽签确认表 6-23 变压器试验项目内容,自行安排负责人、操作员、记录员、接地及放电人员分工。考评员参考评分标准进行考核,时间 50 min,其中实操时间 30 min,理论问答 20 min。

表6-23 电力电容器、电力电缆、绝缘子绝缘试验项目

序号	电力电容器、电力电缆、绝缘子的绝缘试验项目内容
项目1	电力电容器绝缘电阻、电容量和 $\tan\delta$ 测量
项目2	电力电容器交流耐压试验
项目3	电缆绝缘电阻测量、耐压试验
项目4	电缆故障查距试验
项目5	绝缘子绝缘电阻测量、工频交流耐压试验
项目6	套管绝缘电阻和 $\tan\delta$ 测量
项目7	套管交流耐压试验

项目编号	01	考核时限	50 min	得分	
开始时间		结束时间		用时	

作业项目	电力电容器、电力电缆、绝缘子绝缘试验
项目要求	(1)说明各设备绝缘试验原理、仪器工具、参数等 (2)现场就地操作演示并说明需要试验的绝缘部分及材料 (3)注意安全,操作过程符合安全规程 (4)编写试验报告。实操时间不能超过30 min,试验报告时间20 min,实操试验提前完成的,其节省的时间可加到试验报告的编写时间里
材料准备	(1)正确摆放被试品 (2)正确摆放试验设备 (3)准备绝缘工具、接地线、电工工具和试验用接线及接线钩叉、鳄鱼夹等 (4)其他工具,如绝缘胶带、万用表、温度计、湿度仪

	序号	项目名称	质量要求	满分100分
评分标准	1	安全措施 (14分)	(1)试验人员穿绝缘鞋、戴安全帽,工作服穿戴齐整	3
			(2)检查被试品是否带电(可口述)	2
			(3)接好接地线对被试品进行充分放电(使用放电棒)	3
			(4)设置合适的围栏并悬挂标示牌	3
			(5)试验前,对被试品外观进行检查(包括本体、接地线、本体清洁度等),并向考评员汇报	3
	2	试品及仪器仪表铭牌参数抄录 (7分)	(1)对与试验有关的铭牌参数进行抄录	2
			(2)选择合适的仪器仪表,并抄录仪器仪表参数、编号、厂家等	2
			(3)检查仪器仪表合格证是否在有效期内并向考评员汇报	2
			(4)向考评员索取历年试验数据	1
	3	试品外绝缘清擦 (2分)	至少要有清擦意识或向考评员口述示意	2
	4	温、湿度计的放置 (4分)	(1)试品附近放置温湿度表,口述放置要求	2
			(2)在试品本体测温孔放置棒式温度计	2

续上表

序号	项目名称	质量要求	满分100分
5	试验接线情况 (9分)	(1)仪器摆放整齐规范	3
		(2)接线布局合理	3
		(3)仪器、试品地线连接牢固良好	3
6	电源检查 (2分)	用万用表检查试验电源	2
7	试品带电试验 (23分)	(1)试验前撤掉地线,并向考评员示意是否可以进行试验。简单预说一下操作步骤	2
		(2)接好试品,操作仪器,如果需要则缓慢升压	6
		(3)升压时进行呼唱	3
		(4)升压过程中注意表计指示	3
		(5)电压升到试验要求值,正确记录表计数值	3
		(6)读取数据后,仪器复位,断掉仪器开关,拉开电源刀闸,拔出仪器电源插头	3
		(7)用放电棒对被试品放电、挂接地线	3
8	记录试验数据 (3分)	准确记录试验时间、试验地点、温度、湿度、油温及试验数据	3
9	整理试验现场 (6分)	(1)将试验设备及部件整理恢复原状	4
		(2)恢复完毕,向考评员报告试验工作结束	2
10	试验报告 (20分)	(1)试验日期、试验人员、地点、环境温度、湿度、油温	3
		(2)试品铭牌数据:与试验有关的试品铭牌参数	3
		(3)使用仪器型号、编号	3
		(4)根据试验数据作出相应的判断	9
		(5)给出试验结论	2
11	考评员提问(10分)	提问与试验相关的问题,考评员酌情给分	10
考评员项目验收签字			

评分标准

项目七　封闭式组合电器试验

一、项目描述	五、学习载体
通过了解 GIS 内部结构和组成,熟悉其主要参数;学习 GIS 试验项目及试验要求,掌握其维护方法。	GIS 设备

一、项目描述

　　通过了解 GIS 内部结构和组成,熟悉其主要参数;学习 GIS 试验项目及试验要求,掌握其维护方法。

二、项目要求

　　(1)熟悉 GIS 的结构和组成部分

　　(2)具有 GIS 安全运行和维护的基本技能,能处理一般的故障

　　(3)能熟练开展 GIS 电气预防性试验工作,确保 GIS 可靠稳定地运行

三、学习目标

　　(1)认识 GIS 的结构

　　(2)熟悉 GIS 试验项目

　　(3)掌握 GIS 的试验方法

　　(4)会正确使用不同测试仪器完成 GIS 预防性试验

四、职业素养

　　(1)树立高压安全意识,培养遵章守规行为习惯

　　(2)培养爱岗敬业精神和吃苦耐劳品质

　　(3)培养团队精神,珍惜集体荣誉,真诚付出

　　(4)熟悉 GIS 检修和试验方法,能制订 GIS 试验方案

五、学习载体

GIS 设备

视频 7-1　35 kV 开关柜气室 SF$_6$ 气体充气

【任务一】　封闭式组合电器试验认知

任　务　单

(一)任务描述

　　以封闭式组合电器为载体,了解封闭式组合电器的主要组成结构,按照常见封闭式组合电器的电压等级,学习 220 kV、110 kV、35 kV 封装式组合电器的主要技术参数,了解封闭式组合电器的出厂试验、交接试验、预防性试验项目

(二)任务要求

　　(1)认识封闭式式组合电器

　　(2)学习封闭式组合电器的主要结构

　　(3)熟悉 220 kV 封闭式组合电器的主要参数

　　(4)熟悉 110 kV 封闭式组合电器的主要参数

　　(5)熟悉 35 kV 封闭式组合电器的主要参数

　　(6)学习封闭式组合电器的试验项目

(五)学习载体

封闭式组合电器

续上表

（三）学习目标	（五）学习载体
（1）会对照设备介绍封闭式组合式电器的主要结构 （2）知道组合电器的优点 （3）知道不同电压等级的封闭式组合电器的主要参数 （4）知道不同电压等级的封闭式组合电器的主要试验项目 （5）会制订 110 kV 封闭式组合电器的预防性试验方案	封闭式组合电器 
（四）职业素养	
（1）树立高压安全意识，培养遵章守规行为习惯 （2）培养爱岗敬业精神和吃苦耐劳品质 （3）具有团队意识，珍惜集体荣誉 （4）能介绍封闭式组合电器的结构 （5）会设计组合电器的预防性试验方案	

气体绝缘全封闭组合开关电器（gas insulated switchgear，GIS）是将断路器及其他高压电器元件按照所需要的电气主接线安装在充有一定压力的 SF$_6$ 气体的全封闭金属壳体内而组成的一套设备。它主要由断路器、母线、隔离开关、电压互感器、电流互感器、避雷器、套管 7 种高压电器组合而成。

我国于 1973 年首次在电力系统中使用 GIS 开关设备。随着制造技术的进步，20 世纪 90 年代以来，我国电力系统开始大量采用 SF$_6$、真空断路器和 GIS 组合电器等无油设备，其中，GIS 因小型化、技术成熟、安全性好，可靠性高、安装周期短、检修周期长、维护方便、体积小、抗干扰、防污染、抗振强等诸多优点在 220 kV 以上新建的变电站（包括高速铁路电气化牵引变电站）中得到广泛的应用。截至 2012 年底，我国 110 kV 以上的变电站基本上实现了无油化和实行少人值守或无人值班的运行方式。

近年来，随着技术的进步和材料价格的下降，GIS 已经在电力系统得到了广泛的应用。由于 SF$_6$ 气体卓越的绝缘性能，所以能大幅度缩小变电站的占地面积，且带电部分全部密封于惰性 SF$_6$ 气体中，大大延长了可靠性，没有触电危险，安全性好。同时带电部分封闭于金属壳体内，对电磁和静电具有一定的屏蔽效果，噪声小，抗无线电干扰能力强。GIS 组合电气可在工厂内实现整体机装配，试验合格后，以单元或间隔的形式运入现场，可缩短现场安装工期，因其结构布局合理，灭弧系统改进，大大延长了产品的使用寿命，因此检修周期长，维护工作量小，其主要部件的维修间隔不小于 21 年。

目前 GIS 设备产品已涵盖了 72.5 kV ~ 1 200 kV 的电压等级范围。除了 GIS，还有一种 HGIS，设计用于较恶劣的环境，相对 GIS 少了母线、母线压变、避雷器等设备，尤其是母线，使用起来也较为灵活。

一、SF$_6$ GIS 主要组成部件及参数

1. SF$_6$ GIS 主要部件

常规的电力电器是分体式或者是柜式，分体式多为户外型，常见于户外变电站；柜式多为户内安装，常见于配电系统。而 GIS 由于是整体的组合结构，虽然也有户外和户内之分，但为方便管理，一般都安装在室内。图 7-1 为户外型 GIS 实物照片，图 7-2 为户内 GIS 实物照片，图 7-3 为室外 GIS 变电站。

图 7-1　户外型 GIS 现场布置图

图 7-2　户内型 GIS 现场布置图

(a)

(b)

图 7-3　户外 GIS 变电站现场布置图

GIS 按照母线结构可以分为：

（1）全三相共箱式，一般 66～110 kV 等级采用；

（2）主母线三相共箱，分支母线分箱，220 kV 等级采用；

（3）全三相分箱，330 kV 及以上等级采用。

SF_6 GIS 主要结构主要包括：主母线（main bus, M）、断路器（circuit breaker, CB）、隔离开关（disconnect switch, DS）、接地开关（earthing switch, ES）、快速接地开关（fast earthing switch, FES）、电流互感器（current transformer, CT）、电压互感器（voltage transformer, VT）、避雷器（lightning arrester, LA）、SF_6 充气套管/电缆终端筒、绝缘子、GIS 在线监测装置、GIS 保护装置、汇控柜（local control panel, LCP）。

（1）主母线与分支母线

母线导体一般采用铝合金，连接采用铜梅花触头，壳体材料一般采用铝合金材料，避免磁滞和涡流发热。母线通过导电连接件与组合电器的其他元件连通并满足不同的主接线方式，来汇集、分配和传送电能，同时设有伸缩节、波纹管调节装置等，如图 7-4 所示。

（2）断路器（CB）

断路器是 GIS 的主要部件，其作用是用于开合系统空载、负载及故障电流，主要由灭弧室及操作及机构组成，常采用变开距自能式灭弧室，配弹簧机构，如图 7-5 所示。

①开断能力：40 kA，50 kA，63 kA。

②额定电流：3 150 A，4 000 A，5 000 A。

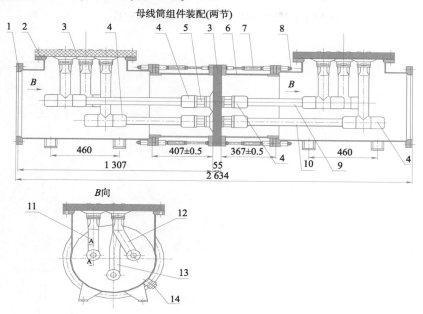

1—盖板；2—母线筒；3—绝缘子；4—触头；5—支座；6—伸缩节；7—长六角螺栓；8—双头螺柱；

9—边相母线（2 个）；10—中相母线；11—边相导体；12—边相导体；13—中相导体；14—放气接头。

图 7-4　ZF12-126（L）型 GIS 母线筒结构图（单位：mm）

③操作机构：弹簧操作机构、液压碟簧操作机构。

④操作方式：三相电气联动（220 kV 及以上线路）、三相机械联动（发变组、母联分段）。

⑤布置方式：卧式、立式。

(a) GIS断路器室外观

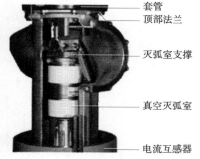

(b) GIS断路器内部结构

图 7-5　ZF12-126（L）型 GIS 断路器

　　GIS 断路器常用弹簧机构作为动能，因弹簧机构具有重量轻、结构紧凑、可能性高、寿命长等诸多优点而得到广泛应用，其主要起对断路器开合运动提供能源的作用，如图 7-6 和图 7-7 所示。弹簧装置的工作原理较简单，合闸时主要接通合闸电动机的电源，电动机通过减速齿轮及传动轴给弹簧储能，合闸弹簧储能到位后，棘轮被棘爪顶死，合闸储能完成；分闸时，分闸线圈通电或手动操作分闸按钮时,分闸掣子就会脱开拐臂,分闸弹簧释放带动主轴沿顺时针方向旋转 60°,直到分闸位置完成分闸动作。其过程如下:合闸线圈通电→合闸掣子拖开、合闸弹簧释能→合闸轴旋转 180°→主轴旋转 60°→拐臂停止到分闸掣子(同时分闸弹簧储能)→合闸完成。

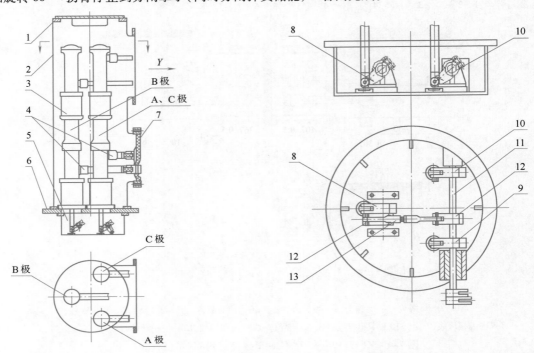

1—盖板;2—壳体;3—灭弧室;4—静触头;5—拐臂盒;6—底板;7—绝缘子;8—内拐臂(B 极);
9—内拐臂(A 极);10—内拐臂(C 极);11—主体连轴;12—传动拐臂;13—连杆。

图 7-6　某 220 kV GIS 断路器内部结构

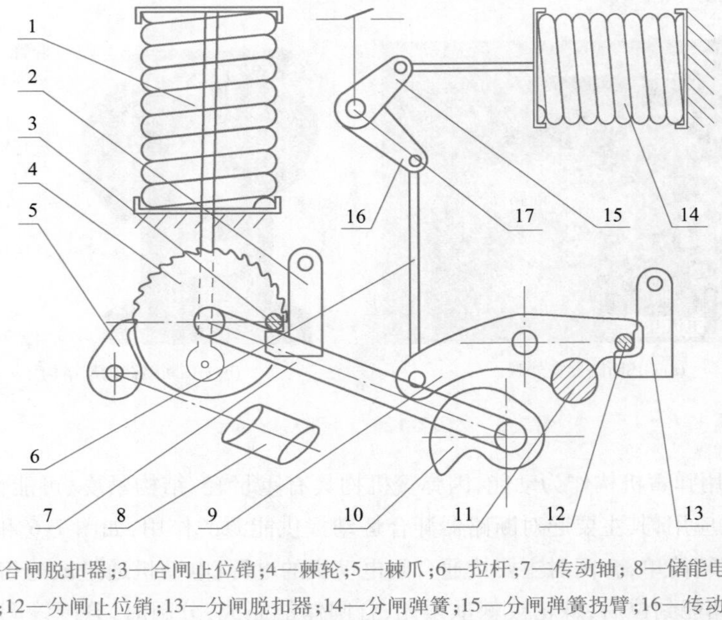

1—合闸弹簧;2—合闸脱扣器;3—合闸止位销;4—棘轮;5—棘爪;6—拉杆;7—传动轴;8—储能电动机;9—主拐臂;
10—凸轮;11—滚子;12—分闸止位销;13—分闸脱扣器;14—分闸弹簧;15—分闸弹簧拐臂;16—传动拐臂;17—主传动轴。

图 7-7　ZF12-126(L)型 GIS 弹簧机构结构

（3）隔离开关（DS）与接地开关（ES）

隔离开关与接地开关组合成一个元件，接地开关的静触头装在隔离开关上，而动触杆则安装在与接地外壳等电位的壳体内，如图7-8～图7-10所示。

隔离开关按结构分：直角型、直线型、三工位（防止误操作）。

接地开关按功能分：检修接地开关（采用电动操作机构，在高压系统不带电情况下方可操作）；快速故障接地开关（采用弹簧操作机构，可以全电压和短路条件下关合）。

三工位隔离/接地开关，有两种结构形式：为旋转式和插入式。共用一个活动导电杆，用一个操动机构，具有如下优点：

①由于两者组合在一个气室内，大大缩小了GIS尺寸，使之小型化。

②减少了GIS操动机构数量，减少了操作和维护工作量，方便运行和检修。

③从原理上解决了隔离开关与接地开关之间的联锁问题，取消了以往隔离开关与接地开关之间复杂的联锁回路。不会发生带地线合刀闸的事故，大大提高了GIS运行可靠性。

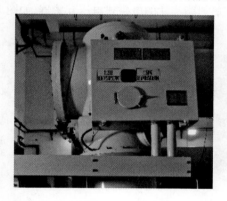

图7-8　GIS隔离开关、接地开关外部

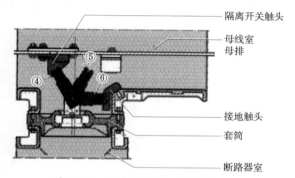

④—合上；⑤—分开；⑥—准备接地。

图7-9　GIS内三工位隔离开关结构

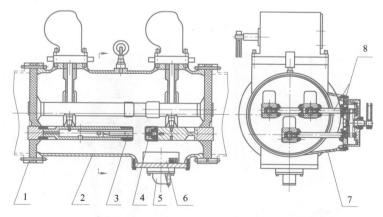

1—绝缘子；2—筒体；3—动触头；4—静触头；5—爆破片；6—分子筛；
7—开关传动侧视图；8—线型接地开关。

图7-10　ZF12-126（L）型GIS线型隔离开关、接地装置结构

（4）电流互感器（CT）、电压互感器（VT）、避雷器（LA）

电流互感器：分内置式和外置式。内装电感式环氧浇注型电流互感器，如图7-11所示。

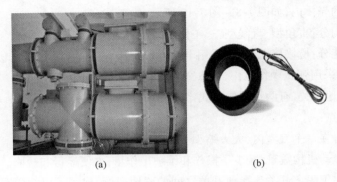

（a）　　　　　　　　　　　（b）

图7-11　ZF12-126（L）型 GIS 电流互感器实物

电压互感器：330 kV 及以下电压等级中，一般采用环氧树脂浇注的电磁式电压互感器，如图7-12所示。

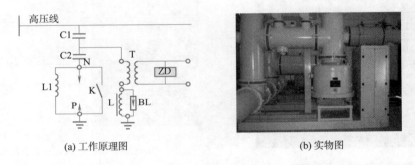

（a）工作原理图　　　　　　　　　　　　（b）实物图

C1—高压电容；C2—中压电容；T—中间变压器；ZD—阻尼器；L—补偿电抗器；
BL—氧化锌避雷器；L1—排流线圈；P—保护间隙；K—接地刀闸。

图7-12　ZF12-126（L）型 GIS 电容式电压互感器工作原理和实物

避雷器：采用氧化锌避雷器，如图7-13所示。

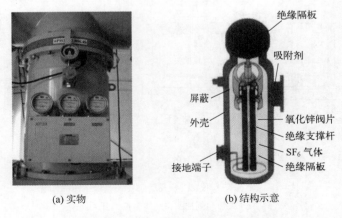

（a）实物　　　　　　　　　　　（b）结构示意

图7-13　ZF12-126（L）型 GIS 避雷器

（5）SF₆充气套管/电缆终端筒

SF₆充气套管外护套分:磁套(耐老化)和硅橡胶(防污能力强)瓷套分标准伞和大小伞。电缆终端是把高压电缆连接到 GIS 中的部件。其设计与高压电缆制造分别按 1EC 60859 执行。

（6）绝缘子

绝缘子主要担负主绝缘及气体隔离作用,红色代表气隔绝缘子,绿色代表通气绝缘子。分两种类型:全绝缘盆和带金属圈盆。带金属圈的盆式绝缘子由外金属环和内侧环氧树脂绝缘件组成。装配好之后仅金属环受到两侧壳体的压力,绝缘部分不受力,增强了连接的安全可靠性。铝环可以在局放测量和在线检测时起到屏蔽外界干扰的作用。由于直接使用金属法兰环与筒子连接,无须外装接地板,节约了材料,如图 7-14 所示。

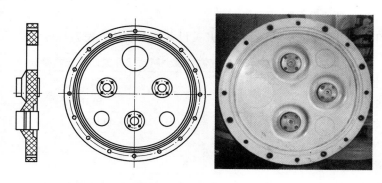

图 7-14 ZF12-126(L)型 GIS 绝缘子结构及实物

（7）GIS 在线监测装置

每个气室都安装有 SF₆压力指示和报警触头的 SF₆密度继电器。密度继电器与开关设备本体之间的连接方式应满足不拆卸校验密度继电器的要求。GIS 设备底部安装有 SF₆气体泄漏监测探头和氧气监测探头,达到动作条件启动报警和强力通风。

（8）GIS 保护装置

①净化装置。

净化装置结构主要由过滤罐和吸附剂组成,常用的吸附剂有活性炭、分子筛(合成沸石)、氧化铝、硅胶等。

②压力释放专置。

当 GIS 内部母线管或元件内部等发生故障时,如不及时切除故障点,电弧能将外壳烧穿;如果电弧的能量使 SF₆气体的压力上升过高,还可造成外壳爆炸。

（9）汇控柜(LCP)

汇控柜的主要作用是起监视和控制作用。监控的主要内容包括:气体压力监视、气体密度监视、状态监视、故障监视、控制等。在汇控柜的正面设置模拟母线、控制开关、状态指示器、故障指示器等,如图 7-15 所示。

2. SF₆ GIS 封闭式组合电器主要技术参数

由于 GIS 厂家不同,各自的产品结构也不尽相同,即使是同一厂家的产品,因电压等级的不同或者绝缘介质的不同,产品的结构和组成也会有所不同。本部分以其中一种型号为例,介绍 220 kV、110 kV GIS 的主要技术参数。

图 7-15　某地铁变电所 110 kV 汇控柜

（1）220 kV GIS 主要技术参数

220 kV GISZF1-252 型气体绝缘金属封闭开关设备技术参数见表 7-1。

表 7-1　220kV ZF1-252 型气体绝缘金属封闭开关设备技术参数

额定电压	252 kV
额定频率	50 Hz
额定电流	4 000 A
额定短时耐受电流	50 kA
额定短路持续时间	3 s
额定峰值耐受电流	125 kA
额定绝缘水平	额定短时工频耐受电压： 相间及相对地：460 kV 断口间：460（+146）kV
	额定雷电冲击耐受电压： 相间及相对地：1 050 kV 断口间：1 050（+206）kV
SF$_6$气体压力（20℃表压）	断路器隔室：额定 0.6 MPa／报警 0.55 MPa／闭锁 0.5 MPa 其他隔室：额定 0.4 MPa／报警 0.35 MPa
SF$_6$气体年漏气率	≤0.5%
控制回路和辅助回路电源额定电压	DC 220 V，AC 220 V

该产品用罐式 SF$_6$ 断路器，为分相结构，每相用一台弹簧液压操动机构，其主要额定参数见表 7-2。

表 7-2　断路器额定参数

序号	项　目	参　数	备　注
1	额定短路开断电流	50 kA	
2	额定失步开断电流	12.5 kA	
3	额定近区故障开断电流	45 kA，37.5 kA	分别对应 L90，L75
4	额定线路充电开合电流	160 A	
5	额定电缆充电开合电流	250 A	
6	额定操作顺序	分—0.3 s—合分—180 s—合分	

隔离开关按其功能分为一般隔离开关(DS 型)和具有一定开合能力的隔离开关(FDS 型)两种。前者配用 CJ 型电动机操动机构,后者配用 CT 型电动弹簧操动机构。隔离开关的主要技术参数见表 7-3。

表 7-3 隔离开关额定参数

序 号	名 称		单位	参数
1	合闸时间		s	5±1.5
	*合闸速度(刚合前 10 ms 内平均速度)		m/s	2.8±0.3
	三相合闸不同期(时间差)		s	≤0.1
2	分闸时间		s	5±1.5
	*分闸速度(刚分后 10 ms 内平均速度)		m/s	2.0±0.3
	三相分闸不同期(时间差)		s	≤0.1
3	*开合母线转换电流能力	额定母线转换电压	V	20
		额定母线转换电流	A	1 600
		开断—关合操作循环次数	次	100
		容性小电流	A	1
4	*开合容性小电流能力	电压	kV	146
		开断—关合操作循环次数	次	10
5	操作力矩(手动操作时)		N·m	≤200
6	机械寿命		次	3 000

注 *适用于快速接地开关(FES)。

接地开关分为两种基本类型:一般接地开关(ES)和快速接地开关(FES)。一般接地开关仅用于工作接地,配用电动机操作机构;快速接地开关具有一定的开合能力,可以关合短路故障,配用电动弹簧操作机构。接地开关的主要技术参数见表 7-4。

表 7-4 接地开关额定参数

序号	名 称		单位	参数
1	合闸时间		s	5±1.5
	*合闸速度(刚合前 10 ms 内平均速度)		m/s	2.8±0.3
	三相合闸不同期(时间差)		s	≤0.1
2	分闸时间		s	5±1.5
	*分闸速度(刚分后 10 ms 内平均速度)		m/s	2.0±0.3
	三相分闸不同期(时间差)		s	≤0.1
3	额定短时耐受电流		kA	50
4	额定短路持续时间		s	3
5	*额定短路关合电流		kA	125
6	*开合电磁感应电流能力	额定电磁感应电流(有效值)	A	80
		额定电磁感应电压(有效值)	kV	2
		"开断—关合"操作循环次数	次	10

序号	名 称		单位	参数
7	*开合静电感应电流能力	额定静电感应电流（有效值）	A	3
		额定静电感应电压（有效值）	kV	12
		"开断—关合"操作循环次数	次	10
8	操作力矩（手动操作时）		N·m	≤200
9	机械寿命		次	3 000

注 *适用于快速接地开关（FES）。

本产品的电流互感器为分相型,与断路器处于同一气室,环型铁芯式结构,有计量和保护用的两种。其主要额定参数见表 7-5 和表 7-6,用户可以选取相应的规格或根据实际需求定制。

表 7-5　电流互感器额定参数

额定一次电流	500、1 000、1 500、2 000、3 150、4 000 A
额定二次电流	5 A

表 7-6　额定输出容量和精度等级

电流比	额定输出容量（V·A）	测量准确度	保护准确度
500/5	20	0.2、0.5	5P20
1 000/5	30	0.2、0.5	5P20
1 500/5	30,40	0.2、0.5	5P20
2 000/5	30,40	0.2、0.5	5P20
3 150/5	40	0.2、0.5	5P20
4 000/5	40	0.2、0.5	5P20

可以配用 SF_6 气体绝缘型电磁式电压互感器或电容式电压互感器,主要技术参数见表 7-7。

表 7-7　电压互感器额定参数

一次侧额定电压	$252/\sqrt{3}$ kV
二次侧额定电压	$100/\sqrt{3}$ V
剩余绕组额定电压	100 V
额定输出容量	200 V·A
准确级次	测量绕组:0.2　保护绕组:3P

可以配用 SF_6 气体绝缘型罐式氧化锌避雷器,其主要额定参数见表 7-8。

表 7-8　氧化锌避雷器额定参数

系统标称电压	220 kV
避雷器额定电压	204 kV
避雷器持续运行电压	≥159 kV
标称放电电流	10 kA
陡波冲击电流下残压	≤594 kV

续上表

雷电冲击电流下残压	≤532 kV
操作冲击电流下残压	≤452 kV
直流 1 mA 参考电压	≥ 296 kV

（2）110 kV GIS 主要技术参数

110 kV GIS 主要技术参数见表 7-9。

表 7-9　110 kV GIS 基本技术参数

额定电压	126 kV
额定电流	2 000 A
额定短时耐受电流（3 s）	40 kA
额定峰值耐受电流	100 kA
额定短时工频耐压（相对地、相间/断口）	230/265 kV（有效值）
额定雷电冲击耐压（相对地、相间/断口）	550/630 kV（峰值）

二、35 kV GIS 开关柜主要组成部件及参数

1. 35 kV GIS 开关柜主要组成部件

35 kV GIS 开关柜由若干标准化单元组成，采用户内型、SF_6 气体绝缘、铠装式金属封闭结构，包括柜体、高压室、低压室、电缆室、柜间连接、操作机构等模块单元，如图 7-16 所示。模块单元中设有主母线、断路器、三工位开关、电压（流）互感器、避雷器、微机保护测控单元、电缆插头等主要元器件，开关柜还包括断路器/三工位开关操作手柄、钥匙、主母线连接装置、插头堵头、边盘、地脚螺栓等设备安装、试验、运行所必需的附件。

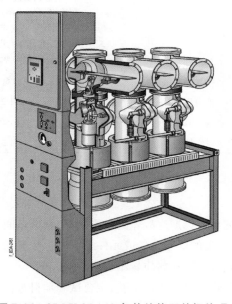

图 7-16　35 kV 8DA10 气体绝缘开关柜外观

2. 35 kV GIS 开关柜主要技术参数

35 kV GIS 开关柜主要技术参数见表 7-10。

表 7-10　35 kV GIS 主要技术参数

内　　容		参　　数
额定电压		40.5 kV
最高工作电压		40.5 kV
额定电流		1 250 A/2 000 A
相数		三相
母线组数		单母线
气室绝缘形式		SF$_6$ 分相绝缘
额定频率		50 Hz
额定短时耐受电流（3 s）（暂定,待供电参数）		25 kA
额定峰值耐受电流（峰值）		63 A
额定短路开断电流		25 kA
额定短路持续时间		3 s
额定短路关合电流（峰值）		63 kA
额定绝缘水平	工频耐值（50 Hz,1 min）	对地、相间及普通断口	85 kV、50 Hz、1 min
		隔离断口间	110 kV、50 Hz、1 min
	冲击耐压值（峰值）	对地、相间及普通断口	185 kV
		隔离断口间	215 kV
辅助回路及二次回路额定电压		DC 110 V
防护等级	高压部分箱体	IP65
	机械操作及低压箱体	IP3XD（IP4X）
绝缘气体(SF$_6$)的额定密度和最小运行密度		在绝缘气体的额定密度下运行。供应商应提供 SF$_6$ 的额定密度、气室额定工作压力、警报压力、释放压力、压力释放后允许运行时间、年泄漏率及密封系统使用寿命等参数,同时还应规定最小运行密度
变电所设备尺寸（宽×深×高）	进线、出线、馈线	≤600×1 930×2 900 mm
	母联柜	≤1 200×1 930×2 900 mm
主变电所设备尺寸（宽×深×高）	进线、出线、馈线	≤600×1 930×2 900 mm
	母联柜	≤1 200×1 930×2 900 mm

三、封闭式组合电器试验

1. 出厂试验项目

封闭式组合电器出厂时的可能会产生故障的有原因有:制造车间清洁度差造成金属微粒、粉尘和其他杂物残留在 GIS 内部;装配的误差大造成元件摩擦产生金属粉末遗留在零件隐蔽部位;不遵守工艺规程造成零件错装、漏装现象;材料质量不合格。

因此设备出厂时需要按照规定进行出厂试验,主要试验项目包括:

（1）外壳压力试验；

（2）接线检查；

（3）辅助回路及控制回路绝缘试验；

（4）断路器、隔离开关、接地开关机械试验和机械操作试验；

（5）电气、气动的辅助装置试验；

（6）主回路导电电阻测量；

（7）密封性试验（SF_6泄漏试验，空气泄漏试验）；

（8）局部放电试验；

（9）回路及辅助回路耐压试验；

以 ZF1-252（L）型气体绝缘金属封闭开关设备为例，其出厂试验项目及技术要求见表7-11。

表 7-11 ZF1-252（L）型气体绝缘金属封闭开关设备出厂检验项目

序号	检验项目		技术要求	检验条件及方法	备注
1	外壳强度试验	焊接壳体	（1）试验压力为设计压力的2.3倍 （2）保持30 min 无变形和破坏	（1）水压试验 （2）加压速度不大于400 kPa/min	设计压力为0.78 MPa（断路器气室）/0.52 MPa（其他气室），制造厂逐件检验
		铸造壳体	（1）试验压力为设计压力的3.5倍 （2）保持30 min 无变形和破坏		
2	隔离开关检验		符合技术协议要求		—
3	接地开关检验		符合技术协议要求		—
4	断路器检验		符合技术协议要求		—
5	套管检验		符合图样及技术协议的要求		—
6	装配质量检查	结构检查	（1）组合电器各基本元件组装完整、正确，符合图样要求 （2）接地回路装配完整、正确，符合图样要求 （3）所有螺栓、螺母紧固标记齐全、防水处理正确	按图样、文件采用目视或通用量具检查	—
		二次回路检查	所有电气元件装配完整、正确，部线合理、美观、压接牢固	按图样检查	—
		铭牌检查	内容正确、字迹清晰、安装位置符合图样要求且安装牢靠	按图样检查	—
		着漆检查	着漆颜色、位置及质量符合要求	按图样及相关文件检查	—
		SF_6系统检查	密度继电器指示正确，自封头安装可靠，配置符合图样	按图样检查	—
7	主回路电阻测量		检验值小于管理值的120%	（1）直流压降法 （2）100 A 直流电源	—
8	密封性试验	真空度检查，Pa	≤30	（1）抽真空到达 40 Pa 至80 Pa 后再抽2 h，保持4 h后，检测保持前后的压力差值 （2）使用真空计	—

续上表

序号	检验项目		技术要求	检验条件及方法	备注
8	密封性试验	漏气率检查	SF$_6$气体年漏气率不大于0.5%	（1）按 GB/T 11023 进行 （2）用塑料薄膜包封密封部位，至少 24 h 后，用检漏仪测量，并将总漏气量折算成年漏气率 （3）使用 SF$_6$气体检漏仪	（1）充入额定压力SF$_6$气体 （2）额定压力取值按订货技术协议执行
9	SF$_6$气体水分含量测定		充入新的 SF$_6$气体，在 48 h 后测量，气体水分含量不大于 150 μL/L（断路器气室）/250 μL/L（其他气室）	（1）充入的 SF$_6$气体符合GB/T 12022 （2）按 GB/T 8905 进行测量 （3）使用 SF$_6$微量水分检测仪	
10	SF$_6$密度继电器动作试验	额定压力0.6 MPa（断路器气室）	补气报警值 起动值：(0.55 ± 0.02) MPa	通过缓慢释放管路内的气体，或向管路内充入气体，同时用万用表测量相关接点	均指 20 ℃ 时压力值
		额定压力0.4 MPa（其他气室）	补气报警值 起动值：(0.35 ± 0.02) MPa		

2. 交接试验项目

封闭式组合电器在安装时，由于安装现场清洁度差，会导致绝缘件受潮、被腐蚀，外部的尘埃、杂物侵入 GIS 内部；也可能由于不遵守工艺规程造成零件错装、漏装现象或与其他工程交叉作业造成异物进入 GIS 内部。因此封闭式组合电器在安装完成后，投入运行前应依据相应试验规程进行交接试验。

（1）验收项目主要有：

①GIS 设备应固定牢靠，外表清洁完整，无锈蚀。

②电气连接可靠且接触良好，引线、金具完整，连接牢固。

③各气室气体漏气率和含水量应符合规定。

④组合电器及其传动机构的联动应正常，无卡阻现象，分、合闸指示正确，调试操作时，辅助开关及电气闭锁装置应动作正确可靠。

⑤各气室配备的密度继电器的报警、闭锁值符合规定，电气回路传动应正确。

⑥出线套管等瓷质部分应完整无损、表面清洁。

⑦油漆应完整，相色标识正确，外壳接地良好。

⑧机构箱、汇控柜内端子及二次回路连接正确，元件完好。

⑨竣工验收应移交的资料和文件：变更设计的证明文件；制造厂提供的产品说明书、试验记录、合格证件及安装图纸等技术文件；安装技术记录；调整试验记录；备品、备件、专用工具及测试仪器清单。

（2）试验项目有：

①SF$_6$气体湿度试验及气体的其他检测项目。

②SF$_6$气体泄漏试验。

③SF$_6$密度监视器(包括整定值)检验。

④压力表校验(或调整),机构操作压力(气压、液压)整定值校验,机械安全阀校验。

⑤辅助回路及控制回路绝缘电阻测量。

⑥主回路耐压试验。

⑦辅助回路及控制回路交流耐压试验。

⑧断口间并联电容器的绝缘电阻、电容量和 tan δ。

⑨合闸电阻值和合闸电阻投入时间。

⑩断路器的分、合闸速度特性。(若制造厂家有明确质量保证不必测量速度,则现场试验可免测分、合闸速度)

⑪断路器分、合闸不同期时间。

⑫分、合闸电磁铁的动作电压。

⑬导电回路电阻测量。

⑭分、合闸直流电阻测量。

⑮测量断路器分、合闸线圈的绝缘电阻值。

⑯操动机构在分闸、合闸、重合闸下的操作压力(气压、液压)下降值。

⑰液(气)压操动机构的泄漏试验。

⑱油(气)泵补压及零起打压的运转时间。

⑲液压机构及采用差压原理的气动机构的防失压慢分试验。

⑳闭锁、防跳跃及防止非全相合闸等辅助控制装置的动作性能。

㉑GIS 中的电流互感器、电压互感器和避雷器试验。

㉒测量绝缘拉杆的绝缘电阻值。

㉓GIS 的联锁和闭锁性能试验。

3. 预防性试验项目

(1)例行检查

GIS 预防性试验例行检查项目见表 7-12。

表 7-12　GIS 预防性试验例行检查项目

序号	项目	基准周期	要求	说　明
1	红外热像	3 个月	无异常	检测各单元及进、出线电气连接处,红外热像图显示应无异常温升、温差和/或相对温差。分析时,应该考虑测量时及前 3 h 负荷电流的变化情况
2	紫外成像	1 年	柱绝缘无异常电晕放电,光电子数量无明显变化	测量和分析方法可参考《带电设备紫外诊断技术应用导则》(DL/T 345)

(2)诊断性试验

诊断性试验项目见表 7-13。

表 7-13　GIS 预防性试验诊断性试验项目

序号	项　目	基准周期	要　　求	说　　明
1	主回路的导电电阻测量	必要时	测试结果不应超过产品技术条件规定值的 1.2 倍(注意值)	测量主回路的导电电阻值,宜采用电流不小于 100 A 的直流压降法
2	封闭式组合电器内各元件的试验	必要时	符合各单体设备的相关要求	(1)装在封闭式组合电器内的断路器、隔离开关、负荷开关、接地开关、避雷器、互感器、套管、母线等元件的试验,应按本标准相应章节的有关规定进行 (2)对无法分开的设备可不单独进行
3	封性试验	必要时	各气室密封部位、管道接头等处无泄漏	(1)密封性试验方法,可采用灵敏度不低于 1×10^{-6}(体积比) 的检漏仪对各气室密封部位、管道接头等处进行检测,检漏仪不应报警; (2)必要时可采用局部包扎法进行气体泄漏测量。以 24 h 漏气量换算,每一个气室年漏气率不应大于 1% (3)密封试验应在封闭式组合电器充气 24 h 以后,且组合操动试验后进行
4	SF_6 气体含水量检测	必要时	(1)有电弧分解的隔室,应小于 150 μL/L(警示值) (2)无电弧分解的隔室,应小于 250 μL/L(警示值)	(1)测量六氟化硫气体含水量(20 ℃的体积分数),应按现行国家标准《额定电压 72.5 kV 及以上气体绝缘金属封闭开关设备》(GB/T 7674)和《六氟化硫电气设备中气体管理和检测导则》(GB/T 8905)的有关规定执行 (2)气体含水量的测量应在封闭式组合电器充气 24 h 后进行
5	主回路绝缘电阻	必要时	无明显下降或符合设备技术文件要求(注意值)	交流耐压试验前进行本项目。用 2 500 V 兆欧表测量
6	主回路交流耐压试验	必要时	试验电压为出厂试验值的 80%	(1)试验在 SF_6 气体额定压力下进行 (2)对核心部件或主体进行解体性检修之后,或检验主回路绝缘时,进行本项试验。试验电压为出厂试验值的 80%,时间为 60 s。有条件时,可同时测量局部放电量。试验时,电磁式电压互感器和金属氧化物避雷器应与主回路断开,耐压结束后,恢复连接,并应进行电压为 U_m、时间为 5 min 的试验
7	组合电器的操动试验	必要时	联锁与闭锁装置动作应准确可靠	电动、气功或液压装置的操动试验,应按产品技术条件的规定进行
8	气体密封性检测	必要时	≤1%/年或符合设备技术文件要求(注意值)	当气体密度表显示密度下降或定性检测发现气体泄漏时,进行本项试验。可采用泄漏点检查方法替代
9	气体密度表(继电器)校验	必要时	符合设备技术文件要求	数据显示异常或达到制造商推荐的校验周期时,进行本项目。校验按设备技术文件要求进行
10	SF_6 气体成分分析	必要时	参考设备技术文件要求	怀疑 SF_6 气体质量存在问题,或者配合事故分析时,可选择性地进行 SF_6 气体成分分析

![课外作业]

1. 简述 GIS 结构。

2. 110 kV GIS 试验项目主要有哪些?

3. GIS 预防性试验有哪些?

【任务二】　GIS 主回路导电电阻测量

任　务　单

(一)试验目的	(五)学习载体
(1)检测主回路导电电阻是否满足规定值 (2)掌握主回路导电电阻的测试意义、会分析试验结果	GIS 设备
(二)测量步骤	
(1)查看测试标准及要求 (2)选择合适的测试仪器 (3)按照设备实际情况完成试验接线 (4)设置合理的参数完成测试 (5)对需要测试的各个回路一一进行测试	
(三)结果判断	
测量值不应超过产品技术条件规定值的 1.2 倍	
(四)注意事项	**(五)学习载体**
(1)测量主回路的导电电阻值,宜采用电流不小于 100 A 的直流压降法 (2)测试过程中,不可断开试线,以防损坏仪器 (3)测试过程中,断路器、三工位开关不能乱动,防止断路器跳闸损坏仪器 (4)具有安全意识,能预判试验中的危险点 (5)能团队协作完成试验任务 (6)具有劳动意识,试验完成后按照规范要求整理试验工具	GIS 设备

随着 GIS 广泛应用,GIS 设备故障量占比逐年增加,GIS 故障已成为影响电网稳定运行和可靠供电的主要问题。

一、GIS 故障类型

1. 漏气故障

漏气故障主要包括绝缘子内部气隙、绝缘子与高压导体交界面的气隙等形成的漏气。

2. 放电故障

放电故障主要包括绝缘部件故障导致的击穿、金属突出物放电、高压导体上尖刺形成电晕放电导致的故障。

3. 自由金属微粒缺陷

自由金属微粒形状有粉末状、片状或大尺寸固体颗粒等,能在电场力作用下发生跳动或位移,或者触头接触不良等引起火花放电,从而导致击穿跳闸导致故障。

4. 绝缘子表面缺陷

绝缘子表面缺陷包括局部放电物、金属微粒或绝缘气体中水气引起破坏导致故障。

图 7-17 所示为 GIS 缺陷分布情况。

图 7-17　GIS 故障分布情况

二、试验目的

检查 SF_6 封闭式组合电器主回路的直流电阻,是判断回路中的各元件如母线、开关、电流互感器的连接是否可靠连接的重要措施。

三、试验方法

1. 试验仪器

选择回路电阻测试仪进行试验,如图 7-18 所示。

图 7-18　回路电阻测试仪

2. 试验接线

母线隔离/接地组合开关(测试点),馈线隔离/接地组合开关(测试点)分别接到回路电阻测试仪器,测量封闭式组合电器主回路直流电阻测量。

3. 试验步骤

(1)测试之前,将母线隔离/接地组合开关合于接地位,再将馈线隔离/接地组合开关合于接地位,将断路器合闸,打开两个接地开关的接地连接铜排,将测试线夹分别同时夹在不同接地开关的同一相上,测试该相回路的导电电阻。

(2)接通设备电源,电流选择100 A后启动"开始"按钮。

(3)待数值稳定后记录测试结果,电流输出为零后断开电源。

(4)重复上述步骤,测试其他各个气室的导电回路电阻。

四、试验标准及结果判断

电流不小于100 A的直流压降法测试结果,不应超过产品技术条件规定值的1.2倍。所测电阻值应符合产品技术条件的规定。

常见断路器每相导电回路电阻标准(参考值)见表7-14。

表 7-14　断路器每相导电回路电阻标准(参考值)

断路器型号	电阻值($\mu\Omega$)	断路器型号	电阻值($\mu\Omega$)
SN-10,SN1-10	<95	DW8-35	250
SN2-10	95	DW3-110G	1 600 ~ 1 800
SN2-10G	75	DW3-220	1 200
SN3-10	26	DW6-35	< 450
SN10-10Ⅱ,SN10-10Ⅱc	≤60	ZN-10	≤150
SN10-10Ⅲ	≤17	ZN4-10 / 1 000-16	100
SN10-35,SN10-35C	≤75	QF-63	≤400(每相)
SW2-35,SW2-35C	<70	QF-110	≤400(每相)
SW3-35(额定电流600 A)	550	CN2-10(额定电流600 A)	250
SW3-110	160	CN2-10(额定电流1 000 A)	120
SW3-110G	180	LW-220	≤250
SW4-220	600	ZN4-10K / 11 000-16	100
SW6-110	180	KW1-110	150
SW6-220(额定电流1.2 kA)	450	KW1-220	400
SW6-330,SW6-330I	≤600	KW2-220	170
SW7-220	≤190	KW3-110	45
DW1-35	550	KW3-220	110
DW2-110	800	KW4-110 A	60
DW2-220	1 520	KW4-220,KW4-220 A	130
DW3-110	1 100 ~ 1 300	KW3-35	200

五、试验注意事项

（1）接线时应用弹性较大的线夹，牢固夹在触头最近端，且用力拧线夹，以破坏线夹与接触面的氧化膜，减小接触电阻。

（2）采用仪器试时，在试过程中，不可断开试线，以防损坏仪器。

（3）测试过程中，断路器、三工位开关不能乱动，防止断路器跳闸损坏仪器。

 **课外作业**

1. GIS 设备故障类型主要有哪些？哪些因素会导致故障发生？

2. 为什么要检测主回路导电电阻？

3. 简述测试 GIS 主回路电阻的步骤，应注意哪些安全事项？

【任务三】 GIS 交流耐压试验

任 务 单

(一)试验目的	(五)学习载体
(1)检测 GIS 主回路绝缘状况是否良好 (2)检测 GIS 各断口的绝缘是否良好	GIS 设备
(二)测量步骤	
(1)查看测试标准及要求 (2)选择合适的测试仪器 (3)按照设备实际情况完成试验接线 (4)设置合理的参数完成测试 (5)对主绝缘、断口绝缘按照规程规定完成测试	
(三)结果判断	
试验过程中应无异常放电现象	
(四)注意事项	
(1)进行交流耐试验时，互感器二次绕组应短路接外壳及地；电压传感器回路中不能承受高压的元件也应短封接地 (2)测试前拆除所有与外部连接的高压电缆，并将高压线头放置足够的安全带电距离后短封接地，防止高压送到其他设备造成设备损害和危及人员安全 (3)提高安全意识，耐压试验前应先做非破坏性试验 (4)试验过程中应仔细认真检查试验接线 (5)善于观察，测试过程中出现任何异常状况应立即停止试验	

交流耐压试验前需做绝缘电阻测试，试验后与试验前的阻值变化不应超过30%。

一、试验目的

SF_6 封闭式组合电器主回路的绝缘和交流耐试验是考核组合电器母线、绝缘子、套管、开关连同

互感器的绝缘状况的有效方法。

二、试验方法

1. 试验仪器

（1）选用 2 500 V 兆欧表对主回路进行绝缘电阻测量。

（2）电气设备交流耐压试验选用串联谐振装置。

（3）试验电压的选取

GIS 主绝缘的交流耐压试验应在合闸及 SF_6 压力额定时进行，试验电压为出厂试验电压的 80%，SF_6 断路器应在分、合闸状态下分别进行耐压试验，试验电压标准见表 7-15。耐压试验只对 110 kV 及以上罐式断路器和 500 kV 定开距磁柱式断路器的断口进行。

表 7-15　断路器交流耐压试验电压标准（单位：kV）

额定电压	3	6	10	15	20	35	44	60	110	154	220	330
出厂	24	32	42	55	65	95	—	155	250	—	470	570
交接及大修	22	28	38	50	59	85	105	140	225（260）	（330）	425	—

注：括号内为小接地短路电流系统。

2. 试验接线

导电部分对地耐压在合闸状态下进行，断口耐压在分闸状态下进行。GIS 高压开关柜的耐压试验接线如图 7-19 所示。

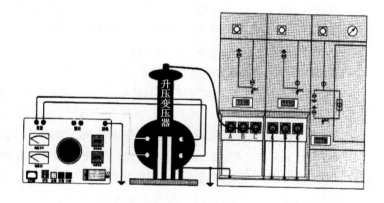

图 7-19　GIS 高压开关柜耐压试验接线示意

若三相在同一箱体中，在进行一相试验时，非被试验相应与外壳一起接地。SF_6 封闭式组合电器耐压试验接线如图 7-20 所示。

3. 试验步骤

下面以 GIS 高压开关柜的耐压为例进行详细说明。

（1）该项试验时开关应具备电动和手动操作条件，检查 GIS 高压开关柜与外部联系的高压电缆已经全部断开并且与带电体有足够的安全距离，检查连接在母线上的避雷器已经全部拆除。电缆、避雷器或电压互感器的插座处应用专用绝缘塞子封堵。

（2）将待试 GIS 高压开关柜的断器及隔离开关合闸，试验某一相时，其他两相要接地。

（3）将升压变放置在开关柜的后部，然后将试验电缆（试验线）与高压开关柜的电缆插座连接

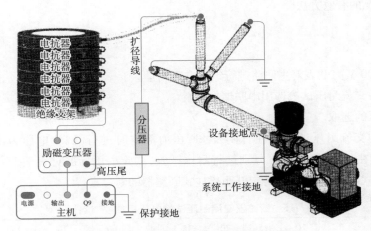

图 7-20　　SF_6 封闭式组合电器耐压试验

固定好后接至升压变压器的高压抽头处。设置好防护围栏,并向外悬挂"止步,高压危险!"的警示牌。接线前应拆除被试设备的外部连线,用专用地线良好接地,并接好放电棒,经工作负责人确认后方可开始试验。

(4)操作人员应穿好绝缘靴、戴好绝缘手套,站在绝缘垫上操作。

(5)检查调压器是否在零位,零位开关是否正常。

(6)接通电源后,试验负责人发出"将要合闸"命令,其他人员退到防护围栏以外,指定操作人员合上闸刀开关、开机,操作者一只手应放在开关板旁边,另一手速度均匀地(2～3 kV/s)将电压升至被试系统的15%电压,操作员通知负责人观察带电显示应没有指示,再逐渐升高电压至被试系统的预定电压的45%,通知负责人观察带电显示应有明显指示,检查开关柜相应的闭锁电磁锁应可靠工作。检查完毕,负责人命令降压、断开电源、放电接地后,将不能承受高电压的传感器回路相应元件短封接地。之后试验负责人再次发出"将要合闸"命令,其他人员退行护围栏以外,指定操作人员合上闸刀开关、开机,操作者一只手应放在开关板旁边,另一手调整调压器旋钮,施加电压时应从零开始,以防止瞬变过程引起过电的影响,然后应缓慢地升高电压以便在仪表上准确读数,但也不能太慢,以免试品在接近试验电压 U 时耐压的时间过长。当电压升高至75%U 时以每秒2%U 的速度上升即可满足要求,升到试验电压 U 后开始计时(一般要求1 min),时间到后,迅速均匀地降压但不能突然分断电源以免产生操作过电压而导致设备损坏或得到不确定的试验结果。调压器旋回零位后,断开电源。试验过程中,其他试验人员应站在安全地带注意被试设备有无异常声音和弧光,如有异常现象,应高声呼喊"降压",操作人立即停止试验查找原因。

(7)试验完毕,充分放电,并将放电棒挂在高压输出端,才可宣布"高压已断开"。然后进行换线连接,准备下一次试验。

三、试验标准及结果判断

试验电压值为出厂试验电压的80%。

(1)若随着调压器往上调节,电流增大,电压基本不变,可能是被试品容量较大或试验变压器容量不够或调压器容量不够,可改用大容量的试验变压器或调压器。

(2)试验过程中,电流表的指示突然上升或突然下降、电压表指示突然下降,都是被试品击穿表现。

（3）加压过程中，试品内部有炒豆般的响声，电流表指示却很稳定，这可能是悬浮的金属件对地的放电。

（4）试验过程中，若由于空气湿度或被试品表面脏污等影响，引起表面滑闪放电，不应视为被试品不合格，应对被试品表面进行清擦、烘干处理后，再进行试验判断其合格与否。

四、试验注意事项

（1）进行交流耐试验时，互感器二次绕组应短路接外壳及地；电压传感器回路中不能承受高压的元件也应短封接地。

（2）测试前拆除所有与外部连接的高压电缆，并将高压头放置足够的安全带电距离后短封接地，防止高压送到其他设备造成设备损害和危及人员安全。

（3）测试前确认安全范围，拉好安全警戒带，挂好警戒标牌"止步，高压危险"。并派专人防护好以防其他人员误入高压区。

（4）测试过程中测试人员应穿好绝缘靴，戴好绝缘手套，站在绝缘垫上进行，测试过程中精力集中，发现有异常情况赶紧切断电源，放电后再检查原因。

 课外作业

1. GIS 断口的耐压试验，应如何接线？

2. 耐压试验过程中有哪些注意事项？

3. GIS 断口绝缘和主绝缘有什么不同？

【任务四】　SF_6 封闭式组合电器密封性试验（检漏试验）

任　务　单

（一）试验目的	（五）学习载体
检测 SF_6 封闭式组合电器是否漏气	GIS 设备 
（二）测量步骤	
在 GIS 经真空检漏并静止 SF_6 气体 5 h 后，用塑料薄膜在法兰接口等处包扎，再过 24 h 后进行检测	
（三）结果判断	
如果有一处薄膜内 SF_6 气体的浓度大于 30 μL/L，则该气室漏气率不合格。如果所有包扎薄膜内 SF_6 气体的浓度均小于 30 μL/L，则认为该气室漏气率合格	
（四）注意事项	
（1）防止接口油脂、灰尘及大气环境的影响 （2）探头移动速度以 10 mm/s 左右为宜 （3）试验过程中人员应合理分工，相互配合 （4）检测过程中应一丝不苟，严谨细致，不可遗漏 （5）试验完成后应严格对照标准分析试验结果	

密封试验是检验 GIS 安装质量的一项关键工序。操作方法正确,测试结果准确,方可保证 GIS 在运行中的安全可靠性。

一、试验目的

检测 SF_6 封闭式组合电器是否漏气,保证开关柜安全运行。

二、试验方法

1. 试验仪器

密封试验是通过检测 SF_6 气体的泄漏量,来判定气室的年漏气率是否合格,控制标准是每一独立气室的年漏气率不大于 1%;《试验标准》条文说明中提出两种试验方法和控制标准:

(1)采用灵敏度不低于 1×10^{-6}(体积比)的检漏仪对气室密封部分、管道接头等处进行检测时 SF_6 检漏仪未发生报警认为合格。检漏仪如图 7-21 所示。

图 7-21　SF_6 气体检漏仪

(2)采用局部包扎法,待 24 h 后检测每个包扎腔内 SF_6 含量不大于 30 μL/L(体积比)即为合格。

2. 试验过程

(1)第一种方法:

①该项试验充气完毕静置 24 h 后测量。

②打开检测仪电源,电源指示灯亮,调节灵敏度。

③缓慢移动探头,对各密封部位,管道接口进行检查,若有泄漏气体则面板指示灯闪光,且发出声音。

(2)第二种方法:

目前采用第二种试验方法较为准确,其实施程序:抽真空检验→SF_6 气体→泄漏检验。具体过程为:在 GIS 经真空检漏并静止 SF_6 气体 5 h 后,用塑料薄膜在法兰接口等处包扎,再过 24 h 后进行检测,如果有一处薄膜内 SF_6 气体的浓度大于 30 μL/L,则该气室漏气率不合格。如果所有包扎薄膜内 SF_6 气体的浓度均小于 30 μL/L,则认为该气室漏气率合格。

三、试验标准及结果判断

(1)采用灵敏度不低于 1×10^{-6}(体积比)的检漏仪对断路器各密封部位,管道接头等处进行检测,检漏仪不应报警。

（2）必要时可采用局部包扎法进行气体泄漏测量,以 24 h 的漏气量换算,每个气室年漏气率不应大于 1%。

（3）泄漏值的测量应在断路器充气 24 h 后进行。

四、试验注意事项

（1）防止接口油脂、灰尘及大气环境的影响。

（2）探头移动速度以 10 mm/s 左右为宜。

课外作业

1. 组合电器密封性试验方法有几种?

2. 局部包扎法的测试步骤有哪些?

3. 密封试验结果如何判断?

【任务五】　SF_6 气体含水量试验

任 务 单

(一)试验目的	(五)学习载体
检测 GIS 中 SF_6 中水分含量	GIS 设备
(二)测量步骤	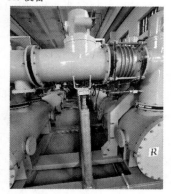
(1)用不锈钢管把封闭式组合电器 SF_6 充气口与设备进气口连接牢靠	
(2)打设备电源,选择"测试数据",设备会自行自检	
(3)调节封闭式组合电器气室的充气口阀门,逐渐放气	
(4)再调节露点仪的流量阀门,应调节流量在 0.5～0.9 L/min	
(5)测试完毕后,拧紧封闭式组合电器充气阀门,以防漏气。	
(三)结果判断	
(1)有电弧分解的隔室,应小于 150 μL/L	
(2)无电弧分解的隔室,应小于 150 μL/L	
(3)SF_6 气体含水量的测定应在封闭式组合电器充气 48 h 后进行	
(四)注意事项	
(1)气路管道连接要可靠,严防泄漏	
(2)仪器的排气应用 10 m 以上的排气管引至下风口	
(3)取样接头、管道应做好防潮处理	
(4)通常不应在相对湿度大于 85% 的环境中测试,阴雨天气不能在室外试	视频 7-2　SF_6 气体微水测量

一、试验目的

常态下,SF_6 气体无色无味,有良好的绝缘性能和灭弧性能,当气温降时,SF_6 气体中超标的水分可能会凝结在固体介质表面而发生闪络,严重时造成组合电器发生爆炸事故。

二、试验方法

1. 试验仪器

根据试验要求,选用露点仪。

2. 试验接线

将仪器的进气软管和开关柜的SF_6充气嘴紧密连接好后,接入开关柜的充气口,并将仪器的排气软管放到下风排气。

3. 试验步骤

(1)充气之前气瓶内的气体须经验收合格。充气时要求充气压力略高于当时温度下的额定压力。该项试验充气完毕静置48 h后测量。

(2)首先用不锈钢管把封闭式组合电器SF_6充气口与设备进气口连接牢靠。

(3)打设备电源,选择"测试数据",设备会自行自检,自检成功后,调节封闭式组合电器气室的充气口阀门,逐渐放气。再调节露点仪的流量阀门,应调节流量在0.5~0.9 L/min。

(4)试验数据显示在液晶屏上,测试完毕后,拧紧封闭式组合电器充气阀门,以防漏气。

三、试验标准及结果判断

测量断路器内的SF_6气体含水量(20 ℃的体积分数)应符合下列规定:

(1)有电弧分解的隔室,应小于150 μL/L。

(2)无电弧分解的隔室,应小于150 μL/L。

(3)SF_6气体含水量的测定应在封闭式组合电器充气48 h后进行。

四、试验注意事项

(1)气路管道连接要可靠,严防泄漏。

(2)仪器的排气应用10 m以上的排气管引至下风口。

(3)取样接头、管道应做好防潮处理。

(4)通常不应在相对湿度大于85%的环境中测试,阴雨天气不能在室外试。

(5)在测量过程中,测量调节针形阀应慢慢打开,防止压力突变,以免压力和流量传感器损坏。

课外作业

1. 含水量对SF_6气体含水量有哪些影响?

2. SF_6气体含水量测试结果应如何判断?

3. SF_6气体含水量测试应注意哪些安全事项?

【任务六】 气体密度继电器、压力表、压力动作阀试验

任 务 单

(一)试验目的	(五)学习载体
(1)检测气体密度继电器是否正常工作 (2)检测气体压力表是否正常工作 (3)检查压力动作阀能否可靠动作	GIS 设备

续上表

（二）测量步骤	（五）学习载体
（1）利用SF₆设备充气过程对SF₆密度电器进行检验 （2）利用SF₆设备放气过程对SF₆密度继电器进行检验	
（三）结果判断	
（1）气体密度继电器动作值，应符合产品技术条件的规定或按制造厂规定 （2）压力表指示值的误差及其变差，均应在产品相应等级的允许误差范围内	
（四）注意事项	
（1）检验前必须切断与密度继电器连接的控制电源，并将报警和闭锁接点的对应连线从端子排上断开，防止其与二次回路和采样信号线构成回路影响检验，并确保不影响其他设备的正常运行 （2）注意保护好管道接头的密面，密封垫圈校验后应更换，并进行漏气检测 （3）重视检验前、后管道接头的清洁工作，避免杂质和不合格气体进入本体。必要时用少量合格的SF₆气体进行冲洗	

一、试验目的

SF₆气体度继电器、压力表、压力动作阀是用来检测运行中的SF₆组合电器本体中SF₆气体密度变化的重要元件，其性能的好坏直接影响到组合电器的安全运行。SF₆气体密度继电器因不常动作，经过一段时期后常出现动作不灵活、触电接触不良等现象，有的还会出现密度继电器温度补偿性能变差，当环境温度突变时，导致SF₆气体密度继电器误动作。因此，对SF₆气体密度继电器、压力表、压力动作阀的检验是非常必要的。

二、试验方法

1. 试验仪器

组合电器组装完毕后，进行充放气的过程中，检验SF₆气体密度继电器、压力表、压力动作阀。所用仪器为组合电器生产厂家的SF₆抽真空充气装置（气罐，专用输气管及标准力表等）。

2. 试验步骤

（1）利用SF₆设备充气过程对SF₆密度电器进行检验。

当SF₆设备安装完成后，对本体进行充气时，利用充气过程对密度继电器进行校对，检验其报警启动压力值、闭锁启动压力值、SF₆密度继电器带有压力表时检验压力表示值。

（2）利用SF₆设备放气过程对SF₆密度继电器进行检验。

利用组合电器的放气过程对密度继电器进行校对，检验其报警返回压力值、闭锁返回压力值。

三、试验标准及结果判断

（1）气体密度继电器动作值，应符合产品技术条件的规定或按制造厂规定。

（2）压力表指示值的误差及其变差，均应在产品相应等级的允许误差范围内。

四、试验注意事项

（1）检验前必须切断与密度继电器连接的控制电源，并将报警和闭锁接点的对应连线从端子排上断开，防止其与二次回路和采样信号线构成回路影响检验，并确保不影响其他设备的正常运行。

（2）注意保护好管道接头的密面，密封垫圈校验后应更换，并进行漏气检测。

（3）重视检验前、后管道接头的清洁工作，避免杂质和不合格气体进入本体。必要时用少量合格的 SF_6 气体进行冲洗。

（4）注意设备本体与密度继电器气路之间的隔离阀门，检验后必须恢复，并经复查确认。

（5）全过程尤其是放气过程做好 SF_6 气体的防泄漏和回收工作，严禁将 SF_6 气体排到空气中。SF_6 密度计及空气压力开关的动作值和复位值，并与产品出厂技术参数进行对比，不产生明显差别即可。

▶ 大国重器

大国重器：苏通 GIL 综合管廊工程

GIL 长距离输电技术是一种采用气体绝缘金属封闭输电线路（Gas-insulated Metal-enclosed Transmission Line，GIL）的技术，用于实现长距离、大容量的电力传输。这种技术相比传统的电线电缆，具有传输容量大、电能损耗小、不受环境影响、运行可靠性高、节省占地等显著优点。GIL 技术通过将高压载流导体封闭在金属壳体内，并注入绝缘性能远优于空气的高压 SF_6 气体，极大地压缩了输电线路的空间尺寸，实现了高度紧凑化、小型化设计，成为替代架空输电线路的紧凑型输电解决方案。

苏通 GIL 综合管廊工程（图 7-22）是淮南—南京—上海 1 000 kV 交流特高压输变电工程的重要组成部分，工程在苏通大桥上游 1 km 处穿越长江，隧道长 5 468.5 m，盾构直径 12.07 m，是目前世界上电压等级最高、输送容量最大、技术水平最高的超长距离 GIL 创新工程。苏通 GIL 工程实现 GIL 设备百分百国产化，形成特高压 GIL 工程建设成套技术，打破国外技术垄断，大幅提升了华东"三省一市"大规模接纳区外来电和区域内部电力交换能力；34.2 km、2 049 根 GIL 导线全长毫米级精准对接，5.5 km 深水隧道全程无渗漏，特高压 GIL 设计、制造和跨江长距离管廊输电的施工、安装、试验、运维关键技术保障工程安全运行，苏通 GIL 综合管廊工程入选"2023 年度央企十大国之重器"榜单。

图 7-22　苏通 GIL 综合管廊工程

该工程在世界上首次创造性应用"特高压 GIL + 江底隧道"技术，将常规高 455 m、宽 100 m 的大跨越线路走廊压缩至直径 10.5 m 隧道之中，装入精密的 1 000 kV GIL 气体绝缘输电线路。苏通 GIL 综合管廊工程需要在弯曲狭小的隧道内拼接组装 6 相 GIL 气体绝缘输电线路，两回总长将近 34.2 km。在此之前，国际上 GIL 电压等级最高仅为 750 kV、最长距离不足 3 km，且 GIL 输电核心技术由国外垄断。

苏通 GIL 综合管廊工程解决了高可靠性绝缘、隧道内 GIL 柔性设计和密封、超长距离 GIL 安装与检测试验、穿越超高水压与沼气地层隧道建造等四大技术难题，为中国首次自主研发应用 1 000 kV 特高压 GIL，采用大直径盾构穿越江底隧道，其电压等级、单体 GIL 长度、输电容量均为世界之最。

课外作业

1. SF_6 密度测试有哪些注意事项？
2. SF_6 气体密度对绝缘性能有什么影响？

项目小结

本项目介绍了 GIS 的外观结构、特性及主要技术参数等，以实例化形式介绍了 GIS 断路器试验项目及方法，对 GIS 的运行和维护也作为较详细的阐述。具体试验项目能检测出的故障参见表 7-16。

表 7-16 GIS 高压试验项目检测故障一览表

序号	测试项目	绝缘故障				开关断口
		主绝缘	整体受潮	放电	过热	
1	辅助回路的控制回路电阻					●
2	分合闸线圈直流电阻					●
3	交流耐压试验	●	●			
4	微水试验	●				●

项目资讯单

项目内容	GIS 设备		
学习方式	通过教科书、图书馆、专业期刊、上网查询问题；分组讨论或咨询老师	学时	10
资讯要求	书面作业形式完成，在网络课程中提交		
	序号	资讯点	
资讯问题	1	GIS 的英文全拼是什么，代表什么含义	
	2	GIS 里面充满的是什么气体？气压是多少	
	3	GIS 主要应用在什么场合？有什么特点？其主要技术参数是什么	
	4	GIS 里互感器起到什么作用？断路器有何作用？氧化锌避雷器有何作用	
	5	GIS 交流耐压试验应如何进行？其合格指标有哪些	
	6	GIS 微水测量是如何进行的？要求什么指标才算是合格的	
	7	简述 GIS 出现故障时，如何处理	
	8	GIS 组合开关的巡检内容是什么	
	9	GIS 哪些故障是需要即时处理的	
	10	GIS 接地开关故障时应如何处理	
	11	220 kV GIS 的试验项目有哪些？分别检测哪些绝缘问题	
	12	GIS 气体压力下降，如何处理？正常的气压是多少为合适	
	13	GIS 检修完成后，检修人员应做哪些防护工作	
资讯引导	以上问题可以在本教程的学习信息、精品网站、教学资源网站、互联网、专业资料库等处查询学习		

项目考核单

一、单项选择题

1. SF₆设备工作区空气中 SF_6 气体含量不得超过( )× μL/L。

    A. 500   B. 1 000   C. 1 500

2. 设备运行后每( )个月检查一次 SF_6 气体含水量,直至稳定后方可每年检测一次含水量。

    A. 三   B. 四   C. 五

3. SF_6 设备运行稳定后方可( )检查一次 SF_6 气体含水量。

    A. 三个月   B. 半年   C. 一年

4. 工作人员进入 SF_6 配电装置室,必须先通风( )min,并用检漏仪测量 SF_6 气体含量。

    A. 5   B. 10   C. 15

5. SF_6 气体具有较高绝缘强度的主要原因之一是( )。

    A. 无色无味性   B. 不燃性

    C. 无腐蚀性   D. 电负性

二、多项选择题

1. 装有 SF_6 设备的配电装置室和 SF_6 气体实验室,必须( )。

    A. 装设强力通风装置   B. 风口应设置在室内底部

    C. 风口应设置在室内上部   D. 进行封闭

2. SF_6 电气设备投运前,应检验设备气室内 SF_6 气体的( )。

    A. 水分   B. 温度   C. 空气含量   D. 压力

3. 工作人员进入 SF_6 配电装置室,必须先做下列工作( )。

    A. 通风 15 min   B. 用检漏仪测量 SF_6 气体含量

    C. 测量氢气含量   D. 检查设备状况

4. 发生设备防爆膜破裂事故时应( )。

    A. 停电处理   B. 带电处理

    C. 用汽油或丙酮擦拭干净   D. 用蒸馏水擦拭干净

5. SF_6 电气设备检修结束后,检修人员应( )。

    A. 洗澡   B. 把用过的工器具清洗干净

    C. 把用过的防护用具清洗干净   D. 没有什么特殊规定

三、判断题

1. SF_6 电气设备检修结束后,检修人员应洗澡。   ( )

2. SF_6 电气设备检修结束后,检修人员应把用过的工器具清洗干净。   ( )

3. SF_6 电气设备检修结束后,检修人员没有什么特殊规定。   ( )

4. SF_6 设备工作区空气中 SF_6 气体含量不得超过 1 000 μL/L。   ( )

项目操作单

分组实操项目。全班分 6 组,每小组 7~9 人,通过抽签确认表 7-17 变压器试验项目内容,自行安排负责人、操作员、记录员、接地及放电人员分工。考评员参考评分标准进行考核,时间 50 min,其中实操时间 30 min,理论问答 20 min。

表 7-17　GIS 试验项目

序号	GIS 绝缘项目内容
项目 1	请根据铭牌讲述 GIS 的组成、技术参数及绝缘结构
项目 2	GIS 断路器交流耐压试验
项目 3	GIS 断路器机械特性测试和微水测量特性试验

项目编号	01	考核时限	50 min	得分	
开始时间		结束时间		用时	
作业项目	GIS 试验项目 1～项目 3				

项目要求	(1)说明 GIS 结构及绝缘试验原理 (2)现场就地操作演示并说明需要试验的绝缘结构及材料 (3)注意安全,操作过程符合安全规程 (4)编写试验报告 (5)实操时间不能超过 30 min,试验报告时间 20 min,实操试验提前完成的,其节省的时间可加到试验报告的编写时间里
材料准备	(1)正确摆放被试品 (2)正确摆放试验设备 (3)准备绝缘工具、接地线、电工工具和试验用接线及接线钩叉、鳄鱼夹等 (4)其他工具,如绝缘胶带、万用表、温度计、湿度仪

	序号	项目名称	质量要求	满分100 分
评分标准	1	安全措施 (14 分)	(1)试验人员穿绝缘鞋、戴安全帽,工作服穿戴齐整	3
			(2)检查被试品是否带电(可口述)	2
			(3)接好接地线对 GIS 进行充分放电(使用放电棒)	3
			(4)设置合适的围栏并悬挂标示牌	3
			(5)试验前,对 GIS 外观进行检查(包括瓷瓶、油位、接地线、分接开关、本体清洁度等),并向考评员汇报	3
	2	GIS 及仪器仪表 铭牌参数抄录 (7 分)	(1)对与试验有关的铭牌参数进行抄录	2
			(2)选择合适的仪器仪表,并抄录仪器仪表参数、编号、厂家等	2
			(3)检查仪器仪表合格证是否在有效期内并向考评员汇报	2
			(4)向考评员索取历年试验数据	1
	3	GIS 外绝缘清擦 (2 分)	至少要有清擦意识或向考评员口述示意	2
	4	温、湿度计的放置 (4 分)	(1)试品附近放置温湿度表,口述放置要求	2
			(2)在 GIS 本体测温孔放置棒式温度计	2
	5	试验接线情况 (9 分)	(1)仪器摆放整齐规范	3
			(2)接线布局合理	3
			(3)仪器、GIS 地线连接牢固良好	3
	6	电源检查 (2 分)	用万用表检查试验电源	2

续上表

	序号	项目名称	质量要求	满分100分
评分标准	7	试品带电试验 (23分)	(1)试验前撤掉地线,并向考评员示意是否可以进行试验。简单预说一下操作步骤	2
			(2)接好试品,操作仪器,如果需要则缓慢升压	6
			(3)升压时进行呼唱	1
			(4)升压过程中注意表计指示	5
			(5)电压升到试验要求值,正确记录表计数值	3
			(6)读取数据后,仪器复位,断掉仪器开关,拉开电源刀闸,拔出仪器电源插头	3
			(7)用放电棒对被试品放电、挂接地线	3
	8	记录试验数据(3分)	准确记录试验时间、试验地点、温度、湿度、油温及试验数据	3
	9	整理试验现场 (6分)	(1)将试验设备及部件整理恢复原状	4
			(2)恢复完毕,向考评员报告试验工作结束	2
	10	试验报告 (20分)	(1)试验日期、试验人员、地点、环境温度、湿度、油温	3
			(2)试品铭牌数据:与试验有关的GIS铭牌参数	3
			(3)使用仪器型号、编号	3
			(4)根据试验数据作出相应的判断	9
			(5)给出试验结论	2
	11	考评员提问(10分)	提问与试验相关的问题,考评员酌情给分	10
考评员项目验收签字				

项目八　高压绝缘技术应用

一、项目描述

了解高压设备测试绝缘技术,掌握 10 kV 不停电作业、带电水冲洗等操作过程

二、项目要求

(1)了解 10 kV 不停电作业的三种作业方法,掌握绝缘操作杆法(间接作业)、绝缘手套法(直接作业)、综合不停电作业法(间接作业)的要点

(2)制订并组织不停电作业施工方案

三、学习目标

(1)掌握常用绝缘安全用具使用及测试方法、检测周期等

(2)掌握作业人员的人体电位三种划分方法(地电位作业、中间电位作业、等电位作业)

(3)掌握三种高空作业承载方式(绝缘脚手架、绝缘斗臂车、杆塔)

(4)掌握安全距离的范围及安全接地要求

四、职业素养

(1)树立高压安全意识,培养遵章守规行为习惯

(2)培养爱岗敬业精神和吃苦耐劳品质

(3)培养团队精神,珍惜集体荣誉,真诚付出

(4)掌握不同电压对应的最小安全距离

(5)掌握接地线和拆除的顺序及方法

五、学习载体

(1)绝缘脚手架
(2)绝缘手套
(3)绝缘鞋
(4)绝缘斗臂车
(5)杆塔作业

随着经济社会发展和人民生活水平的提高,用户对供电可靠性的要求越来越高,电网担负着向各类用户供给配送电能的任务,不停电作业、带电水冲洗等新技术在电力系统中得到广泛应用。

【任务一】 10 kV 配电网不停电作业

任 务 单

（一）试验目的	（五）技术标准

（1）能实现用户侧不停电，采用多种方式对设备进行检修测试作业

（2）带电更换绝缘子、避雷器、修补导线等常规作业，也包括换变压器、电杆和检修电缆线路、环网柜等作业

（五）技术标准

（1）绝缘杆作业法操作规范
（2）绝缘手套作业法规范
（3）综合不停电作业法规范

（二）操作步骤

（1）作业前工器具、材料的准备，落实安全措施
（2）人员分工与做好个人安全作业措施
（3）绝缘遮蔽准备与施工工位防护
（4）施工工艺检查，施工现场清理
（5）填写作业单

（三）结果判断

（1）能正确阐述不停电作业要点
（2）能正确完成个人高压防护措施
（3）能熟悉使用绝缘工具、接地线、绝缘遮蔽等
（4）能正确完成绝缘操作杆间接作业
（5）能正确完成绝缘手套法直接作业
（6）能正确完成综合不停电间接作业

（四）注意事项

（1）根据工作环境选择不同的绝缘斗臂车及工作防护
（2）遮蔽用具不能作为主绝缘，只能用作辅助绝缘，适用于带电作业人员在作业过程中意外短暂碰撞或接触带电部分或接地元件时，起绝缘遮蔽或隔离的保护作用
（3）应根据设备电压等级选择合适的验电器、接地线
（4）绝缘器具避免重压、碰撞和受潮，使用后应立即清洁收纳
（5）不停电作业安全防护用具应按周期进行交流耐压试验、泄漏电流试验、直流耐压试验、操作冲击耐压试验和动负荷试验

　　为了提升优质服务水平和客户满意度，电网运检模式由停电作业为主逐步过渡到不停电作业为主，推行配网不停电作业为主流作业方式，带电作业成为运检的重要手段。配网不停电作业是以实现用户的不停电或者短时停电为目的，采用多种方式对设备进行检修的作业方式，带电作业是指在高压电气设备上不停电进行检修、测试的一种作业方法。具体操作规范参考国家电网公司企业标准《10 kV 配网不停电作业规范》（Q/GDW 10520）。

　　不停电作业可以提高供电可靠性，及时处理线路中缺陷，方便抢修，有效缩短停电时间，减少电能损失，有效缩短工作时间，减少工作量，节约人力物力，能有效地促进安全用电生产，为用户提供可靠的电力供应。

一、不停电作业法

现行不停电作业项目为 10 kV 架空线路和电缆线路检修,目前城市配网上以绝缘手套法为主,县域配网不停电作业为单绝缘杆作业法为主。配网不停电作业已经成为提高供电可靠性的基本技术手段,不仅包括带电更换绝缘子、避雷器、修补导线等常规作业,也包括换变压器、电杆和检修电缆线路、环网柜等作业,如图 8-1 所示。

图 8-1　不停电作业法

按照使用的工具装备,主要采用的不停电作业法包括绝缘杆作业法(图 8-2)、绝缘手套作业法(图 8-3)、综合不停电作业法(图 8-4)。目前在简单作业项目(一、二类项目)中绝缘手套作业法次数占比较大,在复杂作业中(三、四类项目)中主要采用绝缘手套作业法和综合不停电作业法进行。绝缘杆作业法具有灵活性好,适应性强的优势,《配电网技术导则》(Q/GDW 10370)明确要求配电工程方案编制、设计、设备选型应考虑不停电作业法,要求从作业效率和安全性的角度推荐并创造条件使用绝缘杆作业法。

图 8-2　绝缘操作杆法(间接作业)

1. 绝缘杆作业法

绝缘杆作业法是指作业人员与带电体保持规定的安全距离,戴绝缘手套和穿绝缘靴,通过绝缘工具进行作业的方式。

运用绝缘杆作业法作业时,在杆上作业人员伸展身体各部位都有可能触及不同电位的设备,作业人员应对带电体进行绝缘遮蔽,并穿戴全套绝缘防护用具。绝缘杆作业既可在登杆作业中采用,也可在斗臂车的工作斗或其他绝缘平台上采用。由于应用绝缘杆作业时,检修人员不直接接触所

图 8-3　绝缘手套法（直接作业）

图 8-4　综合不停电作业法（间接作业）

检修的带电物体，只能通过绝缘杆操作，对地形要求较高，实际操作受环境影响较大。绝缘杆作业法中，绝缘杆为相地之间的主绝缘，绝缘防护用具为辅助绝缘，共 11 项操作作业，表 8-1 所示为绝缘杆作业法的作业内容，图 8-5 所示为绝缘杆作业法带电断、接分支线路引（流）线。

表 8-1　绝缘杆作业法（共 11 项）

类别	编号	作业项目名称	备　注
绝缘杆作业法	1	装、拆线路故障指示器	
	2	清洗（清扫）配电设备设施	
	3	清理线路障碍物	用于不符合临近带电体作业安全距离要求，采用带电作业方式进行的设备设施的拆除、安装工作所需绝缘遮蔽或清障工作
	4	装、拆绝缘遮蔽	
	5	断、接分支线路引（流）线	用于单回、双回线路，导线为裸导线且按水平（或三角）排列，引（流）线与导线采用缠绕或并沟线夹连接的工作。导线垂直布置方式时不采用
	6	断、接跌落式熔断器引（流）线	
	7	断、接隔离开关引（流）线	
	8	断、接断路器引（流）线	
	9	断、接避雷器引（流）线	
	10	更换直线杆绝缘子	针式绝缘子、陶瓷横担（含附件）
	11	更换直线杆横担	横担、顶套和附件等（含绝缘子）

图 8-5　绝缘杆作业法带电断、接分支线路引（流）线

2. 绝缘手套作业法

绝缘手套作业法是指作业人员使用绝缘承载工具（绝缘斗臂车、绝缘梯、绝缘平台等）与大地保持规定的安全距离，穿戴全套绝缘防护用具，与周围物体保持绝缘隔离，通过绝缘手套对带电体直接进行作业的方法。

由于检修人员使用绝缘手套和绝缘工具直接接触目标，基本不受地形影响，从而可准确高效地完成检修任务。绝缘手套作业法中，绝缘承载工具为相地的主绝缘，空气间隙为相间主绝缘，绝缘遮蔽用具、绝缘防护用具为辅助绝缘。采用绝缘手套作业法时无论作业人员与接地体和相邻带电体的空气间隙是否满足规定的安全距离，作业前均需对人体可能触及范围内的带电体和接地体进行绝缘遮蔽。在作业范围窄小，电气设备布置密集处，为保证作业人员对相邻带电体或接地体的有效隔离，在适当位置还应装设绝缘隔板等限制作业人员的活动范围。在配电线路带电作业中，严禁作业人员穿戴屏蔽服装和导电手套，采用等电位方式进行作业。绝缘手套作业法不是等电位作业法。

绝缘手套作业法共包括 21 项内容见表 8-2，图 8-6 所示为绝缘手套作业法带电更换跌落式熔断器。

表 8-2　绝缘手套作业法

类别	编号	作业项目名称	备　注
绝缘手套 作业法	1	装、拆线路故障指示器或验电接地线夹	
	2	装、拆线路导线警示管（含标志牌）或绝缘护管	
	3	修补线路导线	
	4	清理线路障碍物	用于不符合临近带电体作业安全距离要求，采用带电作业方式进行设备设施的拆除、安装工作所需绝缘遮蔽或清障工作
	5	装、拆绝缘遮蔽	
	6	断、接分支线路引（流）线	
	7	断、接跌落式熔断器引（流）线	
	8	断、接隔离开关引（流）线	
	9	断、接断路器引（流）线	含负荷开关

类别	编号	作业项目名称	备　注
绝缘手套 作业法	10	断、接线路耐张杆引(流)线	不含分支线路搭接点处引(流)线
	11	断、接避雷器引(流)线	
	12	断、接空载电缆线路引(流)线	指电缆头未使用分段设备而通过引(流)线与线路导线直接连接
	13	更换直线杆绝缘子	针式绝缘子、陶瓷横担(含附件)
	14	更换直线杆横担	横担、顶套和附件等(含绝缘子)
	15	更换耐张杆绝缘子	盘型悬式绝缘子、合成绝缘子等(含金具)
	16	更换耐张杆横担	横担及附件(含绝缘子)
	17	组立新直线杆(拆除旧直线杆)	
	18	更换直线杆	
	19	直线杆改终端杆	
	20	直线杆改耐张杆	
	21	调整耐张段导线弛度	

图 8-6　绝缘手套作业法带电更换跌落式熔断器

3. 综合不停电作业法

综合不停电作业法是利用旁路电缆、移动箱变车、移动电源车等作业工具及装备,在用户不停电或少停电的情况下,实现配电线路设备的检修。

应用综合不停电作业法可提高配网检修不停电的效率,对有些大型检修工作,可以应用综合不停电作业法实施负荷转供,进而减少用户的停电时间。检修时能够确保用户不停电而持续用电,有效减少计划停电时间,提高供电可靠性,而且也极大地提高了检修作业的效率和安全性,因而取得了良好的经济效益和社会效益,在配网检修作业中得到大力的推广和应用。

综合不停电作业法共包括9项内容,见表8-3,综合作业法带电加装断路器如图8-7所示。

表8-3　综合不停电作业法(共9项)

类别	编号	作业项目名称	备注
综合作业法	1	带负荷断、接跌落式熔断器引(流)线	若跌落式熔断器为新装,接引(流)线的作业时间增加1 h
	2	带负荷断、接隔离开关引(流)线	若柱上隔离开关为新装,接引(流)线的作业时间增加1.5 h
	3	带负荷断、接断路器引(流)线	若柱上断路器为新装,接引(流)线的作业时间增加2 h
	4	带负荷断、接线路耐张杆引(流)线	含引(流)线接续线夹
	5	旁路系统接入、退出	
	6	移动中压负荷转供系统接入、退出	
	7	移动低压负荷转供系统接入、退出	
	8	移动中压发电转供系统接入、退出	
	9	移动低压发电转供系统接入、退出	

(a)　　　　　　　　　　　　　　(b)

图8-7　综合作业法带电加装断路器

二、10 kV 配网带电作业工器具

配电线路带电作业常用工器具(表8-4)主要涉及两大类:一类是绝缘杆作业法和绝缘手套作业法使用的绝缘工具(带电作业中大量使用的是绝缘工具,金属工具类别较少),如绝缘防护用具、绝缘遮蔽用具、绝缘跳线(绝缘引流线)、硬质绝缘工具、软质绝缘工具、绝缘手工工具、绝缘平台、绝缘斗臂车等;另一类是综合不停电作业法所涉及的旁路作业设备等。

绝缘防护用具也称为个人绝缘防护用具。按照不同的组合个人绝缘防护用具主要有:绝缘安全帽、绝缘服(包括绝缘衣和绝缘裤)、绝缘袖套和绝缘披肩(包括绝缘胸套)、绝缘手套(包括橡胶绝缘手套、合成绝缘手套)、绝缘靴(套鞋)。绝缘防护用具、绝缘遮蔽用具、绝缘跳线(绝缘引流线)、硬质绝缘工具、绝缘手工工具等。表8-4为10 kV 配网带电作业工器具。

表 8-4　10 kV 配网带电作业工器具

分类	作业项目名称	备注
高压测量设备	(1)绝缘电阻表	
	(2)高压验电器	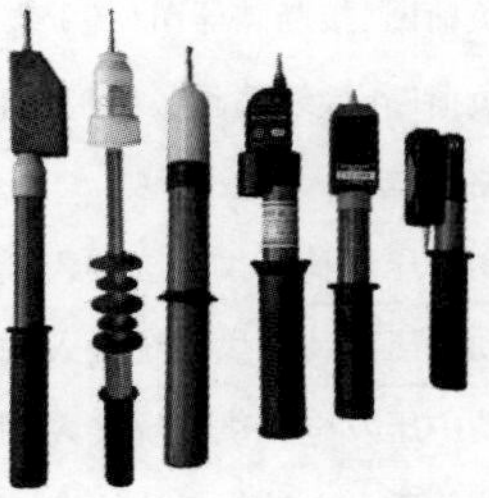
	(3)绝缘夹钳	
绝缘防护用具	(1)绝缘安全帽	
	(2)绝缘服(包括绝缘衣和绝缘裤)	

分类	作业项目名称	备注
绝缘防护用具	（3）绝缘袖套和绝缘披肩（包括绝缘胸套）	 
	（4）绝缘手套（包括橡胶绝缘手套、合成绝缘手套）	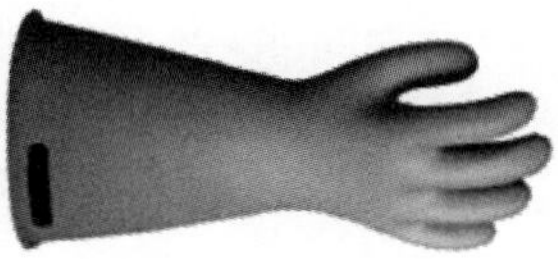
	（5）绝缘鞋（套鞋）	
绝缘遮蔽用具	（1）导线遮蔽罩	
	（2）绝缘子遮蔽罩	
	（3）横担遮蔽罩	
	（4）跌落式开关遮蔽罩	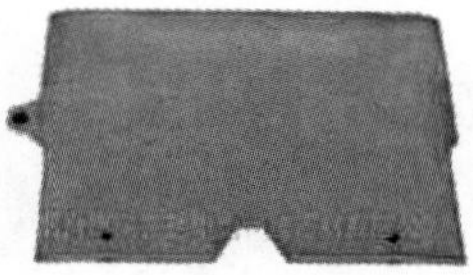

分类	作业项目名称	备注
绝缘遮蔽用具	(5)绝缘毯	
	(6)电杆遮蔽罩	
	(7)电杆包毯	
	(8)电工专用护目镜	
绝缘跳线（绝缘引流线）	(1)带电绝缘跳线夹	
	(2)绝缘跳线	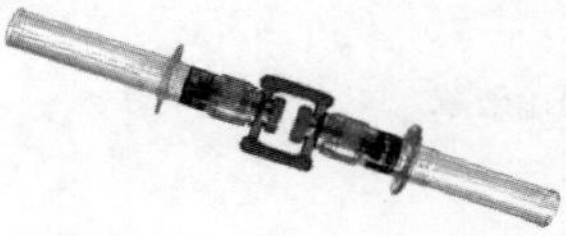
硬质绝缘工具	(1)绝缘伸缩梯	

续上表

分类	作业项目名称	备注
硬质绝缘工具	（2）绝缘人字梯	
	（3）绝缘紧线器	
其他工具	（1）绝缘滑车	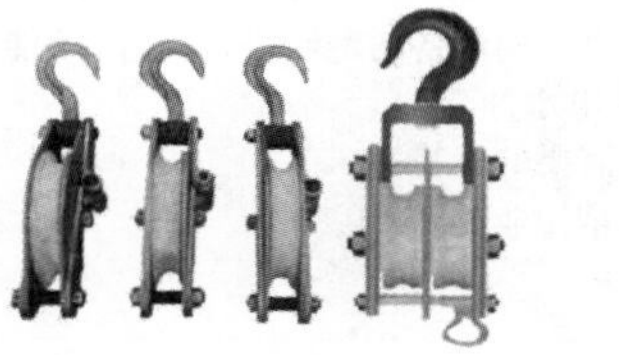
	（2）绝缘绳索	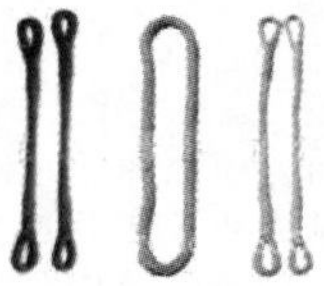
	（3）绝缘手工工具	
	（4）风速仪	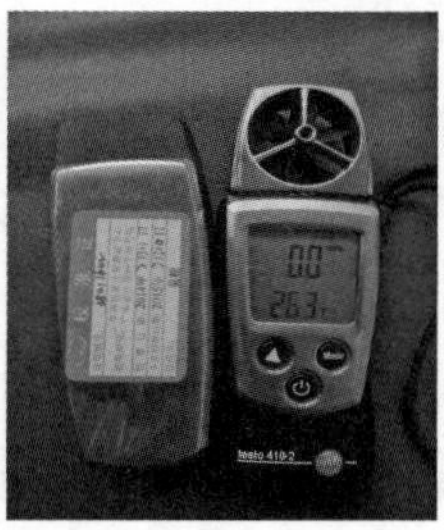

课外作业

1. 不停电作业法包括哪几种方法？城市配网不停电作业以哪种方法为主？

2. 配网不停电作业主要能完成哪些作业？作业人员应做好哪些防护？

3. 10 kV配网带电作业工器具主要有哪些？请列举至少10种工器具并说明其作用。

【任务二】 带电水冲洗作业

任 务 单

(一)试验目的	(五)技术标准
(1)及时清除各类电气设备上的各种污染物(灰尘、油污、湿气、盐分等),可预防和消除电力设备的污闪和雾闪,减少和避免因此而造成停电带来的巨额经济损失 (2)提高设备的电气绝缘值,减缓二次污染 (3)大大降低因停电维护设备而带来的经济损失	(1)《500 kV交流输变电设备带电水冲洗作业技术规范》(DL/T 1467) (2)《电力用车载式带电水冲洗装置》(DL/T 1468)
(二)操作步骤	
(1)带电水冲洗前要确知设备的绝缘是否良好,不能对破损和低值绝缘子进行带电水冲洗 (2)准备好冲洗所需要的绝缘水 (3)测量风速需满足作业要求	
(三)结果判断	
(1)清除设备上粉尘,可减少设备上积尘现象 (2)有效提高设备绝缘水平,减少设备发生沿面放电	
(四)注意事项	
(1)冲洗绝缘子时应注意风向,必须先冲下风侧,后冲上风侧,对于上、下层布置的绝缘子应先冲下层,后冲上层,还要注意冲洗角度,严防临近绝缘子在溅射的水雾中发生闪络 (2)不同的冲洗顺序将出现不同的绝缘表面状态,对闪络电压发生影响 (3)一种是按顺序从下向上或从导线侧向外递层冲洗净,冲洗溅湿面最小,不使其他脏污层被淋湿。另一种是从上向下冲洗,不待上层脏污冲洗干净就已将部分绝缘表面渗湿 (4)避雷器及密封不良的设备,不宜进行水冲洗 (5)有零值及低值的绝缘子及其瓷质裂纹时,一般不可冲洗	(六)学习载体 水冲洗车

一、带电水冲洗概述

由于大气污染会附着在绝缘瓷瓶的磁柱上,下雨天容易发生污染,严重时导致绝缘击穿引起短路或者接地事故,所以需要定期对变电站设备绝缘部分进行清洗,以防止设备的污染,避免设备绝缘降低,从而导致击穿。

通常,电器设备大多长时间工作于强电负荷,环境造成的综合污染物,氧化和腐蚀作用造成电器设备触头接触电阻明显增大,触头动作时拉弧严重,导致高温烧蚀、损坏电器,甚至酿成事故。处于强电磁场状态下的电力设备由于常年露天工作,对环境中的综合污染物具有较强吸附力,日积月累形成垢层,是"污闪"和"雾闪"的最大隐患。在我国,每年因此造成直接和间接的巨大经济损失。

因此,运用清洗维护技术,其目的是及时清除各类电气设备上的各种污染物,如灰尘、油污、湿气、盐分等,减少事故发生。

重点清洗设备清洗变电站内线路的绝缘子、刀闸的支柱瓷瓶、开关变压器的套管。所有导电部分金属,如线路、变压器本体、刀闸刀口处都不能清洗,还要防止清洗的水进去端子箱,避免二次接线进水。图8-8所示为变电站水冲洗现场。

水冲洗可以实现如下功能。

(1)预防和消除电力设备的污闪和雾闪,减少和避免因此而造成停电带来的巨额经济损失。

(2)有助于提高设备的电气绝缘值,减缓二次污染;恢复电路板及元器件的正常表面阻抗,形成特殊保护作用,使设备工作在最佳状态。

(3)降低电器设备触头接触电阻,降低电器设备的功耗,提高设备的工作效率。

(4)恢复电子设备的正常散热能力,降低电器设备的功耗,提高设备的工作效率。

(5)大大降低因停电维护设备而带来的经济损失。

二、水冲洗的操作

1. 基本安全措施

任何人进入带电清洗维护现场,应穿着符合规定的工作服,并服从和执行用户方的相关安全规定(如戴有面罩的安全帽等)。使用带有绝缘柄的清洗工器具,其外裸的导电部位应采取绝缘措施,防止操作时造成意外短路。工作时应穿绝缘鞋和全棉长袖工作服,并戴手套,站在绝缘地垫或干燥的绝缘物上进行,图8-9所示为穿戴绝缘防护的手持水枪操作人员。

图8-8 变电站水冲洗现场　　　　图8-9 穿戴绝缘防护的手持水枪操作人员

2. 水阻率与水柱的选择

污秽强度称盐密度,即受外部环境污染而附着在电气设备绝缘表面每单位面积上的烟灰、水泥尘埃及化工物资等污物的质量数,用以衡量绝缘的脏污程度,其单位为 mg/cm^2。

带电冲洗的水和普通水是有绝缘区别的。常见的水里都有杂质,自来水、饮用水里也含有各种矿物质离子,所以能导电。但是带电冲洗的水是经过工业过滤的,电阻率相当高,相当于绝缘介质,这也是带电冲洗安全准则。带电冲洗的水是经过工业过滤的,禁止食用。

带电水冲洗作业前,应掌握绝缘子的脏污情况,当盐密度大于表8-5所示的临界盐密度规定时,一般不宜进行水冲洗,否则应增大水阻率。对于避雷器及密封不良的设备,不宜进行水冲洗。

表8-5　水阻率和爬电比距

项目	变电所支柱绝缘子爬电比距(mm/kV)							
	14.8~16(普通型)				20~31(防污型)			
水电阻率 (Ω·cm)	1 500	3 000	10 000	50 000 及以上	1 500	3 000	10 000	50 000 及以上
临界盐密度 (mg/cm²)	0.02	0.04	0.08	0.12	0.08	0.12	0.16	0.2

带电水冲洗用水的电阻率一般不低于1 500 Ω·cm,冲洗220 kV变电设备时,水电阻率不应低于3 000 Ω·cm,并应符合表8-5的要求。每次冲洗前都应用合格的水阻表测量水电阻率,应在水柱出口处取水样进行测量。如用水车等容器盛水,每车水都应测量水的电阻率。水电阻率的高低对保证作业人员的人身安全及设备安全都有很大关系。这种影响主要表现在对水电阻率与水柱的绝缘程度上,不同高度的水柱和不同水电阻率对应不同的工频放电电压,水电阻率与其工频放电电压的关系如图8-10所示。

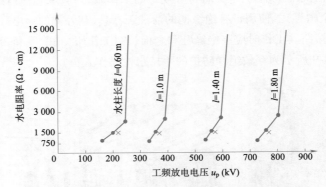

图8-10　水电阻率与其工频放电电压的关系

带电水冲洗工具以水柱作为主要绝缘,而引水管和绝缘操作杆作为辅助绝缘。水柱是承受电压的关键,但水柱的绝缘主要取决于水柱长度,同时,水枪喷嘴直径对绝缘也有较大影响。

以水柱为主绝缘的大、中、小型水冲洗工具(喷嘴直径为3 mm及以下者称小水冲;直径为4~8 mm者称中水冲;直径为9 mm及以上者称大水冲),其水枪喷嘴与带电体之间的水柱长度不得小于表8-6中的规定,大、中型水冲水枪喷嘴均应可靠接地。表8-6所示为水枪喷嘴与带电体之间距离。

表8-6　水枪喷嘴与带电体之间距离

电压等级(kV)	喷嘴直径(mm)			
	3 及以下	4~8	9~12	13~18
63(66)及以下	0.8	2	4	6
110	1.2	3	5	7
220	1.8	4	6	8

3. 水冲洗注意事项

带电水冲洗前要确知设备的绝缘是否良好,有零值及低值的绝缘子及其瓷质裂纹时,一般不可冲洗,冲洗将引起绝缘子表面绝缘状态和沿面闪络电位梯度的改变。由于低、零值绝缘子及瓷质有裂纹的绝缘子的绝缘性已经降低,且结构已出现变化,当水污浸湿时,强电场作用下瓷质裂纹处绝缘变化将更加显著。因此在冲洗前应进行检测,确知设备绝缘状态是否良好。当发现绝缘子的绝缘性能降低时,应先更换后再考虑其他工作。如无可确信的技术鉴定手段,则不应对破损和低值绝缘子进行带电水冲洗。

冲洗绝缘子时应注意风向,必须先冲下风侧,后冲上风侧,对于上、下层布置的绝缘子应先冲下层,后冲上层,还要注意冲洗角度,严防临近绝缘子在溅射的水雾中发生闪络。不同的冲洗顺序将出现不同的绝缘表面状态,对闪络电压发生影响。一种是按顺序从下向上或从导线侧向外递层洗净,冲洗溅湿面最小,不使其他脏污层被淋湿。另一种是从上向下冲洗,不等上层脏物冲洗干净就已将部分绝缘表面渗湿。按顺序冲洗现场如图 8-11 所示。

图 8-11　按顺序冲洗现场

带电水冲洗一般应在良好天气进行,风力大于 4 级,气温低于 0 ℃,雨天、雪天、沙尘暴、雾天及雷雨天气都不宜进行,所以作业时带电冲洗的水不存在被污染情况。

人身与带电体之间的安全距离不得小于表 8-7 中的规定。

表 8-7　电压等级与人体安全距离

电压等级(kV)	10	35	63(66)	110	220	330	500
安全距离(m)	0.4	0.6	0.7	1.0	1.8(1.6)	2.2	3.4(3.2)

上述"安全距离"包含清洗作业人员所持金属器具(如喷枪等)、金属工具延伸至被清洗带电设备的最短距离,所以水冲洗时,监护人员和操作人员须注意站位,如图 8-12 所示。

4. 水冲洗车

由于电气化铁路接触网绝缘子常年裸露在外,悬浮在空气中的污秽颗粒、尘埃、烟气等外界物质会被它吸附为积污,污秽在长年累月中与绝缘子表面紧密结合,即使遇到大自然的风雨仍无法洁净。在潮湿天气下,部分盐类溶解转化为导电性强的水膜溶液。绝缘子表面的积污在恶劣天气下,污层持续受潮,泄漏电流不断增大,会引起绝缘子在正常工作电压下发生污秽闪络,造成大面积和长时间的停电故障,对铁路运输安全造成严重影响。

目前,国内电气化铁路供电段主要利用接触网停电进行人工擦洗的方式清洁绝缘子,存在劳动强度大、工作效率低和安全性差等缺点,人员手工水冲洗也存在工作量大,安全危险性高等特点,因此铁路供电部门为了清除接触网绝缘子表面积污,采用接触网绝缘子水冲洗车,可对电气化铁路接触网绝缘子上的污秽物进行有效的处理,图 8-13 所示为接触网水冲洗机车现场作业,图 8-14 所示为接触网水冲洗机车现场作业。

图 8-12　冲洗现场人员站位　　　　　　　　图 8-13　接触网水冲洗机车

南方电网中已在现场中应用机器人智能带电水冲洗作业车,图 8-15 为机器人智能带电水冲洗作业车。

图 8-14　接触网水冲洗机车现场作业　　　　图 8-15　机器人智能带电水冲洗作业车

课外作业

1. 带电水冲洗变电站可以完成哪些设备作业?有哪些设备是不能进行带电水冲洗的?

2. 带电水冲洗所用的水,其电阻率有什么要求?能否使用自来水或纯净水?

3. 带电水冲洗作业时对天气有什么要求?有哪些注意事项?

附录一 高压电气设备试验规程及设备选型

预防性试验规程是电力系统绝缘监督工作的主要依据。详细可以参考国家能源局颁发的《试验规程》(DL/T 596—2021)及中华人民共和国电力行业相关标准。下面结合本书设备顺序介绍高压电气设备试验规程及试验仪器选型,以供设备试验及试验设备选型时参考之用。

以电力设备检修规模和停用时间为原则,分为 A、B、C、D 四个等级。其中 A、B、C 级是停电检修,D 级主要是不停电检修。

A 级检修(A Class Maintenance)指电力设备整体性的解体检查、修理、更换及相关试验。A 级检修时进行的相关试验,也包含所有 B 级停电试验项目。

B 级检修(B Class Maintenance)指电力设备局部性的检修,主要组件、部件的解体检查、修理、更换及相关试验。B 级检修时进行的相关试验,也包括所有例行停电试验项目。

C 级检修(C Class Maintenance)指电力设备常规性的检查、试验、维修,包括少量零件更换、消缺、调整和停电试验等。c 级检修时进行的相关试验即例行停电试验。

D 级检修(D Class Maintenance)指电力设备外观检查、简单消缺和带电检测。

一、电力变压器

1. 红外测温(试验仪器:红外热成像仪)

周　　期	判　　据	方法及说明
(1)≥330 kV:1 个月 (2)220 kV:3 个月 (3)≤110 kV:6 个月 (4)必要时	各部位无异常温升现象,检测和分析方法参考 DL/T 664	(1)红外测温采用红外热成像仪测试 (2)测试应尽量在负荷高峰、夜晚进行 (3)测量套管及接头等部位

2. 绕组直流电阻(试验仪器:直流电阻测试仪)

周　　期	判　　据	方法及说明
(1)A、B 级检修后 (2)≥330 kV:≤3 年 (3)≤220 kV:≤ 6 年 (4)必要时	(1)1 600 kV·A 以上变压器,各相绕组电阻相互间的差别不应大于三相平均值的 2%,无中性点引出的绕组,线间差别不应大于三相平均值的 1% (2)1 600 kV·A 及以下的变压器,相间差别不应大于三相平均值的 4%,线间差别不应大于三相平均值的 2% (3)与以前相同部位测得值比较,其变化不应大于 2%	(1)如电阻相间差在出厂时超过规定,制造厂已说明了这种偏差的原因,按要求中 3)执行 (2)有载分接开关宜在所有分接处测量,无载分接开关在运行分接锁定后测量; (3)不同温度下电阻值按下式换算: $R_2 = R_1 (T + t_2)/(T + t_1)$,式中 R_1、R_2 分别为在温度 t_1、t_2 下的电阻值;T 为电阻温度常数,铜导线取 235,铝导线取 225 (4)封闭式电缆出线或 GIS 出线的变压器,电缆、GIS 侧绕组可不进行定期试验

3. 绕组连同套管绝缘电阻、吸收比或极化指数(试验仪器:兆欧表)

周　期	判　据	方法及说明
(1)A、B 级检修后 (2)≥330 kV:≤ 3 年 (3)≤220 kV:≤ 6 年 (4)必要时	(1)绝缘电阻换算至同一温度下,与前一次测试结果相比应无显著变化,不宜低于上次值的70%或不低于10 000 MΩ (2)电压等级为 35 kV 及以上且容量在 4 000 kV·A 及以上时,应测量吸收比。吸收比与产品出厂值比较无明显差别,在常温下不应小于1.3;当 R_{60} 大于 3 000 MΩ(20 ℃)时,吸收比可不作要求 (3)电压等级为 220 kV 及以上或容量为 120 MV·A 及以上时,宜用 5 000 V 兆欧表测量极化指数。测得值与产品出厂值比较无明显差别,在常温下不应小于 1.5;当 R_{60} 大于 10 000 MΩ(20 ℃)时,极化指数可不作要求	(1)使用 2 500 V 或 5 000 V 兆欧表,对 220 kV 及以上变压器,兆欧表容量一般要求输出电流不小于 3 mA (2)测量前被试绕组应充分放电 (3)测量温度以顶层油温为准,各次测量时的温度应尽量接近 (4)尽量在油温低于 50 ℃时测量,不同温度下的绝缘电阻值按下式换算: 换算系数 $A = 1.5^{K/10}$ 当实测温度为 20 ℃以上时,可按 $R_{20} = AR_t$ 当实测温度为 20 ℃以下时,可按 $R_{20} = R_t/A$ 式中 K 为实测值减去 20 ℃的绝对值,R_{20}、R_t 分别为校正到 20 ℃时、测量温度下的绝缘电阻值 (5)吸收比和极化指数不进行温度换算 (6)封闭式电缆出线或 GIS 出线的变压器,电缆、GIS 侧绕组可在中性点测量

4. 绕组连同套管的介质损耗因数及电容量(试验仪器:抗干扰介质损耗因数测量仪)

周　期	判　据	方法及说明
(1)A、B 级检修后 (2)≥330kV:≤ 3 年 (3)≤220kV:≤ 6 年 (4)必要时	(1)20 ℃时不大于下列数值 750 kV,0.5% 330 kV ~ 500 kV,0.6% 110 kV ~ 220 kV,0.8% 35 kV,1.5% (2)介质损耗因数值与出厂试验值或历年的数值比较不应有显著变化(增量不应大于30%) (3)电容量与出厂试验值或历年的数值比较不应有显著变化,变化量≤3% (4)试验电压: 绕组电压 10 kV 及以上:10 kV 绕组电压 10 kV 以下:U_n	(1)非被试绕组应短路接地或屏蔽 (2)同一变压器各绕组介质损耗因数的要求值相同 (3)测量宜在顶层油温低于 50 ℃且高于零度时进行,测量时记录顶层油温和空气相对湿度,分析时应注意温度对介质损耗因数的影响 (4)封闭式电缆出线或 GIS 出线的变压器,电缆、GIS 侧绕组可在中性点加压测量

5. 铁芯及夹件绝缘电阻(试验仪器:兆欧表)

周　期	判　据	方法及说明
(1)A、B 级检修后 (2)≥330 kV:≤ 3 年 (3)≤220 kV:≤ 6 年 (4)必要时	(1)66 kV 及以上:不宜低于 100 MΩ;35 kV 及以下:不宜低于 10 MΩ (2)与以前测试结果相比无显著差别 (3)运行中铁心接地电流不宜大于 0.1 A (4)运行中夹件接地电流不宜大于 0.3A	(1)采用 2 500 V 兆欧表 (2)只对有外引接地线的铁心、夹件进行测量

6. 绕组连同套管的外施耐压试验(试验仪器:高压交流发生装置)

周　　期	判　　据	方法及说明
(1)A级检修后 (2)必要时(怀疑有绝缘故障时)	全部更换绕组时,按出厂试验电压值;部分更换绕组时,按出厂试验电压值的0.8倍	(1)110 kV及以上进行感应耐压试验 (2)10 kV变压器高压绕组按35 kV×0.8 = 28 kV进行 (3)额定电压低于1 000 V的绕组可用2 500 V兆欧表测量绝缘电阻代替

7. 绕组所有分接的电压比(试验仪器:全自动变比组别测试仪)

周　　期	判　　据
(1)A级检修后 (2)分接开关引线拆装后 (3)必要时	(1)各相应接头的电压比与铭牌值相比,不应有显著差别,且符合规律 (2)电压35 kV以下,电压比小于3的变压器电压比允许偏差为±1%;其他所有变压器:额定分接电压比允许偏差为±0.5%,其他分接的电压比应在变压器阻抗电压值(%)的1/10以内,但不得超过±1%

8. 空载损耗和负载损耗(试验仪器:变压器综合特性测试仪)

周　　期	判　　据	方法及说明
(1)A级检修后 (2)更换绕组后 (3)必要时	与前次试验值相比,无明显变化	试验电源可用三相或单相;空载电流和空载损耗测量时,试验电压可用额定电压或较低电压值;短路阻抗和负载损耗测量时,试验电流可用额定值或较低电流值

9. 测温装置校验及其二次回路检查(试验仪器:兆欧表)

周　　期	判　　据	方法及说明
(1)A、B级检修后 (2)≥330 kV:≤3年 (3)≤220 kV:≤ 6年 (4)必要时	(1)按制造厂的技术要求 (2)密封良好,指示正确,测温电阻值应和出厂值相符 (3)绝缘电阻不宜低于1 MΩ	测量绝缘电阻,油浸式变压器采用1 000 V兆欧表,SF$_6$气体绝缘变压器采用2 500 V兆欧表

10. 校核三相变压器的组别或单相变压器极性(试验仪器:全自动变比组别测试仪)

周　　期	判　　据
(1)更换绕组后 (2)必要时	必须与变压器铭牌和顶盖上的端子标志相一致

11. SF$_6$气体绝缘变压器压力继电器(试验仪器:兆欧表)

周　　期	判　　据	方法及说明
(1)A级检修后 (2)≥330 kV:≤3年 (3)≤220 kV:≤ 6年 (4)必要时	(1)按制造厂的技术要求 (2)整定值符合运行规程要求,动作正确 (3)绝缘电阻不宜低于 MΩ	SF$_6$气体绝缘变压器采用1 000 V兆欧表

二、电流互感器

1. 红外测温（试验仪器：红外热成像仪）

周　期	判　据	方法及说明
（1）≥330 kV：1 个月 （2）220 kV：3 个月 （3）≤110 kV：6 个月 （4）必要时	各部位无异常温升现象，检测和分析方法参考 DL/T 664	（1）红外测温采用红外热成像仪测试 （2）测试应尽量在负荷高峰、夜晚进行 （3）测量套管及接头等部位

2. 绕组及末屏的绝缘电阻（试验仪器：兆欧表）

周　期	判　据	方法及说明
（1）A、B 级检修后 （2）≥330kV：≤3 年 （3）≤220kV：≤ 6 年 （4）必要时	（1）一次绕组对地：≥10 000 MΩ 　　一次绕组段间：≥10 MΩ （2）二次绕组间及对地≥1 000 MΩ （3）末屏对地：≥1 000 MΩ	采用 2 500 kV 兆欧表

3. tan δ 及电容量（试验仪器：抗干扰介质损耗因数测量仪）

周　期	判　据	方法及说明
（1）A 级检修后 （2）≥330 kV：≤3 年 （3）≤220 kV：≤ 6 年 （4）必要时	（1）主绝缘介质损耗因数（%）不应大于 0.008，且与历年数据比较，不应有显著变化 （2）电容型电流互感器主绝缘电容量与初始测量值或出厂测试值相比较不应大于 5% （3）末屏对地绝缘电阻小于 1 000 MΩ 时，末屏对地介质损耗因数不应大于 0.02	（1）主绝缘介质损耗因数试验电压为 10 kV，有疑问时试验电压提高至额定工作电压；末屏对地介质损耗因数试验（仅限于正立式结构）电压为 2 kV （2）主绝缘介质损耗因数一般不进行温度换算；当介质损耗因数值与出厂试验值或上一次试验值比较有明显增长时，应综合分析介质损耗因数与温度、电压的关系；当介质损耗因数随温度明显变化或试验电压由 $0.5U_m/\sqrt{3}$ 升至 $U_m/\sqrt{3}$ 时，介质损耗因数绝对增加量超过 0.001 5，不宜继续运行

4. 一次绕组直流电阻测量（试验仪器：直流电阻测量仪）

周　期	判　据
（1）A 级检修后 （2）必要时	与初始值或出厂值比较，应无明显差别

5. 交流耐压试验（试验仪器：高压交流发生装置）

周　期	判　据	方法及说明
（1）A 级检修后 （2）必要时	（1）一次绕组按出厂试验值的 80% 进行 （2）二次绕组之间及对地（箱体），末屏对地（箱体）为 2 kV	二次绕组及末屏交流耐压试验，可用 2 500 V 兆欧表绝缘电阻测量项目代替

三、电压互感器

1. 红外测温(试验仪器:红外热成像仪)

周 期	判 据	方法及说明
(1)≥330 kV:1 个月 (2)220 kV:3 个月 (3)≤110 kV:6 个月 (4)必要时	各部位无异常温升现象,检测和分析方法参考 DL/T 664	(1)红外测温采用红外热成像仪测试 (2)测试应尽量在负荷高峰、夜晚进行

2. 绝缘电阻(试验仪器:兆欧表)

周 期	判 据	方法及说明
(1)A、B 级检修后 (2)≥330 kV:≤3 年 (3)≤220 kV:≤6 年 (4)必要时	(1)一次绕组对二次及地:≥1 000 MΩ (2)二次绕组间及对地:≥1 000 MΩ	采用 2 500 V 兆欧表

3. 介质损耗因数(35kV 及以上)(试验仪器:抗干扰介质损耗因数测量仪)

周 期	判 据	方法及说明
(1)A 级检修后 (2)≥330 kV:≤3 年 (3)≤220 kV:≤6 年 (4)必要时	(1)A 级检修后: 　　5 ℃:≤0.010 　10 ℃:≤0.015 　20 ℃:≤0.020 　30 ℃:≤0.035 　40 ℃:≤0.050 (2)运行中: 　　5 ℃:≤0.015 　10 ℃:≤0.020 　20 ℃:≤0.025 　30 ℃:≤0.040 　40 ℃:≤0.055 (3)与历次试验结果相比无明显变化 (4)支架绝缘介质损耗因数不宜大于 5%	(1)串级式电压互感器的介质损耗因数试验方法建议采用末端屏蔽法,其它试验方法与要求自行规定 (2)前后对比宜采用同一试验方法

4. 电压比(试验仪器:全自动变比组别测试仪)

周 期	判 据	方法及说明
必要时	与铭牌标志相符	更换绕组后应测量比值差和相位差

5. 交流耐压试验(试验仪器:高压交流发生装置)

周 期	判 据	方法及说明
(1)A 级检修后 (2)必要时	(1)一次绕组按出厂试验值的 80%进行 (2)二次绕组之间及对地(箱体),末屏对地(箱体)为 2 kV	二次绕组及末屏交流耐压试验,可用 2 500 V 兆欧表绝缘电阻测量项目代替

6. 联结组别和极性(试验仪器:全自动变比组别测试仪)

周 期	判 据
必要时	与铭牌和端子标志相符

四、油断路器

1. 绝缘电阻（试验仪器：兆欧表）

周　期	判　据	方法及说明
（1）A、B 级检修后 （2）≤6 年 （3）必要时	（1）整体绝缘电阻自行规定 （2）断口和有机物制成的拉杆的绝缘电阻不应低于下表数值：MΩ	使用 2 500 V 兆欧表

表（含于判据栏内）：

试验类别	额定电压（kV）			
	< 24	24 ~ 40.5	72.5 ~252	363
A、B 级检修后	1 000	2 500	5 000	10 000
运行中	300	1 000	3 000	5 000

2. 40.5 kV 及以上非纯瓷套管和多油断路器的介质损耗因数（试验仪器：抗干扰介质损耗因数测量仪）

周　期	判　据	方法及说明
（1）A 级检修后 （2）≤6 年 （3）必要时	（1）20 ℃ 时多油断路器的非纯瓷套管的介质损耗因数参见《试验规程》（DL/T 596）第 11 章套管 （2）20 ℃ 时非纯瓷套管断路器的介质损耗因数，可比套管内容中相应的 $\tan\delta$ 值增加下列数值：	（1）在分闸状态下按每支套管进行测量。测量的介质损耗因数超过规定值或有显著增大时，必须落下油箱进行分解试验。对不能落下油箱的断路器，则应将油放出，使套管下部及灭弧室露出油面，然后进行分解试验 （2）断路器 A 级检修而套管不 A 级检修时，应按套管运行中规定的相应数值增加 （3）带并联电阻断路器的整体介质损耗因数（%）可相应增加 1 （4）40.5 kV DW1/35DW1/35D 型断路器介质损耗因数（%）增加数为 3

表（含于判据栏内）：

额定电压（kV）	≥126	< 126
介质损耗因数值的增加数	0.01	0.02

3. 126 kV 及以上油断路器拉杆的交流耐压试验（试验仪器：高压交流发生装置）

周　期	判　据	方法及说明
（1）A 级检修后 （2）必要时	试验电压出厂试验值的80%	（1）耐压设备不能满足要求时可分段进行，分段数不应超过 6 段（252 kV），或 3 段（126 kV），加压时间为 5 min （2）每段试验电压可取整段试验电压值除以分段数所得值的 1.2 倍或自行规定

4. 交流耐压试验（试验仪器：高压交流发生装置）

周　期	判　据	方法及说明
（1）A 级检修后 （2）必要时	断路器在分、合闸状态下分别进行，试验电压值如下： （1）12 kV ~ 40.5 kV 断路器对地及相间按 DL/T 593 规定值 （2）72.5 kV 及以上者按 DL/T 593 规定值的 80%	对于三相共箱式的油断路器应作相间耐压，其试验电压值与对地耐压值相同

5. 导电回路电阻(试验仪器:高精度回路电阻测试仪)

周　　期	判　　据	方法及说明
(1)A 级检修后 (2)必要时	(1)A 级检修后应符合产品技术文件要求 (2)运行中自行规定	用直流压降法测量,电流不小于 100 A

6. 断路器的合闸时间和分闸时间(试验仪器:高压开关机械特性测试仪)

周　　期	判　　据	方法及说明
(1)A 级检修后 (2)必要时	符合产品技术文件要求	在额定操作电压(气压、液压)下进行

7. 断路器触头分、合闸的同期性(试验仪器:高压开关机械特性测试仪)

周　　期	判　　据
(1)A 级检修后 (2)必要时	应符合产品技术文件要求

8. 40.5 kV 及以上少油断路器的泄漏电流(试验仪器:直流高压发生器)

周　　期	判　　据				方法及说明
(1)A 级检修后 (2)≤6 年 (3)必要时	(1)每一元件的试验电压如下:				252 kV 及以上少油断路器拉杆(包括支持瓷套)的泄漏电流大于 5 μA 时,应引起注意
	额定电压 kV	40.5	72.5 ~ 252	≥363	
	直流试验电压 kV	20	40	60	
	(2)泄漏电流一般不大于 10 μA				

五、真空断路器

1. 红外测温(试验仪器:红外热成像仪)

周　　期	判　　据	方法及说明
(1)≤1 年 (2)必要时	红外热像图显示无异常温升、温差和相对温差,符合 DL/T 664 要求	(1)红外测温采用红外成像仪测试 (2)测试应尽量在负荷高峰、夜晚进行 (3)在大负荷和重大节日增加检测

2. 绝缘电阻(试验仪器:兆欧表)

周　　期	判　　据			
(1)A、B 级检修后 (2)必要时	(1)整体绝缘电阻参照产品技术文件要求或自行规定 (2)断口和用有机物制成的拉杆的绝缘电阻不应低于下表中的数值:MΩ			
	试验类别	额定电压(kV)		
		<24	24 ~ 40.5	≥72.5
	A 级检修后	1 000	2 500	5 000
	运行中	300	1 000	3 000

3. 耐压试验（断路器主回路对地、相间及断口）（试验仪器：高压交流发生装置）

周　期	判　据	方法及说明
(1) A 级检修后 (2) ≤6 年 (3) 必要时	断路器在分、合闸状态下分别进行，试验电压值按 DL/T 593 规定值	

4. 导电回路电阻（试验仪器：高精度回路电阻测试仪）

周　期	判　据	方法及说明
(1) A 级检修后 (2) 必要时	不大于 1.1 倍出厂试验值，且应符合产品技术文件规定值，同时应进行相间比较不应有明显的差别	用直流压降法测量，电流不小于 100 A

5. 操动机构分、合闸电磁铁的动作电压（试验仪器：高压开关机械性能测试仪）

周　期	判　据	方法及说明
(1) A 级检修后 (2) 必要时	(1) 并联合闸脱扣器在合闸装置额定电源电压的 85% 到 110% 之间、交流时在合闸装置的额定电源频率下应该正确地动作。当电源电压等于或小于额定电源电压的 30% 时，并联合闸脱扣器不应脱扣 (2) 并联分闸脱扣器在分闸装置的额定电源电压的 65% ~ 110%（直流）或 85% ~ 110%（交流）范围内、交流时在分闸装置的额定电源频率下，在开关装置所有的直到它的额定短路开断电流的操作条件下，均应可靠动作。当电源电压等于或小于额定电源电压的 30% 时，并联分闸脱扣器不应脱扣	

六、SF₆断路器

1. 红外测温（试验仪器：红外热成像仪）

周　期	判　据	方法及说明
(1) ≥330 kV：1 个月 (2) 220 kV：3 个月 (3) ≤110 kV：6 个月 (4) 必要时	各部位无异常温升现象，检测和分析方法参考 DL/T 664	(1) 红外测温采用红外热成像仪测试 (2) 测试应尽量在负荷高峰、夜晚进行 (3) 在大负荷增加检测

2. 机械特性（试验仪器：高压开关特性测试仪）

周　期	判　据
(1) A 级检修后 (2) ≥330 kV：≤3 年 (3) ≤220 kV：≤6 年 (4) 必要时	(1) 分合闸时间、分合闸速度、三相不同期性、行程曲线等机械特性应符合产品技术文件要求，除制造厂另有规定外，断路器的分、合闸同期性应满足下列要求： ——相间合闸不同期不大于 5 ms ——相间分闸不同期不大于 3 ms ——同相各断口间合闸不同期不大于 3 ms ——同相各断口间分闸不同期不大于 2 ms (2) 测量主触头动作与辅助开关切换时间的配合情况

3. 交流耐压试验(试验仪器:高压交流发生装置)

周　　期	判　　据	方法及说明
(1)A级检修后 (2)必要时	(1)交流耐压时,耐压的试验电压不低于出厂试验电压值的80% (2)有条件时进行雷电冲击耐压,试验电压不低于出厂试验电压值的80%	(1)试验在 SF$_6$ 气体额定压力下进行 (2)罐式断路器的耐压试验方式:合闸对地;分闸状态两端轮流加压,另一端接地 (3)对瓷柱式定开距型断路器应做断口间耐压

4. 导电回路电阻(试验仪器:高精度回路电阻测试仪)

周　　期	判　　据	方法及说明
(1)A级检修后 (2)≥330 kV:≤3 年 (3)≤220 kV:≤6 年 (4)必要时	回路电阻不得超过出厂试验值的110%,且不超过产品技术文件规定值,同时应进行相间比较不应有明显的差别	用直流压降法测量,电流不小于100 A

5. 分、合闸线圈直流电阻(试验仪器:直流电阻测试仪)

周　　期	判　　据
(1)A级检修后 (2)≥330kV:≤3 年 (3)≤220kV:≤6 年 (4)必要时	分合闸线圈电阻应在厂家规定范围内

七、隔离开关

1. 红外测温(试验仪器:红外热成像仪)

周　　期	判　　据	方法及说明
(1)≥330 kV:1 个月 (2)220 kV:3 个月 (3)≤110 kV:6 个月 (4)必要时	红外热像图显示无异常温升、温差和相对温差,符合 DL/T 664 要求	(1)红外测温采用红外热成像仪测试 (2)测试应尽量在负荷高峰、夜晚进行 (3)在大负荷增加检测

2. 复合绝缘支持绝缘子及操作绝缘子的绝缘电阻(试验仪器:兆欧表)

周　　期	判　　据			方法及说明
(1)A、B级检修后 (2)≥330 kV:≤3 年 (3)≤220 kV:≤6 年 (4)必要时	(1)用兆欧表测量胶合元件分层电阻 (2)复合绝缘操作绝缘子的绝缘电阻值不得低于下表数值:MΩ			40.5 kV 及以下采用 2 500 V 兆欧表

试验类别	额定电压(kV)	
	<24	24～40.5
A、B级检修后	1 000	2 500
运行中	300	1 000

3. 二次回路的绝缘电阻（试验仪器：兆欧表）

周　期	判　据	方法及说明
(1)A、B 级检修后 (2)≥330 kV：≤3 年 (3)≤220 kV：≤6 年 (4)必要时	绝缘电阻不低于 2 MΩ	采用 1 000 V 兆欧表

4. 交流耐压试验（试验仪器：交流试验变压器）

周　期	判　据	方法及说明
(1)A 级检修后 (2)必要时	(1)试验电压值符合 DL/T 593 规定 (2)用单个或多个元件支柱绝缘子组成的隔离开关进行整体耐压有困难时，可对各胶合元件分别做耐压试验，其试验周期和要求按第 12 章的规定进行 　带灭弧单元的接地开关应对灭弧单元进行交流耐压试验，要求值应符合产品技术文件要求	适用于 72.5 kV 及以上复合绝缘设备

5. 导电回路电阻测量（试验仪器：高精度回路电阻测试仪）

周　期	判　据	方法及说明
(1)A 级检修后 (2)≥330 kV：≤3 年 (3)≤220 kV：≤6 年 (4)必要时	不大于 1.1 倍出厂试验值	必要时： (1)红外热像检测发现异常 (2)上一次测量结果偏大或呈明显增长趋势，且又有 2 年未进行测量 (3)自上次测量之后又进行了 100 次以上分、合闸操作 (4)对核心部件或主体进行解体性检修之后，用直流压降法测量，电流值不小于 100 A

八、金属氧化物避雷器

1. 红外测温（试验仪器：红外热成像仪）

周　期	判　据	方法及说明
(1)≥330 kV：1 个月 (2)220 kV：3 个月 (3)≤110 kV：6 个月 (4)必要时	红外热像图显示无异常温升、温差和相对温差，符合 DL/T 664 要求	(1)检测温升所用的环境温度参照体应尽可能选择与被测设备类似的物体 (2)在安全距离范围外选取合适位置进行拍摄，要求红外热像仪拍摄内容应清晰，易于辨认，必要时，可使用中、长焦距镜头 (3)为了准确测温或方便跟踪，应确定最佳检测位置，并可作上标记，以供今后的复测用，提高互比性和工作效率 (4)将大气温度、相对湿度、测量距离等补偿参数输入，进行必要修正，并选择适当的测温范围

2. 绝缘电阻（试验仪器：兆欧表）

周　　期	判　　据	方法及说明
（1）A、B 级检修后 （2）≥330 kV：≤3 年 （3）≤220kV：≤6 年 （4）必要时	自行规定	采用 2 500 V 及以上兆欧表

3. 直流参考电压（$U_{1\,mA}$）**及 0.75 倍 $U_{1\,mA}$ 下的泄漏电流**（试验仪器：直流高压发生器或氧化锌避雷器特性测试仪）

周　　期	判　　据	方法及说明
（1）A 级检修后 （2）≥330 kV：≤3 年 （3）≤220 kV：≤6 年 （4）必要时	（1）不得低于 GB 11032 规定值 （2）将直流参考电压实测值与初值或产品技术文件要求值比较，变化不应大于 ±5% （3）0.75 倍 $U_{1\,mA}$ 下的泄漏电流初值差 ≤30% 或 ≤50 μA（注意值）	（1）应记录试验时的环境温度和相对湿度 （2）应使用屏蔽线作为测量电流的导线

4. 运行电压下的阻性电流测量（试验仪器：抗干扰氧化锌避雷器测试仪）

周　　期	判　　据	方法及说明
（1）≥330 kV：6 个月（雷雨季节） （2）≤110 kV：1 年 （3）必要时	初值差不明显。当阻性电流增加 50% 时，应适当缩短监测周期，当阻性电流增加 1 倍时，应停电检查	（1）宜采用带电测量方法，注意瓷套表面状态、相间干扰的影响 （2）应记录测量时的环境温度、相对湿度和运行电压

5. 底座绝缘电阻（试验仪器：兆欧表）

周　　期	判　　据	方法及说明
（1）A、B 级检修后 （2）≥330 kV：≤3 年 （3）≤220 kV：≤6 年 （4）必要时	自行规定	采用 2 500 V 及以上兆欧表

6. 测试避雷器放电计数器动作情况（试验仪器：避雷器放电计数器校验仪）

周　　期	判　　据	方法及说明
（1）A 级检修后 （2）每年雷雨季节前检查 1 次 （3）必要时	测试 3～5 次，均应正常动作，测试后记录放电计数器的指示数	

九、油浸式电抗器

1. 红外测温(试验仪器:红外热成像仪)

周　期	判　据	方法及说明
(1)A、B 级检修后 (2)≥330 kV:≤3 年 (3)≤220 kV:≤6 年 (4)必要时	各部位无异常温升现象,检测和分析方法参考 DL/T 664	

2. 绕组绝缘电阻、吸收比或(和)极化指数(试验仪器:兆欧表)

周　期	判　据	方法及说明
(1)A 级检修后 (2)≥330 kV:≤3 年 (3)≤ 220 kV:≤6 年 (4)必要时	(1)绝缘电阻换算至同一温度下,与前一次测试结果相比应无明显变化 (2)吸收比(10 ℃～30 ℃范围)不低于1.3 或极化指数不低于 1.5 或绝缘电阻 ≥10 000 MΩ	(1)采用 2 500 V 或 5 000 V 兆欧表 (2)测量前被试绕组应充分放电 (3)测量温度以顶层油温为准,尽量使每次测量温度相近 (4)尽量在油温低于 50 ℃时测量,不同温度下的绝缘电阻值按下式换算: 换算系数 $A = 1.5^{K/10}$ 当实测温度为20 ℃以上时,可按 $R_{20} = AR_t$ 当实测温度为20 ℃以下时,可按 $R_{20} = R_t/A$ 式中 K 为实测值减去 20 ℃的绝对值,R_{20}、R_t 分别为校正到20 ℃时、测量温度下的绝缘电阻值 (5)吸收比和极化指数不进行温度换算

3. 匝间绝缘耐压试验(试验仪器:高压交流发生装置)

周　期	判　据	方法及说明
(1)A 级检修后 (2)≥330 kV:≤3 年 (3)≤220 kV:≤6 年 (4)必要时	(1)相间差别不宜大于三相平均值的2%,无中性点引出的绕组,线间差别不应大于三相平均值的1% (2)与初值比较,其变化不应大于2%	(1)如电阻相间差在出厂时超过规定,制造厂应说明这种偏差的原因 (2)不同温度下的电阻值按下式换算: $R_2 = R_1(T + t_2)/(T + t_1)$,式中 R_1、R_2 分别为在温度 t_1、t_2 下的电阻值;T 为电阻温度常数,铜导线取 235,铝导线取 225 (3)封闭式电缆出线或 GIS 出线的电抗器,电缆、GIS 侧绕组可不进行定期试验

4. 绕组绝缘介质损耗因数(试验仪器:抗干扰介质损耗因数测量仪)

周　期	判　据	方法及说明
(1)A 级检修后 (2)≥330 kV:≤3 年 (3)≤220 kV:≤6 年 (4)必要时	(1)20 ℃时不大于下列数值 　　750 kV:≤0.5% 　　330 kV～500 kV:≤0.6% 　　110 kV～22 kV:≤0.8% 　　35 kV:≤1.5% (2)试验电压: 　　绕组电压 10 kV 及以上:10kV 　　绕组电压 10 kV 以下:U_n	(1)测量方法可参考 DL/T 474.3 (2)测量宜在顶层油温低于 50 ℃且高于零度时进行,测量时记录顶层油温和空气相对湿度,分析时应注意温度对介质损耗因数的影响 (3)测量绕组绝缘介质损耗因数时,应同时测量电容值,若此电容值发生明显变化,应予以注意

5. 匝间绝缘耐压试验(试验仪器:高压交流发生装置)

周　　期	判　　据
必要时(存在匝间短路)	对于干式电抗器,全电压和标定电压振荡周期变化率不超过 5%。全电压不超过出厂值 80%

十、电容器

1. 红外测温(试验仪器:红外热成像仪)

周　　期	判　　据	方法及说明
(1)6 个月 (2)必要时	检测电容器引线套管连线接头处,红外热像图应无明显温升	(1)红外测温采用红外热成像仪测试 (2)检测和分析方法参考 DL/T 664

2. 极对壳绝缘电阻(试验仪器:智能兆欧表)

周　　期	判　　据	方法及说明
(1)A、B 级检修后 (2)≤3 年 (3)必要时	不低于 2 000 MΩ	(1)用 2 500 V 兆欧表 (2)单套管电容器不测

3. 电容值(试验仪器:全自动电容电桥测试仪)

周　　期	判　　据	方法及说明
(1)A 级检修后 (2)≤3 年 (3)必要时	(1)电容值不低于出厂值的 95% (2)电容值偏差不超过额定值的 −5% ~+5% 范围	(1)应逐台电容器进行测量 (2)建议采用不拆电容器连接线的专用电容表

4. 极对壳交流耐压(试验仪器:工频试验变压器)

周　　期	判　　据
必要时	出厂耐压值的 75%,过程无异常

十一、套管

1. 红外测温(试验仪器:红外热成像仪)

周　　期	判　　据	方法及说明
(1)≥330 kV:1 个月 (2)220 kV:3 个月 　　≤6 年 (3)≤110 kV:6 个月 (4)必要时	各部位无异常温升现象,检测和分析方法参考 DL/T 664	

2. 主绝缘及电型套管末屏对地绝缘电阻(试验仪器:兆欧表)

周　期	判　据	方法及说明
(1)A 级检修后 (2)≥330 kV:≤3 年 (3)≤220 kV:≤6 年 (4)必要时	(1)主绝缘的绝缘电阻值不应低于10 000 MΩ (2)末屏对地的绝缘电阻不应低于1 000 MΩ (3)电压测量抽头(如果有)对地绝缘电阻不低于 1 000 MΩ	测量主绝缘的绝缘电阻应采用 5 000 V 或 2 500 V 兆欧表,测量末屏对地绝缘电阻和电压测量抽头对地绝缘电阻应采用 2 500 V 兆欧表

3. 主绝缘及电容型套管对地末屏介质损耗因数与电容量(试验仪器:抗干扰介质损耗因数测量仪)

周　期	判　据	方法及说明
(1)A 级检修后 (2)≥330 kV:≤3 年 (3)≤220 kV:≤6 年 (4)必要时	(1)主绝缘在 10 kV 电压下的介质损耗因数值应不大于下表数值: 见下表 (2)当电容型套管末屏对地绝缘电阻小于 1 000 MΩ 时,应测量末屏对地介质损耗因数,其值不大于2% (3)电容型套管的电容值与出厂值或上一次试验值的差别超出 ±5% 时,应查明原因	(1)油纸电容型套管的介质损耗因数一般不进行温度换算,当介质损耗因数与出厂值或上一次测试值比较有明显增长或接近左表数值时,应综合分析介质损耗因数与温度、电压的关系。当介质损耗因数随温度增加明显增大或试验电压由 10 kV 升到 $U_m/\sqrt{3}$ 时,介质损耗因数增量超过 ±0.3%,不应继续运行 (2)20 kV 以下纯瓷套管及与变压器油连通的油压式套管不测介质损耗因数 (3)测量变压器套管介质损耗因数时,与被试套管相连的所有绕组端子连在一起加压,其余绕组端子均接地,末屏接电桥,正接线测量

	电压等级(kV)	20～35	66～110	220～500	750
A 级检修后	充油型	0.030	0.015	—	—
	油纸电容型	0.010	0.010	0.008	0.008
	充胶型	0.030	0.020	—	—
	胶纸电容型	0.020	0.015	0.010	0.010
	胶纸型	0.025	0.020	—	—
	气体绝缘电容型	—	—	—	0.010
运行中	充油型	0.035	0.015	—	—
	油纸电容型	0.010	0.010	0.008	—
	充胶型	0.035	0.020	—	—
	胶纸电容型	0.030	0.015	0.010	0.010
	胶纸型	0.035	0.020	—	—
	气体绝缘电容型	—	—	—	0.010

4. 交流耐压试验(试验仪器:高压交流发生装置)

周　期	判　据	方法及说明
(1)B 级大修后 (2)必要时	试验电压值为出厂值的80%	35 kV 及以下纯瓷穿墙套管可随母线绝缘子一起耐压

十二、瓷绝缘子

1. 低(零)值绝缘子检测(试验仪器:绝缘检测仪)

周 期	判 据	方法及说明
(1)投运后3年内应普测1次 (2)按年均劣化率调整检测周期,当年均劣化率<0.005%,检测周期为5~6年;当年均劣化率为0.005%~0.01%,检测周期为4~5年;当年均劣化率>0.01%,检测周期为3年 (3)必要时	(1)盘形悬式瓷绝缘子和10 kV~35 kV针式瓷绝缘子所测的绝缘电阻小于500 MΩ为低(零)值绝缘子 (2)所测低(零)值绝缘子年均劣化率大于0.02%时,应分析原因,并逐只进行干工频耐受电压试验	(1)项目1应采用不小于5 000 V的兆欧表 (2)项目2、项目3依据标准DL/T 626 (3)测量电压分布(或火花间隙)依据《带电作业用火花间隙检测装置》DL/T 415 (4)对于投运3年内年均劣化率大于0.04%,2年后检测周期内年均劣化率大于0.02%,或年劣化率大于0.1%的绝缘子,或机械性能明显下降的绝缘子,应分析原因,并采取相应措施

2. 干工频耐受电压试验(试验仪器:工频试验变压器)

周 期	判 据	方法及说明
(1)投运后3年内应普测1次 (2)按年均劣化率调整检测周期,当年均劣化率<0.005%,检测周期为5~6年;当年均劣化率为0.005%~0.01%,检测周期为4~5年;当年均劣化率>0.01%,检测周期为3年 (3)必要时	(1)盘形悬式瓷绝缘子应施加60 kV (2)对大盘径防污型绝缘子,施加对应普通型绝缘子干工频闪络电压值 (3)对10 kV~35 kV针式瓷绝缘子交流耐压试验电压值分别为42 kV及100 kV	

3. 绝缘子现场污秽度(SPS)测量(试验仪器:智能电导盐密测试仪)

周 期	判 据	方法及说明
(1)连续积污3年~6年 (2)必要时	进行等值附盐密度(ESDD)及不溶沉积物密度(NSDD)测量,得出现场污秽度(SPS),为连续积污3~5年后开始测量现场污秽度所测到的ESDD或NSDD最大值。必要时可延长积污时间	测量方法按GB/T 26218.1

十三、电力电缆线路

1. 主绝缘电阻(试验仪器:智能兆欧表)

周 期	判 据	方法及说明
(1)A、B级检修后(新作终端或接头后) (2)≤6年 (3)必要时	一般应不小于1 000 MΩ	额定电压0.6/1 kV电缆用1 000 V兆欧表;6/10 kV及以上电缆也可用2 500 V或5 000 V兆欧表

2. 直流耐压试验(试验仪器:直流高压发生器)

周　期	判　据	方法及说明
(1)A级检修后(新作终端或接头后) (2)≤6年 (3)必要时	(1)试验电压值按(标准号)规定,加压时间5 min,不击穿: 　电压等级　　　试验电压 　6 kV　　　　　4.5U_0 　10 kV　　　　4.5U_0 　35 kV　　　　4.5U_0 (2)耐压5 min 时的泄漏电流值不应大于耐压1 min 时的泄漏电流值 (3)三相之间的泄漏电流不平衡系数不应大于2	仅针对35 kV 及以下油纸绝缘电缆进行直流耐压试验 (1)6/10 kV 以下电缆的泄漏电流小于10μA,6/10kV 及以上:电缆的泄漏电流小于20 μA 时,对不平衡系数不作规定 (2)油纸绝缘电缆进行直流耐压试验时,应分阶段均匀升压(至少3段),每阶段停留1 min,并读取泄漏电流。泄漏电流值和不平衡系数(最大值与最小值之比)可作为判断绝缘状况的参考,当发现泄漏电流与上次试验值相比有较大变化,或泄漏电流不稳定,随试验电压的升高或加压时间延长而急剧上升时,应查明原因。如系终端头表面泄漏电流或对地杂散电流的影响,则应加以消除;若怀疑电缆线路绝缘不良,则可提高试验电压(不宜超过产品标准规定的出厂试验电压)或延长试验时间,确定能否继续运行

3. 橡塑绝缘电缆主绝缘交流耐压试验(试验仪器:交流串联谐振耐压装置)

周　期	判　据	方法及说明
(1)A级检修后(新作终端或接头后) (2)必要时	施加表中规定的交流电压,要求在试验过程中绝缘不击穿 　频率 Hz　　　试验电压与要求 　20～300　　　1.7U_0,持续60 min	耐压试验前后应进行绝缘电阻测试,测得值应无明显变化

十四、绝缘油

1. 水分/(mg/L)(试验仪器:微水测量仪)

周　期	判　据		说明
	投入运行前的油	运行油	
(1)≥330 kV:1年 (2)≤220 kV:3年 (3)A级检修后 (4)必要时	≤110 kV:≤20 220 kV:≤15 ≥330 kV:≤10	≤110 kV:≤35 220 kV:＜25 ≥330 kV:≤15	(1)按 GB/T 7601 或 GB/T 7600 进行试验,以 GB/T 7600 为仲裁方法; (2)运行中设备,测量时应注意温度的影响,尽量在顶层油温高于50 ℃时采样

2. 击穿电压/kV(试验仪器:全自动绝缘油介电强度测试仪)

周　期	判　据		说明
	投入运行前的油	运行油	
(1)≥330 kV:1年 (2)≤220 kV:3年 (3)A级检修后 (4)必要时	35 kV 及以下:≥40 66 kV～220 kV:≥45 330 kV:≥55 500 kV:≥65 750 kV:≥70	35 kV 及以下:≥35 66 kV～220 kV:≥40 330 kV:≥50 500 kV:≥55 750 kV:≥65	按 GB/T 507 方法进行试验

3. 介质损耗因数 $\tan\delta$（90 ℃）（试验仪器：绝缘油介质损耗因数测量仪）

周　　期	判　据		说　明
	投入运行前的油	运行油	
(1) ≥330 kV：1 年 (2) ≤220 kV：3 年 (3) A 级检修后 (4) 必要时	≤330 kV：≤0.01 ≥500 kV：≤0.005	≤3 330 kV：≤0.040 ≥500 kV：≤0.020	按 GB/T 5654 方法进行试验

十五、SF₆气体

1. 湿度（20 ℃）（uL/L）（试验仪器：智能微水测量仪）

周　　期	判　据		说　明
	投入运行前的油	运行油	
(1) A 级检修 (2) ≥330 kV：≤1 年 (3) ≤220 kV：≤3 年 (4) 必要时	灭弧室：≤150 非灭弧室：≤250	灭弧室：≤300 非灭弧室：≤500	按 DL/T 506 进行

2. 气体泄漏/（%年）试验（试验仪器：高精度 SF₆气体检漏仪）

周　　期	判　据		说　明
	投入运行前的油	运行油	
必要时	≤0.5	≤0.5	按 GB/T 11023 进行

十六、接地装置

1. 有效接地系统接地网的接地阻抗（试验仪器：地网接地电阻测试仪或钳形接地电阻测试仪）

周　　期	判　据	方法及说明
(1) ≤6 年 (2) 接地网结构发生改变时 (3) 必要时	$R \leqslant 2\,000/I$ 式中　R——考虑到季节变化的最大接地电阻，接地阻抗的实部，Ω 　　　I——经接地网入地的最大接地故障不对称电流有效值，A；I 采用系统最大运行方式下在接地网内、外发生接地故障时，经接地网流入地中并计及直流分量的最大接地故障电流有效值。还应计算系统中各接地中性点间的故障电流分配，以及避雷线中分走的接地故障电流	(1) 测量接地阻抗时，如在必需的最小布极范围内土壤电阻率基本均匀，可采用各种补偿法，否则，应采用远离法。测量方法参照 DL/T 475 (2) 应考虑架空地线和电缆分流的影响 (3) 异频法测量电流应不小于 3 A，工频法测量电流应不小于 50 A (4) 结合电网规划每 5 年进行一次设备接地引下线的热稳定校核，变电站扩建增容导致短路电流明显增大时，也应进行校核 (5) 当接地网的接地电阻不满足公式要求时，可通过技术经济比较适当增大接地电阻，必要时，采取措施确保人身和设备安全可靠 (6) 必要时可对接地网进行安全性评估，要求系统发生接地故障时，接地网状态能够满足一、二次设备和人员的安全性要求 　"必要时"是指：运行年限比较长；地网（尤其是外扩地网）遭到局部破坏；地网腐蚀严重；地网改造后

2. 非有效接地系统接地网的接地阻抗（试验仪器：地网接地电阻测试仪或钳形接地电阻测试仪）

周　期	判　据
(1)≤6 年 (2)必要时	(1)当接地网与 1 kV 及以下设备共用接地时，接地电阻 $R \leqslant 120/I$ (2)当接地网仅于 1 kV 以上设备共用接地时，接地电阻 $R \leqslant 250/I$ (3)在上述任一情况下，接地电阻一般不得大于 10 Ω 式中　I——经接地网流入地中的短路电流，A 　　　R——考虑到季节变化最大接地电阻，接地阻抗的实部，Ω

3. 有架空地线的线路杆塔的接地电阻（试验仪器：地网接地电阻测试仪或钳形接地电阻测试仪）

周　期	要　求	说　明
(1)发电厂或变电站进出线 1～2 km 内的杆塔≤3 年 (2)其他线路杆塔≤6 年 (3)必要时	当杆塔高度在 40 m 以下时，按下列要求，如杆塔高度达到或超过 40 m 时，则取下表值的 50%，但当土壤电阻率大于 2 000 Ωm，接地电阻难以达到 15 Ω 时可增加至 20 Ω **土壤电阻率(Ω·m)** ／ **接地电阻(Ω)** 100 及以下 ／ 10 100～500 ／ 15 500～1 000 ／ 20 1 000～2 000 ／ 25 2 000 以上 ／ 30	(1)对于高度在 40 m 以下的杆塔，如土壤电阻率很高，接地电阻难以降到 30 Ω 时，可采用 6～8 根总长不超过 500 m 放射形接地体或连续伸长接地体，其接地电阻可不受限制。但对于高度达到或超过 40 m 的杆塔，其接地电阻也不宜超过 20 Ω (2)测量方法参照 DL/T 887 和 DL/T 475 (3)测试时应注意钳表法的使用场合与条件

十七、6 000 kW 及以上的同步发电机

1. 定子绕组的绝缘电阻、吸收比或极化指数（试验仪器：兆欧表）

周　期	判　据	方法及说明
(1)C 级检修时 (2)A 级检修前、后 (3)必要时	(1)绝缘电阻值自行规定，可参照产品技术文件要求或 GB/T 20160 (2)各相或各分支绝缘电阻值的差值不应大于最小值的 100% (3)吸收比或极化指数：环氧粉云母绝缘吸收比不应小于 1.6 或极化指数不应小于 2.0；其他绝缘材料参照产品技术文件要求 (4)对汇水管死接地的电机宜在无水情况下进行，在有水情况下应符合产品技术文件要求；对汇水管非死接地的电机，测量时应消除水的影响	(1)额定电压为 1 000 V 以上者，采用 2 500 V 兆欧表；额定电压为 20 000 V 及以上者，可采用 5 000 V 兆欧表，量程不宜低于 10 000 MΩ (2)水内冷发电机汇水管有绝缘者应使用专用兆欧表，汇水管对地电阻及对绕组电阻应满足专用兆欧表使用条件，汇水管对地电阻可以用数字万用表测量 (3)200 MW 及以上机组推荐测量极化指数

2. 定子绕组直流电阻（试验仪器：直流电阻快速测试仪）

周　　期	判　　据	方法及说明
（1）不超过 3 年 （2）A 级检修时 （3）必要时	各相或各分支的直流电阻值，在校正了由于引线长度不同而引起的误差后，相互之间的差别不得大于最小值的 2%。换算至相同温度下初值比较，相差不得大于最小值的 2%。超出此限值者，应查明原因	（1）在冷态下测量时，绕组表面温度与周围空气温度之差不应大于 ±3 ℃ （2）相间（或分支间）差别及其历年的相对变化大于 1% 时，应引起注意 （3）分支数较多的水轮发电机组可在 A、B 级检修及必要时时测量

3. 转子绕组直流电阻（试验仪器：直流电阻快速测试仪）

周　　期	判　　据	方法及说明
（1）A 级检修时 （2）必要时	与初值比较，换算至同一温度下其差别不宜超过 2%	（1）在冷态下进行测量 （2）显极式转子绕组还应对各磁极线圈间的连接点进行测量 （3）对于频繁启动的燃气轮机发电机，应在 A、B、C 级检修时测量不同角度的转子绕组直流电阻

4. 定子绕组泄漏电流和直流耐压试验（试验仪器：直流高压发生器和试验变压器）

周　　期	判　　据	方法及说明
（1）不超过 3 年 （2）A 级检修前、后 （3）更换绕组后 （4）必要时	（1）额定电压为 27 000 V 及以下的电机试验电压如下： （a）全部更换定子绕组并修好后的试验电压为 $3.0U_N$ （b）局部更换定子绕组并修好后的试验电压为 $2.5U_N$ （c）A 级检修前且运行 20 年及以下者的试验电压为 $2.5U_N$ （d）A 级检修前且运行 20 年以上与架空线直接连接者的试验电压为 $2.5U_N$ （e）A 级检修前且运行 20 年以上不与架空线直接连接者的试验电压为 $(2.0\sim2.5)U_N$ （f）A 级检修后或其他检修时的试验电压为 $2.0U_N$ （2）在规定的试验电压下，各相泄漏电流之间的差别不应大于最小值的 100%；最大泄漏电流在 20 μA 以下者，可不考虑各相泄漏电流之间的差别 （3）泄漏电流不随时间的延长而增大	（1）检修前试验，应在停机后清除污秽前，尽量在热态下进行。氢冷发电机在充氢条件下试验时，氢纯度应在 96% 以上，严禁在置换过程中进行试验 （2）试验电压按每级 $0.5U_N$ 分阶段升高，每阶段停留 1 min （3）不符合（2）、（3）要求之一者，应尽可能找出原因并消除，但并非不能运行 （4）泄漏电流随电压不成比例显著增长时，应注意分析 （5）试验应采用高压屏蔽法接线，微安表接在高压侧；必要时可对出线套管表面加以屏蔽。水内冷发电机汇水管有绝缘者，应采用低压屏蔽法接线；汇水管死接地者，应尽可能在不通水和引水管吹净条件下进行试验。冷却水质应满足产品技术文件要求，如有必要，应尽量降低内冷水电导率 （6）对汇水管直接接地的发电机在不具备做直流泄漏试验的条件下，可在通水条件下进行直流耐压试验，总电流不应突变

附录二 10 kV高压设备交接试验报告

附表2　10 kV变压器试验报告

工程名称				安装位置				
试验条件								
试验日期			温度(℃)			湿度(%)		
铭牌								
生产厂家				型号				
出厂编号				出厂日期				
额定容量(kV·A)				额定电流(A)				
接线组别				阻抗电压(%)				

额定电压	高压侧	分接头	1	2	3	4	5	6	7	8	9
		电压(kV)									
	低压侧(V)										

试验内容

绝缘电阻(MΩ)	项目	高—低、地		低—高、地		铁芯—地
		R_{15}	R_{60}	R_{15}	R_{60}	
	耐压前					
	耐压后					
	试验设备					

直流电阻	分接头	高压侧(Ω)			
		A相—B相	B相—C相	C相—A相	相差(%)
	1				
	2				
	3				
	4				
	5				
	6				
	7				
	8				
	9				
	低压侧(mΩ)				
	a—o	b—o	c—o	相差(%)	
	试验设备				

试验人员：＿＿＿＿＿＿＿　　试验负责人：＿＿＿＿＿＿＿

附录三　高压电气设备绝缘的工频耐压试验电压标准

附表3　高压电气设备绝缘的工频耐压试验电压

额定电压 （kV）	最高工作 电压 （kV）	1 min 工频耐受电压（kV）有效值（湿试/干试）									
		电压互感器		电流互感器		穿墙套管		支柱绝缘子			
								湿试		干试	
		出厂	交接	出厂	交接	出厂	交接	出厂	交接	出厂	交接
3	3.6	18/25	14/20	18/25	14/20	18/25	15/20	18	14	25	20
6	7.2	23/30	18/24	23/30	18/24	23/30	18/26	23	18	32	26
10	12	30/42	24/33	30/42	24/33	30/42	26/36	30	24	42	34
15	17.5	40/55	32/44	40/55	32/44	40/55	34/47	40	32	57	46
20	24.0	50/65	40/52	50/65	40/62	50/65	43/55	50	40	68	54
35	40.5	80/95	64/76	80/95	64/76	80/95	68/81	80	64	100	80
66	72.5	140/160	112/120	140/160	112/120	140/160	119/136	140/150	112/128	165/185	132/148
110	126	185/200	148/160	185/200	148/160	185/200	160/184	185	148	265	212
220	252	360	288	360	288	350	366	360	288	450	360
		395	316	395	316	395	336	395	316	495	396
330	363	460	368	460	368	460	391	570	456		
		510	408	510	408	510	434				
500	550	630	504	630	504	630	536				
		680	544	680	544	680	578	680	544		
		740	592	740	592	740	592				
750		900	720			900	765	900	720		
		960	768			960	816				

注：栏中斜线下的数值为该类设备的外绝缘干耐受电压。

参 考 文 献

［1］中华人民共和国住房和城乡建设部,中华人民共和国国家质量监督检验检疫总局.电气装置安装工程 电气设备交接试验标准:GB 50150—2016［S］.北京:中国计划出版社,2016.

［2］国家能源局.电力设备预防性试验规程:DL/T 596—2021［S］.北京:中国电力出版社,2021.

［3］国家能源局.接地装置特性参数测量导则:DL/T 475—2017［S］.北京:中国电力出版社,2017.

［4］国家能源局.现场绝缘试验实施导则［合订本］:DL/T 474.1～474.5—2018［S］.北京:中国电力出版社,2019.

［5］国家能源局.输变电设备状态检修试验规程:DL/T 393—2021［S］.北京:中国电力出版社,2022.

［6］国家能源局.电力安全工器具预防性试验规程:DL/T 1476—2015［S］.北京:中国电力出版社,2015.

［7］国家能源局.带电作业工具、装置和设备预防性试验规程:DL/T 976—2017［S］.北京:中国电力出版社,2018.

［8］中国南方电网有限责任公司.10 kV配电线路带电作业指南［M］.北京:中国电力出版社,2015.

［9］吴广宁.高电压技术［M］.北京:机械工业出版社,2007.

［10］铁道部劳卫司,铁道部运输局.高速铁路变配电设备检修岗位［M］.北京:中国铁道出版,2012.

［11］何发武.城市轨道交通电气设备测试［M］.成都:西南交通大学出版社,2017.